海洋微生物学

鲍时翔 黄惠琴 编著

中国海洋大学出版社
·青岛·

内 容 简 介

　　海洋微生物作为一类重要的生物资源越来越受到各国研究学者的重视。本书注重海洋微生物相关基础知识的介绍,同时兼顾了海洋微生物研究热点领域的最新进展。全书共 14 部分,分别从微生物基本知识、海洋生态环境、海洋微生物的多样性与分布、海洋光合微生物、海洋共附生微生物、海洋嗜极微生物、海洋微生物在物质循环中的作用、海洋微生物多样性研究技术、海洋微生物的分离与鉴定、未可培养海洋微生物、海洋微生物基因组学、赤潮、微生物与海水养殖、海洋微生物天然产物方面系统地介绍了海洋微生物学研究内容、研究方法及研究概况。

　　本书可作为高等院校海洋生物科学相关专业本科生和研究生的专业课教材,对从事微生物、海洋生物学、海洋生态学、渔业科学和环境保护科学的科技工作者也有重要参考价值。

图书在版编目(CIP)数据

　　海洋微生物学/鲍时翔,黄惠琴编著. —青岛:中国海洋大学出版社,2008.4(2023.8 重印)

　　ISBN978－7－81125－154－8

　　Ⅰ.海…　Ⅱ.①鲍…②黄…　Ⅲ.海洋微生物—研究
Ⅳ.Q939

　　中国版本图书馆 CIP 数据核字(2008)第 053498 号

出版发行	中国海洋大学出版社
社　　址	青岛市香港东路 23 号　　　　**邮政编码**　266071
网　　址	http://pub.ouc.edu.cn
电子信箱	hdcbs@ouc.edu.cn
订购电话	0532－82032573(传真)
责任编辑	李建筑
印　　制	日照报业印刷有限公司
版　　次	2008 年 4 月第 1 版
印　　次	2023 年 8 月第 5 次印刷
成品尺寸	185 mm×260 mm
印　　张	21.25
字　　数	503 千字
定　　价	49.00 元

前　言

　　海洋是生命的发源地,浩瀚的海洋中蕴藏着极为丰富的微生物。据估计,海洋微生物达 0.1 亿～2 亿种,且生物多样性极其丰富。与陆地微生物相比,海洋微生物生活于更为多变、开放、复杂的海洋生态系统,在漫长的进化过程中,它们形成了与这一特殊生态环境相适应的机制,产生了特有的遗传和代谢途径。海洋微生物不仅在物质循环、能量流动、生态平衡及环境净化等方面担当着重要的角色,而且是海洋药物、保健品和生物材料的巨大资源宝库,因此,开发利用海洋微生物资源意义深远。近年来,海洋微生物的研究备受国内外关注,并取得了丰硕的成果。

　　海洋微生物学是随着微生物学和海洋生物技术的发展而发展起来的一门新的分支学科,也是一门发展极为迅速的前沿学科。尽管如此,目前我国海洋微生物学方面的教材还很稀缺,这对于海洋微生物研究者来说不能不是个遗憾,为此我们本着基础理论与应用技术相结合的原则,在查阅大量国内外文献的基础上,结合自身多年的科研工作经验组织编写了《海洋微生物学》一书,以满足广大从事该领域研究、教学和资源开发者的迫切需求。此书的出版将在一定程度上改善海洋微生物学教材严重缺乏的局面,有助于国家对海洋微生物学人才的培养,对海洋微生物学本身的发展也必将起到积极的推动作用。

　　本书全面系统地介绍了海洋微生物的基本概念、研究内容和方法,对海洋微生物最新研究领域及成果也作了阐述。全书共 14 部分,从不同方面和层次介绍了海洋微生物的相关理论知识和研究概况。第 1 部分简要介绍了微生物的基本知识,对古菌、真细菌、真核生物和病毒等分别给予了说明。第 2 部分概括了海洋环境、海水性质、海底沉积物和海洋典型生态系统的特点。第 3 部分主要介绍了海洋微生物的特点及其分布状况。第 4～6 部分分别介绍了海洋光合微生物、共附生海洋微生物、海洋嗜极微生物的类型、分布、生存机制及其应用前景等。第 7 部分重点介绍了海洋微生物在碳循环、氮循环、磷循环、硫循环、铁循环等循环中的作用。第 8 部分主要介绍了海洋微生物多样性的分析方法,着重分子方法及其原理的阐述。第 9、10 部分分别从可培养和不可培养角度介绍了可培养微生物的多相鉴定方法、未可培养微生物的培养技术以及宏基因组学研究手段。第 11 部分海洋微生物基因组学的介绍更是海洋微生物学的研究热点。第 12 部分从赤潮发生的原因、过程、危害等方面介绍了海洋微生物与赤潮的关系。第 13 部分从病原微生物与有益微生物两个角度介绍了海洋微生物与海水养殖的联系。第 14 部分重点介绍了海洋微生物活性物质及其筛选模型。

方哲同志参与了第 13 部分的编写工作。在本书编写过程中,还得到了朱军、蔡海宝、吕家森、吴碧文、荣辉、刘玲枝、李俊华、李传浩、程娜、雷敬超、张桂兴、邱伟、田树红、叶建军、彭杰、黄美容、吴晓鹏等同志的大力支持和配合,在此向他们的辛勤劳动表示衷心的感谢。本书的顺利出版与中国热带农业科学院出版基金的资助也是分不开的,在此一并表示诚挚的谢意。

尽管参加本书编写的所有作者为写好本书付出了大量的艰辛劳动,但由于编者水平有限,再加上涉及内容较多,难免存在缺点甚至错误,敬请各位专家和读者提出宝贵意见,以便再版时予以修正,使该书臻于完善。

中国热带农业科学院热带生物技术研究所

鲍时翔　黄惠琴

2007 年 10 月于海口

目　次

1. 微生物基本知识

1.1 微生物概述

1.1.1 什么是微生物

微生物（microorganism，microbe）是对所有形体微小、单细胞或个体结构较为简单的多细胞，甚至无细胞结构的低等生物的总称，简单地说是对人们肉眼看不见或看不清的微小生物的总称。

1676 年荷兰商人安东·范·列文虎克（Antony van Leeuwenhook）用自制的显微镜观察到细菌和原生动物，从而揭示了一个过去无人知晓的微生物世界。后来研究表明，早在 40 亿年前微生物就出现在地球上。在生物系统发育史上，微生物是地球上最早的生命形式，比动植物和人类都要早得多。

1.1.2 微生物的特点

微生物作为生物界的一类，具有一切生物的共性：遗传信息由 DNA（少数为 RNA）链上的基因所携带，其复制、表达与调控遵循中心法则；微生物的初级代谢途径如蛋白质、核酸、多糖、脂肪酸等大分子物质的合成途径基本相同；微生物的能量代谢都以 ATP 作为能量载体。

由于微生物体形微小，从而具有自身的特点：

①体积小，表面积大。这是微生物的基本特点。作为一个小体积、大面积系统，其在营养物质吸收、代谢废物排泄以及与外界环境信息交换等方面均具有自身的特色。

②吸收多，转化快。这是微生物快速生长繁殖和新陈代谢的物质基础。

③生长旺，繁殖快。这是微生物在生物学基础理论研究和生产方面广泛应用的主要原因。

④适应强，易变异。微生物高度灵活的适应性和代谢调节机制是任何高等动、植物无法比拟的。

⑤分布广，种类多。地球上除火山的中心区等少数地方外，到处都有它们的踪迹。微生物种类多主要体现在物种、生理代谢类型、代谢产物、遗传基因和生态类型 5 个方面。

1.2 微生物的分类与命名

1.2.1 生物分类历史

随着科学技术的不断发展，人类对生物认识呈现由浅到深、由简单到复杂、由低级到高级、由个体到分子水平的过程。从亚里士多德时代至 19 世纪中叶,生物学家将所有当时已知的生物归为植物界和动物界,即两界系统(two-kingdom system)。

由于光学显微镜的发展,渐渐发现还有许多生物,如一些微小的、水生的生物,不适合归入植物界或动物界。1866 年德国生物学家黑格尔提出第三界——原生生物界(Kingdom Protista),将从前归入植物界的较简单、含糊的生物(如细菌等大部分微生物)归类在原生生物界内,此即为三界系统。

电子显微镜的出现和生物化学技术的进步,使得生物学家在细胞学上有了新的认识,提出许多关于生物分类的新建议。20 世纪 30 年代,Chatton 根据细胞结构特点,将所有生物分为两类:原核生物和真核生物。原核生物细胞内没有成熟的内膜系统(主要是没有核膜),而真核生物细胞内的核和细胞器均被膜包围。20 世纪 50 年代,又出现了生物分类四界系统,即植物界、动物界(原生动物除外)、原始生物界(原生动物、真菌、部分藻类)和菌界(细菌、蓝细菌)。1969 年,康乃尔大学的 Whittaker R H 依据生物的细胞构造及其获得营养的方式提出五界系统:原核生物界(Monera,包括细菌、蓝细菌等)、菌物界(Myceteae)、原生生物界(Protista,包括原生动物、单细胞藻类和黏菌等)、植物界(Plantae)和动物界(Animalia)。在这五界中,只有原核生物界成员的细胞内遗传物质没有核膜包围,亦即没有完整的细胞核,其他四界成员细胞内均含有真正的细胞核。五界系统可用图 1-1 表示:纵向显示从原核到真核单细胞生物再到真核多细胞生物的三个进化阶段,横向显示光合式营养、吸收式营养和摄食式营养三大进化方向。1996 年,美国学者 Raven P H 等提出生物分类六界系统,即将五界系统中的原核生物界分为古细菌界和真细菌界。值得注意的是,病毒为非细胞生物,由于其起源问题还不清楚,这些分类系统均未考虑病毒的分类地位。

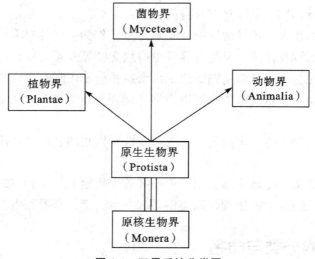

图 1-1　五界系统分类图

1.2.2　三域学说

1977 年,美国伊利偌斯大学的 Woese C R 等人在对大量微生物和其他生物的核糖体小亚基 rRNA(small subunit rRNA,简称 SSU rRNA)基因片段进行测序并比较同源性后,发现甲烷细菌的 SSU rRNA 基因序列与原核生物内其他微生物以及真核生物的 SSU rRNA 基因序列的相似性均低于 60%。1990 年 Woese 等人正式提出了三域学说(Three-domain theory)。三域学说将所有细胞生物分为古菌域(Archaea,又称古生菌域或古细菌域)、真细菌域(Eubacteria,又称细菌域)和真核生物域(Eukarya)。这里所说的"域",实际上是一个比"界"更高的分类单元,过去曾称为原界(Urkingdom)。随后,人们对 RNA 聚合酶的亚基、延伸因子 EF-Tu、ATPase 等其他相对保守的生物大分子的进化也进行了研究,进一步支持了 Woese 提出的三域学说。目前,三域学说已得到学术界的基本肯定。图 1-2 是基于 16S/18S rRNA 基因序列分析的系统发育树示意图。

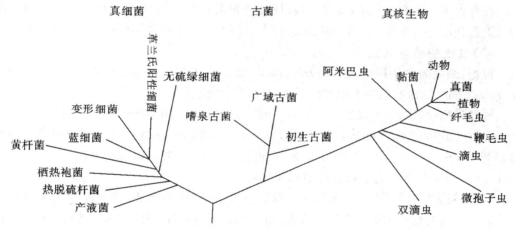

图 1-2 基于 16S/18S rRNA 基因序列分析的系统发育树示意图

1.2.3 微生物分类单元与命名法则

微生物分类的基本单元是种(species)。微生物种是显示高度相似性、亲缘关系极其接近、与其他种有明显差异的一群菌株的总称。所以,微生物学中的种带有抽象的种群概念。在具体分类之前,常用一个被指定的、能代表这个种群的模式菌株或典型菌株(type strain)作为基准。

(1)种以上的分类单元

种以上的分类单元自上而下依次分为 6 个等级,它们分别是界(Kingdom)、门(Phylum 或 Division)、纲(Class)、目(Order)、科(Family)、属(Genus)。

一个属由一个或多个种构成,一个科由一个或多个属构成,等等。必要时,还可在上述分类单元之间设若干辅助分类单元。例如,在门与纲之间可设亚门(Subphylum)、超纲(Superclass);在纲与目之间可设亚纲(Subclass)、超目(Superorder);在目与科之间可设亚目(Suborder)、超科(Superfamily);在科与属之间可设亚科(SubfamiIy)、族(Tribe)、亚族(Subtribe)等。

(2)种以下的分类单元

微生物种以下又分为亚种、菌株等级别。

3

亚种(subspecies,subsp,ssp.)是种的辅助分类单元,一般是指在某一个特征上与模式种有明显而稳定差异的菌种,如金黄色葡萄球菌的厌氧亚种(*Staphylococcus aureus* subsp. *anaerbius*)。

菌株(strain)又称品系。一个菌株是指由一个单细胞繁衍而来的克隆(clone)或无性繁殖系中的一种微生物或微生物群体,所以一种微生物可以有许多菌株,它们在遗传上是相似或一致的。同一种微生物的不同菌株虽然在作为分类鉴定的一些主要性状上是相同的,但是在次要性状(如生化性状、代谢产物和产量性状)上有或大或小的差异。同一种微生物可以有许多菌株,一般用字母加编号来表示(字母多表示实验室、产地或特征等的名称,编号表示序号等),如 *Escherichia coli* K12。

在种以下的分类单元中,还有一些习惯的、非正式的名称,如变种(variety,相当于亚种)、类群(group)、小种(race)、型(type,相当于菌株)等,这些名称有些已不再使用。

(3)微生物的命名法则

根据《细菌命名国际法规》(*International Code of Nomenclature of Bacteria*,IC-NB),微生物种的命名由拉丁词或拉丁化的外来词组成。

种名采用双名法,即"属名＋种的形容词",如 *Bacillus subtilis*(枯草芽孢杆菌)。

亚种(subspecies,简称 subsp)或变种(variety,简称 var)采用三名法,即"属名＋种的形容词＋subsp/var＋亚/变种形容词",subsp/var 可省略。如 *Bacillus thuringiensis* (subsp) *galleria*(苏云金芽孢杆菌蜡螟亚种)。

其中,属名第一个字母大写,其余字母均小写;属名、种名和亚/变种名为斜体,其他以正体表示。属名也可用第一个字母代表,如 *M. tuberculosis*。另外,对于已确定属名但种名尚未鉴定出来的菌株,其学名中种的加词可暂时用"sp."(正体,species 单数的缩写)或"spp."(正体,species 复数的缩写)表示,例如,"一种芽孢杆菌"用"*Bacillus* sp."表示,"若干种芽孢杆菌"用"*Bacillus* spp."表示。中文菌名的次序与拉丁文相反,种名在前,属名在后,如 *Mycobacterium tuberculosis*,中文名为"结核分枝杆菌"。

1.2.4 原核微生物分类系统介绍

对于原核微生物的分类,目前国际上普遍采用美国细菌学家协会细菌鉴定和分类委员会建立的伯杰氏(Bergey's)分类系统。1923 年首次出版《伯杰氏鉴定细菌学手册》(*Bergey's Manual of Determinative Bacteriology*),1925、1930、1934、1939、1948、1957、1974 和 1994 年陆续出版了第二至第九版。在 1984～1989 年期间,该委员会同时出版了第一版《伯杰氏系统细菌学手册》(*Bergey's Manual of Systematic Bacteriology*),第二版计划分 7 卷出版,其中第 1、2 卷已分别于 2001、2005 年出版,第 1 卷主要包括古菌和光合型细菌,第 2 卷包括变形细菌,第 3 卷包括低(G＋C)mol％的革兰氏阳性细菌,第 4 卷包括高(G＋C)mol％的革兰氏阳性细菌,第 5 卷包括浮霉菌、螺旋体、丝杆菌、拟杆菌和梭杆菌,第 6 和 7 卷的内容尚未公开。与第一版比较,第二版《伯杰氏系统细菌学手册》基本上采用基于 16S rDNA 系统发育分析的分类体系。

1.3 古菌

1.3.1 古菌的形态

古菌(Archaea)大多数栖息于高温、高酸碱度、高盐或严格无氧状态等极端环境中,这些环境与早期地球类似,故而得名。古菌个体微小,通常小于 1 μm,但形态各异,呈球形、杆状、叶片状或块状,也有三角形、方形或不规则形状的。

1.3.2 古菌的细胞结构

古菌和真细菌共同构成原核微生物。图 1-3 为原核微生物细胞结构示意图。

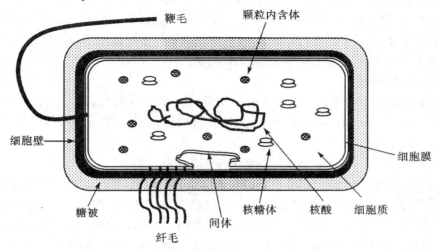

图 1-3　原核微生物细胞结构示意图

(1)细胞壁

细胞壁(cell wall)是包围在细胞表面、内侧紧贴细胞膜的一层较为坚韧并略具弹性的结构。通过电子显微镜观察细胞超薄切片,可以发现细胞壁的存在。不同细胞由于细胞壁组成及结构上的差异可被染料染成不同的颜色,1884 年丹麦医师 Christian Gram 建立了细菌的革兰氏染色法(Gram staining),通过革兰氏染色,可将所有细菌分为革兰氏阳性菌(Gram positive bacteria,以 G$^+$ 表示)和革兰氏阴性菌(Gram negative bacteria,以 G$^-$ 表示)两大类。革兰氏染色反应除用于细菌外,也可用于古菌,至今仍是原核微生物分类和鉴定的重要指标之一。

除热原体属(*Thermoplasma*)外,几乎所有的古菌细胞外面都围有一层半固态的细胞壁,起到维持细胞形状、保持细胞内外化学物质平衡的作用。不同古菌细胞壁的化学成分差别很大,据此可分为以下五类:

1)假肽聚糖细胞壁

假肽聚糖(pseudopeptidoglycan)骨架是由 N-乙酰葡糖胺和 N-乙酰塔罗糖胺糖醛酸(N-acetyltalosaminouronic acid)以 β-1,3 糖苷键(不被溶菌酶水解)交替连接而成的,N-

乙酰塔罗糖胺糖醛酸上的肽尾由 L-glu、L-ala 和 L-lys 三个 L 型氨基酸组成,肽桥则由 L-glu 单独组成。代表属是甲烷杆菌(*Methanobacterium*)。

2)独特多糖细胞壁

细胞壁含有独特的多糖,如半乳糖胺、葡糖醛酸、葡萄糖和乙酸,不含磷酸和硫酸。革兰氏染色呈阳性。代表属是甲烷八叠球菌(*Methanosarcina*)。

3)硫酸化多糖细胞壁

细胞壁含硫酸化多糖,其中糖部分包括葡萄糖、甘露糖、半乳糖以及这些糖的氨基糖或糖醛酸。代表属是极端嗜盐古菌——盐球菌(*Halococcus*)。

4)糖蛋白细胞壁

细胞壁由糖蛋白(glycoprotein)等组成,其中糖部分包括葡萄糖、葡糖胺、甘露糖、核糖和阿拉伯糖,而蛋白部分则由大量酸性氨基酸尤其是天冬氨酸组成。这种带强负电荷的细胞壁可以平衡环境中高浓度的 Na^+,从而使细胞能很好地生活在浓度为 20%～25% 的盐溶液中。代表属是盐杆菌(*Halobacterium*)。

5)蛋白质细胞壁

细胞壁由蛋白质组成。有些由多种不同蛋白组成,如甲烷球菌(*Methanococcus*)和甲烷微菌(*Methanomicrobium*),而另一些则由同种蛋白的许多亚基组成,如甲烷螺菌(*Methanospirillum*)。

(2)细胞膜

细胞膜(cell membrane)主要由磷脂和蛋白质分子组成,两层磷脂分子整齐而对称地排列。磷脂分子由一个带正电荷且能溶于水的极性头(磷酸端)和两个较长的非极性尾构成。当磷脂分子聚集在一起时,亲水性的一端排列在一侧,而长链疏水基团排列在另一侧,故在电镜下观察时细胞膜呈现为上、下两暗色层之间夹着一浅色中间层的结构。细胞膜具有重要的生理功能,所有的古菌均具有细胞膜。但与其他生物不同,古菌的细胞膜存在以下独特之处:

1)古菌细胞膜中的甘油分子是 L 型,而真细菌和真核生物细胞膜中甘油分子是 D 型。

2)古菌细胞膜磷脂分子上的疏水侧链通常为异戊二烯的聚合体。异戊二烯是烯萜类化合物中最简单的成员,由简单的异戊二烯单位可以连接成很多种类的化合物,如在多种嗜盐菌细胞膜中发现有细菌红素、α-胡萝卜素、β-胡萝卜素、番茄红素、视黄醛和萘醌等。而对于真细菌和真核生物,磷脂分子上的疏水侧链通常为 16～18 个碳原子组成的脂肪烃。

3)古菌细胞膜磷脂中的疏水侧链与甘油分子是通过醚键连接,而对于大多数其他生物,磷脂中的疏水侧链与甘油分子是通过酯键结合。

4)古菌磷脂中的疏水侧链可带分支,分支链能够形成碳原子环,这种环可以稳定细胞膜的结构,有助于古菌生活在极端环境中。

5)古菌细胞膜中的磷脂双分子层有时会发生共价结合,形成单分子层膜,这种单分子层膜有更高的机械强度。目前发现,单分子层膜主要存在于嗜高温的古菌中。

（3）细胞质

细胞质（cytoplasm）是细胞膜包围的除核区外的一切半透明、胶体状或颗粒状物质的总称。原核生物细胞质没有细胞器的分化，主要成分包括核糖体（ribosome）、贮藏物、大分子物质（如核酸、蛋白质、酶类）、小分子物质（如营养物质、中间代谢物类）和大量的水分等。

核糖体亦称核蛋白体。原核生物的核糖体常以游离状态或多聚核糖体状态存在于细胞质中，是多肽和蛋白质合成的场所。古菌核糖体为 70S 的颗粒，由 50S 和 30S 两个亚单元组成，其中蛋白质占 30%～50%，RNA 占 50%～70%，而且绝大部分（约 90%）的 RNA 存于核糖体内。古菌的核糖体对作用于细菌的抗生素，如氯霉素、卡那霉素、链霉素、利福平不敏感。在生物进化过程中，核糖体 RNA（ribosomal RNA，rRNA）分子相对保守。细胞质中的转移 RNA（transfer RNA，tRNA）是一种相对较小的核糖核酸分子，功能为解读 DNA 的遗传密码、合成蛋白质。与真细菌及真核生物的 tRNA 相比，古菌 tRNA 分子结构特别，其核苷酸序列中不存在其他生物中常见的胸腺嘧啶（T）。

（4）核区

原核微生物没有核膜，仅有核区。核区内有一条反复折叠、高度缠绕的环状 DNA 分子，另外核区内还含有少量的 RNA 和蛋白质。核区在静止期常呈球形或不规则的棒状或哑铃形。一个细胞在正常情况下只有一个核区，但细胞处于生长旺盛期时，由于 DNA 的复制优先于细胞分裂，一个细胞内往往含有数个核区。核区携带了大量的遗传信息，是细胞生长发育、新陈代谢和遗传变异的控制中心。在古菌核区，常可见核小体，但相当一部分 DNA 还是裸露的。有些古菌的核小体结构呈正超螺旋，而真核生物核小体都呈负超螺旋。古菌染色体含类组蛋白，但其一级结构和空间结构与真核生物的组蛋白相似程度较低。

（5）其他

除上述细胞结构外，很多原核生物细胞还含有周质空间（periplasmic space）、间体（mesosome）、鞭毛（flagellum）、菌毛（pili）、糖被（glycocalyx）、芽孢等，这些结构有些只在特定的微生物种类中出现，具有某些特定的功能。有关这些细胞结构的功能，请参阅沈萍、周德庆等编著的微生物学专著。

1.3.3　古菌的分类

按照第二版《伯杰氏系统细菌学手册》，古菌包括广域古菌门（Euryarchaeota）、嗜泉古菌门（Crenarchaeota）和初生古菌门（Korarchaeota）。目前，对广域古菌门和嗜泉古菌门研究较多，它们的分类概况如表 1-1 所示。初生古菌门为一类迄今未可培养的超嗜热古菌，其分类地位主要是通过 16S rDNA 序列分析来确定的。近来又发现一种新型古菌——骑行纳古菌（*Nanoarchaeum equitans*），它的 16S rRNA 序列和其他生物相差很多，初步将其单列为一个门，称为纳古菌门（Nanoarchaeota）。

表 1-1 广域古菌和嗜泉古菌的分类简表

门	纲	目	科	属
广域古菌门 Euryarchaeota	甲烷杆菌纲 Methanobacteria	甲烷杆菌目 Methanobacteriales	甲烷杆菌科 Methanobacteriaceae	*Methanobacterium*, *Methanobrevibacter*, *Methanosphaera*, *Methanothermobacter*
			甲烷栖热菌科 Methanothermaceae	*Methanothermus*
	甲烷球菌纲 Methanococci	甲烷球菌目 Methanococcales	甲烷球菌科 Methanococcaceae	*Methanococcus*, *Methanothermococcus*
			甲烷暖球菌科 Methanocaldococcaceae	*Methanocaldococcus*, *Methanotorris*
		甲烷微菌目 Methanomicrobiales	甲烷微菌科 Methanomicrobiaceae	*Methanomicrobium*, *Methanoculleus*, *Methanofollis*, *Methanogenium*, *Methanolacinia*, *Methanoplanus*
			甲烷粒菌科 Methanocorpusculaceae	*Methanocorpusculum*
			甲烷螺菌科 Methanospirillaceae	*Methanospirillum*
		甲烷八叠球菌目 Methanosarcinales	甲烷八叠球菌科 Methanosarcinaceae	*Methanosarcina*, *Methanococcoides*, *Methanohalobium*, *Methanohalophilus*, *Methanolobus*, *Methanosalsum*
			甲烷鬃毛菌科 Methanosaetaceae	*Methanosaeta*
	盐杆菌纲 Halobacteria	盐杆菌目 Halobacteriales	盐杆菌科 Halobacteriaceae	*Halobacterium*, *Haloarcula*, *Halobaculum*, *Halococcus*, *Haloferax*, *Halogeometricum*, *Halorubrum*, *Haloterrigena*, *Natrialba*, *Natrinema*, *Natronobacterium*, *Natronococcus*,

（续表）

门	纲	目	科	属
				Natronomonas, *Natronorubrum*
	热原体纲 Thermoplasmata	热原体目 Thermoplasmatales	热原体科 Thermoplasmataceae	*Thermoplasma*
			嗜苦菌科 Picrophilaceae	*Picrophilus*
	热球菌纲 Thermococci	热球菌目 Thermococcales	热球菌科 Thermococcaceae	*Thermococcus*, *Pyrococcus*
	古生球菌纲 Archaeaoglobi	古生球菌目 Archaeaoglobales	古生球菌科 Archaeoglobaceae	*Archaeoglobus*, *Ferroglobus*
	甲烷嗜热菌纲 Methanopyri	甲烷嗜热菌目 Methanopyrales	甲烷嗜热菌科 Methanopyraceae	*Methanopyrus*
嗜泉古菌门 Crenarchaeaota	热变形菌纲 Thermoprotei	热变形菌目 Thermoproteales	热变形菌科 Thermoproteaceae	*Thermoproteus*, *Caldivirga*, *Pyrobaculum*, *Thermocladium*
			热丝菌科 Thermofilaceae	*Thermofilum*
		脱硫球菌目 Desulfurococcales	脱硫球菌科 Desulfurococcaceae	*Desulfurococcus*, *Aeropyrum*, *Ignicoccus*, *Staphylothermus*, *Stetteria*, *Sulfophobococcus*, *Thermodiscus*, *Thermosphaera*
			热网菌科 Pyrodictiaceae	*Pyrodictium*, *Hyperthermus*, *Pyrolobus*
		硫化叶菌目 Sulfolobales	硫化叶菌科 Sulfolobaceae	*Sulfolobus*, *Acidianus*, *Metallosphaera*, *Stygiolobus*, *Sulfurisphaera*, *Sulfurococcus*

1.4 真细菌

1.4.1 真细菌的形态

所谓真细菌(Eubacteria),并非分类学上的科学名词,而是指属于真细菌域的所有微生物的集合。与古菌相比,虽然它们均是原核微生物,但在系统进化上,却是不同的生物类群,在细胞结构(如细胞壁)上也存在较大差异。与真核微生物比较,真细菌的细胞核无核膜包裹,为原始的单细胞生物。隶属于真细菌的微生物种类繁多,目前研究较多且较为清楚的包括细菌(狭义)、放线菌、蓝细菌、支原体、立克次氏体、衣原体等类群。真细菌的分布极为广泛,上至 17 000 m 的高空、下至 10 700 m 的深海都有真细菌的踪迹。真细菌形态多种多样,而且受周围环境影响很大。

(1)细菌形态

不同细菌(bacteria)的大小相差很大。以大肠杆菌为例,它的平均长度为 2 μm,宽度为 0.5 μm。迄今为止所知的最小细菌是纳米细菌,其细胞直径仅有 50 nm,甚至比最大的病毒还要小。而最大的细菌是纳米比亚硫磺珍珠菌($Thiomargarita\ namibiensis$),细胞直径达到 0.32~1.00 mm,肉眼可见。根据细菌外形特点,细菌大体上可分为球菌(coccus)、杆菌(bacillus)和螺旋菌(spirilla),少数为其他形状,如丝状、三角形、方形和圆盘形等。细菌的形态、大小受多种因素的影响,一般处于幼龄阶段和生长条件适宜时,细菌形态正常、整齐,表现出特定的形态大小。在较老的培养物中或不正常的条件下,细胞常出现异常形态大小。

菌落(colony)是指单个微生物在适宜的固体培养基表面或内部生长,到一定时期形成肉眼可见的子细胞群体。在一定的培养条件下,微生物菌落具有相对稳定的形态特征。一般来说,细菌菌落较为湿润、黏稠、光滑、易挑取、质地均匀,菌落正反面或边缘与中央部位颜色一致,但不同细菌的菌落形态有时差别很大。

(2)放线菌形态

放线菌(actinomycete)是一类介于细菌和真菌之间的单细胞原核微生物,由于呈丝状生长而得名。放线菌不运动,大部分是腐生菌,少数为寄生菌。大部分放线菌由分枝发达的菌丝组成,菌丝无隔膜,菌丝直径与杆状细菌差不多,大约 1 μm;少数放线菌菌体简单,为杆状或有原始菌丝。

根据放线菌菌丝的形态与功能不同,分为基内菌丝、气生菌丝与孢子丝。基内菌丝(substrate mycelium)又称营养菌丝(vegetative mycelium)或初级菌丝(primary mycelium),生长于培养基内,主要功能为吸收营养物。不同类型的放线菌,基内菌丝的形态特征有所区别。有的无色,有的能产生色素,呈红、橙、黄、绿、蓝、紫、褐、黑等颜色。色素有水溶性的,也有脂溶性的。若是水溶性的色素,则可渗入培养基内,将培养基染上相应的颜色;如是脂溶性色素,则只使菌落呈现相应的颜色。气生菌丝(aerial mycelium)又称二级菌丝(secondary mycelium)。由基内菌丝长出培养基外伸向空间的菌丝为气生菌丝。在显微镜下观察时,气生菌丝颜色较深,直径较基内菌丝粗,为 1~1.4 μm,直或弯曲,有的产生色素。放线菌生长至一定阶段,在其气生菌丝上分化出可以形成孢子的孢子丝。

孢子丝的形状以及在气生菌丝上的排列方式,随菌种而不同。孢子丝的形状有直形、波浪形、螺旋形之分。孢子丝的排列方式,有的交替着生,有的丛生或轮生。孢子丝生长到一定阶段断裂为孢子,或称分生孢子(conidium)。孢子有球形、椭球形、杆形、瓜子形等形状。在电子显微镜下可见孢子表面结构,有的光滑、有的带小疣、有的生刺或毛发状。孢子常具有不同色素。孢子形状、表面结构、颜色等均为鉴定放线菌菌种的重要依据。

生长在固体培养基上的放线菌,其菌丝相互交错缠绕形成质地致密的小菌落。放线菌的菌落一般干燥、不透明、难以挑取,当生成大量孢子时,其菌落表面往往覆盖着一层粉末状或颗粒状的孢子。由于基内菌丝和孢子常有颜色,使得菌落的正反面常呈现出不同的色泽。

(3)蓝细菌形态

蓝细菌(Cyanobacteria)又称蓝藻(Cyanophyta),是一类分布广、能够进行光合作用并释放氧气的真细菌类群。蓝细菌形态多样,体型可分为单细胞、群体和丝状三大类。单细胞体型的种类很少,通常分裂后仍聚集在一起,形成丝状或单细胞的群体。当许多个体聚集在一起时,形成肉眼可见的大群体。

1.4.2 真细菌的细胞结构

和古菌相比,对真细菌的研究历史悠久。目前对真细菌细胞结构的认识已较为清晰。

(1)细胞壁

自然界中绝大多数真细菌都具有细胞壁,但对于不同的真细菌,其细胞壁在组成及结构上往往存在差异。表 1-2 给出 G^+ 细菌与 G^- 细菌细胞壁在结构和化学组分上的差异。G^+ 细菌的细胞壁主要由多层肽聚糖层组成,其化学组成包括肽聚糖(peptidoglycan)和磷壁酸(teichoic acid)。磷壁酸分为两类:壁磷壁酸和膜磷壁酸,前者主要分布于肽聚糖层,后者将肽聚糖层与细胞膜相连接。G^- 细菌的细胞壁较薄,但可分为两层,外层主要由脂多糖、磷脂和脂蛋白等组成,内层主要由肽聚糖层构成,很薄,仅 $2\sim3~\mu m$,故机械强度比 G^+ 细菌弱。

表 1-2　革兰氏阳性(G^+)细菌与革兰氏阴性(G^-)细菌细胞壁的主要区别

比较项目	G^+ 细菌	G^- 细菌
细胞壁厚度(nm)	20～80	内壁层 2～3,外壁层 8
肽聚糖	多层,紧密	少层,较疏松
磷壁酸	含量较高	一般无
脂多糖(LPS)	无	有
类脂和脂蛋白	一般无	含量较高
对机械力的抗性	强	弱
细胞壁抗溶菌酶	弱	强

在自然界中有些真细菌缺少细胞壁,它们又被称为缺壁细菌(cell wall deficient bacteria）。早在1935年，英国李斯德（Lister）预防研究所就发现一种念珠状链杆菌（*Strep-tobacillus moniliformis*），由于缺少细胞壁，该菌对渗透压敏感，推测是由于自发突变形成的。由于李斯德（Lister）研究所的第一个字母是"L"，缺壁细菌又称为 L 型细菌（L-form of bacteria）。支原体是介于细菌与病毒之间、主要营细胞内寄生的一类 G⁻ 小型原核生物。支原体无细胞壁，这可能与其生存方式有关，是在长期自然进化过程中形成的，但支原体细胞膜中含有一般原核生物细胞膜中没有的甾醇，这在一定程度上提高了细胞的机械强度。

（2）细胞膜

真细菌细胞膜厚为 7～10 nm，化学组成主要为磷脂、蛋白质和多糖。与真核生物比较，除支原体外，一般真细菌细胞膜上不含胆固醇等甾醇。

很多 G⁺ 细菌细胞膜常局部内陷而形成囊状结构的间体（mesosome），间体与细胞壁的合成、核质分裂、细胞呼吸以及芽孢形成有关。由于间体具有类似真核细胞线粒体的作用，又称拟线粒体。但近年来也有学者提出不同的观点，认为间体是由于电镜制片时脱水操作形成的。

（3）细胞质

细胞质主要由水（占 80%）、核糖体、贮藏物、大分子物质（如核酸、酶类）、小分子物质（如营养物质、中间代谢物类）等组成。有时细胞质中还含有质粒、羧酶体、类囊体、载色体、气泡等。

贮藏物（reserve materials）：在一定条件下，微生物聚集某类物质，最终在细胞质中形成的不溶性颗粒。贮藏物可分为碳源类、氮源类、硫源类、磷源类等，例如，大肠杆菌、芽孢杆菌、蓝细菌等细胞质中常含有大量的糖原；巨大芽孢杆菌在含乙酸或丁酸的培养基中，细胞合成并积累聚-β-羟基丁酸（poly-β-hydroxybutyric acid，PHB），PHB 含量可达细胞干重的 60%；蓝细菌中常含有丰富的藻青素（cyanophycin）、藻青蛋白等；紫硫细菌、丝硫细菌等常形成硫粒（sulfur globules）；迂回螺菌、白喉棒杆菌、结核分枝杆菌等在含磷丰富的培养基中形成无机偏磷酸聚合物的颗粒，该颗粒可被美蓝或甲苯胺蓝染成红紫色，因此又名异染粒（metachromatic granules）。微生物形成贮藏物，一方面可以贮存营养和能量，另一方面可以降低特定环境下细胞的渗透压。

质粒（plasmid）：在细胞质中能自我复制的环状 DNA 分子。质粒有多种类型，如致育因子（F 因子）、抗药性质粒（R 因子）、大肠杆菌素质粒（Col 因子）等，相对分子量为 $2 \times 10^6 \sim 1 \times 10^8$，每个质粒可以有几个甚至 50～100 个基因。一个菌体内可有一个或多个质粒。

羧酶体（carboxysome）：也称多角体（polyhedral body），大小约 10 nm，是自养细菌的一个内膜系统。主要由以蛋白质为主的单层膜组成，内含固定 CO_2 所需的 1,5-二磷酸核酮糖羧化酶和 5-磷酸核酮糖激酶，是自养细菌固定 CO_2 的场所。

类囊体（thylakoid）：蓝细菌细胞中存在的囊状体，由一层单位膜组成，上面分布有叶绿素、藻胆色素等光合色素和有关酶类，是光合作用的场所。

载色体（chromatophore）：一些不放氧的光合细菌的细胞质膜多次凹陷折叠而形成的片层状、微管状或囊状结构，含有菌绿素和类胡萝卜素等光合色素及进行光合磷酸化所需要的酶类和电子传递体,是进行光合作用的部位。

气泡(gas vacuoles):某些光合营养型、无鞭毛运动的水生细菌体内存在的一种特殊结构。由许多小气囊(gas vesicle)组成,气囊膜只含蛋白质而无磷脂。气泡的大小、形状和数量随细菌种类而异。气泡能使细胞保持浮力,从而有助于调节细菌生活在它们需要的最佳水层位置,以利于获得氧、光和营养。

(4)核区

真细菌核区内有一个大型的反复折叠、高度缠绕的环状双链 DNA 分子,长度为 0.25~3.00 mm,如 *Escherichia coli* 的 DNA 长约 1 mm,相对分子量为 $3×10^9$,约有 $5×10^6$ bp(base pair),至少含 $5×10^3$ 个基因。

1.4.3 真细菌的繁殖

(1)细菌的繁殖

细菌一般进行无性繁殖,主要方式为裂殖(fisson),表现为一个细胞通过分裂而形成两个子细胞的过程。绝大多数类群在分裂时产生大小相等、形态相似的两个子细胞,称作同形裂殖。但有少数细菌在陈旧培养基中却分裂成大小不等的两个子细胞,称为异形裂殖。电镜研究表明,细菌分裂大致经过细胞核的分裂、细胞质的分裂、横隔壁的形成、子细胞的分离等过程。

除裂殖外,有少数细菌通过出芽方式进行繁殖,称为芽殖(budding)。芽殖是指在母细胞表面(尤其在其一端)先形成一个小突起,待其长大到与母细胞相仿后再相互分离并进行独立生活的一种繁殖方式。进行芽殖繁殖的细菌有芽生杆菌属(*Blastobacter*)、生丝微菌属(*Hyphomicrobium*)、硝化杆菌属(*Nitrobacter*)和红假单胞菌属(*Rhodopseudomonas*)等。

细菌除无性繁殖外,电镜观察和遗传学研究已证明细菌也存在有性接合。然而细菌有性接合较少,以无性繁殖为主。

(2)放线菌的繁殖

放线菌主要通过无性孢子及菌丝断裂片段进行繁殖。放线菌的无性孢子可分为分生孢子和孢囊孢子。电子显微技术和超薄切片研究表明,放线菌通过产生横隔膜的方式使孢子丝分裂成为一串分生孢子。孢子在适宜环境中吸收水分,膨胀萌发,长出 1~4 根芽管,形成新的菌丝体。少数放线菌首先在菌丝上形成孢子囊,在孢子囊内形成孢囊孢子。孢子囊可在气生菌丝上形成,也可在营养菌丝上形成。孢子囊成熟后,释放出大量孢囊孢子,孢囊孢子可萌发形成菌丝体。初级的放线菌,如放线菌属(*Actinomyces*)、分枝杆菌属(*Mycobacterium*),只形成短小分枝或基内菌丝,通过细胞分裂或菌丝断裂来繁殖。

(3)蓝细菌的繁殖

蓝细菌的繁殖方式以裂殖为主,也可出芽生殖,少数种类可生成厚壁孢子,丝状蓝细菌还可以通过丝状体的断裂进行繁殖。蓝细菌不进行有性生殖,但近年来一些学者研究发现,组囊藻(*Anacystis nidulans*)可进行遗传重组,类似于有性生殖。

1.4.4 真细菌的分类

根据第一版《伯杰氏系统细菌学手册》,将真细菌分为 3 个门:

1)薄壁菌门(Gracilicutes),下设暗细菌纲(Scotobacteria)、不产氧光合细菌纲(Anoxyphotobacteria)、产氧光合细菌纲(Oxyphotobacteria);

2)厚壁菌门(Firmicutes),下设厚壁菌纲(Firmibacteria)、放线菌纲(Thallobacteria);

3)软壁菌门(Tenericutes),下设柔膜菌纲(Mollicutes)。

在第二版《伯杰氏系统细菌学手册》中,计划将真细菌分成 26 部分进行描述,分别为产液菌和有关细菌、栖热袍菌和地袍菌、异常球菌、栖热菌、产金色菌、绿屈扰菌和滑柱菌、热微菌、蓝细菌和原绿细菌、绿菌、α-变形细菌、β-变形细菌、γ-变形细菌、δ-变形细菌、ε-变形细菌、梭菌类、柔膜菌、芽孢杆菌和乳杆菌、放线细菌、浮霉状菌和衣原体及有关细菌、螺旋体、丝状杆菌、拟杆菌、黄杆菌、鞘氨醇杆菌和屈挠杆菌以及噬纤维菌、梭杆菌、疣微菌和相关细菌。

在真细菌 16S rDNA 系统发育树状图上,有一类细菌虽然表型和基因型差别很大,但在进化关系上非常密切。1988 年 Stackebrandt 等将这类细菌命名为变形细菌(Proteobacteria)。变形细菌种类繁多,在生理特性上也最具有多样性,但所有的变形细菌均为 G$^-$菌。在第二版《伯杰氏系统细菌学手册》中,设立了变形细菌门,下设 α、β、γ、δ 和 ε 5 个纲,其中 α、β 和 γ 3 个纲能进行光合作用。这 3 个纲中,埃希氏菌、假单胞菌、醋单胞菌等属进行有机化能营养,硝化杆菌、亚硝化单胞菌、贝日阿托氏菌等属进行无机化能营养。δ 和 ε 2 个纲主要由非光合作用的细菌组成。

按英国藻类学家 F·E·弗里奇的分类系统,蓝细菌分为色球藻目(Chroococcales)、宽球藻目(Pleurocapsales)、管孢藻目(Chamaesiphonales)、念珠藻目(Nostocales)和真枝藻目(Stigonemales)等 5 个目。海洋中常见的原绿球藻属(*Prochlorococcus*)和聚球藻属(*Synechococcus*)属于色球藻目。目前已知蓝细菌约 2 000 种,我国已有记录的约 900 种。

1.5 真核微生物

1.5.1 真核微生物的形态

凡是细胞核具有核膜,能进行有丝分裂,细胞质中存在线粒体或叶绿体等细胞器的微小生物,称为真核微生物。其个体一般较原核微生物大,主要包括真菌、真核微藻、绝大多数原生动物。真核微生物种类繁多,其形态更是多种多样。

(1)真菌形态

真菌(Fungi)是不含叶绿体,具有真正细胞核,含有线粒体、化能有机营养,多数以孢子进行繁殖的典型真核微生物。真菌的形态多样,且种类间差异很大。有显微镜下才能看见的单细胞酵母菌,还有大至肉眼可见的分化程度较高的灵芝等蕈菌。真菌除单细胞的酵母菌外,一般都具有发达的菌丝体,呈丝状、絮状或粉状。

(2)真核微藻形态

真核微藻是指那些肉眼难以看到,一般需要借助显微镜才能辨别其形态的微小真核藻类类群。真核微藻为单细胞生物,其中有些因体型小,在水中常随波逐流,是浮游生物(plankton)的重要组成部分。真核微藻的形态、构造很不一致,大小相差也很悬殊,个体一般没有真正根、茎、叶的分化。

（3）原生动物形态

原生动物(Protozoa)是自然界中最原始、结构最简单的最低等的单细胞或单细胞群体所构成的动物类群。绝大多数的原生动物是显微镜下才可见的小型动物,最小的种类体长仅为 $2\sim3\ \mu m$,如寄生于人及脊椎动物网状内皮系统细胞内的利什曼原虫(Leishmania);大型的种类体长可达 7 cm,如海洋中的某些有孔虫类(Foraminifera)、淡水生活的旋口虫(Spirostomum)可达 3 mm,新生代化石有孔虫如钱币虫(Nummulites)竟达 19 cm,这是原生动物在个体大小上的最大记录。但是大多数的原生动物体长在 300 μm以下,如草履虫(Paramoecium)为 $150\sim300\ \mu m$。原生动物的体型随种及生活方式表现出多样性,多数的种类有固定的体型,有一些种类身体没有固定形态,身体表面只有一层很薄的原生质膜(Plasmalemma),能随细胞的原生质流动而改变体型,如变形虫(Amoeba)。

1.5.2　真核微生物的细胞结构

和原核微生物不同,真核微生物细胞内具有较成熟的内膜系统,细胞核和绝大多数细胞器均被膜包围。图 1-4 为真核微生物细胞结构示意图。

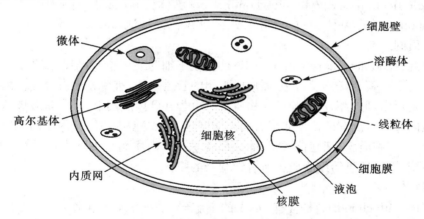

图 1-4　真核微生物细胞结构示意图

（1）细胞壁

不同类别真核微生物的细胞壁有所不同。真菌细胞的细胞壁厚为 $100\sim250$ nm,占细胞干物质的 30%。细胞壁的主要成分为多糖,如几丁质、纤维素、葡聚糖、甘露聚糖、半乳聚糖等,此外还有蛋白质、类脂、无机盐等。在不同类群的真菌中,细胞壁多糖的类型不同。真菌细胞壁结构分为有形微纤维和无定形基质两部分。微纤维部分都以几丁质(卵菌以纤维素)为主构成细胞壁骨架,而基质部分则包括葡聚糖、甘露聚糖和一些糖蛋白质。细胞壁中的各种组分紧密地结合在一起以加强细胞壁强度,一些葡聚糖和几丁质之间共价结合,葡聚糖之间也通过侧链结合在一起。真核微藻的细胞壁一般较薄,为 $10\sim20$ nm,有的仅 $3\sim5$ nm,其结构骨架多由纤维素组成,并以微纤丝的形式成层状排列。其余成分多为间质多糖,主要是杂多糖,也有少量的蛋白质和类脂。真核微生物的细胞壁决定着细胞和菌体的形状,具有保护细胞免受外界不良因子损伤的作用,对某些酶结合位点等也起到保护作用。

（2）细胞膜

真核微生物细胞的细胞膜主要由脂类（主要是磷脂和鞘脂）和蛋白质组成，它们在功能上的差异可能仅是由于构成膜的磷脂和蛋白质种类不同。此外，在化学组成中，真核微生物细胞的质膜中具有甾醇，而在原核生物的质膜中很少或没有甾醇。另外，有些原生动物具有多层膜，在连续的外层膜下面还有一层不连续的膜，如眼虫、草履虫中有 3 层膜。

（3）细胞质

真核微生物的细胞质主要由细胞基质、细胞骨架和各种细胞器组成。细胞基质是指细胞中除可分辨的细胞器以外的胶体状溶液。细胞骨架由微管（microtubules）、微丝（microfilaments）和中间纤维（intermediate filament）构成。微管是中空管状纤维，直径约 25 nm，主要成分为微管蛋白（tubulin），具有支持、运输功能。微丝是由肌动蛋白（actin）组成的实心纤维，若对它提供 ATP 形式的能量，就能发生收缩。细胞骨架为细胞质提供机械力，维持细胞器在细胞质中的位置。中间纤维是一种直径为 8～10 nm、介于微管和微丝之间的蛋白纤维，具有支持细胞和协助运动的功能。细胞器指分布在细胞质中，具有特定形态、结构和生理功能的“器官”，各自包含自身特定的酶系。主要的细胞器有内质网（endoplasmic reticulum）、线粒体（mitochondria）、核糖体（ribosome）、溶酶体（lysosome）、微体（microbody）、高尔基体（dictyosome 或 golgi body）、液泡（vacuole）等。

1）内质网

内质网（endoplasmic reticulum，ER）是存在于细胞质中折叠的膜系统。典型的内质网是成对的平行膜，由狭窄的腔分隔形成封闭的管道系统，有些管道有分支。内质网的主要成分是脂蛋白，但游离蛋白和其他物质有时也合并到内质网上，且时常被核糖体附着形成粗糙型内质网。没有被核糖体附着的内质网称为光滑型内质网。内质网沟通着细胞的各个部分，与细胞质膜、细胞核、线粒体等都有联系。内质网是细胞中各种物质运转的一种循环系统，同时还供给细胞质中所有细胞器的膜。

2）线粒体

线粒体（mitochondria）是含有 DNA 的细胞器，是氧化磷酸化作用和 ATP 形成的场所。它具有双层膜，内层较厚，常向内延伸形成不同数量和形状的嵴。内膜上有细胞色素、NADH 脱氢酶、琥珀酸脱氢酶和 ATP 磷酸化酶，此外三羧酸循环的酶类、核糖体、蛋白质合成酶和 DNA，以及脂肪酸氧化作用的酶也都在内膜上。外膜上也有多种酶，如脂类代谢的酶类等。线粒体的形态、数量和分布常因真核微生物的种类和发育阶段而异。

3）核糖体

核糖体（ribosome）是细胞质和线粒体中无膜包裹的颗粒状细胞器，具蛋白质合成功能。核糖体包括 RNA 和蛋白质，直径为 20～25 nm。真核细胞的核糖体比原核细胞的大，其沉降系数一般为 80S，由 60S 和 40S 两个小亚基组成。细胞质核糖体有的呈游离状态，有的和内质网及核膜结合。线粒体核糖体存在于线粒体内膜的嵴间，但沉降系数为 70S。

4）溶酶体

溶酶体（lysosome）是一种由单层膜包裹、内含多种酸性水解酶的小球形、囊膜状细胞器，含有多种酸性水解酶，主要功能是促进细胞内的消化、维持细胞营养及防止外来微生物或异体物质的侵袭等。

5)微体

微体(microbody)是一种由单层膜包裹、与溶酶体相似的小球形细胞器,主要含氧化酶和过氧化氢酶,其功能是使细胞免受 H_2O_2 毒害,并能氧化分解脂肪酸等。

6)高尔基体

高尔基体(dictyosome,或 Golgi body)在细胞中大多呈网状,少数为鳞片状、颗粒状或杆状,均匀分布于细胞核的周围,往往与内质网相连。高尔基体与细胞的分泌机能有关,是凝集某些酶原颗粒(如消化酶原)的场所,与细胞膜的形成以及碳水化合物的合成也有关。目前仅在少数几种真菌中发现高尔基体。

7)液泡

真核微生物的液泡(vacuole)由单位膜分隔,其形态、大小受细胞生长年龄和生理状态影响。一般在老龄细胞中,液泡大而明显。

8)叶绿体

叶绿体(chloroplast)是一种由双层膜包裹、能将光能转化为化学能的绿色细胞器,是真核微藻和部分原生动物(如绿眼虫)进行光合作用的场所。与绿色植物相比,真核微藻的叶绿体形态变化很大,有的呈杯状,有的呈螺旋带状,有的呈板状或层状。光合原生动物的叶绿体形态较高等植物更为多样,有卵圆形、带形、弯曲缠绕形和杯形等,其化学成分与植物相同,含叶绿素、β-胡萝卜素和黄色素。不同之点在于原生动物叶绿体中含淀粉核,其周围有淀粉粒包围,并有微管与叶绿体膜相连。

(4)细胞核

真核微生物细胞核通常为球形或椭球形,直径 $2\sim3~\mu m$,每个细胞通常只含一个核,有的含两个至多个(如某些真菌)。用相差显微镜观察真核微生物的活细胞,可观察到被一层均匀的核质包围的中心稠密区,即核仁。核仁中除 DNA 外还含有 RNA,真菌核仁中的 RNA 在细胞核分裂时消失。真核微生物的细胞核有核膜,一般分为两层,厚 $8\sim20$ nm,膜上有小孔,以利于核内外物质交流。真菌核膜在核的分裂过程中一直存在,这与其他高等生物不同。

(5)其他

有些真核微生物细胞的表面会长有鞭毛。单极生或多极生,长度 $20\sim2\,000~\mu m$。虽然与原核微生物的鞭毛在运动功能上相同,但它们在构造、运动机理和所耗能源形式等方面都具有显著差别。

有些原生动物还具有很多特有的细胞结构,例如,胞口(cylostome):用于吞入活有机体或各种食物小颗粒的特殊体表开口;食物泡(food vacuole):摄取食物后形成的一个被膜包围的泡状结构;缩泡:在靠近细胞质膜处形成的充满液体、能膨胀和收缩的囊状结构;毒胞(toxicyst):含毒汁的囊泡,大多分布于胞口附近;附胞(hapodysts):硬伪足状和拳头状触角表面的囊泡;伪足(pseudopodium):无脊椎动物、原生动物门、肉足纲动物的临时性运动细胞器。当动物运动时,细胞表面能伸出 1 个或数个长短不一的突起,这是由于细胞质流动而形成的,整个身体可随突起伸出的方向向前移动。伪足无固定的形状、部位和数目,一般呈叶状、指状、针状或丝状等。

1.5.3　真核微生物的繁殖

（1）真菌的繁殖

真菌的繁殖方式通常分为有性繁殖和无性繁殖两类。有性繁殖以细胞核的结合为特征，无性繁殖以营养繁殖为特征。大部分真菌都能进行无性与有性繁殖，并且以无性繁殖为主。但有的菌种缺少无性繁殖阶段，而另有一些菌种缺少有性繁殖阶段。

1）真菌的无性繁殖

真菌的无性繁殖方式可概括为四种：①菌丝体的断裂片段可以产生新个体，大多数真菌都能进行这种无性繁殖。②营养细胞分裂产生子细胞，如裂殖酵母菌无性繁殖时，母细胞一分为二。③出芽繁殖，母细胞出"芽"，每个"芽"成为一个新个体，如酵母菌属。④产生无性孢子，每个孢子可萌发为新个体。

2）真菌的有性繁殖

有性繁殖以细胞核的结合为特征，它是通过配子（gamete）、配子囊（gametangium）、菌体之间的结合来实现的。有性繁殖过程一般包括下列三个阶段：①质配（plasmogamy）：两个细胞的原生质进行配合。②核配（karyogamy）：两个细胞里的核进行配合。真菌从质配到核配之间时间有长有短，这段时间称双核期，即每个细胞里有两个没有结合的核，这是真菌特有的现象。③减数分裂（meiosis）：核配后将进行减数分裂，减数分裂使染色体数目减为单倍。

真菌有性繁殖的方式有四种：①配子结合：两个配子的结合，配子是裸露的性细胞，两个配子结合形成合子。②配囊融合：两个配子囊之间的融合，形成接合孢子或者卵孢子。③受精作用：雄性配子凭借风、昆虫、水等作用，与雌性孢囊接触后，释放出雄性核穿过小孔进入到雌性孢囊中去。④体细胞接合：出现在一些性器官还未形成的比较高级的真菌中，其中一种特殊的现象是菌丝连锁。菌丝连锁是指雄性核和雌性核融合到一个细胞内，组成双核体细胞，从而形成双核菌丝。

（2）真核微藻的繁殖

真核微藻的繁殖也分为无性繁殖和有性繁殖两种。真核微藻的无性繁殖主要有四种方式：①二分裂法，单细胞或多细胞群体以简单的细胞分裂形成一个母细胞与一个子细胞；②复分裂法或出芽，有些真核微藻细胞分裂后的新生细胞可以很快地再连续分裂；③断裂，部分浮游藻可由藻体的片段来繁殖，片段自群体或母体脱离后可以继续生长发育成新的群体；④孢子，无性繁殖的单细胞即孢子，经过细胞分裂后萌发进入生活史的另外一个阶段。孢子不需结合，一个孢子可长成一个新个体。真核微藻有性生殖方式是产生配子，产生配子的一种囊状结构细胞叫配子囊。一般情况下，配子必须结合成为合子（zygote），由合子萌发长成新个体，或由合子产生孢子长成新个体。

（3）原生动物的繁殖

原生动物的生命周期包括生殖期和孢囊，生殖期又分为无性生殖期和有性生殖期。原生动物的无性繁殖有几种不同方式，裂殖是最普通的一种，大多数为横分裂，也有纵分裂（鞭毛虫类）。裂殖按核分裂和细胞质分裂的先后分为两种类型：核与细胞质同步分裂、核先于细胞质分裂。在前一种类型中，核进行有丝分裂的同时细胞分裂为二；后一类型中，核分裂很快并多次发生，细胞质不分化，一个细胞内可能含几千个核，一定时间后细胞质分裂,每一裂块包围一个核,形成许多后代,这种方式称为多核分裂繁殖。有些原生动物可以出芽生殖。有些多核原生动物靠原质团分割繁殖。原质团分割成两块或多块,细胞核几乎平均分配到两个或多个子细胞内。几乎所有原生动物都能形成一个称为胞囊的休眠体,胞囊能耐不良环境因子。遇到合适条件萌发,放出一个原生动物细胞,或在胞囊内形成 2~4 个细胞,然后释放出来。原生动物的有性生殖主要有融合、接合、自体受精和假配四种。

1.5.4　真核微生物的分类

（1）真菌的分类

根据生物化学、细胞壁组分和 DNA 序列分析的分子系统学研究结果,第 8 版《真菌字典》(英国国际真菌研究所,1995)将原来的真菌界(广义)划分为原生动物界、藻类界和真菌界(狭义,现代的概念)。现代概念的真菌界仅包括壶菌门、接合菌门、子囊菌门和担子菌门 4 个门。卵菌门、丝壶菌门和网黏菌门被发现与硅藻门和褐藻门具有近缘关系,被认为属于藻类界,而其他黏菌被认为属于原生动物。尽管如此,由于它们和狭义的真菌界类群在形态学、营养方式和生态学等方面的相似性,仍被真菌学家作为广义的真菌来研究。按照真菌的形态结构可将其分为酵母、霉菌和蕈菌三大类。

酵母指个体多以单细胞状态存在,能发酵糖类产能,细胞壁常含甘露聚糖,喜在含糖量较高的偏酸性环境中生长的真菌。酵母菌无性繁殖分为出芽繁殖、裂殖或产生无性孢子 3 种,有性生殖以形成子囊(ascus)和子囊孢子(ascospore)的方式进行。酵母的生活史有 3 种类型:单倍体型、双倍体型和单双倍体型。通常双倍体营养细胞大,生命力强,发酵工业上多利用双倍体细胞进行生产,如啤酒酵母(*Saccharomyces cerevisiae*)。

霉菌(mould,mold)属于丝状真菌(filamentous fungi),指在营养基质上形成绒毛状、棉絮状或蜘蛛网形丝状菌体的真菌。菌丝体很发达,可以分为气生菌丝、基内菌丝和生殖菌丝,生殖菌丝上还生有孢子。菌丝大多有隔膜,无隔膜的菌丝中有许多核分散在细胞质内,称为多核菌丝。

蕈菌也称大型真菌,是真菌中比较高等的一类,因为它的个体比较大而得名。蕈菌由大量菌丝紧密结合形成真菌的大型子实体,如蘑菇、木耳等。大型真菌的形态多样,有伞状、笔状、花朵状、舌状、树枝状,有些还有形似网裙的菌裙。对于大型真菌来说,一个突出的特征是,菌丝的隔膜有陷孔结构。菌丝细胞常有两个核,称为双核结构。在分类上大多属于担子菌亚门和子囊菌亚门。

（2）真核微藻的分类

自然界中的真核微藻种类繁多,目前对其分类也没有达成一致,在这里把真核微藻分为以下几个门。

1）金藻门

金藻门(Chrysophyta)包括 1 个金藻纲,下分 5 个目:①金胞藻目(Chrysomonadales);②根金藻目(Rhizochrysidales);③金囊藻目(Chrysocapsales);④金球藻目(Chrysosphaerales);⑤褐枝藻目(Phaeothamniales)。金藻门(Chrysophyta)约有 200 属,1 000 种,常见的有合尾藻属(*Synura*)和钟罩藻属(*Dinobryon*)。

金藻门微藻通常为单细胞,有的集成球状群体或分枝丝状体。能运动的种类,多数具

2条鞭毛,少数为1条或3条,细胞裸露或表面具硅质化的鳞片、小刺或囊壳。不能运动的种类,具有由2个半片套合成的壁,壁的主要成分为果胶质。

2)硅藻门

硅藻门(Bacillariophyta),有16 000多种,分为中心硅藻纲(Centricae)和羽纹硅藻纲(Pennatae)两个纲。中心硅藻纲有3个目:圆筛藻目(Coscinodiscales)、根管藻目(Rhizoleniales)和盒形藻目(Biddulphiales)。羽纹硅藻纲有5个目:无壳缝目(Araphidionales)、单壳缝目(Monoraphidiales)、短壳缝目(Raphidionales)、双壳缝目(Biraphidinales)、管壳缝目(Aulonoraphidinales)。硅藻门中常见的属有直链藻属(*Melosira*)、根管藻属(*Rhizosolenia*)、桥弯藻属(*Cymbella*)、双菱藻属(*Surirella*)和舟形藻属(*Navicula*)等。

硅藻门微藻通常为单细胞或单细胞的群体,少数几种为丝状体。但是无论丝状体或非丝状群体,细胞间结合并不十分紧密,每个细胞都可以单独生活。细胞壁由硅质($SiO_2 \cdot nH_2O$)和果胶质组成,无纤维素。硅质渗入果胶质中,因此细胞壁相当坚硬,称为硅藻壳(frustule)。果胶层常相互黏结形成群体。细胞壁为两瓣套合,盖合的一瓣称为上壳,被盖合的一瓣称为下壳,瓣的上面称为瓣面,瓣面上有左右对称或辐射对称的花纹,两瓣的侧面,套合成双层的部分称为带面,上、下壳面上花纹的排列方式是分类的依据。

3)甲藻门

甲藻门(Pyrrophyta),约1 000种,分纵裂甲藻纲(Desmophyceae)和横裂甲藻纲(Dinophyceae)两个纲。纵裂甲藻纲有原甲藻目(Prorocentrales)1个目。横裂甲藻纲分5个目:多甲藻目(Peridiniales)、变形甲藻目(Dinamoebidiales)、胶甲藻目(Gloeodiniales)、球甲藻目(Dinococcales)和丝甲藻目(Dinotrichales)。代表属有多甲藻属(*Peridinium*)和角甲藻属(*Ceratium*)。

甲藻门微藻多为单细胞,呈球形、三角形或针形,具有背腹之分,有2条不等长的顶生或侧生鞭毛,排列不对称,少数为群体或分枝的丝状体。细胞裸露或有细胞壁,壁薄或壁厚且硬。有细胞壁的种类常分两类:一类为纵裂甲藻,其细胞壁由左、右两个对称的半片组成,无纵沟和横沟,如原甲藻属;另一类为横裂甲藻,由多个板片组成(板片的数目以及排列方式不同,可作为分类的依据),多具1横沟和1纵沟,如多甲藻属。

4)裸藻门

裸藻门(Euglenophyta)又称眼虫藻门(Euglena),全世界约40属,1 000多种。我国记录有20属,约300种。由于裸藻门、绿藻门、金藻门及甲藻门中的一些种类,在营养时期具鞭毛,因此有人将它们合称为鞭毛藻类,鞭毛藻的构造和习性兼有动物和植物的特征,可能是动、植物的共同祖先。

裸藻门是较低等的一个类群,绝大多数种类都是无细胞壁的裸细胞,原生质体表层不同程度地硬化成为表质,因而得名。藻体除个别种类为树状群体外,绝大多数是具鞭毛游动型的单细胞,鞭毛大多为1条或2条,极少为3条或3条以上。裸藻可分成绿色和无色两种类型,在绿色种类中细胞内有载色体,含有叶绿素a和b、β-胡萝卜素和叶黄素。裸藻大部分种类为无色类型,营腐生生活,或为动物的营养方式,能吞食固体食物。

5)黄藻门

黄藻门(Xanthophyta),约400种,一般分成5个或6个目:①异鞭藻目(Heterochloridales);②异囊藻目(Heterogloeales);③柄球藻目(Mischococcales);④黄丝藻目(Tribonematales)或为异丝藻目(Heterochloridales);⑤无隔藻目(Vaucherialis)或为气球藻目(Botrydiales);⑥根黄藻目(Rhizochloridales)。因黄藻含光合色素,细胞中贮藏的营养物质及细胞壁的构造与金藻有许多相似之处,所以有的分类学家将黄藻作为金藻门的一个纲,与金藻共同作为一个门。

黄藻门微藻为单细胞、群体、多核管状或多细胞丝状体。单细胞类型和群体中的单个细胞,细胞壁多数由2个相等或不相等的U形半片套合组成;而管状或丝状体类型,细胞壁由2个H形半片套合组成。细胞壁主要成分为果胶质。能运动的细胞和生殖细胞具2条不等长的鞭毛,故亦称黄藻为异鞭毛藻。

6)绿藻门

绿藻门(Chlorophyta)是藻类中最大的一门,有350属5 000~8 000种。对于绿藻门的分纲,有多种观点:有的划分为6个纲(轮藻、羽藻、接合藻、鞘藻、绿藻等),有的划分为4个纲(绿藻、轮藻、接合藻、鞘藻),有的划分为3个纲(绿藻、接合藻、轮藻),有的划分为两个纲(绿藻纲、轮藻纲)。

绿藻门微藻多为单细胞、群体、丝状体或叶状体。少数单细胞和群体类型的营养细胞前端有鞭毛,终生能运动。绝大多数绿藻的营养体不能运动,只在繁殖时形成游动孢子和配子,有鞭毛,能运动。绿藻细胞的细胞壁分两层,内层主要成分是纤维素,外层是果胶质,常常黏液化。

上述真核微藻与几种原核微藻的特征比较见表1-3。

(3)原生动物的分类

已经记录的原生动物约有50 000种,其中约有20 000种为化石种。对于原生动物的分纲,动物学家是有争议的,本书采用被专家广泛接受的看法,将原生动物分为以下5个纲。

1)鞭毛虫纲

鞭毛虫纲(Mastigophora)可以分为两个亚纲:植鞭毛亚纲(Phytomastigina)及动鞭毛亚纲(Zoomastigina)。植鞭毛亚纲通常具有2根鞭毛,体表为皮膜或纤维素细胞壁,无性生殖或有性生殖,自由生活,具有色素体,可通过光合作用进行植物性营养,主要食物贮存物为淀粉及副淀粉。动鞭毛亚纲具有一到数根鞭毛,体表只有细胞膜,不进行有性生殖,没有色素体,进行动物性营养或腐生性营养,食物贮存物为糖元,除少数种类自由生活外,多数种类在多细胞动物体内营共生或寄生生活。

鞭毛虫纲原生动物为单细胞,有一根或多根鞭毛,用于运动和收集食物。少数有伪足。形态为圆、长圆、波状和梭形等。普遍存在孢囊。大多数具有一个大的细胞核,位于身体的近后端,少数种类具有2个核,核内有核内质(endosome)。眼虫的细胞核在分裂间期时染色质浓缩,分裂过程中不形成纺锤体,核膜不消失,这是很原始的现象。无性繁殖为纵裂,有性繁殖少见。

表1-3 几种原核微藻与真核微藻的特征比较

类别	蓝藻门	原绿藻门	金藻门	硅藻门	甲藻门	裸藻门	黄藻门	绿藻门
细胞核	原核	原核	真核	真核	真核	真核	真核	真核
叶绿素	a	a,b	a,c_1,c_2	a,c_1,c_2	a,c_2	a,b	a,c	a,b
藻胆蛋白	c-藻蓝蛋白,c-藻红蛋白,别藻蓝蛋白	无	无	无	无	无	无	无
胡萝卜素类	β-胡萝卜素	β-胡萝卜素	β-胡萝卜素及其他	α,β,ε-胡萝卜素	β-胡萝卜素,甲藻素等	β-胡萝卜素	β-胡萝卜素等	β,γ-胡萝卜素等
叶黄素类	束丝藻黄素,束丝藻叶黄素,金黄藻素,蓝藻黄素等	玉米黄素,β-隐藻黄素,海胆烯酮	岩藻黄素,叶黄素等	硅甲藻素,硅藻黄素,岩藻黄素	硅甲藻素,甲藻黄素,多甲藻素等	虾青素,叶黄素,新叶黄素等	硅甲藻素	叶黄素,新叶黄素,菜菜黄素,玉米黄素
类囊体系数	1	1	3	3	3	3	3	3~6
类囊体内质膜数	—	—	2	2	1	1	2	0
同化产物	蓝藻淀粉	—	金藻昆布糖	金藻昆布糖	淀粉	裸藻淀粉	金藻昆布糖	淀粉(植物淀粉)
贮藏物质处	—	—	叶绿体外	叶绿体外	叶绿体外	叶绿体外	叶绿体外	叶绿体内
鞭毛数型及分类型	无鞭毛	无鞭毛	1条多茸或2条不等长,1条无茸,1条多茸,皆前端伸出	1条多茸,前端伸出	2条等长,1条多茸,前端生或侧生	2条不等长,其中1条多茸	2条不等长,1条无茸,前端伸出	2条或4条,等长,均无茸,前端伸出
无性繁殖	细胞裂殖或不动孢子(内生、外生孢子,原壁孢子),营养细胞的聚集(藻殖段)	细胞二分裂	细胞二分裂产生1条鞭毛的游动孢子或不动孢子或内壁孢子	营养细胞分裂为上、下二壳,复大孢子	细胞二分裂形成游动孢子,不动孢子	细胞二分裂	细胞二分裂,1条鞭毛的游动孢子或内壁孢子	裂殖,碎断,游动孢子,不动孢子
有性繁殖	无	无	同配	同配,异配或卵配	同配或异配	—	同配,异配或卵配	同配,异配或卵配

注:"—"表示尚未发现或证实。

2）纤毛虫纲

纤毛虫纲（Ciliata）是原生动物中种类最多，结构最复杂的一个纲。纤毛虫纲原生动物大多数为单体自由生活，少数群体营固着生活，也有少数营共生或寄生生活。体长一般为 10～3 000 μm。最熟悉的代表有草履虫（*Paramecium caudatum*）及四膜虫（*Tetrahymena*）。草履虫是在自然水体中常见的种类，常被作为医学、生物学教学、研究的实验动物。肾形虫（*Colpoda*）、榴弹虫（*Coreps*）、栉毛虫（*Didinium*）、喇叭虫（*Stentor*）、头毛虫（*Ophryoscolecidae*）、口帆虫（*Pleuronematidae*）、棘尾虫（*Stylonychia*）等虫体也是组成水体浮游生物的种类。

纤毛虫纲原生动物成体或在生活周期的某个时期具有纤毛，并以纤毛为其运动及取食的细胞器。最外表有一层表膜，有的种类是一层很薄的薄膜，草履虫及许多高等的种类表膜呈现整齐排列的突起及凹陷的六角形小区。

3）肉足虫纲

肉足虫纲（Sarcodina）最主要的特征是虫体的细胞质可以延伸形成伪足，伪足是其运动及取食的细胞器。肉足虫体表具有一层很薄的细胞膜，使虫体有很大的弹性，可以改变虫体的形状，并做变形运动（amoeboidmovement）。肉足虫纲结构简单，有较少的细胞器，似乎是最原始的原生动物，但许多种类有复杂的"骨骼"结构，均为异养，生活史中出现带鞭毛的配子时期，所以肉足虫纲可能比鞭毛虫纲更进化。

肉足虫纲多数种类单体自由生活，少数种类群体生活，极少数种类营寄生。常见的类群有大变形虫（*Amoeba proteus* Pallas）、痢疾内变形虫（*Entamoeba histolytica* Schandinn）、有孔虫（Foraminifera）、放射太阳虫（*Actinophrys sol* Ehrenberg）、光球虫（*Actinosphaerium eichhorn* Ehrenberg）等。

4）孢子虫纲

孢子虫纲（Sporozoa）全部营寄生生活，广泛寄生于低等的多细胞动物到脊椎动物的各类动物体内。一些种类表现出很强的寄主专一性。一般具有 1～2 个寄主，中间寄主可能是蚊、蝇、蛭类等，终寄主多数是人类、黑猩猩、猴、鸡、鼠等脊椎动物，在寄主体内的寄生部位为血细胞、肌肉细胞、体腔、肠道、膀胱等体内空间。生殖方式及生活史相当复杂，有孢子虫阶段和配子阶段。有些种类的孢子虫无细胞壁，靠滑动和细胞伸曲运动。孢子虫的代表为疟原虫，为疟疾病原体。

5）丝孢子虫纲

丝孢子虫纲（Cnidospora）是无脊椎动物及低等脊椎动物体内的寄生原虫，生活史简单。生活史中也具有孢子阶段，但孢子具极囊（polar capsule），每个极囊内有盘卷的极丝（polar filament），或孢子仅有极丝而无极囊。极丝附着在寄主组织上营寄生生活。丝孢子虫纲可分为两个亚纲。

黏孢子亚纲（Myxospora）黏孢子虫主要是鱼类体表或体内寄生的原虫，也可在其他冷血脊椎动物中寄生。生活史中有孢子阶段，其孢子由 2～3 个瓣组成，中间连接处有缝线（sutura）。孢子内有 1～6 个极囊（多数为 2 个）。常见的代表种有碘孢虫（*Myxobolus*）、黏体虫（*Myxosoma*）。

微孢子亚纲（Microspora）微孢子虫主要寄生于节肢动物，特别是昆虫的肠上皮细胞、肌肉及其他器官,也可寄生于其他无脊椎动物及低等脊椎动物。微孢子虫的孢子极小,很少超过 5 μm,故名微孢子虫。无极囊,但具有盘旋的极丝。

1.6 病毒

病毒(Virus)是一类原始的、有生命特征的、能自我复制和严格细胞内寄生的非细胞生物。现将病毒区别于其他生物的主要特征归纳如下:①无细胞结构。仅含有一种类型的核酸(DNA 或 RNA),至今尚未发现二者兼有的病毒;②大部分病毒没有酶或酶系统极不完全,不含催化能量和物质代谢的酶,不能进行独立的代谢作用;③严格的活细胞内寄生,没有自身的核糖体,不能生长也不进行二均分裂,必须依赖宿主细胞进行自身的核酸复制,形成子代;④个体极小,能通过细菌滤器,在电子显微镜下才可看见;⑤对一般抗生素不敏感,但对干扰素敏感。

1.6.1 病毒的形态与大小

病毒一般呈球形或杆状,也有呈卵圆形、砖形、丝状和蝌蚪状等形态的。如腺病毒为球形,烟草花叶病毒为杆状。细菌病毒又称噬菌体,多为蝌蚪形,也有微球形和丝状的。大肠杆菌 T 偶数噬菌体为蝌蚪形,而大肠杆菌噬菌体 fd 为丝状,X174 为球形。

绝大多数病毒都能通过细菌过滤器,直径为 20~200 nm,必须用电子显微镜才能观察到。可粗略认为,病毒、细菌和真菌这 3 类微生物个体直径比为 1∶10∶100。

1.6.2 病毒的结构和化学组成

病毒的个体称为病毒粒子(virion),即毒粒,是指一个结构和功能完整的病毒颗粒,主要由核酸和蛋白质组成。核酸位于病毒粒子的中心,组成病毒的核心,是病毒感染宿主的物质基础。一种病毒只含有一种类型的核酸(DNA 或 RNA)。核酸可以是单股的,也可能是双股的;可以是线状的,也可以是环状的。大多数病毒只含有一个核酸分子,即基因组为单倍体。只有逆转录病毒(retroviruses)的 RNA 基因组为二倍体。

蛋白质包围在核心周围,构成病毒粒子的壳体(toxicyst)。壳体是指围绕病毒核酸并与之紧密相连的蛋白质外壳,由许多壳粒(capsomere)组成。壳粒是指在电子显微镜下可以辨认的组成壳体的亚单位,由一个或多个多肽分子组成。核酸和壳体合称为核壳体(nucleocapsid)。最简单的病毒就是裸露的核壳体。病毒形状往往是由于组成外壳蛋白的亚单位种类不同而致,主要有螺旋对称结构、二十面体对称结构和复合对称壳体。此外,某些病毒的核壳体外,还有一层包膜(envelope)结构。包膜也称封套或囊膜,指包被在病毒核壳体外的一层薄膜,主要成分为磷脂。包膜对一些脂溶剂如乙醚、氯仿和胆盐等敏感。有包膜的病毒有利于其吸附寄主细胞,破坏宿主细胞表面受体,从而易于侵入细胞。

1.6.3 病毒的增殖

病毒的增殖方式与细胞型微生物不同。病毒是专性活细胞内寄生物,缺乏生活细胞所具备的细胞器(如核糖体、线粒体等)以及代谢必需的酶系统和能量。增殖所需的原料、能量和生物合成的场所均由宿主细胞提供,在病毒核酸的控制下合成自身的核酸(DNA

或 RNA)与蛋白质等成分,然后在宿主细胞的细胞质或细胞核内装配为成熟的、具感染性的病毒粒子,再以各种方式释放至细胞外感染其他细胞,这种增殖方式称为复制(replication)。从单个病毒吸附开始至所有病毒释放的整个过程称为复制周期(replicative cycle)。一个感染细胞一般释放的病毒数为 100～1 000。无论是动物病毒、植物病毒或噬菌体,繁殖过程虽不完全相同,但基本相似。绝大多数病毒复制过程可分为以下六步:吸附、侵入、脱壳、增殖、组装和释放。

1)吸附(adsorption,attachment):吸附是决定感染成功与否的关键环节,需要病毒表面特异性的吸附蛋白(virus attachment protein,VAP)与细胞表面受体(也称为病毒受体,virus receptor)相互作用。在 0℃～37℃内,温度越高病毒吸附效率也越高,整个过程可在几分钟到几十分钟的时间内完成。

2)侵入(penetration,injection):病毒通过注射式侵入、细胞内吞、膜融合以及其他特殊的侵入方式进入宿主细胞。

3)脱壳(uncoating):病毒感染性核酸从衣壳内释放出来的过程。有包膜的病毒脱壳包括脱包膜和脱衣壳两个步骤,无包膜病毒只需脱衣壳,方式因病毒而异。

4)增殖(replication):包括核酸的复制和蛋白质的生物合成。病毒借助宿主细胞提供的原料、能量和场所合成核酸和蛋白质,所需的多数酶也来自宿主细胞。

5)装配(assembly):病毒的结构成分(核酸与蛋白质)分别合成后,在细胞核内或细胞质内组装成核衣壳。绝大多数 DNA 病毒在细胞核内组装,RNA 病毒与痘病毒类则在细胞质内组装。

6)释放(release):病毒粒子从被感染的细胞内转移到外界的过程。释放主要有两种方式:破胞释放和芽生释放。有些病毒如巨细胞病毒,往往通过胞间连丝或细胞融合方式,从感染细胞直接进入另一正常细胞,很少释放于细胞外。

1.6.4 病毒的分类

为了使病毒种类得到科学的命名和分类,国际病毒分类委员会(International Comittee on Taxonomy of Viruses,ICTV)已提出和多次修订了病毒的命名和分类原则。1996年国际病毒命名分类协会讨论决定:不论病毒的寄主是动物、植物还是微生物,都归为一个界。病毒分类的依据包括形态学特征、理化性质、基因组性质与结构、蛋白质数目与功能、寄主范围、抗原性、致病性等。

国际病毒分类系统采用目、科、属、种的分类单元,目的后缀为"virales",科的后缀为"viridae"、亚科后缀"virrinae"、属后缀"virus"。病毒的命名没有明确的规定,可以说比较混乱,所依据的特点也不尽相同,有待进一步规范。

根据 2005 年出版的《病毒分类:国际病毒分类委员会第八次报告》(*Virus Taxonomy：Eighth Report of the International Committee on Taxonomy of Viruses*),超过 5 450株病毒可以归类到 3 个病毒目、73 个病毒科、9 个病毒亚科、287 个病毒属。图 1-5 给出了国际病毒分类系统示意图。

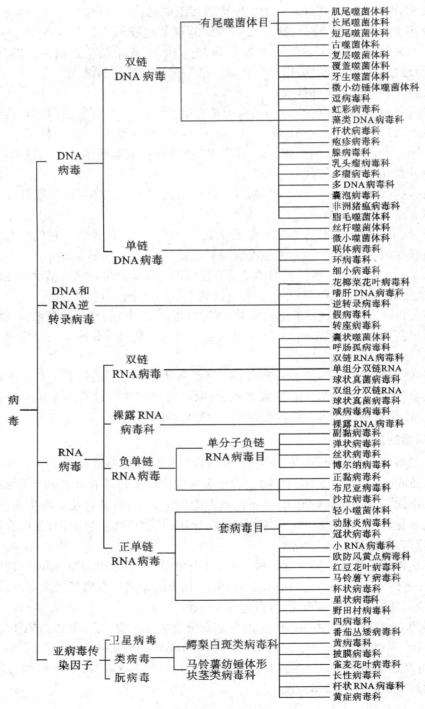

图 1-5　国际病毒分类系统图示

1.6.5 亚病毒

亚病毒(subvirus)是一类比病毒更为简单,仅具有核酸与蛋白质二者之一,能够侵染动植物的分子病原体。包括类病毒、朊病毒、拟病毒和卫星 RNA。

(1)类病毒

类病毒(Viroid)是一类能感染某些植物致病的单链闭合环状的单链 RNA 分子,是目前已知最小的可传染的致病因子。类病毒基因组小,通常含有 246～399 个核苷酸,相对分子量为 0.5×10^5～1.2×10^5,是已知的最小 RNA 卫星环死病毒大小的 1/4。1971 年首次报道的马铃薯纺锤形块茎病类病毒(PSTV)只有 359 个核苷酸,最小的草矮生类病毒(HSV)仅含 290～300 个核苷酸,较大的柑橘裂皮病类病毒(CEV)亦只含 371 个核苷酸。目前关于类病毒的感染和复制机理尚不清楚。

(2)朊病毒

朊病毒(Prion)亦称蛋白侵染子(proteinaceous infectious particle),是一种比病毒小、不含有核酸的侵染性蛋白质分子。纯化的感染因子称为朊病毒蛋白(Prion protein,PrP)。致病性朊病毒用 PrP^{SC} 表示,它具有抗蛋白酶 K 水解的能力,可特异地出现在被感染的脑组织中,呈淀粉样存在。许多致命的哺乳动物中枢神经系统机能退化症均与朊病毒有关,如人的库鲁病(Kuru,一种震颤病)、克雅氏症(Creutzfeldt-Jakob Disease,CJD,一种早老年痴呆病)、致死性家族失眠症(Fatal Familiar Insomnia,FFI)和动物的羊瘙痒病(Scrapie)、牛海绵状脑病(Bovine Spongiform Encephalopathy,BSE,或称疯牛病 mad cow disease)、猫海绵状脑病(Feline Spongifoem Encephalopathy,FSE)等。

(3)拟病毒

拟病毒(virusoid)又称类类病毒(viroid-like)或卫星病毒(satellite virus),是指一类包裹在真病毒粒中的有缺陷的类病毒。拟病毒极其微小,一般仅由裸露的 RNA(300～400 个核苷酸)或 DNA 组成。被拟病毒"寄生"的真病毒又称辅助病毒(helper virus)。

拟病毒在核苷酸组成、大小和二级结构上均与类病毒相似,而在生物学性质上却与卫星 RNA 相同,如:①单独没有侵染性,必须依赖于辅助病毒才能进行侵染和复制,其复制需要辅助病毒的协助。②其 RNA 不具有编码能力,需要利用辅助病毒的外壳蛋白,并与辅助病毒基因组 RNA 一起包裹在同一病毒粒子内。③卫星 RNA 和拟病毒均可干扰辅助病毒的复制。④卫星 RNA 和拟病毒同辅助病毒基因组 RNA 比较,它们之间没有序列同源性。根据卫星 RNA 和拟病毒的这些共同特性,现在有许多学者将它们统称为卫星 RNA 或卫星病毒。

参考文献

李素玉. 2005. 环境微生物分类与检测技术. 北京:化学工业出版社

刘志恒. 2002. 现代微生物学. 北京:科学出版社

马迪根 M T,马丁克 J M,帕克 J. 微生物生物学. 杨文博,等译. 2001. 北京:科学出版社

沈萍. 微生物学. 2000. 北京:高等教育出版社

谢天恩,胡志红. 2002. 普通病毒学. 北京:科学出版社

杨苏生,周俊初. 2004. 微生物生物学. 北京:科学出版社

周德庆. 2002. 微生物学教程(第二版). 北京:高等教育出版社

Banwart G J. 1997. Basic Food Microbiology. 3th ed. Avi

Black J G. 1999. Microbiology. 4th ed. Prentice Hall

Garrity G. Appendix 2. 2000. Bergey's manual of Systematic Bacteriology. In Madigan M T, Martinko J M and Parker J. (eds). Brock Biology of Microoganisms. 9th ed. Prentice Hall

James M Jag. 1996. Modern Microbiology. 5th ed. Vnr

Nicklin J, Paget T, Graeme-Cook K, et al. 1999. Instant Notes in Microbiology. Bios Scientific Publishers Limited

Pelczar M J. 1993. Microbiology. McGraw-Hill Inc

Prescott L M, John H, Donald K. 1999. Microbiology 4th ed. WCB McGraw-Hill

2. 海洋环境与生态系统

2.1 海洋环境的概念

海洋面积达 $3.6 \times 10^8 \text{ km}^2$，约占地球表面积的 71%，是地球上最大的水体地理单元。据生物学家统计，迄今为止，在海洋中发现并命名的生物有 100 多万种，这些海洋生物在海洋中的分布取决于海洋环境。海洋环境是指由海洋中生物群落及非生物自然因素组成的各种生态系统所构成的整体，包括海水、生活于其中的生物、海面附近的大气、海洋周围的海岸以及海底泥土等组成的统一整体。

2.2 海洋环境的分区

从总体来看，海洋是一个连续整体，但在不同区域，其环境因素往往差别很大。根据环境因素特点，可对海洋进行不同层次的分区。从水平方向来看，可将海洋分为海区和大洋区；从垂直方向来看，可将大洋区分为上层、中层、深海、深渊和超深渊。图 2-1 给出了海洋环境分区的示意图。

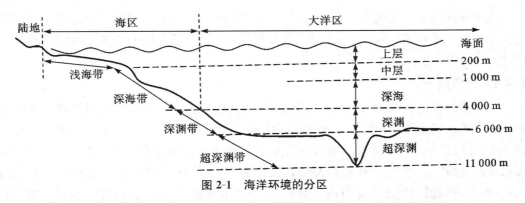

图 2-1　海洋环境的分区

海区面积约占海洋面积的 11%，海区平均深度可以从几米到两三千米。由于海区临近陆地，海水的温度、盐度、颜色和透明度等受陆地因素影响较大。大洋区是海洋的主体，其面积约占海洋面积的 89%，而且海水较深，最深处可达 1 万多米。大洋离陆地遥远，几乎不受陆地的影响，水文和盐度变化不大。世界各大洋都有自己独特的洋流和潮汐系统。大洋的水色蔚蓝，透明度高，水中的杂质很少。

对于临近陆地的浅海带，海水光线充足，还含有从陆地获得的无机盐等营养物质，这里初级生产力非常高，生物多样性极为丰富，不仅生活着大量的海洋植物（如大型海藻、海草等）和光合微生物，还生活着各种海洋动物（如鱼、虾、贝、蟹等）和大量的非光合微生物。

而在大洋区上层,光合微生物为浮游生物中主要成分。在深海及其以下区域,这里无光照,温度低,压力大,此区域生活着大量的低等无脊椎动物。

2.3　海洋环境的特性

海洋环境具有三大特性。

（1）整体性与区域性

海洋环境的整体性又称海洋环境的系统性,指由海洋环境的各个组成部分或要素构成的一个完整系统。海洋环境的区域性又称海洋区域环境,指不同地理位置的海洋区域环境具有很大的特性差异。

（2）变动性和稳定性

海洋环境的变动性指环境的内部结构和外在状态在自然和人为因素的作用下,不断发生变化的特性。海洋环境的稳定性指海洋环境系统本身具有一定的自我调节能力,只要人类活动对环境的影响不超过环境的自净能力时,海洋环境可以通过自身的调节、净化,使这些变化和影响逐渐消失,并恢复其结构和功能。

（3）海洋环境容量大

全球海洋的容积约为 1.37×10^9 km³,相当于地球总水量的 97% 左右。

2.4　海水的性质

人类在陆地上发现的 100 多种元素,在海水中可以找到 80 多种,并且组成生命的元素在海水里几乎都能找到。不仅如此,海水中还含有种类繁多的无机、有机物质和溶解气体等。

2.4.1　无机离子

海洋中的无机离子对海洋生物有重要意义,其中很多离子是海洋初级生产力的限制因子,如 PO_4^{3-}、Mg^{2+} 等。海水中无机离子的多少,通常用海水盐度来表示。海水盐度是指在 1 kg 海水中的溴和碘全部被当量的氯置换,所有的碳酸盐全部氧化之后海水中所含无机盐的克数(g),或简单地定义为溶解于 1 kg 海水中的全部可溶性无机物的总质量(g)。海水的盐度是海水含盐量的定量量度,是海水最重要的理化特性之一,它与沿岸径流量、降水及海面蒸发密切相关。

一般来说,赤道附近盐度低,南北回归线附近盐度最高;在中纬度海区,盐度随纬度升高而降低。形成这种分布状况的原因是:赤道地区降水量大于蒸发量,而在南、北纬 20° 附近,处于信风带,天气稳定而干燥,蒸发量大大超过降水量;在高纬度海区,蒸发量有所减少,而降水量又有所增加,再加上融冰的影响,盐度降得更低。根据海水中离子的含量,海洋中的无机离子可分为主要离子和次要离子。

（1）主要离子

一般把海水中浓度大于 1 mg/L 的离子,称为主要离子(major ions),其中四种最主

要的离子分别是 Cl^-、Na^+、SO_4^{2-} 和 Mg^{2+}。表 2-1 是盐度为 35 的海水的部分主要离子及其含量(引自 Chemical Oceanography, Second Edition, Millero F J, 1996),其中 Cl^-、Na^+、SO_4^{2-}、Mg^{2+} 分别约占海水总离子量的 55%、30%、7.8% 和 3.7%。主要离子是海水中无机物的主要组成部分,其含量变化与盐度变化呈正相关。

表 2-1　海水中部分主要离子及其浓度(盐度为 35)

种类	浓度(mg/L)
Cl^-	19 000
Na^+	10 500
SO_4^{2-}	2 700
Mg^{2+}	1 280
Ca^{2+}	412
K^+	399
HCO_3^-	110
Br^-	67
CO_3^{2-}	20
Sr^{2+}	7.9
$B(OH)_3 + B(OH)_4^-$	5
F^-	1.3

(2)次要离子

海水中,相对于主要离子而言含量较少的离子称为次要离子(minor ions)。通常次要离子在海洋特定区域具有非常重要的意义,多种次要离子与海洋生物量紧密相关。例如,某海域的生物量高,则该海域某些次要离子就会被耗尽。这些和生物量紧密联系在一起的次要离子常被认为是"有营养的"离子。表 2-2 是盐度为 35 的海水的部分次要离子及其含量(引自 Chemical Oceanography, Second Edition, Millero F J, 1996)。

表 2-2　海水中部分次要离子及其浓度(盐度为 35)

种类	浓度(mg/L)
Li^+	0.17
Rb^+	0.12
$H_2PO_4^- + HPO_4^{2-} + PO_4^{3-}$	0.0~0.3
IO_3^-	0.03~0.06
I^-	0~0.03
Ba^+	0.004~0.02
Al^{3+}	0.000 14~0.001
$Fe^{2+} + Fe^{3+}$	0.000 006~0.000 14
Zn^{2+}	0.000 003~0.000 6

人造海水(artificial seawater)是人们根据天然海水成分而配制的海水。表 2-3 列举了一种人造海水的配方(引自 Chemical Oceanography, Second Edition, Millero F J, 1996)。

表 2-3　人造海水的配方*

名称	质量($\times 10^{-3}$ kg)
氯化钠	23.98
氯化镁	5.029
硫酸钠	4.01
氯化钙	1.14
氯化钾	0.699
重碳酸钠	0.172
溴化钾	0.100
硼酸	0.025 4
氯化锶	0.014 3
氟化钠	0.002 9

*:水和化合物的总重量为 1 kg。

2.4.2　有机物

海水中有机物种类很多,主要以非生命状态和生命状态两种形式存在于海洋中,它们对海洋生物的分布、沉积物的氧化还原状态等有着直接影响。

(1)非生命状态的有机物

海洋学者通常把海洋中非生命状态的有机物分成溶解有机物质(dissolved organic materials,DOM)和颗粒有机物质(particulate organic materials,POM)。所有能通过 0.45 μm 过滤器的有机物质被认为是 DOM,而不能通过的有机物质则是 POM。DOM 主要来源于海洋动物的分泌物和排泄物、动植物残体分解物、微生物代谢产物和陆地。DOM 中所包括的有机物种类繁多、结构复杂。目前研究较多的有氨基酸、碳水化合物(包括单糖和多糖)、类脂化合物和维生素等。DOM 在近岸、河口区浓度较大洋中高,而大洋中 DOM 总的分布是表层水浓度较高,深层水浓度较低。此外,DOM 具有明显的季节性变化。POM 主要来自海洋动物的排泄物、动植物残体碎屑和陆地,其组成也非常复杂,一般是许许多多物质的混合体。POM 在适宜的条件下可以进一步分解,转变为 DOM。在大洋水中,POM 还通常结合着 40%～70%的硅、铁、铅、钙等无机物。

(2)生命状态的有机物

海水中生命状态的有机物主要指存在于海洋浮游生物活体中的有机物。浮游生物(Plankton)指的是在水流运动的作用下,被动地漂浮于水层中的生物群。海洋浮游生物可分为浮游古菌、浮游细菌和浮游真核生物三类。海洋浮游生物按个体大小又可分为六大主要类群(见表 2-4)。

表 2-4　海洋浮游生物的大小类别和种类组成

类别	体型大小	主要种类组成
超微型浮游生物（picoplankton）	$<5\ \mu m$	古菌、细菌、微球藻、小球藻、微金藻等
微型浮游生物（nanoplankton）	$5\sim50\ \mu m$	微型硅藻、甲藻、绿藻、黄藻
小型浮游生物（microplankton）	$50\ \mu m\sim1\ mm$	硅藻、蓝藻、原生动物、小型甲壳类、小型浮游幼虫、轮虫
中型浮游生物（mesoplankton）	$1\sim5\ mm$	中型水母、桡足类、枝角类、介型类、小型被囊虫、异足类、翼足类
大型浮游生物（macroplankton）	$5\sim10\ mm$	水母、大型桡足类、磷虾类、绒类、樱虾类、被囊类、毛颚类、异足类、翼足类
巨型浮游生物（megaplankton）	$>1\ cm$,最大可超过 1 m	大型水母（霞水母、僧帽水母）、大型甲壳类、大型被囊类（火体虫）

2.4.3　溶解气体

由于海洋和大气有广阔的交界面,大气层中的气体能不断溶入海水,同时海洋生物的活动也产生了很多种类的溶解气体,包括 CH_4、H_2S、O_2 等。表 2-5 是 25℃时海水中所含的部分种类溶解气体及其浓度(引自 Chemical Oceanography, Second Edition, Millero F J,1996)。

表 2-5　25℃时海水中所含的部分种类的溶解气体

气体	浓度(mg/L)
CO_2(以 CO_3^{2-} 和 HCO_3^- 形式存在)	100
N_2	10.7
O_2	6.6
Ar	0.40
Ne	1.3×10^{-4}
He	6.6×10^{-6}
Kr	1.85×10^{-4}
Xe	3.8×10^{-5}

(1)氧气

大气中氧气的溶入和海洋植物光合作用产生的氧气是溶解氧的主要来源。海水所含的溶解氧浓度一般为 $0\sim8.5\ mg/L$,随温度上升而减少,随盐度的增加也呈减少趋势,并且不同深度海域所含的溶解氧浓度也不同。图 2-2 为多数海域海水中溶解氧的垂直分布示意图。在距海平面 100 m 以内的海域中,海水由于与空气接触,加上浮游植物的光合作用比较旺盛,海水中氧气的浓度较高,并随深度增大而提高。在 100 m 以下到 1 000 m 之间,海水中氧气的含量则呈有规则的下降,这是因为从上层沉降的有机物颗粒多集中在此,由于动物呼吸及细菌的分解作用耗氧巨大,而下层富含氧气的水又未能补充到这里,所以这层氧气含量最低。当水深超过 1 000 m 后,氧气含量并不随深度的增加而继续下降,反而是在最小值后又开始上升。这主要是由于大洋下层潜流着从极区表层下沉而来的低温富氧的水团,且此海域生物量较少,生物耗氧也较少。

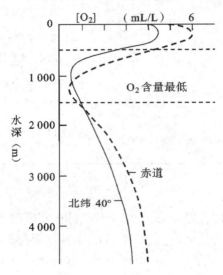

图 2-2　海水中溶解氧的垂直分布示意图(引自 Pinet P R,1999)

（2）二氧化碳

海洋是二氧化碳储存库,海洋中二氧化碳的含量一般为 34～56 mg/L。海洋中二氧化碳的来源包括:从空气中溶入、有机物的氧化分解、微生物和动植物的呼吸作用、少量碳酸钙的溶解。据估计,全球海水每年从大气吸收的二氧化碳占全球二氧化碳总排放量的 1/3 左右,约为 20 亿吨。海洋二氧化碳的消耗主要是海洋植物的光合作用,此外碳酸钙的形成也消耗二氧化碳。

海水中所含二氧化碳总量的变化导致了海水 pH 值的改变,其主要化学反应式为

$$CO_2 + H_2O \rightleftharpoons H_2CO_3 \rightleftharpoons HCO_3^- + H^+ \rightleftharpoons CO_3^{2-} + 2H^+$$

如果海水 H^+ 浓度增加,那么化学反应式向左方移动而降低海水中 H^+ 的浓度,反之化学反应则向右移动,所以说广袤的海洋是一个巨大的缓冲器。海水 pH 值一般为 7.0～8.5,但特殊环境中除外,如近岸海域由于受陆地水流影响,此区域的 pH 值有时会降低到 7.0 以下。

2.4.4　光照

光照对海洋生物有重要影响。一方面,海洋光合生物以光能为能源,光照直接影响光合生物的生物量与分布,另一方面,很多海洋生物对光的强度具有一定要求,如浮游动物

的昼夜垂直移动现象。海洋中的光来源于太阳光和生物发光,其中太阳光占绝对地位。海水对太阳光中不同波长的光线吸收不同(图 2-3),其中红外光和紫外光最易被海水吸收。

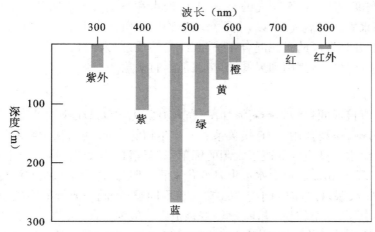

图 2-3　海水对不同波长的光吸收情况

由于海水中光的强度随深度迅速衰减,从垂直方向上可将海水分为三个层次。

透光层(真光层):有足够的光照,此层光合生物的光合生产量超过其呼吸消耗。透光层在不同海域是不同的,在清澈的海域深度可超过 150 m,而在沿海区域只有 20 m 甚至更少。

弱光层:位于透光层的下方,光线非常有限。此层中,光合生物的光合生产量少于其呼吸消耗。

无光层:在弱光层的下方一直到大洋底,此层没有从上方透入的有生物学意义的光,但有某些生物发出的光。

生物产生光的现象称为生物发光(bioluminescence)。海洋生物中,从细菌到脊椎动物几乎每一门类都有发光的生物,其中以具有特化发光器的鱼类、头足类、甲壳类发出的光最为明亮。深海中发光生物占的比例很大,据报道,深海鱼类约有 2/3 能发光,头足类约有 1/2 能发光。多数能发光的海洋生物是在受刺激后才发光的,但有些不受刺激也能连续发光,它们能发出某种颜色的光(有的生物能同时发出几种颜色的光),其中以绿光和蓝光最为普遍。

2.4.5　颜色

海水的颜色是由海水中的悬浮颗粒、海水的深度等因素决定的。绝大多数海水是蓝色的,但在某些海域海水却呈现其他颜色。例如,近岸海水中因悬浮物质增多,颗粒较大,对绿光散射较强,多呈浅蓝色或绿色,所以从远海到近岸水域,海水颜色依次由深蓝逐渐变浅。另外,由于某些原因还存在其他颜色的海水,分述如下。

红色:在位于印度洋西北部、亚非两洲之间的红海中,由于海水温度和盐度较高,生活着一种细小的红褐色海藻,这种海藻终年大量繁生,且对光有扩散反射作用,使得人们看到的海水呈红色。

白色:北冰洋的边缘海——白海的海水白如奶。由于这里的气候非常寒冷,有机物含量少,海面上几乎常年覆盖着细小的冰雪颗粒,对光的反射极强,给人的感觉是一片白色。

黑色:如黑海,其底层水是来自地中海的高盐水,密度较大,表层是来自顿河、第聂伯河等的淡水,密度较小。由于密度的差异,上层淡水和下层海水之间几乎不能发生交流,导致下层的海水中缺乏氧气,所以,上层海域生物遗体沉落在海底后不能很快腐烂,而变成黑色堆积物,并和海底的淤泥混合在一起,经光的反射,人们就看到黑海的海水是黑色的,加之黑海地区经常有阴雨和风暴,更增加了黑的感觉。

2.4.6 温度

海水温度直接或间接地影响着海洋里很多物理、化学以及生物地球化学过程,在海洋生物的生活中起着重要作用,并直接关系着海洋生物的分布,也直接影响着海洋生物的新陈代谢过程。海水温度主要取决于太阳的辐射,有显著的日变化、季节变化和海域差异,变化范围为$-2℃\sim40℃$。从海水温度日变化来看,开阔大洋表层昼夜水温变化一般发生在海面至 10 m 水深以内,波动小于 0.3℃。在不同季节,同一海域的表层水温由于热量收支不平衡而不同,夏季较高,冬季较低,变化范围一般为$±(6\sim7)℃$,但在受大陆气候影响的近岸浅水区变化较大。相对于日变化和季节变化来说,不同海域的海水温度相差较大。海水温度随纬度的增加而降低,并且在同纬度海区,有暖流流过的,水温要高些;有寒流流过的,水温要低些。在垂直方向上,海水温度随着深度的增加而降低,如图 2-4 所示。从图中还可看出,在某一深度范围内,海水温度随深度增加而急剧下降,此层被称为温跃层(thermocline)。另外,在一些特殊海区中,海水温度差异很大,如在海底热泉口区,水温高达 200℃以上。

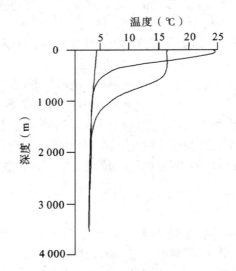

图 2-4　海水温度随深度变化示意图(引自 Pinet P R,1999)

2.4.7 密度

海水密度是指单位体积海水的质量(单位为 g/cm³),它随着海水的盐度、温度和压力的变化而变化。因为压力一般可以用深度来表示,所以对固定深度来说,海水的密度只随着海水温度和盐度而变化(随盐度的增加而增大,随温度的增高而减少)。例如,赤道地区的温度较高,盐度很低,所以表面海水的密度就很小,大约只有 1.023 0;由赤道向两极,海水的密度逐渐增大,在两极不但盐度高,而且水温低,所以海水的密度大,可以达到 1.027 0 以上。随着深度的增大,海水的密度也递增,但水深达 1 500 m 后,密度变化很小。

海水的密度还会随着季节产生变化,如我国近海的表层海水密度以冬季最大,夏季最小,春季为降密期,而秋季为增密期。这是由于不同季节海水温度和降雨量均不同的缘故。

2.4.8 压强

海洋中静水压强因水深而异,海水深度每增加 10 m,海水压强增加 10^5 Pa。在广阔的海洋中,56% 以上海水的压强处于 $1.0 \times 10^7 \sim 1.1 \times 10^8$ Pa。在马里亚纳海沟,其压强达 1.1×10^8 Pa。

2.5 海洋沉积物

海洋沉积物(marine sediment)是由于各种沉积作用形成的。除了新生成的大洋中脊外,其余海洋底部都覆盖着一层厚度不等的沉积物。根据位置的差异,海洋沉积物可分为浅海沉积物、半远洋沉积物和远洋沉积物。

2.5.1 浅海沉积物

浅海沉积物是指分布于潮间带和大陆架上的沉积物,大部分是从陆地直接进入海中的砂、黏土等陆源性沉积物,主要是已经分解的矿物(包括石英、长石、黏土矿物等),还包括很多珊瑚类、软体动物、棘皮动物等生物尸体。由于受浅海底部地貌形态以及海浪、海流和潮汐的影响,浅海沉积物可细分成多种类型:河口及三角洲沉积、火山沉积、海湾沉积、造礁珊瑚沉积等等。

2.5.2 半远洋沉积物

半远洋沉积物是指沉积在大陆架斜坡和斜坡附近,含有细粒的陆源沉积物和浊流沉积物。陆源沉积物由各种类型的泥沙形成。浊流沉积物由流速很大的浊流到达坡度平缓的洋底时,所带的泥沙大量沉积而形成,特点是粒度较粗,往往还含有一些浅海生物残骸。在热带和亚热带海洋中,半远洋沉积物还包括珊瑚沉积物,它是由已死亡的珊瑚组成的。

2.5.3 远洋沉积物

远洋沉积物是指沉积在大洋底的物质,几乎不流动。远洋沉积物在沉积之前,长期悬浮于大洋中,沉到洋底之后,成为一层软泥。这种沉积速度非常慢,每千年才沉积 1~10 mm。远洋沉积物主要包括钙质软泥、硅质软泥和红黏土。

钙质软泥主要由孔虫类抱球虫和浮游软体动物的翼足类以及异足类的介壳组成,分别称为抱球虫软泥和翼足虫软泥。由于碳酸钙的溶解度随温度升高而减少,随压力增加而增加,所以钙质软泥一般分布在热带和亚热带、水深不超过 4 700 m 的洋底。

硅质软泥主要包括硅藻软泥和放射虫软泥,二者分别由硅藻的细胞壁和放射虫骨针组成。硅藻软泥主要分布在高纬度,如南极洲周围的宽广条带;放射虫软泥则分布在低纬度,主要分布于太平洋和印度洋的热带区域,而且多出现在深度超过 4 500 m 的洋底。

红黏土是从大陆带来的红色黏土矿物以及火山物质在海底风化而成,火山物质中含有氧化铁和氧化锰,导致软泥呈褐色或红色。

2.6　海洋生态系统

生态系统是指在一定空间和时间范围内,一个或多个生物群落与非生物环境通过能量流动和物质循环所形成的相互联系、相互作用并具有自动调节机制的自然整体,这是一个动态的系统。海洋生态系统中,生物成分包括动物、植物、微生物等,非生物成分指构成海洋环境的各种因素,包括阳光、海水、空气、无机盐、有机物等。海洋中有多种生态系统,如珊瑚礁生态系统、海草场生态系统、上升流生态系统、深海热泉口生态系统、河口生态系统等。这里对主要的海洋生态系统作一介绍。

2.6.1　珊瑚礁生态系统

珊瑚礁是由热带和部分亚热带海洋中的石珊瑚以及生活于其间的其他造礁生物、附礁生物等死亡后留下的骨骼堆积而成。根据珊瑚礁形态,又可分为台礁、点礁、塔礁和礁滩 4 种类型;根据珊瑚礁体与海岸线的关系,可把珊瑚礁分为岸礁、堡礁和环礁。

在珊瑚礁周围,生活着大量的礁栖动植物、游泳生物和微生物,它们共同构成一个稳定的生物系统——珊瑚礁生态系统(coral reef ecosystem)。珊瑚礁生态系统主要分布在中南美洲海岸线、百慕大、佛罗里达和墨西哥湾、红海、澳大利亚、夏威夷群岛、中东印度洋海域。在我国,主要分布于南海。

在珊瑚礁生态系统中,生物多样性极其丰富。在澳大利亚的大堡礁,造礁珊瑚有 350 种,软体动物超过 4 000 种,海洋鱼类有 1 500~2 000 种;在非洲的塞舌尔珊瑚礁区,发现了 320 种海洋软体动物;Gibbs 曾报道一块死礁岩内有 220 种 8 265 个隐生生物个体;在我国南海周边地区和南海诸岛的珊瑚礁区,到目前为止已经记录的造礁珊瑚有 50 多个属 300 多个种,而其中鱼类、虾蟹类和软体动物种数分别占我国海域物种的 67%、80% 和 75%。不仅如此,在珊瑚礁生态系统中,还存在着大量的微生物。由此可见,珊瑚礁生态系统不愧被誉为"海底雨林"和"热带海洋沙漠中的绿洲"。

2.6.2　海草场生态系统

海草是一类生长在沿岸浅水中有根有茎、开花的高等草本植物,大部分海草形态相似,都有长而薄的带状叶子。目前,全球海洋中生长着 50 多个品种的海草,其中大的有生长在日本海内高达 4 m 的大叶藻,小的有巴西热带海洋中高仅 2~3 cm 的圆叶海藻。海草常常生活在盐沼向海一侧的潮间带和潮下带 6~30 m 深处(少数可达更深),除了高纬度的极区外,很多浅水区都有分布,通常在接近潮下带最为茂盛,最密的地方高达 4 000 株/平方米。

大量的海草积聚在某个地区便形成海草场,全球有 100 多个国家分布有海草场。在我国很多区域也有分布,主要有海南的黎安港、新村港、龙湾、三亚湾和大东海,广东雷州半岛的流沙湾、湛江东海岛和阳江海陵岛，广西的合浦附近海域等。

海草场为很多生物提供直接或间接的营养，海草场生态系统（seagrass ecosystem）中生存种类繁多的海洋生物，包括底栖动植物、浮游生物、附生生物、微生物等。例如，在对合浦海草场进行调查时发现，游泳动物中鱼类有 223 种、甲壳类 20 种、头足类 16 种；底栖生物有 201 种，平均生物量为 949.68 g/m²；浮游植物有 48 种，平均生物量为 8.28×10⁶ 个/m³；浮游动物有 51 种，平均生物量为 44.93 mg/m³；每升海水中微生物异养菌和石油降解菌分别为 $3.5×10^2$ 个和 200 个。

2.6.3 上升流生态系统

上升流是从深层涌升到表面的海流，根据上升流在海洋中的分布可分为近岸上升流和大洋上升流。近岸上升流由特定的风场、海岸线或海底地形等特殊条件引起；大洋上升流是由于海水产生水平辐散而引起次表层水向上补充形成的上升流。上升流把较冷、含高营养盐的下层海水带到海洋表面，从而使这些海区的气候和生物类群发生变化，形成一种独特的生态系统，即上升流生态系统（upwelling ecosystem）。

在摩洛哥、非洲西南海岸、加利福尼亚海岸、南美秘鲁海岸等地，都存在上升流生态系统。我国渤海、黄海、东海陆架区、台湾海峡以及海南岛近岸也存在上升流生态系统。

上升流生态系统中浮游生物很多，且种类丰富。在该系统中已发现硅藻 170 多种、甲藻 80 多种、浮游动物 600 多种，同时还包括大量鱼类。全世界沿岸上升流区域的总面积还不到海洋总面积的 0.1%，但该区域渔获量却达到总渔获量的一半。这充分说明上升流生态系统是世界上海洋生产力较高的区域，具有生产力高、食物链短、物质循环快、能量转换效率高的特点。

2.6.4 深海热泉口生态系统

1977 年美国的一些研究人员乘坐"阿尔文"号深潜器在加拉帕戈斯群岛附近，距海平面 2 500 m 的海底发现了第一个深海热泉口，后来在大西洋的劳伦琴海扇区、墨西哥湾佛罗里达海底陡崖区、大西洋中脊区、路斯安娜陆坡区和太平洋的加利福尼亚边疆区、加拉帕戈斯扩张中心区、劳海盆、日本海沟区、瓜伊马斯海盆等又相继发现深海热泉口。深海热泉和火山喷泉类似（图 2-5），其喷出来的热水就像烟囱一样，温度高达 250℃～400℃。目前，发现喷出的"烟囱"有白烟囱、黑烟囱和黄烟囱之分，这是由于"烟囱"内的物质不同造成的，如黄烟囱里主要含大量硫磺，而黑烟囱里主要含大量的硫化氢。

调查发现，在热泉口周围栖息着众多海洋生物，如在加拉帕戈斯热泉口处发现了大量的红色管栖蠕虫等，这些海洋生物与热泉口构成了热泉口生态系统（hydrothermal vent ecosystem）。在对热泉口周围动物组成进行统计时，发现 90% 以上是适应这类生境的特有种，其中软体动物、多毛类和甲壳类占所有热泉口种类的 90% 以上，而腔肠动物、棘皮动物、海绵、腕足类、苔藓动物和鱼类则少见。研究还发现，在热泉口还存在大量的能氧化硫的细菌和其他类型的一些细菌，这些微生物通过氧化 H_2S、CH_4 等还原性低分子化合物而获得能源并合成有机物，再通过食物链将有机物供应给其他生物。此外，有些生物通过与微生物共生来适应热泉口这一特殊生境。总之，热泉口生物群落组成独特，某些种类生物量很大，但整个群落的物种多样性并不高。

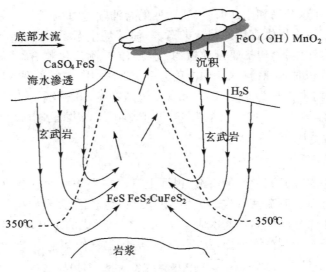

图 2-5 深海热泉口示意图

2.6.5 河口生态系统

狭义上,河口是指海水与江河淡水交汇、混合处。广义上,河口是指存在海水与淡水混合的半封闭的沿岸海湾,既包括大江大河入海区,也包括沼草区、红树林区和部分海草场区等。在河口区,海水被淡水稀释并发生一系列的化学反应。河口区海水盐度、温度变化较大,但海水中富含来自陆地的营养盐和有机物。河口区生物大多来源于海洋,有些来源于陆地,这些生物与其生境共同构成了河口生态系统(estuary ecosystem)。作为近岸典型的海洋生态系统之一,该系统中的生物多数是广盐性、广温性种类,能耐受盐度和温度较大范围的变化。河口生态系统中生物群落的特征之一是生物种类组成贫乏,但某些种类的丰度较大。2003 年郭沛涌等报道,我国长江口的浮游动物有 87 种,其中甲壳动物占绝对优势,共 59 种。2007 年汤琳等报道,我国长江口邻近水域共检出浮游真核微藻219 种,其中以硅藻门为主(49 属 164 种),其次为绿藻门(17 属 35 种)、甲藻门(5 属 14种)、裸藻门(3 属 4 种)、隐藻门(1 属 2 种),蓝藻门浮游原核微藻有 12 属 19 种。

参考文献

陈国华,黄良民.2004.珊瑚礁生态系统初级生产力研究进展.生态学报.24(12):2 863～2 869

黄道建,黄小平.2006.稳定同位素分析应用于海草生态学研究的进展.海洋科学进展.24(1):123～127

李日辉,侯贵卿.1999.深海热液喷口生物群落的研究进展.海洋地质与第四纪地质.19(4):103～108

龙寒,向伟,庄铁城,等.2005.红树林区微生物资源.生态学杂志.24(6):696～702

李钟钦,袁大川主编.2000.中国海洋博览.海南:海南出版社

孙国庆.2001.中国内河航运回顾与展望.中国水运.(1):9～31

沈国英,施并章.2002.海洋生态学.北京:科学出版社

王魁颐.2000.世界海洋趣览.北京:新时代出版社

杨宇峰,王庆,陈菊芳,等.2006.河口浮游动物生态学研究进展.生态学报.26(2):576～585

张鸿翔，赵千钧. 2002. 深海热泉生物. 地球科学进展. 17(6):918～921

赵美霞，余克服. 2006. 珊瑚礁区的生物多样性及其生态功能. 生态学报. 26(1):186～194

Copper P. 1994. Ancient reef ecosystem expansion and collapse. Coral Reefs. 13:3-11

Department of the Environment，Transport and the Regions. 2000. Environmental limitations of phytoplankton in estuaries. University of Essex，Colchester(UK)

Frank J. Millero. 1996. Chemical Oceanography，Second Edition. CRC Press

Kensley B. 1998. Estimates of species diversity of free-living marine isopod crustaceans on coral reefs. Coral Reefs. 17:83-88

Ken C，Robert B. 1999. Seawater pH and Atmospheric Carbon Dioxide. Science. 286(5447):2043

Marten A H，Carlos M D. 2000. Seagrass ecology. Cambridge University Press

Pinet P R. 1999. Invitation to oceanography，Second Edition. Jones & Bartlett Publishers Pub Press

Spalding M D，Grenfell A M. 1997. New estimates of global and regional coral reef areas. Coral Reefs. 16:225-230

Tomlinson P B. 1999. The botany of mangroves. Cambridge Univ Press

Tait V. 1981. Elements of Marine Ecology (3rd ed). Butterworths Scientific Ltd.

Wilkinson C. 2004. Status of Coral Reefs of the World 2004. Townsville，Australia Australian Institute of Marine Science. 2:1-302

Young T P. 2000. Restoration ecology and conservation biology. Biological Conservation. 92:73-83

3. 海洋微生物

3.1 什么是海洋微生物

海洋是地球上最大的水体单元,其中蕴藏着丰富的微生物资源。那么究竟哪些是海洋微生物(marine microorganism)呢? 不同学者对海洋微生物的概念有不同认识。Yoshiro Okami 等认为,分离自海洋环境、正常生长需要海水的微生物为海洋微生物,这些微生物适于在寡营养、低温条件下生长。都留信也在《环境与微生物》一书中,对海洋微生物给予了以下特征:①在海水培养基上生长良好;②在仅有 NaCl 的普通培养基上不能生长,还需加入 K^+、Mg^{2+}、Ca^{2+} 盐等;③40℃时不能生长。

但在研究中人们发现,有些分离于海洋的微生物,既可在海水培养基中生长,也可在淡水培养基中生长;而有些微生物虽鉴定为陆地种,但在生理生化特性方面(如耐盐性、液化琼脂等)或在产生的次生代谢产物方面,与陆地种有很大区别。这些微生物是否归属于海洋微生物? 为简化起见,有人认为分离于海洋的微生物就是海洋微生物。

实际上,海洋中的微生物有些来源于海洋,有些来源于陆地。来源于陆地的微生物进入海洋后,有些能够适应海洋环境而生存下来,有些则在环境胁迫下发生突变,最终适应海洋环境,有些可能因为不适应海洋环境而死亡。但无论海洋中的微生物来源于何处,这些微生物在海洋生态系统中均发挥重要作用。基于微生物生态功能考虑,本书认为生活或栖息于海洋中的微生物均为海洋微生物,包括可培养和未可培养的各种类型的微生物。

3.2 海洋微生物发展史

早在 19 世纪 30 年代,人们就认识了海洋微生物。1838 年德国人 Ehrenberg 首次分离并描述了第一株海洋细菌——折叠螺旋体(*Spirochaeta plicatilis*)。1864 年 Monzonneuvo 等从海草中首先发现了海洋真菌。随着人类对海洋的不断探索,对海洋微生物的研究愈来愈深入。19 世纪 80 年代 Fischer、Certes、Russell 等通过分离培养的方法,发现海洋中存在起源于海洋的独特微生物群落。1914 年苏联科学家 Issatchnko 出版了第一部海洋细菌学专著《北冰洋细菌的研究》。美国 Zobell 等 1946 年撰写了《海洋微生物学》,从而奠定了海洋微生物特别是海洋细菌的研究基础。1961 年 Johnson 等撰写了《海洋与河口真菌》,书中对海洋真菌的分类与生物学特性进行了论述。总体说来,人类对海洋微生物的研究取得了很大的进步,但由于受当时研究条件的限制,研究进程比较缓慢。

然而,对于深海微生物的研究就要晚得多,直到 1964 年著名的"阿尔文(Alvin)"号深海载人潜水器首次下海,才拉开人类研究深海生物的序幕。1977 年美国研究人员乘坐"阿尔文"号潜水器在加拉帕戈斯群岛 2 500 m 深的海底第一次发现了深海热泉口生态系统。后来发现,在深海热泉口区微生物种类繁多,包括古细菌、真细菌和真核微生物,其中以化能自养菌为主,如硫氧化/还原细菌、铁氧化/还原细菌等。这些微生物通过氧化热泉口区域的小分子化合物获得能量,并成为其他生物直接或间接的食物来源。深海热泉口区微生物群落的发现,激起了人们对热泉口生态系统中海洋微生物的研究热潮,同时也表明,海洋深潜技术对海洋微生物特别是深海微生物的发展具有举足轻重的作用。

随着分析检测技术的发展,人类对海洋微生物的研究不断深入。1979 年,Waterbury 等应用落射荧光显微镜发现在热带和温带海洋中存在聚球藻属原核光合微生物。80 年代末,科学家利用流式细胞测定技术发现了原绿球藻和迄今记录的最小的光合真核生物 *Ostreococcus tauri*。由于上述光合微生物在海洋中分布广、能量转换效率高而受到海洋生态学家的高度重视。1992 年 Fuhrman 发现在太平洋 500 m 深处存在浮游古菌(marine planktonic archaea),随后 Delong 等发现在近海和沿岸海区中也存在丰富的海洋浮游古菌,推翻了早期认为古菌只存在于极端环境的论断,从而使得人们对海洋古菌及其在物质循环中的作用有了全新的认识。由于上面多处出现"浮游"这个修饰语,这里就海洋浮游生物(marine plankton)作个介绍以帮助大家更好的理解。所谓海洋浮游生物是指那些自身完全没有移动能力、或者有也非常弱,因而不能逆水流而动,而是浮在水面生活的海洋生物的总称。

20 世纪 50 年代以来,分子生物学的迅猛发展也极大地促进了海洋微生物的研究。早期对海洋微生物的研究,主要基于微生物纯培养的方法,然而海洋中大多数微生物是未可培养的,据估计目前已分离的海洋微生物不足其总数的 1%。20 世纪 90 年代以来,随着分子生物学技术,如 16S rDNA 分析技术、变性梯度凝胶电泳(denaturing gradient gel electrophoresis,DGGE)技术和荧光原位杂交(fluorescent in situ hybridization,FISH)技术的应用,在海洋微生物分类、空间分布及多样性研究方面取得了重大进展。1996 年 Bult 等人完成了第一个海洋古菌甲烷球菌(*Mathanococcus jannaschii*)的全基因组测序以来,人们已经完成多种海洋光合微生物、嗜极微生物、病原微生物的全基因组测序,并从分子角度对海洋微生物进化、生理生化、多样性以及在整个海洋生态系统中的作用进行了阐述,将海洋微生物学的发展推向了一个全新的历史阶段。

3.3 海洋微生物多样性

海洋微生物多样性是所有海洋微生物种类、种内遗传变异及其生存环境的总称。下面着重从物种多样性、遗传多样性以及代谢途径与产物多样性加以介绍。

3.3.1 海洋微生物物种多样性

海洋微生物数量大、种类多、分布广,包括了几乎所有的陆地微生物类群。据估计,海洋微生物达 0.1 亿～2 亿种,其生物多样性远远超过陆地微生物。按表层水域中细胞密度大于 10^5 个/毫升计算,整个海洋中总细胞数将达到 $3.6×10^{29}$ 个。下面从古菌、真细菌、真核微生物和病毒 4 个方面进行阐明。

(1)海洋古菌
由于大多数古菌难以分离培养,国内外学者主要利用分子生物学技术对海洋古菌多样性进行研究。Fuhrman 等(1992)在研究圣迭戈西部海区海水中的浮游微生物时,通过16S rDNA 测序方法发现存在一个新的古菌群。Delong(1992)对圣巴巴拉、伍兹霍尔和俄勒冈等近海海水中的微生物进行研究,结果表明在沿岸海水中存在大量浮游古菌;并发现两个新的浮游古菌群:海洋古菌群Ⅰ和Ⅱ。后来研究发现,Fuhrman 等报道的古菌群与海洋古菌群Ⅰ为同一类群。随后,Fuhrman(1997)在透光层以下的水域中发现古菌群Ⅲ,Francisco Rodriguez-Valera(2001)在深海海水中发现古菌群Ⅳ。图 3-1 为古菌群Ⅰ、Ⅱ、Ⅲ和Ⅳ的系统发育树。

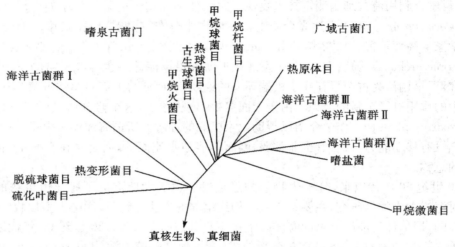

图 3-1 海洋古菌群Ⅰ、Ⅱ、Ⅲ和Ⅳ的系统发育树(Delong E F,2003)

从发育树上可以看出,古菌群Ⅰ与已知的极端环境下的古菌相距较远,说明其进化速度较快,为"快速生物钟"谱系。Delong(1992)等研究发现,古菌群Ⅰ内的古菌具有典型的古菌分子特征,根据其系统发育位置,应为嗜泉古菌门。但有趣的是,嗜泉古菌门主要由嗜热菌组成,其 16S rDNA 的(G+C)mol%一般为 63%~67%;而古菌群Ⅰ为中温菌,其16S rDNA 的(G+C)mol%仅为 51%。Konneke 等(2005)成功分离纯化出了一株属于古菌类群Ⅰ的古菌,该菌在用氨基酸作为能量来源和 CO_2 作为碳源的培养基上能生长。古菌群Ⅱ、Ⅲ、Ⅳ属于广域古菌门。

除海水中存在大量古菌外,海洋沉积物中也含有大量的古菌。例如,Sjoling 和 Cowan(2003)应用 PCR-ARDRA 技术对南极 Ross 海域沉积物进行研究,发现有 7 个类群的古菌,它们都属于嗜泉古菌门。徐美香等(2003)采用 16S rDNA 序列分析和 RFLP 分析的方法,研究太平洋近赤道区水深 5 774 m 的深海沉积物中古菌群体结构组成,结果表明这些古菌可分成 8 个类型,在系统进化树上的位置相近,属于嗜泉古菌门中的古菌群Ⅰ。一般来说,在海洋沉积物中的古菌多数属于嗜泉古菌,少数属于广域古菌。

另外,在海洋一些特殊环境(如海底火山口、海底热泉口等)中还存在着种类繁多的古菌。Takai 等(1999)利用 16S rDNA 序列对深海热泉口环境下的古菌进行系统发育分析,发现在深海热泉口环境中存在大量的古菌,分别属于远古古菌类群、深海热泉口嗜泉古菌类群、海洋类群Ⅰ、陆地温泉嗜泉古菌类群、超嗜热广域古菌、深海热泉口广域古菌类群Ⅰ、Ⅱ、Ⅲ等。

此外,雷根斯堡大学的 Karl 等(2002)在北冰洋海底发现了一种新古菌,呈球形,直径大约为 400 nm,寄生在另一种古菌身上,基因组包含 48 万个 bp,这是目前已发现的有细胞生物中(除病毒外)基因组最小的生物,将其命名为 *Nanoarchaeum equitans*。Celine 等(2005)通过核糖体小亚基 rRNA 对该古菌进行系统发育分析,发现它不属于目前已知的三大古菌门(嗜泉古菌门、广域古菌门和初生古菌门),因此初步将其单列为一个门——纳古菌门(Nanoarchaeota)。

由此可见,海洋中古菌的种类和数量非常丰富。

(2)海洋真细菌

海洋浮游细菌主要属于 α-变形细菌纲、γ-变形细菌纲、拟杆菌纲等。而海底沉积物中,厚壁菌门、绿菌门、绿弯菌门、放线菌门、浮霉菌门、酸杆菌门、α-变形细菌纲、γ-变形细菌纲、δ-变形细菌纲、拟杆菌纲、硝酸刺菌属等细菌更为常见。近年来,不断有从海洋中发现新类群的报道。2005 年 Reinhard Wilms 等利用分子生物学技术研究了 Wadden Sea 沉积物中的细菌组成,发现了三个未知类群 A、B、C 以及一个候选门 JS1。微生物新种、新属的发现更是层出不穷,表 3-1 给出了 2005～2006 年期刊 Int. J. Syst. Evol. Microbiol. 上描述的海洋真细菌新属。

表 3-1 2005～2006 年期刊 Int. J. Syst. Evol. Microbiol. 上描述的海洋微生物新属

属名	菌株	来源	作者
Saccharophagus	*S. degradans*	互花米草	Nathan A, et al. ,2005
Kordiimonas	*K. gwangyangensis*	沉积物	Kwon K K, et al. ,2005
Halolactibacillus	*H. halophilus*	死亡的海藻	Ishikawa M, et al. ,2005
Pibocella	*P. ponti*	藻	Nedashkovskaya O I, et al. ,2005
Roseivirga	*R. ehrenbergii*	藻	Nedashkovskaya O I, et al. ,2005
Salinispora	*S. arenicola*	沉积物	Luis A, et al. ,2005
Olleya	*O. marilimosa*	海洋浮游生物	Nichols C M, et al. ,2005
Winogradskyella	*W. thalassocola*	藻	Nedashkovskaya O I, et al. ,2005
Subsaximicrobium	*S. wynnwilliamsii*	南极海底石英石下层	Bowman J P, et al. ,2005
Subsaxibacter	*S. broadyi*	南极海底石英石下层	Bowman J P, et al. ,2005
Pontibacter	*P. actiniarum*	海水	Nedashkovskaya O I, et al. ,2005
Reichenbachiella	*R. agariperforans*	Reichenbachia 属更名	Nedashkovskaya O I, et al. ,2005
Owenweeksia	*O. hongkongensis*	海水	Lau K W K, et al. ,2005
Thalassobacter	*T. stenotrophicus*	海水	Macián M C, et al. ,2005
Thioclava	*T. pacifica*	近岸含硫热泉海水	Sorokin D Y, et al. ,2005

（续表）

属名	菌株	来源	作者
Nereida	*N. ignava*	海水	Pujalte M J, et al., 2005
Bizionia	*B. paragorgiae*	软珊瑚	Nedashkovskaya O I, et al., 2005
Gramella	*G. echinicola*	海胆	Nedashkovskaya O I, et al., 2005
Dinoroseobacter	*D. shibae*	甲藻	Biebl H, et al., 2005
Hoeflea	*H. marina*	对 ATCC 25654 更名	Peix A, et al., 2005
Costertonia	*C. aggregata*	生物膜	Kwon K K, et al., 2006
Rubritalea	*R. marina*	海绵	Scheuermayer M, et al., 2006
Mechercharimyces	*M. mesophilus*	沉积物	Matsuo Y, et al., 2006
Yeosuana	*Y. aromativorans*	沉积物	Kwon K K, et al., 2006
Lutibacter	*L. litoralis*	沉积物	Dong H, et al., 2006
Pseudidiomarina	*P. taiwanensis*	海水	Jean W D, et al., 2006
Pelagibaca	*P. bermudensis*	海水	Cho J C, et al., 2006
Sulfurivirga	*S. caldicuralii*	珊瑚礁区热泉海水	Takai K, et al., 2006
Stenothermobacter	*S. spongiae*	海绵	Lau S C K, et al., 2006
Fabibacter	*F. halotolerans*	海绵	Lau S C K, et al., 2006
Citreimonas	*C. salinaria*	盐田高盐海水	Choi D H, et al., 2006
Shimia	*S. marina*	生物膜	Choi D H, et al., 2006
Rubritalea	*R. marina*	海绵	Scheuermayer M, et al., 2006
Lishizhenia	*L. caseinilytica*	海水	Lau K W K, et al., 2006
Phycicoccus	*P. jejuensis*	海藻	Lee S D, 2006
Mariniflexile	*M. gromovii*	海胆	Olga I, et al., 2006
Echinicola	*E. pacifica*	海胆	Nedashkovskaya O I, et al., 2006
Aureispira	*A. marina*	海绵、藻	Hosoya S, et al., 2006
Sediminicola	*S. luteus*	沉积物	Khan S T, et al., 2006
Epilithonimonas	*E. tenax*	海水	O'Sullivan L A, et al., 2006
Persicivirga	*P. xylanidelens*	海水	O'Sullivan L A, et al., 2006
Phaeobacter	*P. gallaeciensis*	对 ATCC 700781 更名	Martens T, et al., 2006
Marinovum	*M. algicola*	对 ATCC 51440 更名	Martens T, et al., 2006
Krokinobacter	*K. genikus*	沉积物	Khan S T, et al., 2006
Balneola	*B. vulgaris*	海水	Urios L, et al., 2006

（3）海洋真核微生物

海洋真核微生物包括海洋真菌、真核微藻和某些原生动物等。海洋真菌是指专性或兼性生活于海洋中的真菌。其中，专性海洋真菌只能在大洋和河口地区生长并生成孢子，而兼性海洋真菌则是指那些来自淡水和陆地，能在海洋环境中生长和形成孢子的真菌。这并不是一个系统分类学上的定义，而是从生态和生理的角度对海洋真菌的概念给出的解释。早在 18 世纪中叶，人们就已经在海水中发现了真菌。目前已经从浅海和深海海水、海底沉积物、海洋植物表面及内部组织、海藻、海洋动物（如鱼类、贝类、海绵和珊瑚）、红树林、漂浮腐木和死亡的生物体中分离到多种海洋真菌。Loureiro 等（2005）从巴西 Pernambuco 州 Olinda 沙滩和海水中分离出 292 株酵母，它们分别属于 4 个属 31 个种。Figueira 等（2007）对葡萄牙西海岸两个沙滩的潮间带上附生于木块和死亡植物茎的海洋真菌进行了调查研究，鉴定出 35 种海洋真菌，包括 27 种子囊菌、6 种变形真菌和 2 种未鉴定种。

现已发现的海洋真菌中，高等真菌主要有担子菌（Basidiomycota）、子囊菌（Ascomycota）、半知菌（Deuteromycetes）等，较低等真菌主要有壶菌（Chytridiomycota）和接合菌（Zygomycota）等。Jones 和 Mitchell（1996）估计，海洋真菌至少有 1 500 种，但到 2000 年止，被描述过的高等海洋真菌仅 444 种，其中子囊菌有 177 属 360 种，占分离总数的81.1%；半知菌（包括青霉和曲霉）有 51 属 74 种，占 16.7%；担子菌有 7 属 10 种，仅占2.2%。我国发现的海洋真菌种类较为贫乏，根据 1994 年黄宗国编著的《中国海洋生物种类与分布》一书的报道，子囊菌 72 种，担子菌 2 种，半知菌 53 种，仅占世界报道海洋真菌种类的 28.6%。国内外 1979～2000 年报道的真菌种类与数量统计如表 3-2 所示。

表 3-2　不同时期描述的高等海洋真菌的种类与数量（1979～2000 年）

研究人员	时间（年份）	子囊菌（Ascomycetes）		担子菌（Basidiomycetes）		半知菌（Deuteromycetes）		总数	
		属	种	属	种	属	种	属	种
Kohlmeyer	1979	62	149	4	4	40	56	106	209
Kohlmeyer and Volkman-Kohlmeyer	1991	115	255	5	6	41	60	161	321
Hyder Sarma and Jones	2000	177	360	7	10	51	74	235	444
黄宗国*	1994	—	72	—	2	—	53	—	127

* 黄宗国研究的是中国记录的种类。"—"为没有统计数据。

海洋中还存在着种类繁多的海洋真核微藻，如硅藻、甲藻、金藻、黄藻、裸藻和绿藻等。通过对红海、地中海、大西洋沿岸、太平洋沿岸、英吉利海峡西部及外海、南极水体及赤道海域的研究，发现真核微藻主要由 13 个纲组成，多样性很高，每个纲所包含的物种也相当丰富。另外，某些原生动物也大量生活于海洋中，如鞭毛虫、阿米巴、肉足虫等。

（4）海洋病毒

海洋病毒的存在方式多种多样，主要分为浮游病毒和海洋底栖病毒两类。

浮游病毒(virioplankton)是指悬浮于水体中的病毒,它们是极其微小的颗粒,能够自由进出细胞壁侵入其他浮游生物细胞,包括噬菌体、噬藻体、真核藻类病毒、浮游动物病毒、人类病毒等,有球形、纺锤形、柠檬形、长尾蝌蚪、短尾蝌蚪等多种形态。浮游病毒在海洋中含量极其丰富。Shigemitsu H 等(1991)对不同海域表层海水进行浮游病毒丰度检测,Osaka 海湾为 3.5×10^7 个/立方厘米,Otsuchi 海湾为 2.6×10^6 个/立方厘米。Shigemitsu H 等(1991)用 DAPI 作染料,荧光显微镜下观察日本沿海上层海水样品,发现该海域病毒丰度为 $1 \times 10^6 \sim 1 \times 10^7$ 个/立方厘米。

海洋底栖病毒(viriobenthos)是指海洋沉积层中的病毒。海洋沉积层中病毒的来源多样,例如,底栖微生物受感染而产生;海水中的病毒吸附于颗粒上,沉到海底形成沉积物;被感染的细菌在病毒进行装配的最后阶段被后生动物消灭后,经粪便排泄沉到海底。

3.3.2 海洋微生物遗传多样性

海洋微生物遗传多样性指海洋微生物种群之内和种群之间的遗传结构的变异。海洋微生物生活在独特的海洋生态环境中,生存竞争激烈,从而在漫长的进化过程中产生了一些与陆地微生物完全不同的变异,在遗传上也表现出丰富的多样性。正是这些遗传变异使得某些微生物能在特殊生境中生存与繁衍。例如,原绿球藻广泛分布于海洋中,由于环境条件(如光照)不同,在长期的遗传进化过程中形成了不同生态型:高光适应型和低光适应型,这两种生态型存在明显的生理生态和遗传差异,前者 Chl b_2/a_2 值低,生长需要高光照,能利用还原态氮、有机磷和正磷酸,不能利用硝态氮,易被短尾病毒(*Podoviridae*)感染等;而后者 Chl b_2/a_2 值高,除可利用还原态氮外,某些株系可利用亚硝酸盐,但其只能以正磷酸为磷源,感染的噬菌体为肌尾病毒(*Myoviridae*),与前者相比其遗传更加多样。

3.3.3 海洋微生物代谢途径及其产物多样性

海洋是地球早期生命的诞生地,环境独特,具有高压、高盐、低营养、低温、无光照以及局部高温等特点。这种极端环境造就了海洋微生物代谢途径的多样性。

多环芳烃(PAHs)是一类广泛分布于海洋环境中的含有两个以上苯环的有毒有害污染物,主要来源于人类活动和能源利用过程。Garcia-Valdes 等(1989)分离到降解萘和其他芳香化合物的海洋细菌 *Pseudomonas stutzeri* 和 *Pseudomonas testosteroni*,这些细菌没有 1,2-双加氧酶活性,而是通过 2,3-双加氧酶(C230)催化芳香环的裂解,且该酶由质粒基因编码。而 Rossello 等(1994)分离到一株海洋萘降解细菌 *P. stutzeri* AN10,其降解基因由染色体编码,与通常的由质粒编码的萘降解途径不同。Hedlund 等(1999)发现海洋萘降解菌 *Neptunomonsa naphthovorans* NAG-2N-126 和 *Neptunomonsa naphthovorans* NAG-2N-113 虽然在萘双加氧酶大亚基的氨基酸序列上有高度同源性(97.6%),但前者不能降解菲,后者不仅能降解菲,而且能以菲为唯一碳源和能源,并能转化 2,6-二甲基萘,预示着代谢途径的巨大差异可能只源于几个关键的氨基酸,而菌株 NAG-2N-113 中可能包含不止一种双加氧酶,因此能降解更多的多环芳烃。

在海洋生物毒素的代谢过程中,Wang 等发现 N 盐的限制和 P 盐的增加有利于塔玛亚历山大藻合成 C_2 毒素,而 N 盐的增加和 P 盐的限制有利于膝沟藻毒素(GTX)的合成。Schirmer 等通过宏基因组技术研究海绵共附生微生物多样性,发现存在多种类型的聚酮合成酶基因。这些例子说明在不同环境、营养元素的情况下，海洋微生物代谢途径表现出多样性，而正是代谢途径的多样性导致了其代谢产物的多样性。

在对海洋微生物的研究过程中，已经发现了众多性状各异、结构多样的活性物质，包括大环内酯类、肽类、生物碱类、含卤类、内酯类、吡喃酮类、醌类、酰胺类、糖苷类、氨基糖类、β-甲氧基丙烯酸类以及线性烷基苯基脂肪酸类化合物等。其中相当一部分是海洋微生物所特有的，如陆生菌优先合成含氯代谢物，含氟和碘的代谢物也有发现，但几乎未发现含溴化合物，而海洋细菌中多次发现。Burkholder 等在 1966 年首次从加勒比海海草 Thalassia 表面分离出细菌 *Pseudomonas bromoutilis*，从其代谢物中获得五溴化合物 pentabromopseudilin，溴含量高达 70%，该化合物是一种比青霉素更强的抗生素，显示出抗肿瘤活性，并有高度的植物毒性。

有些虽然结构与陆地微生物产生的活性物质相似，其作用机理却存在着显著差异。海洋微生物产生的毒素，除一些和陆地微生物毒素相同的作用机理外，还能专一性地作用于离子通道。由甲藻产生的聚醚类毒素的代表——西加鱼毒素是电压依赖性 Na^+ 通道的激动剂，可增加细胞膜对 Na^+ 的通透性，产生强去极化，致使神经肌肉兴奋性传导发生改变。

3.4 海洋微生物的分布

海洋微生物的分布非常广泛，无论是在高温的海底火山口、热泉口，或是在低温的极地、深海海底，还是在营养丰富的河口、近海海岸以及远洋的贫营养海域，几乎都有它们的踪迹。下面对海洋微生物的分布情况作进一步阐述。

3.4.1 海洋古菌的分布

(1)海洋浮游古菌

浮游古菌在海水中十分丰富，但在不同海域、不同深度的分布各异。Delong 等 (1994)从大西洋和太平洋不同深度的海水中取样，研究发现古菌数量随着海水深度加大而相应增加，在表层海水中古菌数量约占整个微型浮游生物的 2%，到 200 m 深处达到最大值(约 20%)，其后古菌数量就不再随深度发生变化，但由于表层与 200 m 深处的微生物总量相差一个数量级，因此古菌的绝对含量实际上变化不大。同时发现表层的古菌多为广域古菌，而深层则多为嗜泉古菌。1999 年 Delong 等又在距加利福尼亚 Moss 港口 177 英里的站点取样，采用 FISH 方法研究了古菌和细菌在不同深度海水中的丰度，结果见图 3-2。从图中可观察到，在 80 m 以上的海水中随深度增加古菌群 I 逐渐增多，而后又随深度增加缓慢减少，而当深度达到 3 400 m 时，古菌群 I 的丰度仍与海水表层接近。Karner 等(2001)研究表明，在太平洋表层海水中多为广域古菌，而在 150 m 以深的水域中嗜泉古菌则构成海洋浮游生物的主要部分，随着深度的增加所检测到的嗜泉古菌数量约占整个浮游生物的 39%。Bano 等(2004)研究北冰洋及南极海域古菌时发现，浮游古菌在深层海水中要比表层海水中丰富得多，嗜泉古菌是浮游原核生物中的优势类群，同时还存在着一些独特的嗜泉古菌类型，而广域古菌只是在海洋表层水域中占优势。

由此可看出，许多海域中都有浮游古菌的分布，在不同深度中古菌组成和丰度不同。

一般来说,表层海水多含广域古菌,随深度增加广域古菌减少,而嗜泉古菌逐渐增多。此外,浮游古菌的分布还受到季节、海水温度和海流等环境因素的影响。

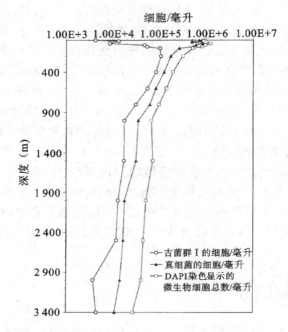

DAPI 即 4,6-联脒-2-苯基吲哚(2-(4-Amidinophenyl)-6-indolecarbamidine dihydrochloride),是一种可以穿透细胞膜的蓝色荧光染料。

图 3-2　古菌群 I 和细菌在不同深度海水中的细胞密度(引自 Delong E F,et al.,1999)

(2)海洋沉积物中的古菌

在不同海域、不同深度的沉积物中,古菌的丰度和组成不同。Ravensc-hlag 等(2001)从北冰洋斯瓦尔巴特群岛附近的海洋沉积物中取样,采用 FISH 和狭缝印迹杂交技术研究发现,在沉积物最上层古菌丰度较高,可达到 1.9×10^8 个/毫升,占 DAPI 染色细胞总数的 6.4%,而在 2.75 cm 以下的沉积物中,古菌仅占 DAPI 染色细胞总数的 1.0%~1.5%。王鹏等(2005)采用分子生物学技术,调查西太平洋暖池地区五个位点沉积物中的古菌,发现该区嗜泉古菌占绝对优势,同时这些采样点表层古菌数量在 10^2~10^3 个/克沉积物,随着沉积物深度增加,数量增至 10^2~10^5 个/克。

在同一海域沉积层中,有机物(如甲烷水合物)会影响古菌的水平分布。Fumio 等(2006)从太平洋边缘钻取深海沉积物样品,发现在充满甲烷水合物的样品中,未可培养的古菌占优势;而在不含甲烷水合物的沉积物样品中,古菌很少或根本检测不到。

由此可看出,在沉积物中古菌的分布很不均一。在某些海域中随着沉积物深度增加古菌数量随之增加,而在另外一些海域中则出现完全相反的现象。另外,有机物(如甲烷水合物)对沉积物中古菌的分布也有明显影响。

(3)海洋特殊环境中的古菌

1)海底火山口的古菌

在海底火山口及其附近存在着一个由高温（400℃）到低温（30℃）的特殊环境，在这个环境中生活着适应多种温度的浮游微生物，有些最适生长温度为 25℃，有些高达 100℃，有些甚至能在 250℃下生长。这些古菌多属于嗜泉古菌（如硫还原菌、极端嗜热菌），但也有很多广域古菌（如产甲烷菌）存在。Gonzalez 等（1998）从冲绳岛附近水深 1 395 m 处的火山口分离出掘越氏热球菌（*Pyrococcus horikoshii*），该菌属嗜泉古菌门，最适生长温度为 95℃～105℃。在火山喷发形成的基性岩浆岩-玄武岩洋壳环境中，古菌多属于广域古菌门和嗜泉古菌门，而且广域古菌门的多数古菌属于古生球菌目（Archaeoglobales）。

2）海底热泉口的古菌

海底热泉主要分布于海底火山活动活跃的地区，在这个特殊的生境中分布着独特的生物群落。大部分已知的嗜热古菌主要栖息在海底热泉，其最适生长温度一般在 100℃以上，典型类群是热网菌属（*Pyrodictium*）和火叶菌属（*Pyrolobus*）。在西南太平洋马努斯盆地及大西洋底的"黑烟囱"内，均发现其顶部多孔外壁内侧古菌的密度最高。在东北太平洋约旦德富卡洋脊的"黑烟囱"中微生物分布也很广泛，在通道内部高温区以古菌为主，一些烟囱外壁还存在超嗜热古菌，在烟囱外表面主要为细菌和古菌。

热液区的古菌并非全部是嗜热古菌，还有一些耐热古菌——既可在高温下也可在低温下生存。徐美香等（2003）研究发现，从大约 2℃水体环境中分离得到的古菌和从 100℃以上热液区分离得到的非嗜热古菌具有非常高的 16S rDNA 同源性，这说明即使亲缘关系很近的古菌，其温度敏感性也可能差异很大，从侧面反映了低温古菌可能由嗜热古菌进化而来。

3）深海冷泉的古菌

深海冷泉最初是 1984 年由几个研究小组分别在墨西哥湾北部佛罗里达海底陡崖（Florida escarpment）的崖底以及日本本州岛的相模湾中发现的，近年来又有大量海底冷泉地貌被发现。冷泉一般处在两个地壳板块的交界处，该区域内富含还原性碳氢化合物的冷海水不断从海床深部渗出，因而这里生活着许多化能营养微生物，它们多数为无脊椎动物共生体的生长提供能量。Knittel 等（2005）对黑海克里米亚地区的冷泉微生物群进行了 16S rDNA 分析，发现该地区多数古菌属于 ANME-2 族和 ANME-1 族的厌氧甲烷氧化古菌，其中 ANME1 约占微生物总细胞的 50%，另外少部分属于海洋底栖群 B 中的嗜泉古菌。

3.4.2　海洋真细菌的分布

海洋真细菌种类、数量非常丰富，且分布广泛，下面从海洋细菌、放线菌和蓝细菌三个方面来介绍海洋真细菌的分布。

（1）海洋细菌

对不同海域及同海域不同深度微生物的研究表明，海洋细菌存在明显的空间和时间分布差异。在相同区域或相同生境条件下，由于浮游植物的分布状况、营养浓度、盐度等因素的影响，海洋细菌存在季节性差异。另外，在某些水层中，有时细菌数量剧增，出现不均匀的微分布现象，这主要是由于海水中可供细菌利用的有机物质分布不均匀引起。

1)海洋浮游细菌

海洋浮游细菌的分布受海水营养水平、浮游植物的构成、温度、盐度等多种因素影响，明显呈现出深度、季节性和区域性的差异。

①深度分布差异：一般说来，在海面以下 10 m 的海水中浮游细菌数较少；10～50 m 的海水中浮游细菌数随深度增加而逐渐增多；而 50 m 以深则随深度而减少；200 m 以深浮游细菌数更少。很多研究结果都证实了这一规律。我国学者何剑锋等（2005）采用荧光显微镜法调查白令海中部的浮游细菌分布情况，发现浮游细菌表层生物量为 1.5～20.2 $\mu g/dm^3$，总体分布趋势从西部向东北和东部递减、从表层向深层衰减，但 20～25 m 水层温跃层和表层海流的存在对这一分布特点影响较大。另外，不同深度海水溶氧量不同，也会影响浮游细菌的分布。Giovannoni（1996）、Massana（1997）、Murray（1998）等均发现，微生物随海水深度的变化呈现不同的分布状况及丰度：表层海水溶氧丰富，好氧型异养浮游细菌较多（如某些变形细菌）；中间水层营养相对贫乏，溶氧较少，厌氧或兼性厌氧菌、自养菌较多（如紫硫菌）；而在底层水体中，盐度较大，有机质丰富，硫化氢含量较高，厌氧性腐生菌及硫酸还原细菌较多。

②季节性分布差异：不同季节海洋浮游细菌的分布存在差异。Pinhassi 等（2003）利用全基因组 DNA 杂交方法对波罗的海北部浮游细菌的季节性分布进行研究，结果是：在春季，伴随着浮游植物的生长与腐烂，细菌群落中有 5 种细菌占优势，它们均属于屈挠杆菌-噬纤维菌群。而到 6 月末，α-变形细菌大量增殖，占据了优势地位，分布着大量的鞘脂单胞菌（*Sphingomonas*）和柄杆菌（*Caulobacter*）。呈现这种分布可能与这些细菌能适应低 PO_4^{3-} 的贫营养环境有关。李清雪等采用 ZoBell 2216E 平板涂布法对渤海湾海域表层水体中异养浮游细菌进行数目统计，2004 年 8 月和 10 月的丰度分别为（5.7～150）×10^6 CFU/dm^3 和（3～121）×10^6 CFU/dm^3，平均值分别为 49.4×10^6 CFU/dm^3 和 34.4×10^6 CFU/dm^3，夏季浮游细菌的丰度相对高些。

③区域性分布差异：由于受多种因素影响，浮游细菌没有很明显的区域性分布特征。在某些海域占优势地位的细菌，在另外海域可能处于劣势甚至不能检出。Suzuki 研究发现，在蒙特里海湾上升流区域小范围内微生物群落存在差异，这反映水文地理因素对海洋浮游细菌群落结构存在影响。但也有不同的研究结果。González 和 Riemann 在不同时间研究小范围内浮游细菌的分布时，在相同或邻近区域发现了相似的细菌。Riemann 等（1999）采用 DGGE 技术分析距阿拉伯海 1 500 km 的海域时发现，尽管在表面混合层细菌生产力、叶绿素 a 浓度和细菌丰度有着明显的变化，但仍然是包括蓝细菌、α-和 δ-变形细菌在内的 15 个相同的类群占优势。类似地，Riemann 和 Middelboe（2002）也发现在丹麦近海尽管细菌生产力变化较大，但都存在一类稳定的细菌群落。对这种结论，可能的解释是细菌的生理适应性较强，使得许多细菌类群广泛分布于多种小生境。

④其他因素造成的分布差异：除上述因素之外，盐度、叶绿素浓度、营养等也是导致浮游细菌群落组分变化的重要原因。盐度是决定环境中细菌群落的一个重要因素，在淡水和海洋环境中细菌种类是不同的。叶绿素浓度反映了浮游植物种类以及区域分布的差

异,这种差异影响着海水中营养的有效性,从而扮演了选择者的角色。Hold 等(2001)发现某些浮游细菌需要独特的浮游植物,这些细菌和藻类之间有着特殊的相适性。这是由于不同的藻类可能产生性质不同的 DOC(溶解有机碳),对细菌的生长产生影响。碳源、无机营养等限制因子也是影响细菌生长的主要因素。Vrede 等(2002)发现细菌的大分子组成和细菌大小变化受营养的限制。这些都反映了营养类型与数量的变化对浮游细菌的组成结构具有选择性作用。

2)海洋沉积物中的细菌

在沉积物中,海洋细菌的分布表现出区带化的特征,在不同层面有着明显差异。在某些特殊海洋环境,沉积物中还存在着特殊的细菌类群。在绝大部分深海和极地沉积物中,由于低温环境,大多为嗜冷或耐冷菌,并以变形细菌居多。

①深度分布差异:一般说来,沉积物表层溶解氧含量丰富,以好氧细菌为主;而在较深层的缺氧环境中,以兼性或专性厌氧细菌为主。Reinhard 等(2006)利用变性梯度凝胶电泳技术分析潮滩沉积物中细菌多样性时发现,沉积物上层 160~200 cm 区域 γ-和 δ-变形细菌占优势,二者占全部类群的 60% 以上。而在沉积物下层细菌群落组成有所变化,绿弯菌成为优势菌,超过全部类群的 60%。Reed 等(2006)对佛罗里达悬壁底部富含硫化物和甲烷的沉积物进行 16S rDNA 系统发育分析,发现在上层 ε-和 δ-变形细菌居多,在中层 β-、γ-和 ε-变形细菌占优势,而在底层 δ-变形细菌占优势。同时还发现在该沉积物中存在一定数量的厚壁菌门、噬纤维菌-屈挠杆菌-拟杆菌(Cytophaga-Flexibacter-Bacteroides,CFB)群、WS3 群、浮霉菌属和梭菌属、绿弯菌/绿色非硫菌。并指出在垂直距离的小范围内,微生物群体结构呈现明显的多样性。WS3 群是一类新的未可培养的古菌类群。上、中、下三层沉积物中的细菌具体分布比例如图 3-3 所示。

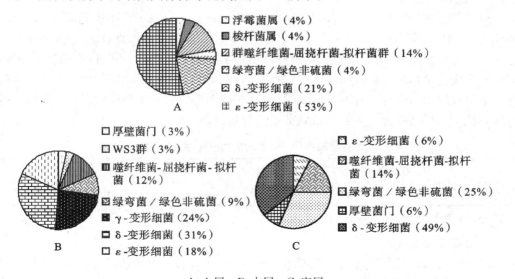

A. 上层　B. 中层　C.底层

图 3-3　佛罗里达悬璧沉积物中不同深层的细菌构成(引自 Reed A J,et al., 2006)

②区域分布差异：不同海域沉积物中的细菌群落在组成与丰度上尽管差异较大，但仍呈现出一定的分布规律。Gray 等（1996）对区鹰港和沃什湾煤焦油污染的表层沉积物样品进行细菌 PCR 扩增，并构建 16S rDNA 克隆文库，克隆序列主要归属于 6 个类群：α-、γ-和 δ-变形细菌群；革兰氏阳性菌高（G＋C）mol％含量的类群；梭菌和相近的生物体；浮霉菌和相近的生物体。2003 年曾润颖等通过构建环境样品微生物的 16S rDNA 克隆文库，采用 PCR-RFLP、DNA-DNA 杂交、16S rDNA 序列测定及系统发育分析的方法，研究了西太平洋"暖池"区和东太平洋"结核"区两个海区深海沉积物中微生物多样性、群落结构特征及其与环境的关系。结果表明，两海区深海沉积物中的细菌都以变形细菌为主，属于γ-和 α-变形细菌亚群的细菌种类和数量最为丰富，而属于 β-变形细菌的很少。但对于 δ-变形细菌和 ε-变形细菌的检测结果却不一致，在东太平洋"结核"区沉积物中没有检测到这两个亚群的细菌，而在西太平洋"暖池"区沉积物中这两个亚群的细菌数量较多（最高可达 29％），并且 δ-变形细菌呈现随沉积物深度增加而减少的趋势。除了变形细菌之外，CFB 群细菌在西太平洋"暖池"区沉积物中也是一类较重要的细菌，主要集中在沉积物表层；而在东太平洋"结核"区没有检测到属于 CFB 类群的细菌。

Wilms R 等（2006）研究发现 Neuharlingersieler Nacken、Gröninger Plate、Janssand 三个采样点潮滩沉淀上升层中微生物类群的相对丰度随深度变化也呈一定的分布规律。三个海域沉积物中微生物类群主要包括绿弯菌、放线菌、变形细菌、螺旋菌、酸杆菌、硝化刺菌、拟杆菌以及一些未可培养菌。沉积物中多数变形细菌随深度的增加而减少，而绿弯菌、酸杆菌等则随深度的增加而增多。Gröninger Plate、Janssand 两海域沉积物中，变形细菌所占比例高于 Neuharlingersieler Nacken 海域，而绿弯菌在 Neuharlingersieler Nacken 海域所占的比例则高于另外两海域。

（2）海洋放线菌

海洋中分布着众多的放线菌，包括链霉菌属（*Streptomycetes*）、小单胞菌属（*Micromonospora*）、红球菌（*Rhodococcus*）、诺卡氏菌（*Nocardia*）、游动放线菌（*Actinoplanetes*）等，它们主要分布在海水、海底沉积物以及海洋动植物的表面和内部。并且，不同类型的样品放线菌密度差异悬殊。以红树林土壤、海沙、海泥、海草、珊瑚礁和海绵为例，海绵和红树林土壤中放线菌密度较大，而海沙、海泥、海草和珊瑚礁中放线菌密度则稍低，表 3-3 为鲍时翔等从每克样品中分离得到的放线菌菌落数统计表。

表 3-3　每克样品中分离得到的放线菌菌落数（×10³个/克）

生境	红树林土壤	海沙、海泥	海草	珊瑚礁	海绵
放线菌	7.0	2.8	1.4	3.2	8.6

注：分离培养基为改良高氏一号。

1）海洋浮游放线菌

浮游放线菌是海洋放线菌的重要组成部分，但目前对于浮游放线菌的报道不多。研究表明，浮游放线菌的数量处于中等丰度的水平。但在法国 Banyuls-sur-Mer 海湾的贫营养海水中，放线菌在浮游微生物中只占较少部分。在巴塞罗那奥林匹克海港的下层海水中，放线菌所占比例也较小。而在某些特殊的海域，浮游放线菌数目却较多，如该海港污染程度较深的海洋表面微层(sea surface microlayer,SML),放线菌在分离的微生物中是主要种群,占到27%。

虽然放线菌在海水中所占的比例相对较小,但在不同海域仍不断有新的海洋浮游放线菌被分离。Yi 等(2004)从韩国东海海域的海水中分离到一株放线菌,其肽聚糖中含有L-鸟氨酸和L-丝氨酸,经16S rDNA 序列分析和生理生化测定,确定为放线菌中的一个新属种,定名为 *Serinicoccus marinus*。Han 等从东海 Amursky 海湾的海水中也分离到一株新型放线菌,鉴定为微杆菌科(Microbacteriaceae)的一个新属种,定名为 *Salinibacterium amurskyense*。

2)海洋沉积物中的放线菌

放线菌是海洋沉积物中最重要的真细菌类群。其中浅海区域以链霉菌为主,也有较多的游动放线菌,而深海区沉积物中的优势放线菌为小孢囊菌(*Microsporangium*)和诺卡氏菌(*Nocardia*)。

不同深度、不同海域的沉积物中,放线菌的数量和种类有所不同。Paul R 等(1991)从遍及巴哈马群岛的 15 个近海沉积物中分离到 289 株放线菌,其中 283 株属于游动放线菌(*Actinoplanes*)和链霉菌(*Streptomyces*)。对这两属放线菌的数目与采样深度之间的关系研究发现:随着深度的增加,链霉菌的数目迅速下降而游动放线菌的数目有所增加。链霉菌在 0~1 m 深处占全部放线菌的近 80%,1~3 m 深处为 12%,98%的链霉菌来自深度小于 3 m 的地方。游动放线菌在各个采样点的分布比较均匀,在 0~1 m、1~3 m、3~6 m、6~15 m、15~33 m 处分别占全部放线菌的 12%、11%、18%、18%和 86%(图 3-4)。在一些海域的沉积物中,放线菌为优势类群。Lanoil 等(2001)对墨西哥海湾和日本 Nankai 海域含甲烷水合物的沉积物进行微生物组成调查,发现其中 30%~40%是放线菌。

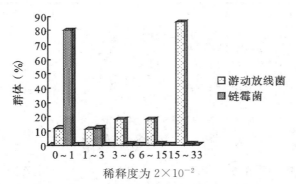

图 3-4 链霉菌和游动放线菌在海洋沉积物不同深度的分布(引自 Jensen P R, et al, 1991)

近年来,不断有新的放线菌从海洋沉积物中分离出来。Mincer 等(2002)从 3 种海洋沉积物中都分离到新型放线菌 MAR1,该菌对多种病原菌显示出抗菌活性,并证实其在海洋中广泛分布。Magarvey 等(2004)用一种独特的选择培养法从巴布亚新几内亚所罗门海海底沉积物中分离到 2 株小单胞菌新种 PNG1 和 UMM518,其发酵液对多种病原菌、肿瘤细胞和牛痘病毒具有抑制活性。

3)与海洋动植物共附生的海洋放线菌

除海底沉积物和海水之外,有相当一部分放线菌生活在无脊椎动物及海洋植物的表面或体内。在这方面,国内外研究得较多的是海绵。刘丽等(2004)从大连海域的繁茂膜海绵(*Hymeniacidon perleve*)中分离到 5 株具有抗菌活性的放线菌。Montalvo 等(2005)对两种桶状海绵(*Xestospongia* spp.)做了 16S rDNA 微生物群落分析,结果表明:这两种海绵中都存在放线菌目(Actinomycetales)的放线菌,在克隆文库中的丰度分别为12%和30%,其中一些放线菌是海绵中所特有的。

除海绵以外,在其他海洋生物表面也发现有放线菌的分布。Trischman 等(1994)从一种未鉴定的水母表面分离到链霉菌 CNB-091。Tapiolas 等在采集于加利福尼亚海沟的珊瑚 *Tapiolas Pacifigugia* 表面分离到链霉菌。Fenical 等(1993)从墨西哥、加利福尼亚海湾的柳珊瑚表面分离到链霉菌 PG-LA。

(3)海洋蓝细菌

蓝细菌又称蓝藻。迄今为止发现的海洋蓝细菌主要属于原绿球藻属(*Prochlorococcus*)和聚球藻属(*Synechococcus*),它们能进行光合作用,是海洋初级生产者的重要组成部分,对海洋生态系统的稳定性与多样性有着重要意义。蓝细菌在世界各个海域中均有发现,其分布主要受温度、季节、光照以及自身特点等影响(详见第 4 部分)。

3.4.3　海洋真菌的分布

大多数海洋真菌营腐生或寄生生活,少数自由生活,因此真菌在海洋中的分布主要取决于其宿主的分布。根据栖生习性,海洋真菌可分成木生真菌、寄生藻体真菌、红树林真菌、海草真菌、寄生动物体真菌以及海洋沉积物真菌等 6 种基本的生态类型,各类型海洋真菌的生态类型及分布见表 3-4。下面对这 6 种类型的海洋真菌分布进行介绍。

表 3-4　海洋真菌的生态类型及分布

类型	数量	种类	分布	生活方式	作用
木生真菌	最多	子囊菌、半知菌	温带、极地、浅海及深海	腐生、寄生、共生	强烈分解木材和其他纤维物质
寄生藻体真菌	约占 1/3	子囊菌、酵母菌	随藻类的分布而分布	腐生、寄生、共生	—
红树林真菌	较多	子囊菌、半知菌、担子菌	热带、亚热带、潮间带、盐泽地	腐生	分解红树叶片
海草真菌	较少	子囊菌、半知菌	分布广泛	腐生、寄生	低等海洋真菌,是重要的致病菌
寄生动物体真菌	较少	子囊菌、半知菌	分布广泛	腐生、寄生	—
海洋沉积物真菌	较少	—	分布广泛	—	—

注:“—”表示无明显特征。

1)木生真菌

1944 年 Barghoorn 和 Linder 首次在漂流木上发现了海洋真菌,从而为科学家们研究海洋真菌指明了方向。海洋木生真菌是海水中数量最多、分布最广的一类高等真菌,多营腐生生活,能分解纤维素。其分布特点为:热带海域较温带和极地地区广泛,浅海较深海广泛。现今已知的海洋木生真菌中,子囊菌有 76 种,半知菌 29 种,担子菌 2 种。

季节的变化和附着基质不同可影响海洋木生真菌的种类和丰度。Grasso 等在研究意大利西西里岛东北部 Milazzo 海港的真菌时发现,海洋子囊菌 *Corollospora maritima*、*Lulworthia sp.*、*Remispora maritima*、*Cirrenalia macrocephala* 等为海水中最常见的真菌,夏季出现的数量最多(占全年的 37.4%),冬季数量最少(仅 16.5%),春季和秋季分别占 26.8% 和 17.3%;其中 42.9% 的海洋真菌(多为子囊菌)以杨树为基质,而在松树上半知菌较多。

由于深海采样困难,对海洋木生真菌的研究多集中在浅海区潮间带。而 Kohlmeyer 等采用木板浸没于海底的方法,对深海(1 615~5 315 m)中的海洋木生真菌进行调查,发现了少量的真菌,这说明深海中也存在木生真菌,但由于环境特殊的因素,其生长极为缓慢。

2)藻体真菌

近 1/3 的海洋真菌以腐生、寄生或共生的方式生活于藻体上,其中以子囊菌居多。海藻及其代谢产物可直接影响藻体真菌的分布。例如,北大西洋的马尾藻(*Sargassum spp.*)中,真菌的种类和数量都很少,也极少发现其被真菌侵染,这是由于马尾藻含有抗菌作用的单宁酸;附在红藻和绿藻上的酵母菌数量,要高于褐藻,这是因为褐藻分泌的酚类物质能抑制海洋真菌的生长。一般来说,腐烂海藻上酵母菌的数量要高于活藻体和海水中的数量。

3)红树林真菌

红树林真菌是海洋中数量仅次于木生真菌的第二大类真菌,种类丰富。目前已报道子囊菌 23 种,半知菌 17 种,担子菌 2 种。Kathiresan K(2000)在对印度 Pichavaram 地区的红树林进行研究时,分离到 23 种真菌,大部分属于半知菌,其中曲霉(*Aspergillus*)和青霉(*Penicillium*)占优势地位。栖生于红树林的海洋真菌多半是腐生菌,它们大多分布在红树躯干、枯叶、枝条及根部等,能分解红树的枯枝败叶,为海洋提供了大量的有机物碎屑。

4)海草真菌

海草真菌多栖居于海草的叶部和根部,数量较少,而且栖居于根部的真菌更少,这是因为海草根中含有单宁酸和其他抑制生物生长的物质,只有那些能抵抗这类物质的海洋真菌才能在根上生长。

5)寄生动物体真菌

寄生动物体真菌常寄生于海洋动物的外骨骼、壳、肠道等,它们能分解动物体中的纤维素、甲壳素、蛋白质和碳酸钙等,低等真菌还是海洋鱼类和无脊椎动物病害的重要致病菌。Shigemori 等(1991)从日本 Manazuru 海岸采集的鱼类胃肠道中分离到瘿青霉(*Penicillium fellutanum*);而 Michael 也在海参中分离到 27 种海洋真菌。

6)海底沉积物真菌

海底沉积物中含有大量有机质,为海洋真菌提供了良好的生境。沉积物真菌多吸附在海泥的微粒上生长。在不同海域的沉积物中,均发现有真菌的存在,甚至是世界海洋最深处——马里亚纳海沟的沉积物也不例外。Takami 等(1997)用平板培养法从马里亚纳海沟 11 000 m 水深的海底沉积物中分离到数千株微生物,其中也包括真菌,尽管并未对其进行深入研究,但足以证明真菌在深海沉积物中的存在。Raghukumar 等(2004)发现,在印度洋查戈斯海沟 5 900 m 水深的深海沉积物中,从表层到 370 cm 深的沉积物中都可分离到真菌,包括 *Aspergillus sydowii* 和一些未鉴定的不产孢真菌,各层沉积物中真菌的丰度为 69～2 493 CFU/g。王骁勇等(2006)对舟山群岛海域海底沉积物进行真菌资源调查时,也同样发现了大量的海洋真菌,其在较浅层泥样中含量较高,随着深度增加,真菌含量缓慢下降,并存在明显的由南向北递减的趋势,这也许与水温、水流等条件有关。各沉积物样品中真菌数量如表 3-5 所示。

表 3-5　各沉积物样品真菌数量的比较(引自王骁勇等,2006)

深度(cm)	站位							
	DA-4 (32°00′N 123°30′E)	DB-6 (31°30′N 122°30′E)	DB-7 (31°30′N 123°00′E)	DC-10 (31°00′N 122°30′E)	DD-16 (30°30′N 123°30′E)	DE-19 (30°00′N 123°00′E)	DF-23 (29°30′N 123°00′E)	DG-26 (29°00′N 122°30′E)
0～2	700	-	300	325	750	-	850	2 250
1～4	325	500	200	400	325	-	400	1 250
4～6	300	-	0	150	350	275	450	850
6～8	-	-	0	200	450	400	125	1 500
8～10	-	-	0	275	400	200	100	750
10～20	-	-	-	-	200	125	150	475
20～30	-	-	-	75	-	225	-	-
30～40	-	-	-	125	-	50	-	650
50～60	-	-	-	-	-	-	-	300
80～90	-	-	-	-	-	-	-	300
90～100	-	-	-	-	-	-	-	550

注:"-"表示未获得该处沉积物样品。N 为北纬;E 为东经。

3.4.4　海洋真核微藻的分布

海洋真核微藻能够进行光合作用,是海洋中主要的初级生产者之一。其分布(包括种类组成、数量变动等)受到光照、温度、人类活动的干扰等因素影响,详见本书第 4 部分。

3.4.5　海洋病毒的分布

(1)海洋浮游病毒的分布

随季节、水体深度等参数的变化,海洋浮游病毒的分布呈现出一定的变化规律。1989 年 Bergh 最早报道了海洋病毒丰度随季节的变化,他发现挪威沿海浮游病毒的丰度在春秋之间达到最高,为 5×10^6 个/立方厘米;冬季最低,只有 10^4 个/立方厘米;美国的坦帕海湾和亚得里亚海沿岸,病毒丰度在夏末达到 10^7 个/立方厘米以上,而在冬季降到 10^6 个/立方厘米或更低。Suttle 等以墨西哥海湾的海水为实验样品,通过感染聚球藻来检测噬蓝藻体的丰度,研究表明在温度为 12℃～18℃ 和盐度为 18～37.5 时,噬蓝藻体丰度随温度、盐度的升高而升高。在其他沿海区域,浮游病毒的丰度也表现出类似的变化趋势,即浮游病毒丰度一般在晚秋出现峰值,但易受其他因素影响,如在赤潮发生期间,浮游病毒的丰度骤增。

光密度、波长、温度、盐度等理化因子也影响着海洋浮游病毒的分布。Corinaldesi 等 (2003)在研究亚得里亚海浮游病毒的分布时,观察到病毒的分布与深度存在显著相关性,病毒丰度一般随着深度的增加而降低。在开放的海洋水体 10 m 和 50～150 m 处,常观察到病毒的峰值,而在透光层 200 m 以下会迅速下降,最后达到一个相对稳定的值,一般小于 10^6 个/立方厘米。与深海不同,在近海或江河口处,水表的病毒丰度比水下要高 2～10 倍,但有些水域区别不大。

海洋浮游病毒丰度随宿主变化而变化。病毒丰度与细菌丰度间的比值(virus-to-bacterium ratio,VBR)是研究病毒侵染对水生菌群影响的重要参数。多数情况下,病毒与细菌表现出负相关性,即当 VBR 降低时,细菌丰度反而升高。Tuomi 等(1995)根据 VBR 与细菌丰度间的负相关关系提出了一个假说:在水环境中 VBR 是表示宿主群落多样性的一个标志。当细菌群落中有少数种群占优势时,病毒与宿主发生特异性吸附的几率增大,吸附到宿主细胞上的病毒增多,水体中游离的病毒颗粒变少,因而 VBR 变小。当宿主群落中物种多样性丰富时,病毒特异性宿主发生特异性吸附的几率变小,此时游离的病毒颗粒增多,VBR 增大。当然这个假说成立要有两个前提:一是特异性吸附是病毒丰度减少的一个重要因素;二是当总的细菌物种多样性降低时,其丰度会增加。在美国的切萨皮克湾,当 VBR 处于峰值时,细菌的丰度达到最低值。

与病毒、细菌的生长和降解等相关的因素易影响 VBR 值的大小。在大部分水体中,病毒丰度高于细菌丰度,即 VBR 大于 1。在高营养、高生产力的水体中,细菌生长迅速,能产生更多的病毒颗粒,VBR 一般较高,当然,这也与高的病毒侵染率和病毒释放量有关。Maranger 等(1994)曾报道,在北冰洋春季浮游植物爆发期间,VBR 最高达到 72,在细菌丰度增加时,VBR 急速下降。并推测导致这种现象的原因是:浮游植物大量繁殖期间,病毒的选择压力导致抗噬菌体的细菌大量生长,在浮游植物大量繁殖末期,抗性菌成了浮游细菌群落中的优势种群。Bratbak 等(1990)报道,在挪威的西部海区春季硅藻爆发期间,浮游病毒丰度从 $5×10^5$ 个/立方厘米上升到 $1.3×10^7$ 个/立方厘米,病毒丰度的峰值出现在浮游植物的峰值之后,暗示病毒的丰度与宿主种群的产量和生长状况有关。上面讲到病毒的峰值均出现在晚秋,这可能与秋季浮游植物大量繁殖有关。春季浮游植物大量繁殖也能导致产生大量浮游病毒,但由于夏天病毒丰度本来较高,再加上秋季浮游植物的大量繁殖,所以峰值易出现在晚秋。

(2)海洋底栖病毒的分布

海洋沉积层的底栖病毒与浮游病毒的丰度存在显著差别。Ian Hewson 等(2001)用 SYBR Green I 作染料,对富营养水平的 Moreton Bay 海底沉积物中的病毒丰度进行检测,在荧光显微镜下观察发现,沉积物中病毒状颗粒丰度为 $(0.2～4.8)×10^9$ 个/立方厘米,远高于 Moreton Bay 海水中浮游病毒的丰度($0.5 \times 10^7 \sim 3.0 \times 10^8$ 个/立方厘米)。另外,病毒丰度与细菌丰度的比值为 $2 \sim 65$,也高于海水中的比值 $3 \sim 37$。Roberto 等 (2000) 从地中海东部 Sporades Basin、Cretan Sea、Ierapetra Trench 三个站点(深度分别为 1 232 m、1 840 m、4 235 m 处)采集了 9 个沉积物样品,对病毒和细菌丰度的检测结果显示:每毫升沉积物中,病毒数为 $(1 \sim 2) \times 10^9$ 个,比海水水柱层中病毒丰度高出 3 个数量级,而且病毒丰度与细菌密度呈显著相关性,相关系数 r^2 为 0.647。Ian Hewson 等 (2001) 比较了不同海域底栖病毒状颗粒(VLP)的丰度,结果也表明底栖病毒丰度比浮游病毒丰度高 $1 \sim 3$ 个数量级(表 3-6)。2003 年,他又比较了加州南部不同采样地点沉积物和水柱层中病毒及细菌的丰度(表 3-7),结果表明沉积物中的病毒和细菌丰度比水柱层中高 $1 \sim 2$ 个数量级;对加州圣佩卓海峡沉积物中的病毒和细菌丰度随着沉积物深度变化的情况也进行了研究,发现随着沉积层深度的增加,沉积物中的病毒和细菌丰度随之降低,病毒丰度降低较快,因而 VBR 也随着降低(图 3-5)。

表 3-6　不同海域 VLP 的丰度及 VBR 的比较(引自 Hewson I et al. ，2001)

地点	病毒丰度(VLP/cm³)	VBR
Moreton Bay and Noosa River	$1.7 \times 10^7 \sim 2.4 \times 10^9$	$21 \sim 56$
Lac Gilbert，Quebec	$0.8 \sim 4 \times 10^9$	$1 \sim 32$
Florida Bay	$1 \sim 5 \times 10^8$	不确定
Bering Sea	2.7×10^7	不确定
Chesapeake Bay	3.6×10^8	$29 \sim 85$
Sporades Basin and Ierapetra Trench，Mediterranean Sea	$1 \sim 2 \times 10^9$	$2 \sim 5$

表 3-7　加州南部海洋沉积物和水柱层中病毒及细菌丰度的比较(引自 Hewson I et al. ，2003)

样品	地点	病毒丰度(VLP/cm³)	细菌丰度(cells/cm³)	VBR
沉积物	L. A. Harbor	$2.00(\pm 0.80) \times 10^8$	$1.96(\pm 0.54) \times 10^7$	10
	San Pedro Channel	$2.45(\pm 0.62) \times 10^9$	$2.25(\pm 0.08) \times 10^6$	11
	Big Fisherman's Cove	$2.45(\pm 0.52) \times 10^9$	$2.50(\pm 0.62) \times 10^7$	98
水柱层	L. A. Harbor	$8.09(\pm 0.48) \times 10^7$	$2.05(\pm 0.14) \times 10^6$	39
	San Pedro Channel	$1.26(\pm 0.05) \times 10^7$	$9.00(\pm 0.50) \times 10^5$	14
	Big Fisherman's Cove	$2.52(\pm 0.16) \times 10^7$	$2.02(\pm 0.31) \times 10^6$	14

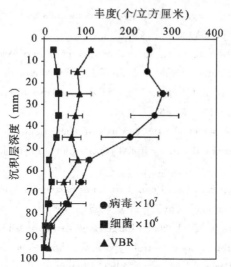

图 3-5　加州圣佩卓海峡的底栖病毒、细菌丰度及 VBR 随沉积层深度的变化

（引自 Hewson I，et al.，2003）

参考文献

方金瑞,黄维真.1995.从海洋细菌中寻找生物活性的代谢产物.国外医药抗生素分册.16(4):247～251

金静,李宝笃.2005.海洋真菌的研究概况.菌物学报.24(4):620～626

任立成,李美英,鲍时翔.2006.海洋古菌多样性研究进展.生命科学研究.10(2):67～70

王骁勇,黄耀坚,郑忠辉,等.2006.舟山群岛近海底栖真菌及其抗生活性初筛研究.厦门大学学报(自然科学版).4:558～562

汪天虹,肖天,朱汇源,等.2001.海洋丝状真菌生物活性物质研究进展.海洋科学.25(6):25～27

席峰,郑大凌,张瑶.2004.深海微生物生态分布的若干特点.海洋科学.2(2):64～68

徐美香,王风平,肖湘.2003.深海沉积物样品中古菌的 16S rDNA 分析.自然科学进展.13(6):598～603

阎斌伦.2005.海洋贝类病毒性疾病研究概述.科学养鱼.2005(5):49～50

曾润颖.2003.太平洋暖池区深海沉积物中微生物分子生态学研究.厦门大学博士论文

《中国生物多样性国情研究报告》编写组.中国生物多样性国情研究报告.1998.北京:中国环境科学出版社

Alan C W，Nagamani B. 2006. Diversity and biogeography of marine actinobacteria. Curr Opin Microbiol. 9：279-286

Alonso-Sáez L，Balagué V，Sà E L，et al. 2007. Seasonality in bacterial diversity in north-west Mediterranean coastal waters：assessment through clone libraries，fingerprinting and FISH. FEMS Microbiol Ecol. 60：98-112

Ananda K，Sridhar K R. 2002. Diversity of endophytic fungi in the roots of mangrove species on west coast of India. J Microbiol. 48(10)：871-878

Ananda K，Sridhar K R. 2004. Diversity of filamentous fungi on decomposing leaf and woody litter of mangrove forests in the southwest coast of India. Curr Sci. 87(10)：1431-1437

Atlas R M & Bartha R. 1993. Microbial Ecology: Fundamentals and Applications, 4th Ed. (Benjamin Cummings, Redwood City, CA)

Bano N, Ruffin S, Ransom B, et al. 2004. Phylogenetic composition of Arctic ocean archaea assemblages and comparison with Antarctic assemblages. Appl Environ Microbiol. 70(2): 781-789

Bergh O, Borsheim, K Y, Bratbak G, et al. 1989. High abundance of viruses found in aquatic environments. Nature(London). 340: 467-468

Boehme J, Frischer M E, Jiang, et al. 1993. Viruses, bacta-rioplankton, and phytoplankton in the southeastern Gulf of Mexico: distribution and contribution to oceanic DNA pools. Mar Ecol Prog Ser. 97: 1210-1217

Bratbak G, Heldal M, Norland S, et al. 1990. Viruses as partners in spring bloom microbial trophodynamics. Appl Environ Microbiol. 56(5): 1400-1405

Corinaldesi C, Crevatin E, Del N, et al. 2003. Large-Scale spatial distribution of virioplankton in the A-driatic Sea: testing the trophic state control hypothesis. Appl Environ Microbiol. 69(5): 2664-2673

Costantino V, Holger W J, Barbara J M, et al. 1999. Population structure and phylogenetic characterization of marine benthic archaea in Deep-Sea Sediments. Appl Environ Microbiol. 65(10): 4375-4384

Cotner J B, Ammerman J W, Peele E R, et al. 1997. Phosphoruslimited bacterioplankton growth in the SargassoSea. Aquat Microb Ecol. 13: 141-149

Curtis T P, Sloan W T, Scannell J W. 2002. Estimating prokaryotic diversity and its limits. Proc Natl Acad Sci USA. 99(16): 10494-10499

Danovaro R, Dell'anno A, Trucco A, et al. 2001. Determination of virus abundance in marine sediments. Appl Environ Microbiol. 67(3): 1384-1387

Danovaro R, Serresi M. 2000. Viral Density and Virus-to-Bacterium Ratio in Deep-Sea Sediments of the Eastern Mediterranean . Appl Environ Microbiol. 66(5): 1857-1861

Delong E F. 1992. Archaea in coastal marine environments. Proc Natl Acad Sci USA. 89:685-689

Delong E F. 2003. Oceans of Archaea :Abundant oceanic Crenarchaeota appear to derive from thermophilic ancestors that invaded low-temperature marine environments. ASM News. 69(10): 503-511

Delong E F. 2006. Archaeal mysteries of the deep revealed. PNAS. 103(17): 6417-6418

Delong E F, Lance T T, Terence L M, et al. 1999. Visualization and enumeration of marine planktonic archaea and bacteria by using polyribonucleotide probes and fluorescent in situ hybridization. Appl Environ Microbiol. 65(12): 5554-5563

Eleanor T, Gerwyn M J. 2006. What is the fungal diversity of marine ecosystems in Europe mycologist. 20: 15-21

Fenical W. 1993. Chemical studies of marine bacteria: developing a new resource. Chem Rev. 5(93): 1673-1683

Fuhrman J A. 1999. Diversity and biogeography of marine actinobacteria. Nature. 399(10): 541-548

Fumio I, Takuro N, Satoshi N, et al. 2006. Biogeographical distribution and diversity of microbes in methane hydrate-bearing deep marine sediments on the Pacific Ocean Margin. PNAS. 103(8): 2815-2820

Glöckner F O, Zaichikov E, Belkova N, et al. 2000. Comparative 16S rRNA analysis of lake bacterioplankton reveals globally distributed phylogenetic clusters including an abundant group of Actinobacteria. Appl Environ Microbiol. 66: 5053-5065

Giovannoni S J, Rappé M S, Vergin K L, Adair N L. 1996. 16S rRNA genes reveal stratified open ocean bacterioplankton populations related to the Green Non-Sulfur bacteria. Proc Natl Acad Sci. 93: 7979-7984

González J M, Moran M A. 1997. Numerical dominance of a group of marine bacteria in the alpha-subclass of the class Proteobacteria in coastal seawater. Appl Environ Microbiol. 63: 4237-4242

Hewson I, O'Neil J M, Fuhrman J A, et al. 2001. Virus-like particle distribution and abundance in sediments and overlying waters along eutrophication gradients in two subtropical estuaries. Limn Oceanog. 46(7): 1734-1746

Hewson I, Fuhrman J A. 2003. Viriobenthos Production and Virioplankton Sorptive Scavenging by Suspended Sediment Particles in Coastal and Pelagic Waters. Microb Ecol. 46: 337-347

Hill R. 2004. In: Bull AT(ed.). Microbial Diversity and Bioprospecting. Washington DC: ASM press

Hold G L, Smith E A, Rappé M S, et al. 2001. Characterization of bacterial communities associated with toxic and non-toxic dinoflagellates. FEMS Microbiol Ecol 37: 161-173

Ingalls A E, Shah S R, Hansman R L, Aluwihare L I, Santos G M, Druffel E R M & Pearson A. 2006. Proc Natl Acad Sci USA. 103: 6442-6447

Jed A F, John F G & Michael S S. 2002. Prokayotic and viral diversity patterns in marine plankton. Ecol Res. 17: 183-194

Kathiresan K. 2000. A review of studies on Pichavaram mangrove, southeast India. Hydrobiologia. 430: 185-205

Katrin Ravenschlag K, Kerdtin Sahm K, and Amann R. 2001. Quantitative molecular analysis of the microbial community in marine arctic sediments(Svalbard). Appl Environ Microbiol. 67 (1): 387-395

Katrin K, Tina L, Antje B, et al. 2005. Diversity and distribution of methanotrophic archaea at cold seeps. Appl Environ Microbiol. 71(1): 467-479

Kisand V, Cuadros R, Wikner J . 2002. Phylogeny of culturable estuarine bacteria catabolizing riverine organic matter in the northern Baltic Sea. Appl Environ Microbiol. 68: 379-388

Konneke M, Bernhard A E, de la Torre J R, et al. 2005. Isolation of an autotrophic ammonia-oxidizing marine archaeon. Nature. 437: 543-546

Landy E T & Jones G M. 2006. What is the fungal diversity of marine ecosystems in Europe? Mycologist. 20: 15-21

Lysnes K, Thorseth I H, Steinsbu B O. 2004. Microbial community diversity in seafloor basalt from the Arctic spreading ridges. FEMS Microbiol Ecol. 50(3): 213-230

Maranger R, Bird D F, and Juniper S K. 1994. Viral and bacterial dynamics in Arctic sea ice during the spring algal bloom near Resolute, N. W. T. , Canada. Mar Ecol Prog Ser. 111: 121-127

Massana R, Murray A E, Preston C M, et al. 1997. Vertical distribution and phylogenetic characterization of marine planktonic Archaea in the Santa Barbara Channel. Appl Environ Microbiol. 63: 50-56

Montalvo N F, Mohamed N M, Enticknal J J, et al. 2005. Novel actinobacteria from marine sponge. Antonie Van Leeuwenhoek. 87(1): 29-31

Murray A E, Preston C M, Massana R, et al. 1998. Seasonal and spatial variability of bacterial and archaeal assemblages in the coastal waters near Anvers Island, Antarctica. Appl Environ Microbiol. 64: 2585-2595

Oclarit J M, Okada H, Kaminura K, et al. 1994. Microbios. 78(314): 7-16

Oded B, Koonin E V, Aravind L, et al. 2002. Comparative genomic analysis of archaeal genotypic variants in a single population and in two different oceanic province. Appl Environ Microbiol. 68(1): 335-345

Okami Y, Okazaki T, Kitahara T. 1976. J Antibiot(Tokyo). 29(10): 1019-1021

Paul R. Jensen, Ryan Dwight, and William Fenical. 1991. Distribution of actinomycetes in near-shore tropical marine sediments. Appl Environ Microbiol. 57(4): 1102-1108

Pernthaler A, Pernthaler J, Eilers H, Amann R. 2001. Growthpatterns of two marine isolates: adaptations to substrate patchiness. Appl Environ Microbiol. 67: 4077-4083

Pinhassi J, Berman T. 2003. Differential growth response of colony-forming α- and γ-Proteobacteria in dilution culture and nutrient addition experiments from Lake Kinneret(Israel), the eastern Mediterranean Sea, and the Gulf of Eilat. Appl Environ Microbiol. 63: 199-211

Pinhassi1 J, Winding A. 2003. Spatial variability in bacterioplankton community composition at the Skagerrak-Kattegat Front. Mar ecol prog ser. 255: 1-13

Reed A J, Lutz R A, Vetriani C. 2006. Vertical distribution and diversity of bacteria and archaea in sulfide and methane-rich cold seep sediments located at the base of the Florida Escarpment. Extremophiles. 10(3): 199-211

Reed A J, Lutz R A, Costantino Vetriani. 2006. Vertical distribution and diversity of bacteria and archaea in sulfide and methane-rich cold seep sediments located at the base of the Florida Escarpment. Extremophiles. 10:199-211

Riemann L, Middelboe M. 2002. Stability of bacterial and viral community compositions in Danish coastal waters as depicted by DNA fingerprinting techniques. Aquat Microb Ecol. 27: 219-232

Riemann L, Steward G F, Fandino L B, et al. 1999. Bacterial community composition during 2 consecutive NE monsoon periods in the Arabian Sea studied by denaturing gradient gel electrophoresis (DGGE). Deep Sea Res II. 46: 1791-1811

Schouten S, Hopmans E C, Schefuss E & Damste' J S S. 2002. Earth Planet. Sci. Lett. 204, 265-274

Shigemitsu H, Kazuki T, Isao K. 1991. Abundance of viruse in marine waters: assessment by epifluorescence and transmission electron microscopy. Appl Environ Microbiol. 57(9): 2731-2734

Suzuki M T, Preston C M, Chavez F P, et al. 2001. Quantitative mapping of bacterioplankton populations in seawater: field tests across an upwelling plume in Monterey Bay. Aquat Microb Ecol. 24: 117-127

Teita E, Reinthaler T, Pernthaler A, et al. 2004. Combining catalyzed reporter deposition-fluorescence in situ hybridization and microautoradiograhy to detect substrate utilization by bacteria and archaea in the deep ocean. Appl Environ Microbiol. 70(7): 4411-4414

Tuomi P, Fagerbakke K M, Bratbak G, et al. 1995. Nutritional enrichment of a microbial community: the effects on activity, elemental composition, community structure and virus production. FEMS Microbiol Ecol. 16: 123-134

Vrede K, Heldal M, Norland S, et al. 2002. Elemental composition(C, N, P) and cell volume of exponentially growing and nutrient limited bacterioplankton. Appl Environ Microbiol. 68：2965-2971

Webster N S，Wilson K，Blackall L，et al. 2001. Appl Environ Microbiol. 67(1)：434-444

Whitman W B，Coleman D C，Wiebe W J. 1998. Prokaryotes：The unseen majority. Pro Natl Acad Sci USA. 95(12)：6578-6583

Wilms R，Köpke B，Sass H. 2006. Deep biosphere-related bacteria within the subsurface of tidal flat sediments. Environ Microbiol. 8(4)：709-719

4. 海洋光合微生物

4.1　什么是海洋光合微生物

　　光合作用(photosynthesis)是指自然界中绿色植物和光合微生物利用光能将 CO_2 等转变为有机化合物,并释放 O_2 或 S 等物质的过程。所以,光合作用实际上是一种有机合成反应,可用如下通式表示:

$$2H_2D + CO_2 \xrightarrow[]{\text{光、光合器}} (CH_2O) + H_2O + 2D$$

（上式：氧化、还原）

式中,H_2D 代表还原剂,如 H_2O、H_2S 等。此外,很多光合细菌还可以利用 S、SO_3^{2-}、H_2、异丙醇、乳酸等同化 CO_2 进行光合作用。

　　海洋光合微生物就是指生活在海洋中能够进行光合作用的微生物。根据光合产物中有无 O_2,可以分为两类:海洋产氧光合微生物(oxygenic photosynthetic microorganism)和海洋不产氧光合微生物(anoxygenic photosynthetic microorganism)。前者主要有真核微藻、一些原生动物(如夜光虫)和海洋产氧光合细菌(如蓝细菌)等,后者主要有不产氧光合细菌和某些极端嗜盐古菌等。作为海洋初级生产者,海洋光合微生物是海洋中食物链的重要组成部分,是海洋环境中不可缺少的、独特的一类微生物。

4.2　海洋产氧光合微生物

4.2.1　真核微藻

　　海洋真核微藻体型小($0.2\sim500\ \mu m$),是海洋浮游生物(plankton)的重要组成部分,也是海洋生态系统的主要初级生产者之一。据估计,海洋真核微藻多达几万种,目前已经确认的有 4 000~5 000 种。

　　海洋真核微藻与陆地植物类似,细胞内含有 1 个或多个叶绿体。叶绿体的膜结构中含有多种光合色素,如叶绿素 a、b、c 和类胡萝卜素(carotenoid)等。叶绿素分子含有一个卟啉环的"头部"和一个叶绿醇(phytol,又称植醇)的"尾巴"。类胡萝卜素包含胡萝卜素(carotene)和叶黄素(lutein),分为开环结构和闭环结构两类,有 300 多种。由于不同微藻含有不同的光合色素,故呈现出不同的颜色,如甲藻含较多的多甲藻黄素(peridinin),因此藻体常呈黄绿到橙红,而硅藻含叶黄素(墨角藻黄素、硅藻黄素等)较多,藻体通常呈金褐色。表 4-1 为部分真核微藻及其所含的主要光合色素成分。

表 4-1　部分真核微藻光合色素成分

	红藻门	硅藻门	黄藻门	金藻门	甲藻门	裸藻门
光合色素	叶绿素 a、d,类胡萝卜素,藻胆素	叶绿素 a、c_1、c_2,硅甲藻素	叶绿素 a、c_1、c_2,藻褐素	叶绿素 a、c_1、c_2,藻褐素	叶绿素 a、c_2,多甲藻黄素	叶绿素 a、b,虾青素

4.2.2　原生动物

海洋中植鞭亚纲(Phytomastighina)的大部分原生动物能进行光合作用,如夜光虫(*Noctiluca*)、沟腰鞭毛虫(*Gonvaulax*)和裸甲腰鞭毛虫(*Cymnodinium*)等。植鞭亚纲中大部分植物性鞭毛虫具有与光合作用有关的色素体和红色的眼点。色素体包括叶绿素、胡萝卜素、叶黄素和藻胆素等。由于所含色素体的组成和含量不同,植物性鞭毛虫在颜色上差异很大,有绿色、黄色、蓝色等。眼点由一至多个红色小球构成,对光十分敏感,能引导鞭毛虫游向阳光。该亚纲有些原生动物(如有色鞭毛虫)可进行混合式营养,如果长期处在黑暗而富有有机质的环境中,色素体和眼点都会退色,不再进行光合作用,而是利用身体表面的渗透功能吸收营养或直接通过胞口吞入食物。

4.2.3　海洋产氧光合细菌

海洋产氧光合细菌(marine oxygenic photosynthetic bacteria)为好氧菌,典型代表是蓝细菌中的两个属:聚球藻属(*Synechococcus*)和原绿球藻属(*Prochlorococcus*)。

1979 年,Waterbury 用表面荧光显微技术发现超微型光合自养原核生物(picoprokaryotes)——聚球藻属蓝细菌。通过细胞亚显微结构观察发现,该属蓝细菌无叶绿体膜,不形成叶绿体。类囊体是该属进行光合作用的场所,它们数量众多,以平行或卷曲的方式分布在细胞膜附近。类囊体的片层膜上含有光合色素(包括叶绿素 a、藻胆素和类胡萝卜素等)和光合电子传递链(electron transport chain)的有关组分。藻胆素是一类蓝细菌和真核红藻所特有的水溶性的捕捉光能的色素蛋白,在光合作用中起辅助色素的作用,包括藻蓝素(phycocyanin)、藻红素(phycoerythrin)和别藻蓝素(allophycocyanin)3 种色素,它们在光合作用中只起吸收及传递光能的作用,并在细胞中聚集形成特殊的颗粒,称为藻胆体(phycobilisome),规则地排列在类囊体表面。这些色素的含量会随生长环境条件,尤其是随着光照条件的变化而改变,蓝细菌的颜色也因而有所改变。由于藻胆素中藻蓝素占多数,与其他色素一起作用使得聚球藻细胞呈现特殊的蓝色。

目前根据聚光色素种类、生理特征、$(G+C)$mol％和 16S rDNA 等指标,可将聚球藻分为以下三类:MC-A(marine cluster A),含藻红蛋白,$(G+C)$mol％为 55％～62％,其生长需高盐(Na^+,Cl^-,Mg^{2+} 和 Ca^{2+})环境;MC-B(marine cluster B),含藻蓝蛋白,不含藻红蛋白,$(G+C)$mol％为 63％～69.5％,耐盐但不要求高盐生长;MC-C(marine cluster C),以其$(G+C)$mol％低(47.5％～49.5％)为显著特点,包括了半咸水或近岸海水的菌株,至今对其环境研究尚不深入。纯培养菌株多属于 MC-A 和 MC-B,MC-C 在纯培养的菌株中较少见。

原绿球藻是由 Chisholm 等于 1988 年发现并于 1992 年命名的,是迄今发现的地球上最小的放氧型光合自养原核生物。它具有独特的色素组成,是唯一以二乙烯基叶绿素 a、b(divinyl-chlorophyll a、b),又称为叶绿素 a_2、b_2(chl a_2、b_2)作为主要光合色素的蓝细菌,这种色素特点使其吸收光谱的峰值比正常叶绿素吸收峰值红移 8~10 nm,因此其更能有效利用真光层底部微弱的光进行光合作用。原绿球藻色素组成的独特性还在于它同时具有叶绿素 b 和 α-胡萝卜素。

原绿球藻可分为两种生态型(ecotype):高光适应型(HL)和低光适应型(LL)。两者存在明显的生理生态和遗传差异,如前者 Chl b_2/a_2 值低(low-B/A),生长需要高光照,能利用还原态氮、有机磷和正磷酸,而不能利用硝态氮,易被短尾病毒(*Podoviridae*)感染,可以被分为两个主要的进化枝(HL1 和 HL2)等;后者 Chl b_2/a_2 值高(high-B/A),除可利用还原态氮外,某些株系可利用亚硝酸盐,但其只能以正磷酸为磷源,感染的噬菌体为肌尾病毒(*Myoviridae*),与前者相比其遗传更加多样。应用分子标记构建系统发育树可较好地区分它们。

表 4-2 对聚球藻和原绿球藻形态学、色素组成以及吸收光等特征进行了比较。

表 4-2　聚球藻和原绿球藻的特征

特征	聚球藻	原绿球藻
形态学	原核,单细胞,球、柱状细胞, 直径为 0.6~1.6 μm	原核,单细胞,球、柱状细胞, 直径为 0.6~0.7 μm
色素组成	叶绿素 a,藻胆素,α-胡萝卜素 无叶绿素 b,无 β-胡萝卜素	二乙烯基叶绿素 a、b,叶绿素 b,叶绿素 a α-胡萝卜素,β-胡萝卜素,藻胆素
吸收光	蓝绿光	蓝紫光

4.3　海洋不产氧光合微生物

4.3.1　海洋不产氧光合细菌

海洋不产氧光合细菌(marine anoxygenic photosynthetic bacteria)是一个在形态、生理和系统上多样化的类群,按其对氧气的需求状况又可分为厌氧型和需氧型。不产氧光合细菌的光合作用场所称为载色体(chromatophore),呈小泡状或成对的板层,能在厌氧光照条件或微氧黑暗条件下利用有机物作供氢体兼碳源进行不产氧光合作用。其菌体细胞含有丰富的光合色素:细菌叶绿素(bacteriochlorophyll,Bchl)和类胡萝卜素。迄今已经分离纯化的细菌叶绿素共有 5 种,都是含镁的卟啉衍生物,分别称为细菌叶绿素 a、b、c、d、e,每种都有固定的光吸收波长。细菌叶绿素和类胡萝卜素的光吸收波长分别为 715~1 050 nm 和 450~550 nm。随光合色素组成和数量的不同,菌体呈现不同颜色,在培养液中表现极为明显。例如,红螺菌科(Rhodospirillaceae)细菌呈黄色到紫色,着色菌科(Chromatiaceae)细菌呈褐色、粉红、褐红色、紫红色到紫色或橙,绿菌科(Chlorobiaceae)细菌呈绿色或其他鲜艳颜色。

(1)厌氧不产氧光合细菌

厌氧不产氧光合细菌主要包括着色菌科、绿菌科、滑行丝状绿硫菌科、红螺菌科。着色菌科和绿菌科的细菌以 H_2S 作为光合反应的供氢体,利用水体中厌气层下部的 CO_2 为主要碳源。红螺菌科的细菌则以各种有机物作为供氢体,同时亦以低级脂肪酸、醇类、碳水化合物和氨基酸等有机物作碳源,利用范围因菌种而异,各有特点。因此,在进行菌种分类时,可依据对有机物的利用能力,对红螺菌科菌株进行简易鉴定。

1)着色菌科

着色菌(Chromatiaceae)原名紫色硫细菌(purple sulfur bacteria),专性厌氧光能自养菌,单个细胞呈球形、卵形、弧形或螺旋状,含有细菌叶绿素 a 或 b,类胡萝卜素或四羟基螺黄素(tetrahydrospinillotanthin)。光合作用的内膜与细胞质膜相连,大多数呈囊状,有的呈管状或片层状。通常,含有 1 群类胡萝卜素的菌株呈现橙棕到棕红或粉红色,含有 3 群类胡萝卜素的菌株呈现紫红色,含有 4 群类胡萝卜素的菌株呈现紫罗兰色。

着色菌在基质含有硫和硫化物的环境里,具有光自养同化二氧化碳的能力。许多菌株能利用分子氢作为电子供体,一些菌株还具有固定分子氢的能力。着色菌科所有菌株均能光合同化一些简单的有机物质,其中利用最广泛的是乙酸盐和丙酮酸盐。没有同化型硫酸还原作用的菌株仅在有硫化物或其他还原的硫化物作为细胞硫来源时,才能利用有机物质;但绝大多数菌株在无硫化氢或硫时,可利用有机物质。因此,着色菌所有的类型都是潜在的混合营养菌。

2)绿菌科

绿菌(Chlorobiaceae)原名绿色硫细菌(green sulfur bacteria),细胞球状、卵状或杆状,宽 $0.4 \sim 1.1\ \mu m$,长 $0.4 \sim 3\ \mu m$,甚至更长。光合色素位于细胞质膜和载色体上,载色体位于细胞质膜的下面并与其连接,没有气泡。通常,绿菌除了含有少量的细菌叶绿素 a 外,还有细菌叶绿素 c 和 d。目前已知的绿菌培养物或细胞从颜色上可以清楚地分成两类:绿色(草绿色)或棕色(巧克力棕色),绿色类的主要类胡萝卜素是绿菌烯(chlorobactene),棕色类的主要类胡萝卜素是 isorenieratene。

绿菌科所有类型都是严格厌氧和专性光能自养的,能以硫元素或硫化物作为电子供体进行光合自养生长。如果硫化物被氧化,将在细胞外形成硫粒,并聚积在细胞外。大多数种可将元素硫氧化成硫酸盐。

3)滑行丝状绿硫菌科

滑行丝状绿硫菌(Chloroflexaceae)原名绿色非硫细菌(green non-sulfur bacteria),能进行光能异养和兼性化能异养生长,一方面能利用各种有机物作为碳源和光合反应的氢供体,另一方面又能利用 CO_2 和 H_2S 生长。此科细菌于 1971 年由 Pierson B 和 Castenholtz K 发现,是一类含有滑行丝状细胞的高温菌,密集附着在含有 H_2S 的碱性温泉水($45℃ \sim 60℃$)流经的岩石表面。

4)红螺菌科

红螺菌(Rhodospirillaceae)原名紫色非硫细菌(purple nonsulfur bacteria),属光能异养型细菌。细胞形态多样、球形、短或长杆状、弧形或螺旋状,宽 $0.8 \sim 1.5\ \mu m$,极生鞭毛,以二分裂或芽生方式繁殖,革兰氏染色阴性,光合作用内膜系统与细胞质膜相连,呈现囊状、片层或管形,不含气泡。光合色素为细菌叶绿素 a、b 和类胡萝卜素。

红螺菌科属于 α-变形细菌纲(α-Proteobacteria),主要分为 9 个属,分别为固氮螺菌属

（*Azospirillum*）、磁螺菌属（*Magnetospirillum*）、褐螺菌属（*Phaeospirillum*）、红篓菌属（*Rodociata*）、红螺细菌属（*Rhodospira*）、红螺菌属（*Rhodospirillum*）、红海菌属（*Rhodothalassium*）、红弧菌属（*Rhodospira*）和玫瑰菌属（*Roseospira*）。

（2）需氧不产氧光合细菌

需氧不产氧光合细菌（aerobic anoxygenic phototrophic bacteria，简称 AAP 细菌）是 1979 年发现的一类营好氧异养生长兼有光合作用的海洋细菌类群。它们依靠呼吸消耗有机质来维持生长代谢，同时通过光合作用利用光能作为其异养代谢的能量补充。

迄今为止，AAP 细菌中发现的细菌叶绿素只有细菌叶绿素 a，且含量较少。但所有的 AAP 细菌都含有大量的种类多样的类胡萝卜素。Yurkov 等（1998）在对多枝赤微菌（*E. ramosum*）的研究中发现大约 20 种不同的类胡萝卜素，这表明 AAP 细菌具有潜在的不产氧的光合作用能力，但因其细菌叶绿素 a 含量较低，光合作用能力较弱，所以其光合作用只是作为 AAP 细菌的能量补充，并且多数种属能否光合自养还未证实。

玫瑰杆菌（*Rosebacter*）是海洋中典型的需氧不产氧光养菌，属于变形菌门红细菌目，G^-，卵圆或杆状，$(0.6\sim0.9)\mu m\times(1.0\sim2.0)\mu m$。在好氧条件下为混养型营养，具有细菌叶绿素 a，进行好氧的光合作用。厌氧条件下不合成细菌叶绿素，其细胞悬液在波长 $805\sim807$ nm 处有最大的吸收峰，在 $868\sim873$ nm 近红外区有较小的吸收峰。主要胡萝卜素是球形酮（spheroidenone）。

4.3.2　海洋光合极端嗜盐古菌

海洋光合极端嗜盐古菌（halophilic bacteria）是一种较原始的革兰氏阴性古菌，大多数不运动，少数种靠丛生鞭毛缓慢运动，无叶绿素和细菌叶绿素，其细胞膜因含有类胡萝卜素而发红，因而又称为红膜（red membrane）。一般生活在含 NaCl 15% 以上的高盐环境，最适盐浓度为 25%～30%。这类古菌的代谢过程比较独特，氧气充足时通过红膜中的氧化磷酸化酶获得能量，但缺氧时红膜上会出现紫色斑块，每斑直径约 $0.5\mu m$，总面积约占细胞膜的 50%，这就是能进行光合作用的紫膜（purple membrane）。紫膜由细菌视紫红质（bacteriorhodopsin，BR）或称之为细菌紫膜质的蛋白质（约占 75%）和类脂（约占 25%）组成。BR 因其具有类似于脊椎动物视网膜上的光敏蛋白——视紫红质（rhodopsin）的二级结构和生理功能而得名，二者都以紫色的视黄醛（retinal）作为辅基。目前认为，细菌视紫红质与叶绿素相似，能吸收大约在 570 nm 的绿光，并在光量子的驱动下起质子泵的作用。至 1999 年止，共发现约 30 种细菌视紫红质（BR），均来源于极端嗜盐古菌，随后在真菌、绿藻等细胞中也陆续发现 BR 的存在。

4.4　海洋产氧光合微生物和不产氧光合微生物的区别

海洋产氧光合微生物和不产氧光合微生物的区别主要在于：

1）产氧光合微生物一般在有氧环境中光解 H_2O，同化 CO_2，放出 O_2；而多数不产氧光合微生物是在厌氧环境中进行的，其电子供体不是 H_2O，因而不放出 O_2。例如，绿硫细菌和紫硫细菌的电子供体是 H_2S，副产物是 S。另外一些不产氧光合微生物还可以同化有机质进行光合作用。

2)不产氧光合细菌没有叶绿体,只有载色体,相当于真核细胞的类囊体,并且其细菌叶绿素在分子结构上也不同于蓝细菌和真核细胞的叶绿素,但差别较小,主要表现在侧链基团上,它与叶绿素 a 不同处只在于卟啉环Ⅰ上的乙烯基换成酮基和环Ⅱ上的一对双键被氢化。不产氧光合细菌的细菌叶绿素吸收波长在近红外区(660~870 nm),在昏暗的环境中仍能进行光合作用,这是不产氧光合细菌能在深海中生存的原因。另外,极端嗜盐古菌的光合作用是在细胞膜上进行,并且其细菌视紫红质代替叶绿素或细菌叶绿素起作用。

此外,不产氧光合细菌光合作用全过程只相当于真核细胞的光合系统Ⅰ,而没有光合系统Ⅱ,光合作用效率远低于真核细胞。两类海洋光合微生物的具体区别参见表 4-3。

表 4-3　海洋产氧和不产氧光合微生物的比较

有机体	产氧光合微生物			不产氧光合微生物	
	真核微藻	原生动物	蓝细菌	不产氧光合细菌	光合极端嗜盐古菌
含有光合器的细胞结构	叶绿体	色素体、眼点	类囊体、藻胆蛋白	载色体、	细胞膜
光合色素	叶绿素、类胡萝卜素	叶绿素、类胡萝卜素和藻胆素	叶绿素、类胡萝卜素、藻胆素	细菌叶绿素、类胡萝卜素	细菌视紫红质
氧的产生	＋	＋	＋	－	－
同化 CO_2 的还原剂	H_2O	H_2O	H_2O	H_2S, H_2 或有机质	H_2S, H_2 或有机质
光合作用的主要碳源	CO_2	CO_2	CO_2	CO_2 或有机质	CO_2 或有机质

注:"＋"表示产生,"－"表示不产生。

4.5　海洋光合微生物光合作用机理

4.5.1　海洋产氧真核微藻和蓝细菌的光合作用

海洋真核微藻和蓝细菌的光合作用与绿色植物的光合作用基本相同,其过程根据需光情况不同可划分为两个阶段:光反应(light reaction)和暗反应(dark reaction)。光反应是将太阳能转化成化学能 ATP 和还原力 NADPH 的过程,必须在光照下才能进行,包括原初反应、电子传递(含水的光解、放氧等)、光合磷酸化三个步骤。暗反应是利用 ATP 及 NADPH 将 CO_2 等还原成碳水化合物的过程,不需要在光下进行,仅包括碳同化过程(图 4-1)。这两个阶段是偶联在一起的,但其中一些细节目前还不清楚。

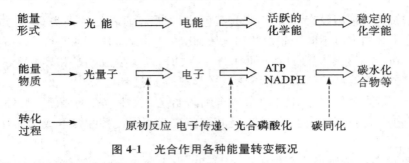

图4-1 光合作用各种能量转变概况

（1）光系统

由集光色素蛋白复合体（light harvesting complex，LHC）、光合反应中心（photosynthetic reaction center）和电子传递链等组成的系统称为光系统（photosystem）。

集光色素蛋白复合体是由聚光色素（light harvesting pigments）和12条多肽链等组成的能够捕获光能的跨膜复合体。聚光色素又称天线色素（antenna pigments），本身没有光化学活性，只能吸收光能，并把吸收的光能传递到光合反应中心。它包括绝大部分叶绿素a和全部的叶绿素b、胡萝卜素、叶黄素、藻胆素等。不同的光合色素吸收不同波长的光，具有不同的吸收峰值（图4-2）。其中，叶绿素a、b在波长350～650 nm的可见光范围内，分别有两个光吸收峰，只是峰值略有差异。

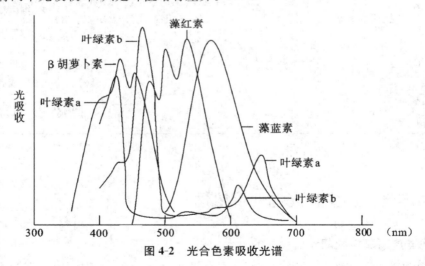

图4-2 光合色素吸收光谱

光合反应中心是由反应中心色素（reaction centre pigments）和若干蛋白组成的色素蛋白复合体。反应中心色素具有光化学活性，既能捕获光能，同时也能吸收聚光色素传递的光能，还能将光能转化为电能，它仅包括少数特殊状态的叶绿素a分子。

Emerson等（1943，1956）研究指出小球藻的光合作用效率在波长小于680 nm的光照下是恒定的，在680 nm以上时却急剧下降，但在700 nm和600 nm的光同时照射下，光合作用效率要比分别用600 nm和700 nm光照所产生的光合作用总和还要大，这种现象称为Emerson增益效应（enhancement effect）。上述现象说明，有两个光系统参与了光合作用的反应，其中吸收长波光（700 nm）的系统被称为光系统Ⅰ（photosystem Ⅰ，PS

Ⅰ),吸收短波长光(680 nm)的系统被称为光系统Ⅱ(photosystem Ⅱ,PSⅡ)。

PSⅠ是由集光色素蛋白复合体、光合反应中心以及细胞色素 f、质体蓝素(PC)和铁氧还蛋白(FD)等组成。PSⅠ的反应中心色素为 P_{700},表示在 700 nm 波长呈现最大红光吸收的反应中心色素。PSⅠ不产生氧,而是与一系列电子载体连接,最终产生 NADPH。

PSⅡ也包括集光色素蛋白复合体、光合反应中心(反应中心色素为 P_{680}),还包括放氧复合体及质体醌等电子传递体。放氧复合体含有能促进水裂解的酶(含有 Mn^{2+} 离子)等,在其催化下,可将水裂解成氧和电子。

（2）原初反应

原初反应(primary reaction)是指光合色素分子对光能的吸收、传递与转化的过程,是光合作用中最初的反应。其实质上就是由光引起的反应中心色素分子的氧化还原反应。光能被光反应中心周围的聚光色素分子吸收并传递到反应中心后,使反应中心色素 P 由基态提高到激发态 P^*。通常吸收一个光子可以使一个电子的能量提高 1 V,因此 P^* 是强还原剂,有很强的供电子能力。当把电子供给适当的受体后,缺失电子的 P^+ 是一个强氧化剂,可从其他电子供体中夺取电子恢复为还原态,从而完成了光能转变为电能的过程。在光下原初反应是连续不断地进行的,因此必须不断有最终电子供体和最终电子受体的参与,构成电子的"源"和"库"。海洋真核微藻和蓝细菌的最终电子供体是 H_2O,最终电子受体是 $NADP^+$。

（3）光合电子传递

光合链(photosynthetic chain)即光合电子传递链,是由在光合膜上的一系列电子传递体组成的电子传递的总轨道。光合链中的电子传递体包括质体醌(plastoquinone,PQ)、细胞色素(cytochrome,Cyt) b_6/f 复合体、铁氧还蛋白(ferredoxin,Fd)和质体蓝素(plastocyanin,Pc)等。其中以 PQ 最受重视,因其是电子、H^+ 传递体,在传递电子的同时,把 H^+ 从类囊体膜外转运到膜内,在类囊体膜内外建立跨膜质子梯度以推动 ATP 的合成。光合链中 PSⅠ、Cyt b_6/f 和 PSⅡ 在类囊体膜上,难以移动,而 PQ、Fd 和 Pc 可以在膜内或膜表面移动。

海洋真核微藻和蓝细菌的电子传递是由两个光合系统串联进行,其中的电子传递体按氧化还原电位高低排列,使电子传递链呈侧写的"Z"形(详见光合磷酸化)。

（4）光合磷酸化

光合磷酸化(photophosphorylation)是指光照下电子传递与磷酸化作用相偶联而生成 ATP 的过程。海洋真核微藻和蓝细菌都利用非循环光合磷酸化作用产生 ATP,其特点是:①电子的传递途径属非循环式;②在有氧条件下进行;③有 PSⅠ和 PSⅡ 两个光合系统,含有叶绿素 a 和 b;④反应中可同时产生 ATP、[H] 和 O_2;⑤还原力 $NADPH_2$ 中的 [H] 来自于 H_2O。

图 4-3 为蓝细菌的非循环式电子传递途径。由图可见,在 PSⅡ中藻蓝素(phc)和藻红素(phe)吸收光子并把能量传递给别藻蓝素(aphc),后者再把能量传递给反应中心色素 (P_{680}),然后 P_{680} 将电子传递给质体醌(PQ),并从水中夺取电子使其放氧,自身恢复为还原态。而电子则从质体醌经细胞色素 b_6、f 至 Pc,并从 b_6 到 f 时偶联产生 ATP。这时低能的电子传递到 PSⅠ,使受光激发产生的 P_{700}^+ 还原,而 PSⅠ受光激发释放的电子传递到

Fe-S,再通过可溶性铁氧还蛋白和铁氧还蛋白-$NADP^+$还原酶最后传至 $NADP^+$。

因此,蓝细菌中的非循环电子传递,不但能产生 ATP,还能产生 NADPH,在这类光合微生物中,具有对 ATP 和 NADPH 合成的调节功能。当体内需要还原型 NADPH 时,在外源供氢体帮助下进行非循环电子传递作用。当不需要还原型 NADPH 时,或者由 PSⅠ产生的电子能量不足以还原 $NADP^+$ 时,则按循环电子传递方式为细胞提供 ATP。

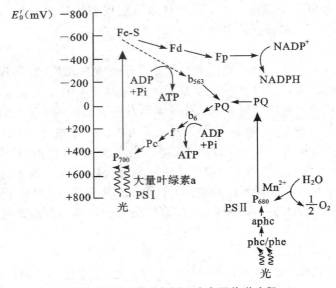

图 4-3　蓝细菌的非循环式电子传递途径

（5）二氧化碳同化

二氧化碳同化（CO_2 assimilation）是指生物利用光反应中形成的同化力（ATP 和 NADPH）,将 CO_2 转化为碳水化合物的过程。海洋真核微藻和蓝细菌的二氧化碳同化主要是通过 Calvin 循环进行的,其循环过程如下：核酮糖-1,5-二磷酸通过核酮糖二磷酸羧化酶将 CO_2 固定,形成 3-磷酸甘油酸;然后 3-磷酸甘油酸经一系列酶促反应转化成 6-磷酸果糖（分子式为 $C_6H_{12}O_6$）和甘油醛-3-磷酸;最后由多个转酮酶和转醛酶、磷酸核酮糖激酶等催化的一系列反应下,甘油醛-3-磷酸最终转化为核酮糖-1,5-二磷酸,使其再生,并开始下一个循环。Calvin 循环的总反应如下：

$$12H^+ + 6CO_2 + 18ATP + 12NADPH + 12H_2O \longrightarrow C_6H_{12}O_6 + 18ADP + 18Pi + 12NADP^+ + 6H^+$$

4.5.2　海洋不产氧光合细菌的光合作用

海洋不产氧光合细菌仅具有一种类似于 PSⅠ的光合系统,但其反应中心色素为细菌叶绿素,并且不同的科可能不同,如紫硫细菌的为 P_{870},绿色硫细菌的为 P_{840}。另外,海洋不产氧光合细菌的光合电子传递体和光合磷酸化与海洋真核微藻和蓝细菌有所不同。它们主要是通过循环光合磷酸化（cyclic photophosphorylation）作用产生 ATP,其共同特点是：①电子传递途径属于循环式,电子在光能驱动下从细菌叶绿素分子释放出来,通过铁氧还蛋白、辅酶 Q、细胞色素 b 和 c,又回到细菌叶绿素,使其恢复到原状态,并产生 ATP;②产能（ATP）和产还原力[H]分别进行;③还原力来自 H_2S 等无机物;④不放出 O_2。下面以紫硫细菌为例说明。

图 4-4 为紫硫细菌的循环光合电子传递途径,该过程可分为五步:

① 紫硫细菌通过 LHC(Bchl＋类胡萝卜素等)吸收光能;

② 光被吸收后使反应中心色素 P_{870} 处于激发态成为 P_{870}^*;

③ 电荷分离,P_{870}^* 失去一个电子为 P_{870}^+,高能电子传递到电子受体细菌脱镁叶绿素(Bacteriopheophytin,Bph)形成 Bph^-;

④ 电子沿醌铁蛋白(QFe)、Q、细胞色素 bc_1 到 c_2 顺序传递,电子在细胞色素 bc_1 至 c_2 时偶联磷酸化产生 ATP;

⑤ 低能电子返回到 P_{870}^+ 而形成 P_{870},然后整个系统又接受光量子重复上述过程。

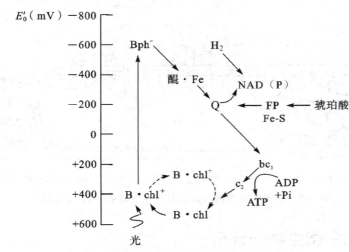

图 4-4 紫硫细菌循环光能电子传递途径

海洋不产氧光合细菌的碳同化途径具有多样性,如着色菌科的 CO_2 同化途径是 Calvin 循环;少数光合细菌,如嗜硫代硫酸盐绿菌(*Chlorobium thiosulfatophilum*)通过还原性 TCA 循环(reductive tricarboxylicacid cycle)固定 CO_2,在这一途径中,CO_2 通过琥珀酰-CoA 的还原性羧化作用而被固定;少数绿色硫细菌,如绿弯菌属(*Chloroflexus*)在以 H_2 或 H_2S 作电子供体进行自养生活时,通过羟基丙酸途径固定 CO_2。

4.5.3 海洋光合极端嗜盐古菌的光合作用

当环境中 O_2 浓度很低时,海洋光合极端嗜盐古菌无法利用氧化磷酸化来满足其正常的能量需要,这时若光照条件适宜,就能合成紫膜,并利用紫膜的光介导 ATP 合成的机制获得能量。这种独特的光合作用机制,目前只在海洋光合极端嗜盐古菌中发现。

海洋光合极端嗜盐古菌不具有光合系统,不进行原初反应、光合电子传递,而是通过特殊的光合磷酸化途径——紫膜光合磷酸化(photophosphorylation by purple membrane)产生 ATP。如图 4-5 所示,在光照缺氧的条件下,细菌视紫红质的辅基——视黄醛构象发生变化,使质子不断转运到膜外,这样在膜的两侧就产生了一个跨膜的质子梯度(即质子动势)。根据化学渗透学说,这一梯度在驱使 H^+ 通过 ATP 酶的孔道进入膜内以达到质子平衡时产生 ATP。紫膜的光合磷酸化是迄今所知的最简单的光合磷酸化反应。

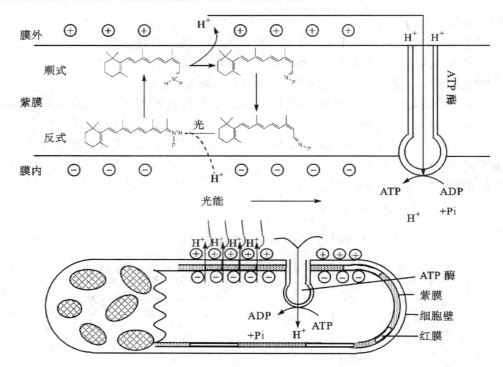

上图为紫膜上视黄醛分子的反应图示,图中的 P 为蛋白;下图为紫膜及其内外质子动势图示

图 4-5　极端嗜盐古菌的紫膜及其光介导的 ATP 合成反应

4.6　海洋光合微生物的分布

海洋真核微藻、产氧光合细菌和不产氧光合细菌是海洋中的主要初级生产力,在海洋生态环境中起着至关重要的作用。下面主要阐述它们的分布状况。

4.6.1　海洋真核微藻的分布

（1）水平分布

海水中的真核微藻按照纬度的不同大致分为寒带种、温带种和热带种 3 类:

①寒带种,分布于北冰洋和南大洋海域,生长和生殖最适温度小于 4℃。又可分为最适温度为 0℃ 左右的寒带种及最适温度为 0℃～4℃ 的亚寒带种。

②温带种,分布于北温带和南温带海域,生长和生殖的最适温度为 4℃～20℃。又可分为最适温度 4℃～12℃ 的冷温带种和最适温度为 12℃～20℃ 的暖温带种。

③热带种,分布于热带海域,生长和生殖最适温度大于 20℃。又可分为最适温度大于 25℃ 的热带种及最适温度为 20℃～25℃ 的亚热带种。

这三种真核微藻不论在种类上或数量上都存在着较大差异。一般来说,寒带真核微藻种类少,但每种数量大;热带正好相反,种类多而每种数量少;温带真核微藻则介于两者之间。发生上述差异主要是受温度的影响。

除温度外,营养盐、水流等也可影响真核微藻的水平分布。一般来说,海洋真核微藻栖息密度与营养盐呈正相关。通常情况下,由于营养物从大陆流向海岸、从盐度低的江河流入盐度高的海域,真核微藻在海岸的丰度大于大洋中或远离海岸的海域。某些富营养海水中,微藻常有密集成斑块状分布的现象。例如,我国南海红海湾深入内陆的浅水海湾考洲洋中,真核微藻(主要是硅藻和甲藻)栖息密度的变化主要受海域营养盐含量的影响。枯水期,由于雨水量减少,海湾周围地表径流量减少,加上红海湾沿岸水因考洲洋狭窄的水道不易进入湾内,导致营养物质不能流入,真核微藻因缺乏营养盐供给,细胞密度明显降低;丰水期,雨水量明显增加,海湾周围地表径流量增大,带入大量营养物质,由于有充足的养分,真核微藻繁殖力增强,细胞密度显著高于枯水期。甘居利等(2002)利用同期调查资料,对考洲洋海水营养盐与浮游植物(几乎全是真核微藻)的关系进行了比较分析,结果进一步验证了上述结论。此外,上升流、湍流区水域中营养物质丰富,这些海域中真核微藻也较丰富。

由于种种原因,某些海洋真核微藻只出现在特定的海洋环境,使得不同海域的种群结构不同,并表现出种群个体丰度差异。例如,*Boliphyceae*,*Eustigmatophyceae* 和 *Pelagophyceae* 属的海洋真核微藻,通常存在于南极水域、地中海和太平洋赤道海域,而在英吉利海峡却没有发现;*Micromonas pusilla* 分布很广,但在马尾藻海、加勒比海、太平洋赤道和北太平洋西部海域中的丰度仅为 $0 \sim 200$ 个/立方厘米,在北极水体为 $10 \sim 10^3$ 个/立方厘米,在巴伦支海、挪威沿海和乔治亚海峡中却高达 $10^3 \sim 10^4$ 个/立方厘米。

(2)垂直分布

不同真核微藻对光强的要求不同,导致它们的垂直分布也不同。例如,绿藻一般生活于海水表层,而硅藻则可分布在整个透光层。按照对光强要求的不同,Ryther 等将真核微藻分为喜光微藻和适阴微藻,喜光微藻分布的水层一般在适阴微藻之上。

而在海底沉积物中,真核微藻的分布还与沉积物的组成、大小相关。根据 Manukau 对新西兰北部海港高低潮线之间区域的调查,真核微藻的生物量在含有沙粒的沉积物中多于泥泞的沉积物。Heron Reef 调查了不同大小的三种沉积物颗粒(粗糙颗粒、中等颗粒、细颗粒,直径分别为 $0.84 \sim 0.5~\mu m$、$0.42 \sim 0.25~\mu m$、$0.21 \sim 0.125~\mu m$)所含真核微藻的生物量,发现真核微藻的丰度在中等颗粒沉积物中最高。

(3)季节变化

海水中真核微藻的种类组成和生物量因纬度不同存在明显的季节变化。在温带海域,通常呈双峰模式,即在春、秋各有 1 个高峰。因为春季光强增大,营养盐(氮、磷等无机盐类)增多,有利于真核微藻的大量繁殖。到夏季,营养盐消耗殆尽,草食性浮游动物又大量摄食,导致数量骤减。入秋,营养盐增多,真核微藻再度大量繁殖,从而出现一个比春季稍低的高峰。冬季环境恶劣(特别是温度太低),真核微藻再度减少。

但有些海域,由于其他因素影响也可能不呈双峰模式。例如,2001～2002 年吴玉霖调查我国长江口海域真核微藻(主要含硅藻和甲藻)的分布及其与径流的关系,发现真核微藻的数量高峰出现在夏季(平均约为 9.27×10^6 个/立方米),冬季数量最少(平均约为 2.91×10^5 个/立方米),呈现单峰型的季节变化状况,反映了该海域真核微藻数量的季节变化同长江径流量关系密切。此外,海水中的真核微藻种类还有季节交替现象,如夏季硅藻减少,甲藻却逐渐增多,这是因为后者适合于在高温和营养盐贫乏的季节里大量繁殖。

寒带海域的真核微藻,一年只有一个繁殖高峰,出现在温暖的夏季。其他季节因光照太弱甚至完全消失,温度太低,很难繁殖;而热带海域因其季节间无明显差异,所以真核微藻种类组成和生物量也无明显变化。

4.6.2 海洋产氧光合细菌的分布

作为产氧光合细菌的典型代表,下面以海洋蓝细菌为例来阐述其分布特征。

(1)水平分布

海洋蓝细菌水平分布不均匀。如聚球藻(Synechococcus,Syn)和原绿球藻(Prochlorococcus,Pro)具有不同的密集区,存在明显的地理分布差异,它们的分布受到温度、盐度等因素的影响。

聚球藻能忍耐较低温度,在2℃的水中同样可以生长。因此,它广泛分布于热带、温带甚至寒冷的极地海域的真光层中,其富存海域为低纬度、水深25 m以上的富营养或中营养海区,在高纬度海域多被真核藻类所替代。聚球藻的类群中,MC-A在近海和大洋的透光层数量丰富,MC-B富存于沿海,MC-C多见于近岸。

原绿球藻大量分布在热带、亚热带、温带大洋海域、边缘海以及海湾中,富存海域一般为100~200 m深的热带、亚热带寡营养海区。Partensky F等(1999)通过流式细胞术对全球8 400多个地点进行测试分析,发现原绿球藻普遍存在于南、北纬40°之间,在南、北纬40°以外也有发现,但是浓度急剧下降,甚至北纬60°的冰岛也有存在。杨燕辉等(2001)对世界各地海区原绿球藻的数量分布进行了调查(表4-4)。

表 4-4　原绿球藻在世界各调查海区的浓度分布(引自杨燕辉等,2001)

海区	原绿球藻浓度(个/立方厘米)	文献
北太平洋(ALOHA)	$1.4 \times 10^5 \sim 3.2 \times 10^5$	Nianzhi J 等,1998;Campbell 等,1993
赤道太平洋(12°N~12°S,140°W)	$1.6 \times 10^5 \sim 2.3 \times 10^5$	Liu H 等,1999
西赤道太平洋(20°S~7°N,165°W)	$1 \times 10^5 \sim 5.4 \times 10^5$	Campbell 等,1998
中赤道太平洋(0°N,140°W)	1.4×10^5(平均)	Campbell 等,1997
中部太平洋(48°N~8°S,175°W)	$10^4 \sim 10^5$	Suzuki 等,1995
北大西洋中部	$0.8 \times 10^5 \sim 1.2 \times 10^5$	Li,1995
北大西洋,马尾藻海	$3 \times 10^6 \sim 7 \times 10^6 / mm^2$(200 m 积分)	Olson 等,1990
地中海	1.9×10^4(冬季平均)	Vaulot 等,1990
太平洋 Suruga 湾	$5 \times 10^3 \sim 1 \times 10^4$	
西北印度洋	$6 \times 10^4 \sim 7 \times 10^5$	Liu H 等,1998
红海亚喀巴湾	1.6×10^5	Lindell Post,1995
东海	$10^3 \sim 10^5$	Jiao Yang,1998
南海	$10^4 \sim 10^5$	杨燕辉,2000

(2)垂直分布

Partensky F 等(1999)使用流式细胞仪测定聚球藻和原绿球藻的垂直分布状况发现,

在阿拉伯海,聚球藻的平均浓度低于原绿球藻,但它们的最大丰度是相近的。聚球藻在水深 100 m 时几乎消失,而原绿球藻比聚球藻生存范围要深得多,0～200 m 都可检测到。这是因为原绿球藻生长的光强范围可跨越 4 个数量级,并且受寡营养的影响较少。而 Garczarek 等(2007)通过斑点杂交技术分析了地中海原绿球藻生态型的分布,结果表明高光适应型(HL)主要存在于混合层上部,并且温跃层的丰度大于海水表层,而低光适应型(LL)主要在温跃层以下的水域。

焦念志等(1999)采用 SYBR Green Ⅰ 直接染色法分析了东海冬季 4 类超微型浮游生物(异养细菌、聚球藻、原绿球藻、超微型真核浮游植物)的垂直分布。为方便起见,图 4-6 中将细菌数量除以 10 以使之同其他几类自养生物处于可比的数量级。由图可知,异养细菌和原绿球藻是微型浮游生物数量上的优势种,真光层底部的异养细菌数量大于上层,而原绿球藻在 30 m 水深处丰度最大,向下逐渐减少;聚球藻次之,其丰度最大层为 10～30 m;而超微型真核类在垂直分布上无明显的最大层。

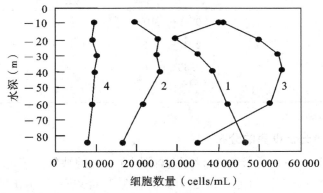

1. 异养细菌(1/10 丰度);2. 聚球藻;3. 原绿球藻;4. 超微型真核浮游植物

图 4-6　东海 418 站 4 类超微型浮游生物垂直分布图(引自焦念志等,1999)

黄邦钦等(2003)通过荧光显微技术研究表明,由于受温跃层的影响,蓝细菌(主要指富含藻红素和藻蓝素的蓝细菌)垂直分布特征也会发生变化。若温跃层位于真光层底部,则蓝细菌丰度的峰值加强;若温跃层位于真光层的上层,则丰度的峰值将上移至温跃层处;若水动力在垂直方向作用强烈(上下混合剧烈),则丰度的峰值就可能不明显,而成为均匀型分布。

(3)季节变化

杨燕辉等(2001)研究发现:在东海,冬季原绿球藻的大量分布主要限制在水温高于 15℃的黑潮流域,细胞浓度在 1 000～10 000 个/立方厘米;夏季原绿球藻可达 50 m 等深线附近,分布于东海的大部分水域,细胞数量较冬季高 7～13 倍。

黄邦钦等(2000)分别于 1997 年 10 月与 1998 年 4 月,研究了厦门西侧海域微微型浮游植物类群组成、时空分布及其与环境因子的关系。结果表明,厦门西侧海域微微型浮游植物在类群组成和丰度分布上存在着较大的时空变动;在类群组成上,富含藻蓝素的蓝细菌(PC 细胞)在大多数检测站占优势(秋、春平均分别为 78%、41%),而真核微微型浮游植物(EU 细胞)在九龙江口占优势(秋季高达 80%～100%);在丰度分布上,PC 和富含藻红素的蓝细菌(PE 细胞)秋季大于春季,而 EU 细胞秋、春季则相近。对环境因子的回归分析表明,盐度是影响厦门西侧海域微微型浮游植物类群组成和丰度的关键因子,但其与细胞丰度的相关性随季节而异。

肖天等(2002)利用荧光显微镜技术研究发现,渤海秋季蓝细菌(主要是聚球藻)生物量较高($16.6\sim0.37$ mgC/m³,平均 3.27 mgC/m³),春季蓝细菌生物量较低($0.86\sim0.01$ mgC/m³,平均 0.13 mgC/m³)。秋季蓝细菌生物量的最高值(16.6 mgC/m³)是春季最高值(0.86 mgC/m³)的 19 倍,秋季蓝细菌生物量的平均值是春季的 25 倍。引起这一现象的主要原因之一是海水温度的变化,较其他浮游植物,在春季蓝细菌生物量的变化对温度尤其敏感。将渤海的蓝细菌生物量与我国其他海区的蓝细菌生物量进行比较发现(表 4-5),春季渤海蓝细菌生物量较胶州湾和黄海低,秋季渤海蓝细菌生物量较胶州湾高。

表 4-5　渤海、胶州湾、黄海和东海蓝细菌生物量(mgC/m^3)的季节变化情况(引自肖天等,2002)

海区	冬季	春季	夏季	秋季
渤海	—	$0.86\sim0.01$	—	$16.6\sim0.37$
胶州湾	$0.17\sim0.08$	$2.37\sim0.15$	$11.4\sim4.03$	$3.20\sim0.81$
黄海	—	$2.36\sim0.10$	—	—
东海	$7.21\sim0.01$		$46.7\sim0.46$	

注:"—"表示没有数据记录。

4.6.3　海洋不产氧光合细菌的分布

由于受氧抑制,大部分不产氧光合细菌被限制在有光的缺氧区域,主要是缺氧的水域和沉积物中。曾润颖等(2004)通过构建 16S rDNA 克隆文库、PCR-RFLP 分析等方法,对西太平洋"暖池"区沉积物中的细菌类群及其与环境的关系进行分析。结果表明,该海区沉积物中的紫细菌为各个层次中的优势菌群。同时在光线可穿透的高盐度无氧层中,也普遍发现不产氧光合微生物,特别是紫细菌。除紫细菌之外,绿细菌也经常被发现于无氧、富含 H_2S 的海域。

而需氧不产氧光合细菌(AAP 细菌),因为不受氧抑制在海洋中有着广阔的生存空间,广泛分布于全球各海洋的真光层中。目前,多数已知的 AAP 细菌均分离于有机质丰富的生境,如海滩沙地、热带地区的高潮带、成熟的蓝细菌群体、绿藻表面、深海热液口等。但是 Kolber 等(2000)通过对海洋细菌叶绿素 a 的垂直分布、红外荧光细胞及 880 nm 波长处荧光信号变化等因素的研究,证明了 AAP 细菌不仅存在于上述营养丰富的生境中,还广泛分布于海洋的表层水域。

海水深度、海域的变化也会影响 AAP 细菌在海水中的丰度。Matthew T 等(2006)研究了不同海域和深度 AAP 细菌、聚球藻和原绿球藻的丰度。结果发现,在大西洋中部表面水体中,沿海和海湾水域的 AAP 细菌比较丰富,分别达到 5.0×10^4 个/立方厘米和 1.5×10^5 个/立方厘米,但大陆架海域则较少,一般为 6.9×10^3 个/立方厘米。透光层 AAP 细菌的丰度要高于表层和下层水域,如在大陆架海域深度 5 m 的 AAP 细菌丰度是其表面的 7 倍,在海湾和沿海水域,100 m 深的透光层 AAP 细菌的丰度为 3.0×10^3 个/立方厘米,水深 20 m 时为 $1.0×10^5$ 个/立方厘米。在北太平洋漩涡中心的 AAP 细菌(图 4-7)比大西洋的少,如从瓦胡岛附近水域表面采样测定的 AAP 细菌数量比大西洋海湾和沿海水域低 10～100 倍。在太平洋中,AAP 细菌的最大丰度出现在水深 20～100 m 之间的水层中,AAP 细菌丰度最大值比表面值高出 2～100 倍。

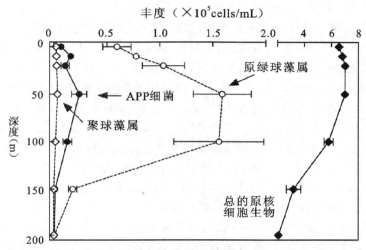

图 4-7 北太平洋漩涡中心的 AAP 细菌、聚球藻属和原绿球藻属的丰度(引自 Matthew T,2006)

4.7 光合微生物在海洋生态系统中的作用

光合微生物在海洋生态系统中起着至关重要的作用。它们不仅作为初级生产者维持海洋整个食物网的正常运转,还能产生氧气、提供天然饵料和净化水体等,但也会造成生态系统的破坏,如近些年来不断爆发的赤潮(algal bloom)。

4.7.1 在海洋初级生产中的作用

海洋初级生产(marine primary production)是指海洋初级生产者(自养生物)通过光合作用或化学合成来制造有机物的过程。其中光合作用是主要的初级生产方式。海洋初级生产力(marine primary productivity)即指海洋初级生产者制造有机物的速率,通常以每天或每年在单位面积内所产生的碳量(即 $gC/(m^2 \cdot d)$ 或 $gC/(m^2 \cdot a)$)表示。

海洋中主要的初级生产者是浮游的真核微藻、蓝细菌等(海洋光合微生物的主要组成部分),它们提供了海洋初级生产大部分的有机物;其他的部分则由沿岸的大型底栖海藻、海草和红树林等提供;还有很少一部分是由生活于海底沉积物或缺氧海区等的某些化学合成细菌等提供。研究表明,海洋中的聚球藻和原绿球藻每年要从大气中吸收约 $1×10^{10}$ t 碳,相当于海洋固定大气 CO_2 总量的 2/3。而原绿球藻因其可在极弱的光照条件下进行高效的光合作用,所以大洋真光层深处初级生产力占总量的比例达 70%～90%。

海洋初级生产者制造的有机物,一部分用于自身的呼吸作用,另一部分因被摄食而通过吞噬型食物链不断向前传递,被各级消费者利用,最后有机体死亡、分解,又生成 CO_2 等进入新一轮循环,这个过程中有机物中固定的能量也随着食物链不断向前传递。另外,海洋初级生产所获得的有机物不仅以颗粒有机碳(particulate organic carbon, POC)形式存在,还有相当一部分以溶解有机碳(dissolved organic carbon, DOC)的形式释放到水里。而这些 DOC 又可通过异养细菌等转化成颗粒有机碳,通过摄食进入更高的营养阶层。因此,海洋初级生产者是海洋生态系统中消费者(浮游动物、鱼、虾、贝类等)和分解者(细菌和真菌等)所赖以生存的主要能量来源。

很多因素都会影响海洋光合微生物进行海洋初级生产,如营养盐、光照、温度、浮游动物的摄食及一些物理过程(如上升流、灰尘沉积、环流等)等。其中营养盐、光照、温度是初级生产力的主要影响因素,相对来讲其中又以营养盐的影响最大。

海洋光合微生物进行光合作用需要吸收多种营养物质,并且对这些物质都有一个最小需求量。大部分营养物质在海水中的含量不会成为限制因子,但是无机营养盐(如 NO_3^-、PO_4^{3-} 等)的含量是影响初级生产力的重要因子。如在温带海域中,在夏天光照充足的条件下,海洋光合微生物的生长和繁殖易受到 N 或 P 等营养盐的限制。Fe 和 Mn 等微量元素在某些海区的含量不足也可能限制初级生产。如在一些高营养盐、低叶绿素(high-nutrient, low-chlorophyll, HNLC)海域,由于 Fe 缺乏限制了海洋光合微生物对营养盐的吸收,导致该类海域初级生产力较小,因此 Fe 被认为是该类海域主要的限制因素。还有在某些海区硅酸盐的缺乏可能限制硅藻的生长。这些营养盐影响着海洋光合微生物的生物量、种类、分布等,也就直接或间接影响着整个海洋生态系统的初级生产力。

4.7.2 在海洋生态系统中的其他作用

(1)*海洋溶解氧的来源之一*

除大气外,海洋光合微生物是海洋溶解氧(dissolved oxygen, DO)的主要来源。海洋产氧光合微生物通过光合作用,吸收二氧化碳和海水中的营养物质,制造有机物质,释放氧气。一部分氧气能够进入大气,补充大气中的氧气,并为陆地生物提供氧;其他的溶解在海洋中,形成海水溶解氧。另外,光合细菌也具有间接的增氧作用。当光合细菌生长繁殖时,不需要氧气,也不释放氧气,它是通过吸收水体中的耗氧因子而间接增加氧气。

(2)*水体中的天然饵料*

海洋光合微生物自身营养价值较高,是水体中的天然饵料。以海洋光合细菌为例,它们不仅蛋白质及各种氨基酸含量高且组成合理,还含有各种 B 族维生素、生物素、类胡萝卜素及其他未知的多种生理活性物质,是一种营养价值高、营养成分齐全的细菌,是水体动物性浮游生物优质的饵料。实践证明,水体中光合细菌越多,浮游动物生长就越旺盛,以浮游动物为食的鱼类增产效果也就越明显。日本小林正泰从细胞的大小、营养价值、特殊微量成分及对淡水、海水的适应性方面,比较了酵母、小球藻和光合细菌对枝角类、轮虫的增殖效果,试验表明光合细菌的表现最佳。

(3)*净化海洋水体*

海洋微藻在生活过程中能吸收水中的各种营养盐和二氧化碳,放出氧气,可用于净化水质,对污水进行生物处理,同时它也是环境变化的重要生态指示物,对海洋环境的维护和生态平衡有重要作用。另外,一些不产氧光合细菌可用于处理有机废水,因为它们能分解利用一些有机物如有机酸、醇糖类及某些芳香族化合物,还能分解转化某些有毒物质如非离子态的氨氮、亚硝态氮、硫化氢等,而正是这些物质构成了水中的主要污染物。现在被广泛用于处理各种高浓度有机废水的不产氧光合细菌主要是红螺菌科的球形红杆菌（*Rhodobacter sphaeroides*）。不产氧光合细菌已成为当今世界最具发展前景的净化环境的生物制剂之一。

（4）有害作用

海洋光合微生物中的某些浮游真核微藻（如具齿原甲藻、米氏凯伦藻、夜光藻、中肋骨条藻）和蓝细菌（如束毛藻）等在一定环境条件下短时间内暴发性增殖或聚集，从而引发赤潮。这些海洋光合微生物引起的赤潮可造成鱼、虾、贝等海洋经济生物大量窒息而死，海水变色变味，而且其中一些微生物还可以产生毒素，如裸甲藻、棕囊藻、具齿原甲藻等，使鱼、贝类等产生中毒反应，同时有些毒素还能在鱼、贝体中富集浓缩，人们误食这些水产品就会发生中毒反应甚至死亡。目前赤潮已成为世界海洋重大灾害之一，严重威胁着近海生态系统，并给经济和人体健康造成了严重的影响（参见本书第12部分）。

参考文献

马丁克 J M，帕克 J，马迪根 M T.微生物生物学.杨文博，等译.2001.北京:科学出版社

吉本斯 N E，布坎南 R E,等.1984.伯杰细菌鉴定手册.第八版.北京:科学出版社

陈峰，姜悦主编.1999.微藻生物技术.北京:中国轻工业出版社

陈敏艺，袁洁，陈月琴，等.2005.海洋超微型浮游植物遗传多样性的分子系统学研究进展.自然科学进展.15(9):1032～1041

黄邦钦，洪华生，林学举，等.2003.台湾海峡微型浮游植物的生态研究:I 时空分布及其调控机制.海洋学报.25(4):72～82

李冠国，范振刚.2004.海洋生态学.北京:高等教育出版社

李云，李道季.2004.海洋中不产氧光合细菌的研究进展.海洋通报.23(4):86～89

李纯厚，林钦，蔡文贵，等.2005.考洲洋浮游植物种类组成与数量分布特征.水产学报.29(3):379～385

李东海，谭海东，朱春阳，等.1998.浅谈微生物在海洋环境保护中的应用.微生物学杂志.12(4):52～54

李洪波，肖天，丁涛，等.2006.浮游细菌在黄海冷水团中的分布.生态学报.26(4):1012～1020

李洪波，肖天，赵三军，等.2004.海洋浮游细菌在碳循环中的作用.海洋科学.28(9):46～47

林永成，周世宁.2003.海洋微生物及其代谢产物.北京:化学工业出版社

刘志恒.2002.现代微生物学.北京:科学出版社

马英，焦念志.2004.聚球藻（*Synechococcus*）分子生态学研究进展.自然科学进展.14(9):967～972

宁修仁，沃洛.1991.长江口及其毗连东海水域蓝细菌的分布和细胞特性及其环境调节.海洋学报.113(4):552～559

宁修仁，蔡昱明，李国为，等.2003.南海北部微微型光合浮游生物的丰度及环境调控.海洋学报.25(3):83～95

沈萍.微生物学.2000.北京:高等教育出版社

沈国英，施并章.2002.海洋生态学.第二版.北京:科学出版社

吴玉霖，傅月娜，张永山，等.2004.长江口海域浮游植物分布及其与径流的关系.海洋与湖沼.35(3):247～249

肖天，李洪波，赵三军，等.2004.海洋浮游细菌在碳循环中的作用.海洋科学.28(9):46

肖天，王荣.2002.春季与秋季渤海蓝细菌（聚球蓝藻属）的分布特点.生态学报.22(12):2071～2078

杨燕辉,焦念志. 2001. 原绿球藻 *Prochlorococcus* 的研究进展. 海洋科学. 25(3):42~44

曾润颖,赵晶,张锐,等. 2004. 西太平洋"暖池"区沉积物中的细菌类群及其与环境的关系. 中国科学 D 辑. 34(3):265~271

周云龙. 1999. 植物生物学. 北京:高等教育出版社

Alison B, José M G, Mary A M. 2005. Overview of the Marine *Roseobacter* Lineage. Appl Environ Microbiol. 71(10): 5665-5677

Bohannon J. 2005. Microbe may push photosynthesis into deep water. Science. 308: 1855

Cahoon L B, Safi K A. 2002. Distribution and biomass of benthic microalgae in Manukau Harbour, New Zealand. J Mar Fresh Res. 36: 257-266

Cottrell M T, Mannino A, Kirchman1 D L. 2006. Aerobic anoxygenic phototrophic bacteria in the Mid-Atlantic bight. Appl Environ Microbiol. 72(1): 559-560

Erik R. Zinser, Allison Coe, Zackary I Johnson, et al.. 2006. *Prochlorococcus* Ecotype Abundances in the North Atlantic Ocean As Revealed by an Improved Quantitative PCR Method. Appl Environ Microbiol. 72(1): 723-732

Harding L W, Meeson B W, et al. 1981. Diel periodicity of photosynthesis in marine phytoplankton. Mar Biol. 61: 95-105

Kolber Z S, Van Dover C L et al. 2000. Bacterial photosynthesis in surface waters of the open ocean. Nature. 407: 177-179

Kolber Z S, Plumley F G et al. 2001. Contribution of Aerobic Photoheterotrophic Bacteria to the Carbon Cycle in the Ocean. Science. 292: 2492-2495

Laurence Garczarek, Alexis Dufresne, Sylvie Rousvoal, et al.. 2007. High vertical and low horizontal diversity of *Prochlorococcus* ecotypes in the Mediterranean Sea in summer. FEMS Microbiol Ecol. 60: 189-206

Matthew T Cottrell, Antonio Mannino, David L Kirchman. 2006. Aerobic Anoxygenic Phototrophic Bacteria in the Mid-Atlantic Bight and the North Pacific Gyre. Appl Environ Microbiol. 72(1): 559-560

Partensky F, Hess W R, Vaulot1 R. 1999. *Prochlorococcus*, a marine photosynthetic prokaryote of global significance. Microbiol Mol Biol Rev. 63(1): 106-127

Pinckney J L, Paerl H W. 1997. Anoxygenic photosynthesis and nitrogen fixation by a microbial mat community in a Bahamian hypersaline lagoon. Appl Environ Microbiol. 63(2): 420-426

Robineau B, Legendre L, Michel C, et al.. 1999. Ultraphytoplankton abundances and chlorophyll a concentrations in ice-covered waters of northern seas. Plankton Res. 21(4): 735-755

Wolfgang R H. 2004. Genome analysis of marine photosynthetic microbes and their global role. Curr Opin Biotech. 5: 191-198

Xiao T, Jiao N Z, W ang R. 1995. Quantitative distribution of cyanobacteria and bacteria in Jiaozhou Bay. Marine Ecology in Jiaozhou Bay (in Chinese) Beijing: Science Press. 118-124.

Yurkov V, Beatty T. 1998. Isolation of Aerobic Anoxygenic Photosynthetic Bacteria from Black Smoker Plume Waters of the Juan de Fuca Ridge in the Pacific Ocean. Appl Environ Microbiol. 64(1): 337-341

Yutin N, Suzuki M, Be'ja O. 2005. Novel Primers Reveal Wider Diversity among Marine AerobicAnoxygenic Phototrophs. Appl Environ Microbiol. 71(12): 8958-8962

5. 海洋共附生微生物

5.1 海洋共附生微生物概述

共附生是指两种或两种以上生物在空间上紧密地生活在一起。顾名思义,共附生包括共生(symbiosis)和附生(epibiosis)。共生生物之间关系亲密、稳定,持久地存于一体;而附生是指某种生物暂时地附着在另一生物上,这种关系是不稳定的。所谓海洋共附生微生物,就是指海洋中与其他生物存在这种共附生关系的微生物,其宿主可以是海洋动物、植物,也可以是海洋微生物。

根据海洋微生物与其宿主之间共附生空间位置不同,可以分为外共生(ectosymbiosis)、内共生(endosymbiosis)、外附生和内附生。外共生指微生物生活在宿主的表面,而内共生是指微生物生活在宿主的细胞内或在细胞外的组织中。外附生指微生物附着在宿主的体表,而内附生是指微生物附生于宿主体内。

根据海洋微生物与其宿主之间共附生关系的密切程度,可分为以下 6 种类型。

(1)附生

附生是指海洋微生物附着在其他生物上生活,彼此之间无物质交流,仅存在空间定居的联系,这种联系是不稳定的、暂时的。

(2)偏利共生(commensalism)

偏利共生又称共栖,是指海洋微生物与其宿主生活在一起,其中一方受益,另一方无利但也无害的关系。在共栖体中,微生物往往仅利用宿主空间,并不与宿主争夺营养。有些共栖是专性的(obligatory),即微生物离不开宿主;而有些共栖是兼性的(facultative),即微生物可以不依赖宿主,但形成共栖关系对其中一方有益。在生物进化上,偏利共生可能是互利共生的早期阶段。

海洋微生物与其他海洋生物偏利共生的例子很多,如海洋动物胃肠道与不动杆菌属(*Acinetobacter*)、产碱杆菌属(*Alkaligenes*)、黄杆菌属(*Flavobacterium*)、发光杆菌属(*Photobacterium*)、微球菌属(*Micrococcus*)、葡萄球菌属(*Staphylococcus*)、弧菌属(*Vibrio*)以及肠杆菌科(Enterobacteraceae)成员的偏利共生。

(3)互利共生(mutualism)

互利共生,又称专性共生,是指海洋微生物与另一种生物共同生活在一起,彼此受益且相互依存,分开时双方都不能很好地生活甚至死亡。海洋中,微生物与其他海洋生物之间形成互利共生关系是很普遍的,如微生物与海绵共生、微生物与珊瑚共生、海洋真菌和藻类互利共生形成海洋地衣(marine lichen)等。

(4)寄生(parasitism)

寄生是指海洋微生物生活在另一种生物的体内或体表,并从后者摄取营养以维持生活的种间关系。因此,寄生通常是一种对抗性的关系。有些寄生是专性的,如噬菌体侵染细菌;而有些寄生是兼性的,如海洋动植物与其病原微生物。

（5）拮抗（antagonism）

拮抗又称偏害、他害或抗生,是指海洋微生物与其他海洋生物生活在一起时,微生物产生某种特殊的代谢产物或改变环境条件,从而抑制甚至杀死另一种生物的相互关系。多数情况下,拮抗通常是指微生物产生抗生素之类物质而行使的"化学战术"。拮抗关系的典型例子是某种海洋微生物产生抗生素抑制或杀死敏感微生物。

（6）原始协作（protocoperation）

原始协作,又称互惠,是指海洋微生物与其他生物共同生活在一起,彼此有利,但两者分开以后,各自都能正常生活的一种种间关系。因此,它是一种暂时的合作关系。如某些海藻通过其共附生微生物来进行化学防御,防止污着生物的附着。

海洋微生物与海洋动物、植物甚至其他微生物之间的共附生相当普遍,下面分别给予介绍。

5.2 海洋微生物与动物的共附生

海洋中,微生物与动物的共附生最常见。能与海洋动物形成共附生关系的微生物有古细菌、细菌、真菌、微藻和病毒等。Klaus Becker 对泰国海湾大量软甲动物体表附生物进行研究,发现在动物甲壳表面附生的细菌数量为 $0.70×10^3 \sim 2.872×10^4$ 个/平方毫米;附生的真菌有 18 种,数量为 $0.1 \sim 2.2$ 个/平方厘米;附生的硅藻有 18 种,数量在 $(0.02 \sim 7.38)×10^3$ 个/平方厘米;附生的原生动物有 8 种,但数量不超过 $0.5×10^3$ 个/平方厘米。MacDonald N L 对人工养殖的鳕鱼胃肠道中好氧异养细菌组成进行了研究,发现在成年鳕鱼的胃/前肠、中肠和后肠中,每克内容物细菌数量分别为 $3.0×10^4$、$7.0×10^4$ 和 $2.3×10^5$ 个。细菌组成包括不动杆菌属、产碱杆菌属、肠杆菌科的某些属、黄杆菌属、微球菌属、发光杆菌属、葡萄球菌属和弧菌属。由此看来,与海洋动物共附生的微生物在种类、数量上是非常惊人的。不仅如此,在长期的历史进化过程中,海洋微生物与某些海洋动物之间形成了密切、稳定的共生关系,已成为宿主身体的重要组成部分,并在宿主的生命过程中发挥着重要作用。本节将主要介绍海洋微生物与海绵、珊瑚虫、深海热泉口无脊椎动物以及海洋发光动物之间的共附生体系。

5.2.1　微生物与海绵的共附生

（1）海绵

海绵（sponge）是最原始的低等多细胞动物。约在 5.8 亿年前,地球上就已出现海绵。不同的海绵颜色往往不同,有黄色、紫色、红色、绿色、黑色等。海绵的形状有扁平状、球形、桶状、壶状、树枝状、指状等,且大小不一,有些甚至高达 2 m。海绵营固着生活,从潮间带到大洋深渊都有分布,但以沿海浅水中最多,有些种类生活在盐度很低的河口区域,也有一些种类生活在淡水中。

海绵由体壁与中央腔组成,没有组织与器官的分化,身体结构比较简单。体壁从外向内可分为三层：皮层、中胶层和胃层。皮层（dermal epithelium）由单层扁平细胞（pinaco-cytes）组成，有些皮层细胞特化为管状——孔细胞（porocyte），广泛分散于体表。孔细胞可收缩，能调节孔的大小，从而控制水流。中胶层（mesoglea）介于皮层和胃层之间，内含钙质、硅质骨针（spincule）、类蛋白质的海绵丝（spongin fiber）、原细胞（archaeocyte）、星芒细胞（collencyte）等。胃层（stomachic epithelium）又称内层或领细胞层，由领细胞（choanocytes）构成，每个领细胞有一背向中胶层的鞭毛，鞭毛打动从而引起水流。中央腔为海绵中心的大孔。孔细胞、鞭毛沟（体壁通过折叠可形成）和中央腔构成海绵复杂的水沟系。海绵固着生活，其摄食、呼吸、排泄和有性生殖等生理机能都是靠水沟系的水流来实现的。

海绵（sponge）属于多孔动物门（Porifera）。根据海绵骨针、海绵丝的差异可将海绵分为三个纲，即寻常海绵纲（Demonspongiae）、钙质海绵纲（Calcarea）和六放海绵纲（Hexactinellida）。据估计，海绵种类大约有 15 000 种，已被分类描述的海绵有 6 000 多种，这些海绵绝大部分属于寻常海绵纲。

（2）海绵共附生微生物的多样性

海绵为底栖滤食性动物，它们依靠自身独特的水沟系，通过过滤海水中的细菌、微藻、有机碎屑来获得食物。据估计，每千克海绵每天可过滤 10 吨海水。有趣的是，海绵一方面以某些细菌、微藻为食，另一方面又与某些细菌、微藻建立了密切的共生关系。除了共生微生物外，海绵体上还有众多的附生微生物。不同品种的海绵，含有共附生微生物的数量往往不同，有些品种之间差别还很大。研究发现，对于某些体形大、水沟系不发达的海绵，其体内细菌密度可达 $10^8 \sim 10^{10}$ 个/克湿海绵，比周围海水的细菌密度高 2～4 个数量级，这些细菌的生物量相当于海绵生物量的 40%～50%。Vacelet 等将此类海绵称为细菌海绵（bacteriosponges）。寻常海绵纲中许多海绵都富含微生物，如 *Aplysina aerophoba*、*Aplysina cavernicola*、*Agelas oroides*、*Plakina trilopha*、*Petrosia ficiformis*、*Ircinia wistarii*、*Jaspis stellifera*、*Theonella swinhoei*、*Rhopaloides odorabile*、*Astrosclera willeyana*、*Ceratoporella nicholsoni* 等。

Taylor 等（2007）总结出，目前已知的海绵微生物属于 14 个细菌门（包括一个候选门）及主要的古菌谱系和真核微生物。其中已被分离出来的细菌有酸杆菌、变形细菌、蓝细菌等；目前已经报道的海绵古菌绝大多数属于嗜泉古菌门，少数属于广域古菌门；海绵中真核微生物有腰鞭毛虫、硅藻和酵母等；而关于海绵中的病毒了解得很少，目前只在 *Aplysina cavernicola* 的核中发现了类病毒粒子。

1）海绵共附生微生物的形态观察

根据共附生微生物在海绵中所处的位置，可将海绵共附生微生物分成 4 类（图 5-1）。这种分布是由海绵独特的腔状、多孔、多管道的结构特点以及依靠过滤海水摄取营养的方式决定的。

①附生微生物：这类微生物附着在海绵体表面或内腔表面，随意性较大，随着海水的流动而变化。

②细胞间质共附生微生物：由海水进入海绵体内的大多数微生物直接进入海绵细胞

间的中质层,从而躲过海绵细胞的吞噬,在细胞外存活下来。这些幸存下来的微生物对中质层具有特异性,占海绵体内微生物的大多数。

③细胞质内共附生微生物:被海绵细胞吞噬到细胞质内的微生物,可为海绵细胞提供营养。

④细胞核内共附生微生物:核内共生的微生物,也可为海绵细胞提供营养,对宿主具有特异性。

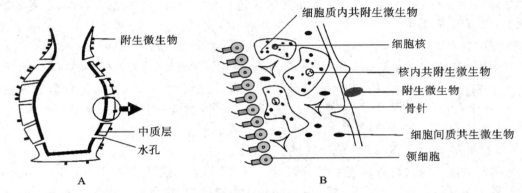

A. 附生在体表的微生物;

B. 寄生在细胞间中质层的微生物、位于细胞质内的微生物和位于细胞核内的微生物

图 5-1　海绵共附生微生物分布示意图

Vacelet(1975)对海绵 *Aplysina* spp. 共附生细菌进行研究,根据形态差异将其划分为 A、B、C、D、E 五种形态,其中 C、D、E 三种数量丰富(表 5-1)。Wilkinson 等(1978)也从形态学角度将几种来自澳大利亚大堡礁的海绵细菌分成五种类型,其中第二和第四种分别与 Vacelet 划分的 D 和 E 类型相似。此后,Friedrich 等(1999)用透射电镜重新对海绵 *Aplysina cavernicola* 和 *A. aerophoba* 共附生细菌进行研究,发现经过了 20 多年,Vacelet 划分的五种类型中 C、D、E 的形态仍可被清楚地识别,并与 Vacelet 的描述相符。图 5-2 为透射电镜下海绵 *A. cavernicola* 中质层的细菌形态。在这一时期,研究者常使用显微镜考察特定种类海绵中的微生物,并对其形态学特征进行描述。

表 5-1　海绵 *Aplysina cavernicola* 中质层细菌的形态特征及丰度

类型	丰富度	直径(μm)	形态特征
A	不丰富	约 0.8	细胞壁呈革兰氏阳性
B	不丰富	1.0～1.2	外膜与肽聚糖相连接
C	丰富	约 1.0	出现几层额外的鞘
D	丰富	约 1.4	具有众多的不规则黏膜
E	丰富	0.8～1.4	有扩大的外周胞质,被认为是核膜,无肽聚糖
O	不确定	不确定	所有其他的细菌

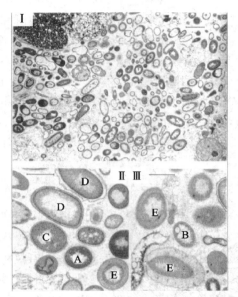

Ⅰ为纵观图,刻度值为 1 μm,Ⅱ和Ⅲ是不同类型的细菌,分别属于 A～E 型

图 5-2　海绵 *A. cavernicola* 中质层的透射电镜图谱(引自 Friedrich A B,1999)

2)基于纯培养方法研究海绵共附生微生物的多样性

部分海绵共附生微生物可以利用纯培养方法将其从海绵中分离出来。从分离出来的微生物可看出,海绵共附生微生物种类丰富。目前已经能够分离出来的细菌分别属于酸杆菌纲(Actinobacteria)、拟杆菌纲(Bacteroidetes)、蓝藻纲(Cyanobacteria)、厚壁菌门(Firmicutes)、浮霉菌门(Planctomycetes)、变形细菌门(Proteobacteria)和疣微菌门(Verrucomicrobia)等。

Lopez 等(1999)从几种海绵中分离出菌株 MBIC3368,其表型特征(G⁻、黏液群体、棒状形态等)类似于 α-变形细菌。Santavy 等(1990)从加勒比海海绵 *Ceratoporella nicholsoni* 中分离出异养菌,通过表型特征的观察,可以将其分为 4 种主要表型。表型 1 和表型 3 类似于弧菌属,而表型 2 显示出气单胞菌属的特征,表型 4 由多种菌株组成,其形态多样,从丝状到不规则形状(棍棒状、Y 形和 T 形)都有,且表型与放线菌和棒状杆菌类似。

在细菌培养研究中,只有少数海绵共附生微生物群落能够在实验室条件下培养出来。Santavy 等(1990)估计海绵 *Ceratoporella nicholsoni* 中只有 3%～11% 的细菌能被培养出来。Webster 和 Hill(2001)推断可培养的异养细菌群落只占海绵 *Rhopaloeides odorabile* 所有微生物群落的 0.1%～0.23%。由于培养条件不同,人们分离出的海绵共附生微生物的种类存在一定差异。而且,目前利用纯培养方法培养出来的微生物仅占海绵共附生微生物中很小的部分。因此,利用纯培养方法研究海绵共附生微生物的多样性存在着不足。

3)基于分子生物学技术研究海绵共附生微生物的多样性

随着现代分子生物学技术的发展,16S rRNA 基因分析、变性梯度凝胶电泳(denaturing gradient gel electrophoresis,DGGE)和荧光原位杂交(fluorescence in situ hybridization,FISH)等技术也被应用于海绵共附生微生物多样性的研究。Webster 等(2001a)对海绵 *Rhopaloeides odorabil* 的 16S rRNA 基因序列分析发现,细菌种类丰富,其中 30%属于放线菌,41%属于 γ-变形菌纲,并利用 FISH 技术研究了主要类群在该海绵中的分布。同年,Webster 等(2001b)利用 FISH 技术对该海绵中 γ-变形菌纲的细菌分布进行研究,发现这些细菌主要集中于领细胞与原细胞丰富的区域。Henschel 等(2002)采用构建16S rDNA 基因文库的方法研究海绵共附生微生物,结果发现海绵中的微生物种类多样,其中占多数的是酸杆菌(23%)、绿弯菌(22%)和放线菌(12%)(图 5-3)。

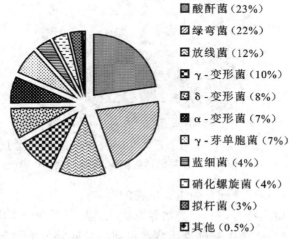

图 5-3　海绵共附生微生物的多样性

- 酸酐菌(23%)
- 绿弯菌(22%)
- 放线菌(12%)
- γ-变形菌(10%)
- δ-变形菌(8%)
- α-变形菌(7%)
- γ-芽单胞菌(7%)
- 蓝细菌(4%)
- 硝化螺旋菌(4%)
- 拟杆菌(3%)
- 其他(0.5%)

　　研究还发现,不同时间或地域的同种海绵共附生微生物群落结构存在差异。方再光等分别于 2003 年 3 月和 7 月从海南三亚海域采集厚指海绵 *Pachychalina* sp.,利用扩增rDNA 限制性酶切片段分析(ARDRA)技术对其体内细菌、古细菌 16S rDNA 进行分析,结果发现细菌存在一定程度的差异,而古细菌组成差异十分显著,这可能是海洋环境因素特别是海水环境温度引起海绵体内微生物种类和数量发生了变化。Taylor 等(2005)利用 DGGE 技术对澳大利亚东部海岸的海绵 *Cymbastela concentrica* 共附生微生物进行研究,DGGE 图谱显示,从热带海域和温带海域采集的同一品种海绵,共附生微生物群落结构存在差异。

　　研究还发现海绵中存在着一些微生物新类群。Lars Fieseler 等(2004)利用特异的PCR 引物构建了海绵 *Aplysina aerophoba* 共附生细菌的 16S rDNA 基因文库,通过对16S rDNA 的酶切片断多态性分析、测序以及系统发育分析发现,有一类群细菌的 16SrDNA 与已知门细菌相比,同源性<75%,形成独立的分支,其中亲缘关系较近的是浮霉菌门(Planctomycetes)、疣微菌门(Verrucomicrobia)和衣原体(Chlamydia)。另外还发现,采用相同引物对其他几种海绵进行 16S rDNA 扩增,也得到了阳性克隆,而以海水、沉积物和被囊动物的 DNA 为模板则结果为阴性。因此,作者建议建立新的门类——海绵菌门(Poribacteria)。Romanenko 等(2005)从深海海绵中分离到一株细菌 KMM330,对其进行 16S rDNA 系统发育分析,其亲缘关系最近的 3 个菌株分别为 *Pseudomonas ful-*

va NRIC0180^T、*Pseudomonas parafulva* AJ2129^{T}和*Pseudomonas luteola* IAM13000^T，同源性均为96.3%，因而将该菌株确定为新种，命名为*Pseudomonas pachastrellae*。过去分离的放线菌中，酸微菌亚纲（Acidimicrobidae）菌株所占比例很小。Montalvo 等（2005）构建了海绵*Xestospongia muta* 和*X. testudinaria* 共附生细菌的16S rDNA 基因文库，对16S rDNA 序列进行系统发育分析表明，在这两种海绵中分别发现37 和26 株放线菌，它们全部属于酸微菌亚纲。因此，作者认为海绵*Xestospongia* spp. 是寻找酸微菌新种的良好来源。

此外，方再光等通过对16S rDNA 进行限制性酶切片段长度多态性分析（ARADA）和测序，首次对南海厚指海绵*Pachychalina* sp. 体内细菌、古菌多样性进行研究，发现其体内细菌主要属于α-、γ-变形菌纲，古菌主要属于*Methanogenium organophilum*、*Methanoplanus petrolearius* 等，并存在众多的细菌、古菌新种，揭示出南海厚指海绵中丰富的微生物多样性，系统发育树见图5-4、图5-5。

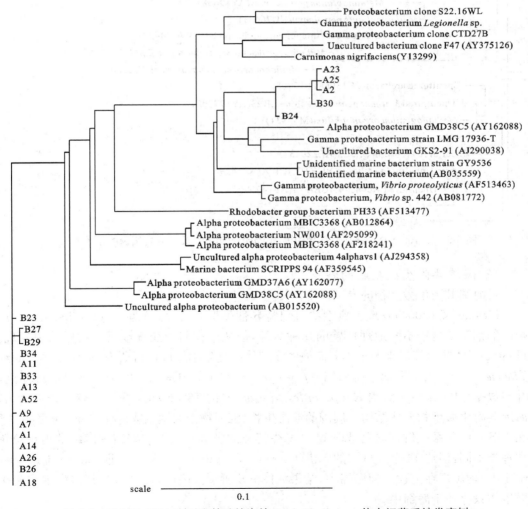

图5-4 以16S rDNA 序列为基础的海绵*Pachychalina* sp. 体内细菌系统发育树

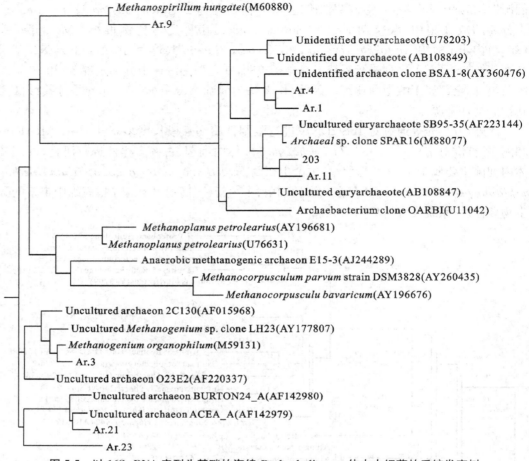

图 5-5　以 16S rDNA 序列为基础的海绵 *Pachychalina* sp. 体内古细菌的系统发育树

（3）海绵共附生微生物的特点

1）海绵共附生微生物的专一性

Fieseler 等（2004）发现了典型的海绵特异性类群——"海绵菌门"（Poribacteria），这个门的细菌来自于不同地理位置的几种海绵，但从未在附近淡水或沉积物样品中发现。Hentschel（2003）等对来源于不同海域的海绵体内微生物组成进行研究，从西太平洋海绵 *Theonella swinhoei* 和地中海海绵 *Aplysina aerophoba* 中得到 190 个 16S rDNA 序列，并与数据库中（来源于海绵 *Rhopaloides odorabile*）的 16S rDNA 进行比较。结果表明，海绵共附生微生物群体结构与周围的浮游生物、沉积物中的微生物群体结构明显不同，且在 16S rDNA 系统发育树上呈现 14 个海绵特异的类群。虽然这些宿主海绵的地理位置和种类不同，但这 14 个类群中的 5 个（Gamma-Ⅰ、Actino-Ⅱ、Actino-Ⅲ、Acido-Ⅰ、Bacte-roid-Ⅰ）均出现在上述 3 种海绵中，结果如图 5-6 所示。因此，作者认为某些海绵共附生微生物只存在于海绵中。

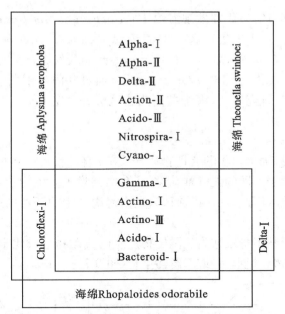

图 5-6　不同地点、不同种类的海绵体内共附生微生物（引自 Hentschel U,2002)

2)海绵微生物共生体的垂直传播

真核微生物——酵母与海绵的共生体能够垂直传播就是一个例子。Maldonado 等 (2005)利用显微镜对成熟的海绵 Chondrilla 组织和繁殖结构进行研究,结果表明酵母与该海绵的共生体是垂直传播的,即共生体能够从亲代传到子代。因此,海绵 Chondrilla——酵母是稳定的共生体,而不是暂时的共生关系。另外,Enticknap 等(2006)从许多种海绵中培养出 α-变形细菌,也是能够垂直传播的海绵共生体。以 16S rRNA 基因序列为基础,分析得出分离菌之间相似性很高(＞99％),并与 Pseudovibrio denitrificans 极相似。该细菌能从 Mycale laxissima 幼体上培养出来,且从未在周围水样中分离出来,表明此细菌是这一海绵垂直传播的的共生体。

3)海绵共附生微生物的宿主特异性

李志勇(2006)等采用不依赖于分离培养的 DGGE 技术,对我国南海的细薄星芒海绵、皱皮软海绵、贪婪倔海绵、澳大利亚厚皮海绵体内优势细菌的种群组成进行了比较分析,结果发现,来自同一海域不同海绵的共附生细菌种群组成具有明显不同,即共附生细菌具有海绵宿主特异性。

(4)海绵共附生微生物对宿主的作用

1)构成海绵骨架

海绵体内和表面(包括内腔表面)积聚了大量的微生物群落,约占海绵干重的 40％,最高可达 70％。数量庞大的共附生微生物构成了海绵骨架的重要组成部分。

2)为海绵提供营养物质

一些海绵共附生微生物,能为海绵提供食物和有用的代谢产物,供应海绵细胞生长所需。例如,共附生蓝细菌能为海绵提供从光合作用中获得的有机物质及从固氮作用中获得的氮的代谢产物。另外,通过细胞外裂解和噬菌作用,共附生蓝细菌可能对宿主的营养有帮助。Cheshire 等(1997)研究发现海绵 *Phyllospongia lamellosa* 所需能量的 80％来源于其光合共生体。Usher 等(2004)对海绵 *Aplysina aerophoba*、*Ircinia variabilis*、*Petrosia ficiformis*、*Chondrilla* sp.、*Haliclona* sp. 的共附生微生物进行研究,发现含有多种共附生蓝细菌。深海海绵 *Cladorhiza* sp. 可通过共附生细菌氧化甲烷为其提供营养。Hallam 等(2006)研究表明,海绵共附生古菌——暂定 *Cenarchaeum symbiosum*,在海绵中能调节硝化作用。

3)参与化学防御

很多文献报道,海绵提取物的活性物质产量低(有的仅占干重的 10^{-8})且易变;相同或类似的产物可来源于不同的无脊椎动物;从海绵共附生微生物中可分离到与海绵提取物相同或相似的物质。因此,许多以前认为是由海绵产生的活性物质可能是由海绵共附生微生物产生的。

海绵就是借助于其本身或共附生微生物产生的代谢物形成化学防御体系,以抵御有害附着物、病原微生物和捕食者,或降解污染物(图 5-7)。

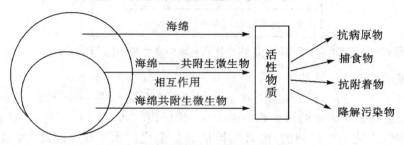

图 5-7　海绵的化学防御体系

许多水生生物,如藤壶、淡菜、藻类等,会附着在其他生物或非生物之上,条件适宜时大量繁殖,从而掠夺其他生物(如海绵)的生存空间。海绵共附生微生物可以产生某些能抑制这些侵略生物的活性物质。如海绵 *Halichondria okadai* 上附生的交替单胞菌 *Alteromonas* sp. 产生一种有效抑制藤壶的活性物质 ubiquinone-8。

海绵一般固着生长在其他水体生物(如岩石、水生植物、珊瑚等)上,当遇到鱼类捕食时是无法逃逸的,许多海绵则利用自身及共附生微生物产生的代谢产物来保护自己。

海绵共附生微生物还可产生抵御病原微生物的活性产物。Mitova 等(2004)在海绵 *Suberites domuncula* 中分离到一株菌,从其细胞提取物中发现两种新的环肽,均对枯草芽孢杆菌有抗性。

此外,当海水受到污染时,海绵及其共附生微生物在一定程度上会通过降解污染物来维护自身安全。Thakur 等(2004)从印度西海岸的海绵 *Iricina fusca* 中分离到 *Bacillus* sp. 和 *Micrococcus* sp. 两种细菌,这两株菌的提取物对引起污染的细菌具有较强的抗性。Dobretsov 等(2005)对含有独特细菌群的三种海绵 *Haliclona cymaeformis*、*Haliclona* sp. 和 *Callyspongia* sp. 的降污能力进行研究,发现它们的提取物对硅藻属的污染物有较强的降解能力。

5.2.2 微生物与珊瑚虫的共附生

（1）珊瑚虫

珊瑚是海生无脊椎动物,属刺胞动物门珊瑚虫纲。按生态功能不同,可分为造礁珊瑚和非造礁珊瑚,其中有共生藻的称为造礁珊瑚,没有共生藻的则称为非造礁珊瑚。下面未特别指明处均指造礁珊瑚。

造礁珊瑚由许多微小的造礁珊瑚虫聚合形成。珊瑚虫是珊瑚的最小生存单位,以分裂或出芽方式繁殖,特点是具有石灰质、角质或革质的内骨骼或外骨骼。珊瑚虫一般是以浮游生物为食的肉食性动物,用水螅芽的触手捕食。许许多多的珊瑚虫聚在一起成为群体的珊瑚,其骨架不断扩大,从而形成形状万千、色彩斑斓的珊瑚礁。

（2）与珊瑚虫共生的虫黄藻

1）虫黄藻

虫黄藻是20世纪40年代由日本生物学家Kawaguti S发现的,他在珊瑚虫的内胚层细胞内观察到很多褐色小球,在有光的条件下能进行光合作用,能自身进行分裂繁殖,并将其定名为虫黄藻。虫黄藻是一种单细胞微型藻,是涡鞭毛藻的一种,其细胞中含有多种色素,包括叶绿素 a（蓝绿色）、叶绿素 C_2（淡绿色）、胡萝卜素（橘色）、多甲藻黄素（砖红色）、叶黄素（黄色）等。这些色素组合起来,使藻体呈现金黄色,这也正是虫黄藻名称的由来。叶绿素 a、叶绿素 C_2 和多甲藻黄素是进行光合作用的主要色素,其他为辅助性色素,可将光能传送到叶绿素进行光合作用。

研究发现,在珊瑚虫体内,存在着数量众多的单细胞微藻——虫黄藻,据估算每平方厘米的珊瑚组织中大约有 1×10^6 个藻细胞。所有的造礁珊瑚虫都与虫黄藻共生,而非造礁珊瑚虫中却没有发现虫黄藻,可见虫黄藻在珊瑚礁建造中有极重要的作用。

近来提出一个理论,认为虫黄藻与珊瑚之间有细胞专一性的传导物质,使珊瑚细胞能确认共生藻而不会将其当成食物消化。因而虫黄藻被一个新生的珊瑚虫吞噬到肠道腔后不被消化,而移到珊瑚虫的肠皮层中继续增生,因此虫黄藻多位于肠皮层的细胞内（图5-8）。

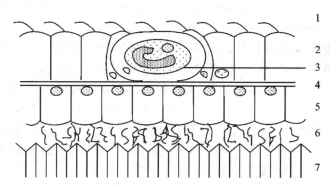

1.肠腔　2.内胚层　3.虫黄藻　4.中胶层　5.外胚层　6.间质　7.骨骼

图 5-8　居住在珊瑚细胞内的虫黄藻

由于共生藻很难分离培养,对它的多样性研究多采用分子方法。William 等（1997）

对澳大利亚海域 19 种石珊瑚虫中的虫黄藻进行 18S rDNA 序列分析,在用特定引物进行 PCR 扩增后,利用限制片段长度多态性(RFLP)技术将虫黄藻分为三个进化分支(A、B 和 C)。其中珊瑚虫 *Acropora longicyathus* 含有分支 A 或分支 C,珊瑚虫 *Pavona decussata* 是分支 B 和分支 C 并存,珊瑚虫 *Plesiastrea versipora* 含有分支 B 但没有检测到 C,其余的珊瑚虫 *Pocillopora damicornis*、*Stylophora pistillata*、*Seriatopora hystrix*、*Acropora pulchra*、*Acropora humilis*、*Acropora bushyensis*、*Acropora divaricata*、*Acropora valida*、*Acropora nasuta*、*Goniopora tenuidens*、*Porites lobata*、*Heliofungia actiniformis*、*Achrelia horescens*、*Lobophyllia hemrichii*、*Achrelia horescens*、*Lobophyllia hemrichii* 中均为分支 C,因此分支 C 为该区域虫黄藻的优势种。

2)虫黄藻对珊瑚虫的作用

①营养的互给。虫黄藻与珊瑚虫构成一对共生体,如果一方遭到破坏,另一方也无法生存。一方面虫黄藻通过光合作用为宿主珊瑚虫提供成长所需要的营养;另一方面,宿主珊瑚虫在氧化代谢的过程中,又能为共生藻提供光合作用所需要的营养,如 CO_2、N、P 等。虫黄藻与珊瑚虫之间互利共生的关系较早就得到确认,但虫黄藻作为珊瑚虫的营养源到上世纪 70 年代才得以证实。虫黄藻通过光合作用释放 O_2 和合成有机物,而这种以甘油和三甘油酯形式存在的有机物,很容易被珊瑚虫吸收,从而促进珊瑚虫骨骼生长。

②虫黄藻促进珊瑚虫骨骼的形成。虫黄藻不仅供给珊瑚虫 O_2 和营养物,同时与珊瑚虫石灰质骨骼的形成也密切相关。实验发现,若将虫黄藻从珊瑚虫的身体内全部分离出来,在人工条件下供给珊瑚虫 O_2,结果珊瑚虫虽然能生存,但其骨骼发育不正常。其原因是珊瑚虫在代谢过程中排出大量的 CO_2 妨碍了骨骼的发育,而虫黄藻却能迅速消除这种阻碍作用,从而促进了珊瑚骨骼的形成。

还有些研究表明虫黄藻直接参与了珊瑚虫的造骨。这种观点认为,虫黄藻在代谢过程中排出 CO_2(以 CO_3^{2-} 形式存在),其与 Ca^{2+} 结合生成 $CaCO_3$ 形成珊瑚的骨骼,这种钙化作用在珊瑚虫外胚层中进行。而来自消化循环腔内的 Ca^{2+} 与 CO_2 则在高尔基扁囊内结合生成 $CaCO_3$,然后分泌到体外,逐渐形成骨骼。骨骼通常黏结在石灰质基岩上,随着珊瑚虫个体的繁殖,骨骼也堆积得越来越多,相互粘连,不断地向外向上扩展,再加上沉积物,便产生各种珊瑚礁,如鹿角珊瑚、石芝珊瑚、脑珊瑚等。

③虫黄藻决定珊瑚虫的扩展方向和珊瑚的垂直分布。珊瑚虫的扩展方向和珊瑚的垂直分布都与虫黄藻有密切联系。虫黄藻只有在有光的条件下才能进行光合作用,为珊瑚虫提供 O_2 和营养。研究发现,树枝状、平展状、花瓣状等不同类型的珊瑚虫,都像植物一样具有向光性,向上和周围扩展,光照越好的部位发育得越好;另外水平扩展的珊瑚虫种类,其背光的一面即使有充裕的空间,珊瑚虫也只沿着见光的方向扩展。造礁珊瑚的垂直分布仅限于深 80 m 以内的浅海。当水深超过 80 m,光线很弱,虫黄藻的光合作用微弱或者根本不能进行,导致珊瑚虫停止发育,至多维持生命而已。因此,只有在阳光充足的浅海水域,尤其是在 10～20 m 水深处,虫黄藻光合作用强烈,珊瑚才能发育充分,骨骼才能正常生成,从而造就出千姿百态的珊瑚礁。

④虫黄藻与珊瑚白化病。珊瑚白化是指珊瑚颜色消失而变白的现象。生理健康的珊瑚,共生藻密集分布在其组织中,由于虫黄藻的色素差异而呈现各种丰富的色彩。然而,

当遭受环境改变的压力时,珊瑚就会因为失去共生藻和色素而变白,导致白化,而长时间的白化通常伴随着珊瑚的死亡。许多环境因子的改变都会引起珊瑚白化,如温度升高或降低、光度过强或不足、盐度剧烈改变等。

珊瑚白化包括三个过程:色素减少、共生藻密度降低以及共生藻大量脱出。这三种过程所引发的珊瑚白化程度不同,当同一海域的珊瑚同时发生共生藻的大量脱出时则产生珊瑚礁的全面白化(massive coral bleaching)。近年来由于气候变暖、污染加重等因素,使得全世界超过 50% 的热带珊瑚礁发生全面白化,造成大量的造礁珊瑚死亡。而大规模的白化事件,将造成珊瑚群聚结构及栖地改变,对整个生态系统产生重大影响。

虫黄藻的存在与否,会影响珊瑚虫的生长,从而影响珊瑚礁的形成。虽然近来有珊瑚虫也从海水中吸收悬浮有机营养的报道,但丝毫不能动摇虫黄藻与珊瑚虫互惠共生的重要性。

（3）与珊瑚虫共生的细菌

除了虫黄藻以外,与珊瑚虫共附生的微生物还包括很多细菌。David 等（2005）通过构建珊瑚虫群落克隆文库,利用限制片段长度多态性和系统发育分析研究澳大利亚大堡礁造礁珊瑚 *Pocillopora damicorni* 时发现,在珊瑚虫的组织匀浆和珊瑚虫分泌的黏液中都存在着丰富的共生细菌,其中组织匀浆中以 γ-变形细菌为主,黏液中以 α-变形细菌为主。研究还发现这类珊瑚虫中还生活着 *Vibrio shiloi* 和 *Vibrio coralliilyticus* 等珊瑚虫的机会病原菌。与珊瑚虫共生的细菌在珊瑚虫的生长发育中扮演着重要的角色,但是具体共生机制还不是很清楚,有待深入研究。

5.2.3　微生物与深海热泉口无脊椎动物的共附生

深海热泉口生态系统中,在水温稍低的生态区域（40℃～110℃）多分布着古菌和嗜热细菌,它们一般是化能自养或异养菌,黏附在沉积物或玄武岩表面而形成层状微生物席;而在 20℃～40℃ 区域,生活着大量多毛目蠕虫动物（*Alvinella pompejana*）;在 2℃～15℃ 区域,生物种类繁多,代表性动物是管状蠕虫,其他还有双壳类的蛤和贻贝、腹足类、蟹类、鱼等多种动物。研究发现生活在后两种温度区域的无脊椎动物含有大量的共附生微生物,它们多属于互利关系。

一般来说,自然界是一个以光合作用为基础的生态系统,但是深海热泉口周围生物群落维持生命所需的最初能源,不是依靠光能,而是依靠化学能。化能自养细菌通过氧化热泉中的 H_2S 和 CH_4 获得能量并作为其他动物的原始能量来源,同时固定 CO_2（热液中大多以 CO_3^{2-} 和 HCO_3^- 形式存在）或者 CH_4 生产有机物为其他动物提供营养。整个过程可用下式概括:

$$CO_2 + H_2S + O_2 \xrightarrow{\text{嗜硫细菌}} (CH_2O) + H_2SO_4$$
$$\text{（碳水化合物）}$$

除氧化硫的细菌外,还有一些细菌,它们能利用其他类型的还原物质（如 NH_3）作为能源生产有机物质。

双壳类和腹足类的共生细菌一般生活在它们的腮组织里,这些细菌有多种形态（丝状、杆状、球形等）和新陈代谢类型（硫氧化、硫酸盐还原、硝化、反硝化等）,宿主动物为其提供稳定的生存环境和所有化学合成原料,包括 S、O_2、CO_2 等,细菌在这些动物体内通过一系列的化学作用合成糖类等碳水化合物或其他能量分子,为宿主动物提供营养和能量。

众所周知,H_2S 对大多数动物有毒,是因为在动物体内它能取代氧与进行呼吸作用的酶素结合,使动物窒息而死。然而,深海动物在演化过程中形成了自己的解毒机制,它们有一种非常独特的可溶性血红蛋白,对 H_2S 有极强的吸附力,能直接把 H_2S 运往硫细菌寄生的器官,防止其与酶素结合,从而避免了中毒。长管艳虫(*Vestimentiferans*)是一种具血红蛋白的蠕虫,能同时携带 O_2 和 H_2S,该蠕虫具有一种称为营养体(trophosome)的特殊的内部器官,其中含有大量共生细菌。这些细菌从蠕虫的血液系统得到 H_2S 获得能量,利用 CO_2 和硫化物的氧化生成有机碳,并将部分有机碳转移给蠕虫的组织,这些细菌的重量可占蠕虫干重的 60%。此外,在热泉口占优势的成年管状蠕虫体内也充满了共生细菌,该蠕虫通过红色的鳃吸入 H_2S 气体提供给共生菌,而共生菌为其提供营养和能量。另一种占优势的动物蛤 *Calyptogena magnifica*,其鳃组织也有团块状的硫细菌共生。

这些共生菌是海底热泉口食物链的初级生产者,正是有了它,才有整个海底热泉口生物群落的存在。

5.2.4 微生物与海洋发光动物的共附生

海洋中生活着许多会发光的动物,研究表明这些光并不是其本身产生的,而是由共附生的海洋发光细菌产生,它们主要隶属于发光杆菌属(*Photobacterium*)、射光杆菌属(*Lucibacterium*)和弧菌属(*Vibrio*)。常见的可培养的发光细菌有 *Photobacterium phosphoreum*、*P. leiognathi* 及 *Vibrio fischeri*,它们主要生活在宿主表面特殊的腺体和穴道中。生物发光是鉴定海洋发光细菌的主要特征。

发光细菌在条件适宜时才能发光,在实验室保存不当或时间过长便不能发光,而且在无 NaCl 的培养基上不能生长,只有在含 2%~3%NaCl 的培养基上才能生长良好。

关于海洋细菌发光的机制有两种观点:一种称为"荧光素酶说",认为发光细菌体内存在荧光素(luciferin),细菌发光是由于其产生一种荧光素酶(luciferase)而使得荧光素在体内发光;另一种称为"发光素学",认为在活的发光细菌体内有一种发光物质,该物质被排出细胞后氧化发光。

这些共附生细菌能从宿主中获得营养,而宿主则借助发光细菌发出的光进行各种防卫和进攻,如躲避掠夺者、吸引被掠夺者或作为通讯工具来寻找配偶等。光睑鲷是一种体长只有 8 cm 左右的黑色小鱼,生活在印度尼西亚到红海之间的上层水域,和其他许多发光鱼一样,是以共栖的细菌作为光源。根据科学家们计算,光睑鲷的每个发光器官中大约生存着 100 亿个细菌,当这些细菌消耗鱼血液供应的养料和氧气时,就可以将化学能转变为光能,发出光来。即使在鱼死去的几个小时里,发光器官仍会继续发光。可见,光睑鲷和细菌是相互依赖的,前者靠后者的发光招来食物或与同类相识,后者靠前者血液供应养料来维持生命。

夏威夷短尾鱿鱼(*Euprymna scolopes*)栖息在浅水的珊瑚礁中,其腹部发出的光与月光强度相似,便于它们伪装起来躲避水下的掠夺者。短尾鱿鱼与发光细菌 *Vibrio fischeri* 高度专性共生,新孵化的鱿鱼能在数小时内从周围的海水中获得这种弧菌。大部分共生菌都在发光器官的穴道上皮细胞繁殖,而这个过程涉及共生菌与细胞表面受体的附着。与细胞受体附着后,共生菌会迅速生长(每小时大约增加 3 倍),一直到 10~12 h 后浓度达 10^{11} 个/立方厘米。这时,发光细菌积聚起来进行自我诱导,通过 lux 操纵子的 QS 调节后开始发光。这种发光机制建立之后,细菌的生长将会变得缓慢,而且鱿鱼每天会挤出发光器官的一些内含物以驱逐出 90% 的细菌。鱿鱼的这种行为保证了不断有"新鲜"弧菌繁殖以达到能够发光的浓度,便于宿主在夜间捕食。这种共生关系揭示了动物宿主与其微生物的"对话",对于研究共生关系的进化及共生致病都有重要意义。

5.3　海洋微生物与植物的共附生

海洋微生物与植物共附生在自然界中广泛存在,相当多的海洋微生物与植物处于互利、互惠、共栖或寄生等关系。庄铁诚等对福建沿海的红树林区红藻微生物进行研究,发现在红藻上异养微生物数量很高,每克干藻有数百万至上千万个;硫酸还原菌和自生固氮菌的数量也在 4 万和 18 万以上。Holmstrom 等研究发现,某些大型海藻通过共附生细菌——拟交替单胞菌(*Psedoateromonoas*)来进行化学防御,阻止污浊生物的附着。由此可见,与植物共附生的海洋微生物不但数量多,而且在长期的历史进化过程中,与某些植物之间形成了密切、稳定的共生关系。这些共附生微生物一方面促进宿主植物对氮、磷等营养元素的吸收,同时可以产生抗生素、毒素、抗病毒等物质提高植物的生存能力;另一方面,它们从宿主获得生长所需的营养物,相互之间偏向于互惠共存的关系。下面对海洋微生物与大型海藻、红树及海草形成的共附生体系进行介绍。

5.3.1　微生物与大型海藻的共附生

(1)大型海藻共附生微生物多样性

海洋中,微生物与大型海藻,如褐藻、红藻、绿藻、马尾藻等关系非常密切,几乎所有大型海藻的体表都附着有微生物,形成了独特的微生物区系。约有 1/3 的海洋真菌与藻类有关系,其中以子囊菌居多。目前已知有几十种子囊菌是海藻的寄生菌,其中寄生在褐藻和红藻藻体上的各有十几种,但寄生在绿藻上的仅有数种,这可能与大多数绿藻寿命较短有关。除子囊菌外,腐霉菌也是海藻的寄生真菌。大型海藻体表不但附着真菌,还存在大量的细菌。Imamura 等(1997)从大型海藻 *Pocockiella nariegata* 中分离到一种新型细菌(*Pelagiobacter variabilis*)。Egan 等(2001)从石莼(*Ulva lactuca*)体表分离到 56 株海洋细菌,其中包括 *Pseudoalteromonas tunicata* 在内的 13 种海洋细菌都对绿藻的孢子有抑制萌发的作用。Matsuo 等(2003)自海藻和海绵中分离到 1 000 多株微生物,并对其中 40 株能诱导单细胞宽礁膜 *Monostroma oxyspermum* 形态发育的菌株 16S rRNA 和 *gyrB* 基因进行了克隆和系统发育分析,结果表明,这 40 株菌株都属于 CFB(Cytophaga-Flavobacteria-Bacteroids,噬纤维菌/黄杆菌/拟杆菌群)菌群,其中大多数与 *Zobellia uliginosa* 处于同一分支。马悦欣等于 2002、2003 年对大连市黑石礁海区潮间带石莼 *Ulva lactuca*、孔石莼 *Ulva pertusa* 等 10 种海藻表面附生微生物进行研究,根据菌落形态特征(大小、表面特征、边缘、隆起和颜色等)的不同,分离得到 122 株细菌和 99 株真菌。

(2)共附生微生物对大型海藻的作用

1)提供营养或竞争营养

海藻在生长过程中,不断向外释放代谢产物,如脂、肽、糖、维生素、毒素以及生长抑制和促进因子等,在周围形成一种独特的环境,从而对其共附生微生物具有一定的选择性;而微生物有效利用海藻释放的有机物质生长繁殖的同时,又可将部分摄取的有机物经代谢后,以矿物或其他形式为海藻提供营养及必需的生长因子(如维生素等)。

但在特定环境中,共附生微生物也会成为藻类无机营养的竞争者,从而抑制藻类的生长。例如,在对假微型海链藻(*Thallasiosira pseudonana*)的大规模养殖过程中发现,健康藻种在生长指数后期突然死亡,研究显示该现象很可能是由藻与其相关共附生微生物的复杂作用而引起:一方面,在藻类大规模培养的同时细菌也大量增殖,与海藻竞争无机营养物质;另一方面,某些细菌(如假单胞菌 *Pseudomonas* sp. T827/2B)分泌了一种蛋白类似物对海链藻的生长产生拮抗作用。

2)影响大型海藻的形态

共附生微生物还能够产生一些化合物来调控大型海藻的形态。绿藻(如石莼)、红藻(如紫菜)、褐藻(如网管藻)在实验室合成的无菌培养基上培养时,会发生形态变异现象。Provasoli 等(1958)首先报道了石莼在无菌培养条件下,形成由单叉分支的丝状体组成的一团针垫状藻体,当添加从藻体上分离的细菌时,这种异常的形态则可以恢复至典型的叶片状结构。相似的现象也在其他几种绿藻、褐藻和红藻中观察到,这说明海藻的外生菌在海藻的形态发生中起着重要作用,这是因为海藻的外生菌产生了类似于植物生长激素的 MG 活性因子。

Nakanishi(1996)却发现,不论是植物生长激素还是具有 MG 活性的菌株培养上清液均没有使孔石莼恢复正常形态的功能。只有将孔石莼与具有 MG 活性的细菌共培养才可以获得正常的叶状体,这表明石莼要形态发生正常就必须与具有 MG 活性的细菌直接接触。目前对 MG 因子的了解还非常有限,这种未知的 MG 因子既不是一种已知的植物生长激素,也不是细菌的胞外产物,它可能需要与藻体的直接交流而避免在海水中被稀释。

Matsuo 等(2003)自海藻中分离到诱导单细胞宽礁膜形态发育的菌株,属于 CFB 菌群,同时还发现它们具有诱导孢子从幼态叶状配偶体上释放的作用,因此作者认为 CFB 菌群的一些菌株对绿藻的正常生长起着重要的作用。

3)调控其他生物在大型海藻表面的附着

共附生微生物还可调控生物在藻类表面的附着。一方面,细菌在藻类表面形成的生物膜吸引了许多无脊椎动物落户于海藻(如珊瑚藻)表面;另一方面,细菌的生物膜又阻碍了其他生物在藻类表面的附着。Imamura 等(1997)报道从大型海藻 *Pocockiella nariegata* 中分离的一种新型细菌(*Pelagiobacter variabilis*)能产生具抗菌效果的吩嗪类抗生素,对革兰氏阳性和阴性菌都有抑制作用。Burgess(1999)也发现在海藻共附生细菌中能产生抗菌物质的菌株比例高于从海水或土壤中分离的细菌。

Holmstrom 等(1992)研究发现,某些大型海藻通过共附生细菌,特别是拟交替单胞菌(*Psedoateromonoas*)来进行化学防御,阻止污浊生物的附着。在澳大利亚悉尼海岸石莼(*Ulva lactuca*)的体表也发现细菌 *P. tunicata*,其在污着群落中产生胞外产物来抑制无脊椎幼虫和其他海藻孢子的固着、抑制海藻病原细菌和真菌的生长。

4)对大型海藻进化的影响

一般认为海藻细胞中的质体是由与其共附生的细菌进化得来。对此有两种假说:内共生假说和二次内共生假说。

内共生假说认为,红藻、绿藻等的质体(叶绿体和质体)是起源于原生生物中与其内共生的原始蓝细菌。原生生物通过吞噬作用将蓝细菌吸收并共生在细胞体内,在进化的过程中蓝细菌逐渐成了今天我们看到的细胞器,这些质体的两层膜源于蓝细菌的内膜和外膜。最近研究表明,藻类的叶绿体分裂过程与叶绿体基因组上的 *ftsZ* 基因有密切联系,而在细菌、古菌中 *ftsZ* 基因是广泛存在的,且在进化上非常保守。王彩华等(2004)研究表明衣藻叶绿体分裂基因 *ftsZ*1 的表达可以严重影响大肠杆菌的分裂,初步证明衣藻FtsZ蛋白不仅与 *E. coli* FtsZ蛋白在序列上相似,而且有着相似的功能。在有些红藻和绿藻质体的类囊体膜外壁上有一些小颗粒,而这些小颗粒在蓝细菌中也广泛存在。大量研究表明,尽管红藻和绿藻等海藻的色素成分和类囊体膜结构是多种多样的,但分子证据表明所有的质体都是从一个简单的蓝细菌祖先进化得来。

由于许多海藻中的叶绿体是由三四层膜组成的,Sally Gibbs(2001)提出了二次共生假说。这种假说认为,海藻中的多膜叶绿体并非由与其内共生的蓝细菌直接进化得到,而是由含简单叶绿体的生物被海藻细胞吞噬而形成的。在这种情况下,被吞噬细胞的细胞质和细胞核被大大削减,只留下叶绿体,而导致叶绿体的多层膜结构。后来,人们在隐滴虫中发现了内共生体核的微量残留,从而证实了间接起源的过程。海藻—细菌内共生体系建立的进化结果造就了高等生物的出现。

5.3.2 微生物与红树的共附生

红树林是生长在热带、亚热带海岸潮间带的一种海陆两栖的特殊植物群落,不仅是鸟类、鱼虾蟹贝类等生物的理想栖息地,同时也是海洋微生物生长繁衍的温床。在红树共附生微生物中,固氮微生物、溶磷细菌、内生真菌研究较多,并从这些微生物中分离到大量的具有抗菌、抗肿瘤等活性物质。

(1)固氮微生物

红树体内生活着一群高效固氮微生物。所谓固氮微生物是指体内含有固氮酶(主要组分为钼铁氧还蛋白),并能通过固氮酶的作用将分子氮催化形成氨的微生物。Holguin等(1999)从墨西哥的大红树(*Rhizophora mangle*)、亮叶白骨壤(*Avicennia germinans*)和假红树(*Laguncularia racemosa*)中分离出 *Vibrio campbelli*、*Listonella anguillarum*、*Vibrio aestuarianus*、*Phyllobacterium* sp. 等固氮菌。同位素示踪显示,这些固氮菌能在红树体内定居并向植物根部提供无机氮,促进红树的生长发育。

Toledo 等(1995)为了估测固氮微生物在红树体内封闭系统中的固氮和定殖(colonization)能力,从黑红树(black mangrove)气生根中分离出一种具有固氮能力的丝状蓝细菌——微鞘蓝细菌(*Microboleus* sp.),将其接入黑红树幼苗的气生根中,发现其固氮作用随时间推移逐渐加强,在接种 5 d 时达到最高峰,随后下降。这些细菌在植物体内的固氮水平比在无氮培养基中显著提高,可见植物体内封闭系统促进了蓝细菌固氮酶的活性。

而且,接种蓝细菌的黑红树叶中的氮含量比未接种红树提高了 5%～114%,这很可能是由于蓝细菌的固氮作用。由此可见,一些固氮微生物与红树存在互惠共生关系,它们共同生活在一起,相互从对方获得生长所需的营养物。

(2)溶磷细菌

溶磷细菌(phosphate-solubilizing bacteria)与红树也存在密切的共附生关系。溶磷细菌为红树提供了可溶性磷,在红树的生长发育中起着不可忽视的作用。与固氮微生物相比,有关红树林微生物溶磷作用的研究相对较少。在对墨西哥红树林的研究中,先后从假红树中分离出 *Bacillus licheniformis*、*Chryseomonas luteola* 和 *Pseudomonas stutzeri* 3 种溶磷细菌,从黑红树根部分离出 *Bacillus amyloliquefaciens*、*Bacillus atrophaeus*、*Paenibacillus macerans*、*Xanthobacter agilis*、*Vibrio proteolyticus*、*Enterobacter aerogenes*、*E. taylorae*、*E. asburiae* 和 *Kluyvera cryocrescens* 9 种溶磷细菌,其中 *X. agilis*、*K. cryocrescens* 和 *C. luteola* 是首次在红树中发现。Vazquez 等(2000)在添加了磷酸钙的培养基上对这些分离出来的共生细菌进行培养,在生长的菌落周围出现了透明圈,从而证明了这些细菌的溶磷能力。

(3)内生真菌

1)丛枝菌根

菌根是真菌与植物根系互利共生的共生体。丛枝菌根(arbuscular mycorrhizae,简称 AM)是自然界中分布最广泛的一类内生菌根,在增加植物对磷和其他微量元素的吸收,增强植物的抗旱、抗病、抗盐碱及促进土壤团粒结构形成中起着重要作用。原来一直认为水生植物没有菌根形成,近年来的研究表明,AM 在湿地植物中亦广泛存在。研究发现,丛枝菌根真菌(arbuscular mycorrhizal fungi,简称 AMF)也是红树林生态群落中的一员,研究红树菌根真菌的定居情况可以揭示红树林生长与菌根真菌之间的相关性及菌根真菌在红树林生态系统中的地位,促进了红树林生态学的研究。

红树根系及土壤营养的特点为 AM 的形成提供了有利条件。红树的根系通常具有发达的输氧系统,为 AMF 的生长提供了可能。红树的营养根大多分布在土壤表面,无根毛或者有根毛但发育不完全,这也决定了红树为了在胁迫环境中获取养分而有可能成为菌根营养植物。土壤有效磷和有效氮含量较低也是促进 AM 形成的有利因素。

菌根的形成对红树有着重要作用。在盐胁迫条件下,菌根能加强对矿物质的吸收,改善植物体内元素平衡。因此,AMF 作为宿主植物根系的延伸,具有吸收利用非有效磷的能力,可以扩大对矿质元素的吸收,既对宿主植物的生长有利,也在红树林生态系统的物质循环和维持该系统的多样性和稳定性方面发挥重要的作用。

2)非菌根内生真菌

从红树的根系中还常常观察到一类非菌根内生真菌——暗色有隔内生真菌(dark septate fungal endophytes,DSE),DSE 与宿主植物互惠共生,能加强对植物不能利用的非有效磷的吸收。目前研究的红树样品中,DSE 普遍存在,其分布不受海水的影响,而且在观察不到 AM 的低潮带植物样品中,通常也能观察到 DSE,且侵染率高,这预示着 DSE 分布的广泛性和对胁迫环境的适应性。因此,DSE 有可能不但促进红树植物吸收利用磷等营养元素,对红树植物的生存与稳定也起着很重要的作用,有待深入研究。

这类真菌在红树根系中的特征很明显:菌丝有隔,一般为暗色,而 AMF 为无隔菌丝;在红树中的侵染结构主要是以泡囊、胞内菌丝膨大绕曲或根内菌丝的形式出现,很少观察到丛枝结构。DSE 在样品中表现为两种情况:①深棕色,厚壁有隔分支菌丝,主干菌丝较宽为 2.5~3.5 μm,通常不易染色,主要分布在根表层,也深入根内,大量感染的根段可在根表形成菌丝层,经碱解离和染色程序后整个根段通常仍表现为深棕色至黑色。②颜色稍浅的有隔分支菌丝,菌丝稍小,用乳酸酚棉兰染色显浅蓝或蓝色,菌丝量少。二者是不同的种类,还是同一种的不同形态,尚不清楚。

5.3.3 微生物与海草的共附生

海草(seagrass)是生长于热带和温带海域浅水中的单子叶植物,由其构成的海草场在海洋生态系统中的地位十分重要。海草生物群落通常看上去结构相当简单且类同,但实际上在这类海草场上却生长着一些复杂的生物群落,海草共附生微生物就是其中不可缺少的一类。虽然海草普遍分布于全世界,但对其共附生微生物的研究并不多。

(1)海草共附生细菌

海草的根部(包括根表面、根皮层细胞、根内皮部等)、根状茎等部位存在着不同种类和数量的共附生细菌,其中多数为厌养细菌。Küsel 等(1999)通过对海草根部共附生厌氧微生物进行定位和定量研究后发现,产乙酸菌和脱硫弧菌位于海草 *Halodule wrightii* 和 *Thalassia testudinum* 的根细胞间,产乙酸菌主要存在于根表面和皮层细胞,而硫酸盐还原菌则主要定居于表皮、内皮层细胞及 60% 的深皮层细胞。2006 年 Küsel 等又对海草 *Halodule wrightii*、半咸水植物 *Vallisneria americana* 的根部以及它们周围的沉积物进行了厌氧细菌的分离和记数,发现海草 *H. wrightii* 的根部与其周围沉积物中生活着大量的硫酸盐还原菌,而 *V. americana* 的根部及其沉积物中可以利用葡萄糖的铁还原菌似乎扮演了更重要的角色。这表明不同的水生植物分布着不同的厌氧微生物群落。

(2)海草共附生真菌

与细菌相比,海草共附生真菌数量较少。这是由于海草根中含有丹宁类物质可抑制真核微生物生长,只有那些能抵抗这类物质的真菌才能在海草根上生长,因而栖居叶部的真菌比栖居根部的多。肖义平等(2004)在上海市崇明岛海滩高潮位采集海草互花米草(*Spartina alterniflora*),从其茎中分离到真菌 *Fusarium* sp.,并从其培养物中分离到 5 种化合物。由于对海草共附生微生物的研究还只是初步的,因此相关报道甚少。

5.4 海洋微生物之间的共附生

海洋微生物不仅与动物和植物之间存在着广泛的共附生关系,微生物与微生物之间也普遍存在共附生。细菌与古菌、细菌与微藻、细菌与原生动物、真菌与微藻、微藻与原生动物等之间的共附生关系都有所报道。Huber 等(2002)在分离于冰岛深海热泉样品的超高温自养古菌——燃球菌(*Ignicoccus*)表面发现了一种纳米古菌,它们之间存在着奇特的共生关系。研究发现,纳米古菌细胞在火球菌细胞匀浆中不能生长,而必须与火球菌活细胞接触才能生长。

纤毛虫共生体和海洋地衣是海洋微生物与微生物之间共附生的典型代表。

　　目前,已经对数百种纤毛虫进行了超微结构观察,并在 100 多种纤毛虫中观察到细菌、藻类及其他微生物等共生体。这些共生体存在于纤毛虫细胞质(如游离在细胞质或者胞质共生泡中,或在内质网包围着的胞质分隔中)及细胞核(大核和小核)中。双小核草履虫的细胞内含有多种"细胞质颗粒",Soldo 等(1974)对这些颗粒的感染特性、化学成分和 DNA 等进行了深入研究。由于这些颗粒形态与细菌相似,且某些颗粒(如卡巴粒、λ-颗粒)能够在细菌培养基及复合培养基中进行细胞外培养,因此 Soldo 等很早就认为这些颗粒是起源于细胞外寄生细菌。

　　海洋地衣是某些海洋真菌与特定藻类结合形成的互惠共生体,依据海洋真菌与藻类共生的特点可归纳为 3 种类型:①原始海洋地衣,指子囊菌与海洋微藻形成松散的、不稳定的、无新的形态学和生理学特征的共生体。②菌藻生物(mycophycobioses),指真菌与大型海藻形成的专性共生体,其形态以大型海藻为主。③地衣型真菌,指真菌与微藻或蓝细菌形成的以真菌形态学和生理学特征为主的共生体(其中真菌部分称为地衣型真菌,子囊菌是其中最普遍的一种)。在长期复杂的共生联合中,以蓝细菌为主的共生体,形态特征与一般的蓝细菌基本相同,真菌的菌丝只位于蓝细菌组织内部细胞之间,并不形成独特的构造;而以真菌为主的共生体,由于其子实体实际上为真菌的子实体,因此其形态特征几乎完全由参与共生的真菌所决定,蓝细菌位于真菌组织内部细胞之间。与一般真菌不同的是,它们共同形成了具有独特结构的原植体或地衣体(thallus),并具有独特的生物学特征。

参考文献

尼贝肯 J W. 1991. 海洋生物学生态学探讨. 林光恒,李和平,译. 北京:海洋出版社

沈国英,施并章. 2002. 海洋生态学. 北京:科学出版社

相建海. 2003. 海洋生物学. 北京:科学出版社

方再光,黄惠琴,蔡海宝,等. 2004. 海绵 *Pachychalina* sp. 体内细菌多样性的研究. 微生物学报. 44(4):427～430

方再光,黄惠琴,张开山,等. 2005. 海绵 *Pachychalina* sp. 体内古菌多样性非培养技术分析. 微生物学报. 45(1):121～124

李志勇,何丽明,蒋群. 2006. 海绵共附生细菌种群组成的 PCR-DGGE 基因指纹分析. 生物技术通报. 1:61～64

王彩华,雷启义,胡勇,等. 2004. 衣藻叶绿体分裂基因 CrFtsZ1 在 *E. coli* 中的表达. 西北植物学报. 24(5):803～807

肖义平,陈晶晶,张云海,等. 2004. 海草内生真菌 *Fusarium* sp. F-1 化学成分研究. 中国海洋药物杂志. 23(5):11～13

庄铁诚,张瑜斌,林鹏. 2000. 红树林区红藻体上微生物初探. 厦门大学学报(自然科学版). 39(2):225～234

Aronson R B, Precht W F, Macintyre I G, et al. 2006. Coral bleach-out in Belize. Nature. 405: 36-42

Bellwood D R, Hughes T P, Folke C, et al. 2004. Confronting the coral reef crisis. Nature. 429(24):827-833

Brown B E. 1997. Coral bleaching: causes and consequences. Coral reefs. 16: 129-138

Burgess J G, Boyd K G, Mearns-Spragg A. 1999. Microbial antagonism: a neglected avenue of natural products research. J Biotech. 70:27-32

Cheshire A C, Wilkinson C R, Seddon S, et al. 1997. Bathymetric and seasonal changes in photosynthesis and respiration of the phototrophic sponge *Phyllospongia lamellosa* in comparison with respiration by the heterotrophic sponge *Ianthella basta* on Davies Reef-Great Barrier Reef. Mar Fresh Res. 48(7):589-599

David G Bourne, Colin B Munn. 2005. Diversity of bacteria associated with the coral *Pocillopora damicornis* from the Great Barrier Reef. Environ Microbiol. 7(8): 1162-1174

Egan S, James S, Holmstrom C, et al. 2001. Inhibition of algal spore germination by the marine bacterium *Pseudoalteromonas tunicate*. FEMS Microbiol Ecol. 35: 67-73

Fidopiastis P M, Miyamoto C M, Jobling M G, et al. 2002. LitR, a new transcriptional activator in *Vibrio fischeri*, regulates luminescence and symbiotic light organ colonization. Mol Microbiol. 45(1): 131-143

Friedrich A B, Merkert H, Fendert T, et al. 1999. Microbial diversity in the marine sponge *Aplysina cavernicola* (formerly *Verongia cavernicola*) analyzed by fluorescence in situ hybridisation (FISH). Mar Biol. 134: 461-470

Friedrich A B, Fischer I, Proksch P, et al. 2001. Temporal variations of the microbial community associated with the Mediterranean sponge *Aplysina aerophoba*. FEMS Microbiol Ecol. 38: 105-113

Gortz H D, Lellig S, Miosga O. 1990. Changes in fine structure and polypeptide pattern during the development of *Holospora obtusa*, a bacterium infecting the macronucleus of *Paramecium caudatum*. J Bacteriol. 172: 5664-5669

Hentschel U, Fieseler L, Wehrl M, et al. 2003. Microbial diversity of marine sponges. In: Molecular marine biology of sponges (Müller WEG, ed). Springer Verlag Heidelberg: 60-88

Hentschel U, Hopke J, Horn M, et al. 2002. Molecular evidence for a uniform microbial community in sponges from different oceans. Appl Environ Microbiol. 68: 4431-4440

Hentschel1 U, Usher K M, Taylor M W. 2006. Marine sponges as microbial fermenters. FEMS Microbiol Ecol. 55(2): 167-177

Holmstrom C, Rittschof D, Kjelleberg S. 1992. Inhibition of settlement by larvae of *Balanus amphitrite* and *Ciona intestinalis* by a surface-colonizing marine bacterium. Appl Environ Microbiol. 58: 2111-2115

Huber H, Hohn M J, Rachel R, et al. 2002. A new phylum of Archaea represented by a nanosized hyperthermophilic symbiont. Nature. 417: 63-67

Imamura N, Nishijima M, Takadera T, et al. 1997. New anticancer antibiotics pelagiomicins, produced by a new marine bacterium *Pelagiobacter variabilis*. J Antibiot (Tokyo). 50(1): 8-12

Johnson C R, Sutton D C. 1994. Bacteria on the surface of crustose coralline algae induce metamorphosis of the crown-of-thorns starfish *Acanthaster planci*. Mar Ecol Prog Ser. 129: 305-310

Kjelleberg S and Steinberg D P. 2002. Defences against bacterial colonization of marine plants. In: Lindow S E, Hecht-Poinar E I and Elliott V J, Editors, Phyllosphere Microbiology, APS Press, St. Paul, Minnesota. 157-172

Koig G M, Kehraus S, Seibert S F, et al. 2006. Natural products from marine organisms and their associated microbes. Chem Bio Chem. 7(2): 229-238

Küsel K, Trinkwalter T, Drake H L, et al. 2006. Comparative evaluation of anaerobic bacterial communities associated with roots of submerged macrophytes growing in marine or brackish water sediments. J Exp Mar Biol Ecol. 1-10

Küsel K, Pinkart H C, Drake H L, et al. 1999. Acetogenic and sulfate-reducing bacteria inhabiting the rhizoplane and deep cortex cells of the sea grass Halodule wrightii. Appl Environ Microbiol. 65 (11): 5117-5123

Lars F, Matthias H, Michael W, et al. 2004. Discovery of the novel candidate phylum "Poribacteria" in marine Sponges. Appl Environ Microbiol. 70(6): 3724-3732

Lee Y K, Lee J H, Lee H K. 2001. Microbial symbiosis in marine sponges. J Microbiol. 39(4): 254-263

Lindquist1 N, Barber P H, Weisz1 J B. 2005. Episymbiotic microbes as food and defence for marine isopods: unique symbioses in a hostile environment. Proc R Soc B. 272: 1209-1216

Matsuo Y, Suzuki M, Kasai H, et al. 2003. Isolation and phylogenetic characterization of bacteria capable of inducing differentiation in the green alga *Monostroma oxyspermum*. Environ Microbiol. 5(1): 25-35.

McFadden G I. 2001. Chloroplast origin and integretion . Plant Physiol. 125: 50-53

Michael W. Taylor, Regina Radax, Doris Steger et al. 2007. Sponge-Associated Microorganisms: Evolution, Ecology, and Biotechnological Potential. Microbiology and Molecular Biology Reviews. 71: 295-347

Montalvo N F, Mohamed N M, Enticknap J J, et al. 2005. Novel actinobacteria from marine sponges. Antonie Van Leeuwenhoek. 87(1): 29-36

Muller-Parker G and Christopher F D. 1997. Interactions between corals and their symbiotic algae. Life and death of coral reefs. Chapman & Hall, New York.

Nagai K, Kamigiri K, Arao N, et al. 2003. YM-266183 and YM-266184, novel thiopeptide antibiotics produced by *Bacillus cereus* isolated from a marine sponge. I. Taxonomy, fermentation, isolation, physico-chemical properties and biological properties. J Antibio(Tokyo). 56: 123-128

Nakanishi K, Nishijima M, Nishimura M, et al. 1996. Bacteria that induce morphogenesis in *Ulva pertusa* (Chlorophyceae) grown under axenic conditions. J Phycol. 32: 479-482

Nielsen L B, Finster K, Welsh D T, et al. 2001. Sulphate reduction and nitrogen fixation rates associated with roots, rhizomes and sediments from *Zostera noltii* and *Spartina maritima* meadows. Environ Microbiol. 3(1): 63-71

Nussbaumer A D, Fisher C R, Bright M. 2006. Horizontal endosymbiont transmission in hydrothermal vent tubeworms. Nature. 441(7091): 345-348

Oclarit J M, Tamaoka Y K, Ohtan S, et al. 1998. Andrimid, an antimicrobial substance in the marine sponge Hyatella produced by an associated *Vibrio bacterium*. Sponge Sciences: Multidisciplinary Perspectives. (Watanate Y, Fusetani N, eds). 391-398

Ossipov D P, Karpov S A, Smirnov A V, et al. 1997. Peculiarities of the symbiotic systems of protists with diverse patterns of cellular organization. Acta Protozoologca. 36: 3-21

Rinke C, Schmitz-Esser S, Stoecker K, et al. 2006. "*Candidatus thiobios zoothamnicoli*," an ectosymbiotic bacterium covering the giant marine ciliate *Zoothamnium niveum*. Appl Environ Microbiol. 72 (3): 2014-2021

Romanenko L A, Uchino M, Falsen E, et al. 2005. *Pseudomonas pachastrellae* sp. nov., isolated from a marine sponge. Int J Syst Evol Microbiol. 55(2): 919-924

Stierle A C, Cardellina J H, Singleton F L. 1988. A marine micrococcus produces metabolites ascribed to the sponge *Tedania ignis*. Experientia. 44: 1021

Suzuki Y, Kojima S, Sasaki T. 2006. Host-symbiont relationships in hydrothermal vent gastropods of the genus *Alviniconcha* from the Southwest Pacific. Appl Environ Microbiol. 72(2): 1388-1393

Suzumura K, Yokoi T, Funatsu M, et al. 2003. YM-266183 and YM-266184, novel thiopeptide antibiotics produced by *Bacillus cereus* isolated from a marine sponge Ⅱ. Structure elucidation. J Antibiot (Tokyo). 56: 129-134

Taylor M W, Schupp P J, de Nys R, et al. 2005. Biogeography of bacteria associated with the marine sponge *Cymbastela concentrica*. Environ Microbiol. 7: 419-433

Taylor M W, Radax R, Steger D, et al. 2007. Sponge-associated microorganisms: evolution, ecology, and biotechnological potential. Microbiol Mol Bio Rev. 71(2):295-347

Toledo G, Bashan Y, Soeldner A. 1995. Cyanobactria and black mangrove in northwestern Mexico colonization, and diurnal and seasonal nitrogen-fixation on aerial roots. Can J Microbiol. 41(11): 999-1011

Usher K M, Fromont J, Sutton D C, et al. 2004. The biogeography and phylogeny of unicellular cyanobacterial symbionts in sponges from Australia and the Mediterranean. Microb Ecol. 48(2): 167-177

Vazquez P, Holguin G, Puente M E, et al. 2000. Phosphate-solubilizing microorganisms associated with the rhizosphere of mangroves in a semiarid coastal lagoon. Biol Fertil Soils. 30: 460-468

Visick K L, Foster J, Doino J, et al. 2000. *Vibrio fischeri lux* genes play an important role in colonization and development of the host light organ. J Bacteriol. 82(16): 4578-4586

Webster N S, Wilson K J, Blackall L L, et al. 2001a. Phylogenetic diversity of bacteria associated with the marine sponge *Rhopaloeides odorabile*. Appl Environ Microbiol. 67(1): 434-444

Webster N S, Hill R T. 2001b. The culturable microbial community of the great barrier reef sponge *Rhopaloeides odorabile* is dominated by an α-proteobacterium. Mar Biol. 138: 843-851

Werner E G Müller. 2004. Oxygen-controlled bacterial growth in the sponge suberites domuncula: toward a molecular understanding of the symbiotic relationships between sponge and bacteria. Appl Environ Microbiol. 70(4): 2332-2341

Wilkinson C R. 1983. Net primary productivity in coral reef sponges. Science. 219: 410-412

William L, Deirdre C, Ove H G. 1997. Diversity of zooxanthellae from scleractinian corals of one tree island (The Great Barrier Reef). Proceedings of the Australian coral reef society 75th anniversary conference. 87-96

6. 海洋嗜极微生物

6.1 什么是嗜极微生物

海洋环境独特,具有局部高压、高盐、低温、无光照等独特的海洋生态环境,其中生存着大量的嗜极微生物。嗜极微生物(extremophiles)一词由 MacElroy 于 1974 年首先提出,它是指栖息在极端环境中的微生物,包括嗜热微生物、嗜冷微生物、嗜盐微生物、嗜碱微生物、嗜酸微生物和嗜压微生物等。

6.2 嗜热微生物

温度是影响微生物生长繁殖最重要的因素之一。一定温度范围内,机体的代谢活动与生长繁殖随温度的上升而增加,当温度上升到一定程度,开始对机体产生不利的影响,继续升高则会导致蛋白质变性、细胞膜熔化、DNA 变性等,进而导致细胞功能急剧下降甚至死亡。根据微生物对温度适应程度的不同,确定了三个重要的温度指标,即最低生长温度、最适生长温度和最高生长温度。如果将微生物作为一个整体来看,它的温度三基点是极其宽的,最低生长温度一般为 $-5℃\sim10℃$,极端生长温度为 $-30℃$;最高生长温度一般为 $80℃\sim95℃$,极端为 $105℃\sim300℃$。

6.2.1 嗜热微生物的特点

嗜热微生物(thermophiles)是一类生活在高温环境中的微生物。嗜热菌代谢快,酶促反应温度高,具有良好的热稳定性。根据对温度的要求不同,把嗜热菌分为 5 类(图 6-1)。

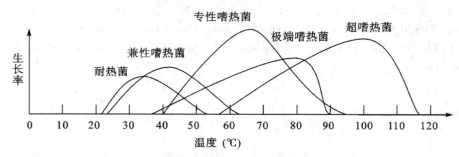

图 6-1　几种海洋嗜热菌生长率随温度改变的示意图

①耐热菌:最高生长温度 $45℃\sim55℃$,低于 $30℃$ 也能生长的微生物。

②兼性嗜热菌:最高生长温度 $50℃\sim65℃$,也能在低于 $30℃$ 条件下生长的微生物。

③专性嗜热菌:最适生长温度 $65℃\sim70℃$,在 $40℃$ 以下则生长很差,甚至不能生长的微生物。

④极端嗜热菌：最适生长温度在 65℃以上，最低生长温度在 40℃以上的微生物。

⑤超嗜热菌：最适生长温度在 80℃～115℃，最低生长温度在 55℃左右的微生物。

一般而言，前四类微生物主要是真细菌，超嗜热菌大部分是古生菌，但也有真细菌，如海栖热袍菌（*Thermotoga maritima*）。

6.2.2 嗜热微生物在海洋中的分布及研究概况

海洋中很多地理活跃地带分布着热泉口，这些热泉口的温度可高达 350℃，许多嗜热和超嗜热微生物就生存在热泉口附近含有丰富矿物质的水底沉积物中。从深海中已分离的原核嗜热菌有十几个属，包括嗜火产液菌（*Aquifex pyrophilus*）、海栖热袍菌（*Thermotoga maritima*）等，它们通过化能自养从无机化合物中获取能量，并支撑深海热泉口生命系统。

自第一株嗜热微生物——水生栖热菌（*Thermus aquaticus*）分离以来，嗜热菌的研究取得了重要进展。1980 年日本科学家在太平洋加拉帕戈斯群岛附近考察发现，在一处水温达 90℃的海洋深渊中存活着大量的微生物。1986 年 Robert Huber 等从意大利海底火山附近分离并鉴定出一种极端嗜热菌——海栖热袍菌（*Thermotoga maritima*），其最适生长温度 80℃左右，是一种严格厌氧、发酵型真细菌，产生的酶具有耐高温特性，是一种理想的耐高温酶的酶源。1993 年日本科学家在 Kodakarajima 岛附近海域发现一株嗜热古细菌——敏捷气热菌（*Aeropyrum pernix*）K$_1$，其最适生长温度达到 95℃。Leveque E 等克隆了分离于深海热泉口的超嗜热古菌 *Thermococcus hydrothermalis* 的 α-淀粉酶基因，该基因决定着菌株的热活性和热稳定特性，1999 年 Jeanthon C S 等在大西洋中部山脊也发现此菌。Jannasch H W 等在北斐济海底盆地分离到嗜热菌 *Thermococcus fumicolans*，最适生长温度为 95℃，在 103℃时死亡。德国的 Stetter K 在意大利海底发现一族嗜热古细菌，能生活在 110℃以上的高温，最适生长温度 98℃，降至 84℃即停止生长。Barros J A 等在太平洋底部发现了可在 250℃～300℃下生长的嗜热菌。此外，美国华盛顿大学的海洋学家在太平洋海面以下 2 400 m 的深海热泉口附近发现一株嗜热菌，实验显示，此株菌加热到 121℃时仍具有繁殖能力，倍增时间为 24 h。

嗜热菌具有潜在的生物应用价值，有许多研究机构已经从这些嗜热菌中筛选出热稳定的酶，包括淀粉酶、蛋白酶、葡萄糖苷酶、木聚糖酶及 DNA 聚合酶等，这些酶在 75℃～100℃之间具有良好的热稳定性，为现代酶工程技术提供了新的材料来源。随着科学技术的进步，海洋中嗜热微生物将会得到进一步的开发和利用。表 6-1 列出了目前已分离培养的一些海洋嗜热微生物。

表 6-1 一些海洋嗜热微生物的特性

海洋嗜热菌	生长条件	栖息地	代谢特点
Aquifex pyrophilus	85℃，pH6.8，3% NaCl	冰岛北部的 Kolbeinsey 海底山脊	好氧，严格矿质化学营养。H_2、S 和 $S_2O_3^{2-}$ 为电子供体，O_2 和 NO_3^- 为电子受体

（续表）

海洋嗜热菌	生长条件	栖息地	代谢特点
Thermotoga maritima	80℃,pH6.5,2.7% NaCl	意大利亚述尔群岛的海底火山	异养型厌氧微生物,生长受 H_2 抑制
T. neapolitana	77℃,pH7.5	意大利那不勒斯浅海热泉口	异养型厌氧微生物,依靠葡萄糖、蔗糖、乳糖生存
A. camini strain SY1[T]	85℃,pH8.0,3%～5% NaCl	日本小笠原群岛 Suiyo 火山的深海热泉口	严格好氧型微生物
P. aerophilum	100℃,pH7.0,1.5% NaCl	意大利 Iischia 浅海海域	好氧菌,S 抑制其生长
Staphylothermus marinus	92℃,pH4.5～8.5,1%～3.5% NaCl	意大利武尔卡诺火山岛(Vulcano)海洋温泉	严格厌氧微生物,非自养菌,能产生 CO_2、醋酸盐、异戊酸和 H_2S
Pyrodictium occultum	105℃,pH5.5,1.5% NaCl	意大利武尔卡诺火山岛(Vulcano)海洋温泉	严格厌氧微生物能自给营养,依靠 H_2+CO_2+S 而生长
P. brockii	105℃,pH5.5,1.5% NaCl	意大利武尔卡诺火山岛(Vulcano)海洋温泉	严格厌氧微生物能自给营养,依靠 H_2+CO_2+S 而生长
Hyperthermus butylicus	95℃～106℃,pH7.0,1.7% NaCl	北大西洋亚述尔群岛海洋温泉	非自养微生物,厌氧型
T. chitonophagus	85℃,pH6.7,2% NaCl	墨西哥 Guaymas 深海温泉	非自养厌氧微生物,能产生 H_2、CO_2 和 NH_3 等
T. stetteri	75℃,pH6.5,2.5% NaCl	千岛群岛的海洋温泉	严格厌氧微生物,能产生醋酸盐、异丁酸盐 CO_2 和 H_2S
M. vulcanius	80℃,pH6.5,2.5% NaCl	东太平洋海底山脉海洋温泉	厌氧微生物
Methanococcus jannaschii	85℃,pH6.0,2%～3% NaCl	东太平洋深海温泉(2 600 m)	自养型,厌氧微生物,产烷生物
Archaeoglobus fulgidus	83℃,pH5.5～7.5	意大利武尔卡诺火山岛海洋温泉热泉	严格厌氧微生物,能产生 H_2、CO_2 和 $S_2O_3^-$
P. horikoshii	98℃,pH7.0,2.4% NaCl	西太平洋冲绳海沟	非自养微生物,厌氧微生物
P. abyssi	96℃,pH6.8,3% NaCl	北斐济盆地的深海	能产生醋酸盐、丙酸盐、异戊酸、异丁酸盐和 CO_2、H_2
P. woesei	100℃～103℃,pH6.0～6.5,3% NaCl	意大利武尔卡诺火山岛海洋温泉	非自养,厌氧微生物

6.2.3 嗜热微生物的耐热机制

（1）细胞膜

嗜热菌细胞膜的结构和组成为机体提供了抗热能力。微生物的细胞膜由双层磷脂构成，而在嗜热菌细胞膜的磷脂双分子层中有很多结构特殊的复合类脂，主要是甘油脂肪酰二脂。随着温度的升高，复合类脂中烷基链的间隔扩大，而极性部分作为膜的双层结构则保持整齐状态——液晶态，嗜热菌的细胞膜通过调节磷脂组分而维持膜的液晶态，增加磷脂酰烷基链的长度、异构化支链的比率或增加脂肪酸饱和度也可维持膜的液晶态，从而获得更高的熔点，使嗜热菌的细胞膜耐受高温。

细菌细胞膜脂肪酸组成分析表明：低温时，膜中不饱和脂肪酸含量增加，饱和脂肪酸含量降低；高温下生长时，膜中不饱和脂肪酸含量降低，饱和脂肪酸含量增加。而在嗜热菌细胞膜中，长链饱和脂肪酸（主要是异型脂肪酸、稳定型脂肪酸和环型脂肪酸等）含量高，而无不稳定的不饱和型脂肪酸，因而嗜热菌能通过细胞膜中长链分支饱和脂肪酸含量的增加来提高机体抗热能力。

嗜热菌的细胞膜中还含有大量的类异戊烯二脂。其细胞膜磷脂中的甘油分子为 D型，C_2 和 C_3 上各以醚键连一多支链的 C_{20} 植烷，C_1 上连极性基团。此 C_{20} 植烷基与甘油二醚再尾对尾碳碳相连成为双二植烷基（C_{40}）甘油四醚，形成两面都是亲水基团的单层脂，保持了完整的疏水内层，从而极大程度地增强了其耐热性。此外，细胞膜中的糖脂含量增加也有利于提高细菌的抗热能力。75℃下生长的细菌，细胞膜中总脂含量比 50℃下高70％以上，其中糖脂增加了 4 倍。

（2）DNA 螺旋及 RNA 稳定性

DNA 双螺旋结构的稳定性是由配对碱基间的氢键以及同一单链中相邻碱基的堆积力来维持的。A-T 间有两个氢键，而 G-C 间有三个氢键，因而，若 DNA 分子中 G-C 越多，解链所需的温度就越高，越有利于高温下保持 DNA 分子的稳定性。研究发现，嗜热菌的 DNA 双螺旋结构中氢键数量大于嗜温菌（最适生长温度 20℃～40℃），同时嗜热菌的 DNA 双螺旋结构中核苷酸排列也非常有序，很少有突出的核苷酸或其他不规则因素存在。而且，碱基堆积力使得 DNA 链更刚强，更有序卷曲。特殊的螺旋结构使得碱基很难从螺旋方阵结构中滑出，保证了碱基堆积力的增加，DNA 双螺旋也更加稳定。

研究还发现，细菌的生长上限温度和（G＋C）mol％之间存在正相关。一般来说，嗜热菌 DNA 的（G＋C）mol％通常为 53.2％，而嗜温菌 DNA 的（G＋C）mol％仅为 44.9％。

tRNA 是蛋白质生物合成中的运载工具，它的耐热性及高周转率有助于相关酶类的迅速合成。嗜热菌的 tRNA 不仅有很好的热稳定性，而且周转率大于嗜温菌 tRNA。研究发现，嗜热菌 tRNA 的热稳定性还与其转录后的修饰有关，并且茎环上碱基之间的相互作用、D-环的堆积、新的氢键及离子对的产生都与修饰后的核苷酸有关。

rRNA 的热稳定性依赖于 rRNA 与核糖体之间的相互作用，而嗜热菌核糖体的热稳定性又是嗜热菌生长上限温度的决定性因子之一。此外，组蛋白和核小体在高温下能聚合成四聚体甚至八聚体，这样结构就更为稳定，能保护裸露的 DNA 免受高温的降解。有资料表明嗜热菌中存在一种特殊的机制对抗热变性，例如，反解旋酶结合在 DNA 双螺旋上，使 DNA 产生更能耐受高温的正超螺旋结构。

（3）嗜热酶

嗜热菌耐热性主要取决于蛋白质的热稳定性，嗜热酶对不可逆的变性有抗性，并且在高温（60℃～120℃）下具有最佳活性，有的酶甚至在 140℃ 以上仍能稳定 1 h 以上。随着愈来愈多嗜热酶被结晶出来，人们对嗜热酶的耐热机制有了更深的了解。

1）嗜热酶的一级结构

酶本身的一级结构对耐热性具有重要作用。酶的一级结构中，某些关键区域的个别氨基酸改变就会引起高级结构的变化。与常温酶相同，嗜热酶也是由 20 种氨基酸组成，但嗜热菌蛋白质中热稳定性高的氨基酸（如 Ile、Pro、Glu）含量均高于常温菌，而在高温下不稳定的氨基酸（如 Cys、Ser、Asn 和 Asp）含量显著降低。这是因为高温下 Cys、Ser、Asn 等氨基酸不稳定，会出现共价修饰作用，如脱氨、β-氧化、水解、二硫键相互转化等。而 Pro 结构熵比其他氨基酸小且更易折叠，一旦折叠则需要更多的能量才能解开，嗜热酶中 Pro 含量高使得酶结构更牢固。

2）天然构象的热稳定性

天然结构的刚性和柔性也是影响蛋白质稳定性的参数。过去认为，多数决定耐热的因素与酶结构的刚性有关，刚性对保持酶的催化活性，防止解折叠非常重要。但研究发现，柔性在酶的催化活性中起重要作用，嗜热菌蛋白比同源常温菌蛋白有更高的结构柔性。当温度升高时，蛋白质结构将会在刚性和柔性间寻求平衡。

通过对嗜热菌蛋白和常温菌蛋白的对比分析，发现嗜热菌蛋白的空间结构对温度敏感突变体的选择、结构域之间连接多肽的修饰、对酶蛋白核心及外周氨基酸残基的定点突变等方面也不尽相同。单从空间结构来看，嗜热菌蛋白与常温菌蛋白的大小、亚基结构、螺旋程度、极性大小和活性中心都极为相似，但构成蛋白质高级结构的非共价力、结构域的包装、亚基与辅基的聚集以及糖基化、磷酸化作用都存在差异。如嗜热酶是通过共价修饰而非解折叠失活的，共价键抗性越强，酶就越稳定；亚基间的氢键（带电基团—中性基团）数目与嗜热酶的耐热性呈正相关。此外，被视为在蛋白质稳定中"弱连接"的表面环和转角，在蛋白质的热稳定性上也起着重要的作用。

3）离子

离子对超嗜热菌蛋白的稳定起着重要作用。Ca^{2+} 能提高许多酶的耐热性，尤其是耐热中性蛋白酶，多数耐热的淀粉水解酶活性也依赖于不同浓度 Ca^{2+} 的存在。研究表明，Ca^{2+} 与 Asn、Gln 的羧基形成配位键，对稳定酶分子的三维结构有重要作用，而且 Ca^{2+} 还可以抵消酶分子表面负电荷带来的不稳定性影响。此外，Zn^{2+}、K^+、Mg^{2+} 在某些耐热酶中也具有热稳定作用。

4）保护剂

嗜热菌和超嗜热菌体内能产生阻止变性的热保护剂。当环境温度达到最高生长温度并接近胞内蛋白质与酶的变性温度时，嗜热菌会产生一种物质通过重新折叠来保护其蛋白质及酶的活性，以适应高温环境。此外，寡糖的存在也可以增加糖蛋白的溶解性，阻止其聚合，从而提高天然蛋白质的稳定性。

6.2.4 嗜热微生物的应用前景

广泛应用于基因研究与遗传工程的 Taq DNA 聚合酶是嗜热菌研究中最引人注目的

成果之一,它来源于 1969 年从美国黄石国家森林公园火山温泉中分离的一株嗜热细菌——水生栖热菌(*Thermus aquaticus*)yT1 菌株。此外,嗜热菌的应用前景还表现在其他众多方面。

(1)食品工业

食品加工过程中,通常要经过脂肪水解、蛋白质消化、纤维素水解等过程。嗜热性脂肪酶、淀粉酶、蛋白酶、纤维素酶及糖化酶已经在食品加工过程中发挥了重要作用。例如,嗜热脂肪酶用于乳品工业可增加和改进干酪及其他乳制品的风味和香味;嗜热蛋白酶在进行调味剂加工时可减少作用时间,降低酶的使用量,有效降解肉类成为多味肽;嗜热淀粉酶能促进玉米淀粉在高温下水解成葡萄糖;纤维素酶广泛用于酒精、单细胞蛋白和蛋白质饲料生产以及酱油与食醋的酿造等。

(2)造纸工业

传统的造纸方法是利用强酸或强碱进行处理,大约可以水解 90％的木质素,但同时带来严重的环境污染。利用热稳定的木聚糖酶可以减少这方面的影响。木聚糖是半纤维素的主体结构,在自然界中大量存在,木聚糖酶在漂白纸浆时无须调节浆料的 pH 值和温度,有利于漂白操作。同时嗜热木聚糖酶在高温下可以破坏细胞壁结构,分解半纤维素,更为重要的是在酶处理后,可将溶解在洗涤废水中大量的木质素、木聚糖等提取后送到锅炉中燃烧,从而降低废水的色度、COD 等,减少造纸厂对周围环境的污染。此外,嗜热脂肪酶还可以除去妨碍纸浆加工的树脂。

(3)洗涤剂工业

一般酶作用温度为 30℃～40℃,如果水温过高,洗涤效果就受到影响。但工业去油污使用的洗涤剂要求在高温下处理,因此,将嗜热酶用于洗涤工业就可以解决此问题。目前,嗜热蛋白酶、脂肪酶、α 淀粉酶和纤维素酶等已广泛用作去污剂的添加剂。将嗜热蛋白酶加入洗涤剂中,可以将蛋白质分解,提高洗涤剂的去污力;嗜热脂肪酶也可用作洗涤助剂以提高去污能力。

(4)环境保护

嗜热酶在污水及废物处理方面有着独有的优越性。在许多污染地区,污染源的主要成分是烷类化合物,它们在水中的溶解度随链的增长而降低,随温度的提高而提高,因此,可在高温下利用生物法去除烷类化合物,以减轻污染。嗜热酶不仅具有耐热性,更重要的是它对有机溶剂的抗性。例如,从嗜热菌 *Sulfolobus solfataricus* 中分离得到的苹果酸脱氢酶在极性的乙醇溶液中有很高的活性。目前,高温微生物的开发已引起环保工作者的重视。

总之,嗜热菌已在基因工程、发酵工业、废水废料的厌氧处理以及矿产资源的开发利用等方面得到成功应用。随着对新型嗜热菌的分离以及对高温酶反应条件的探索,嗜热菌必将展现更加广阔的应用前景。

6.3　嗜冷微生物

根据温度变化程度的大小,可将低温环境分为稳定低温环境和不稳定低温环境。海洋尤其是深海属于稳定的低温环境,从中分离出来的嗜冷菌通常为专性嗜冷菌;而部分海洋表层(如极地海洋表层)则属于不稳定低温环境,从中难以分离出专性嗜冷菌,而多为兼性嗜冷菌,它们的生长温度范围较宽,在极端环境条件下具有较强的生存能力。

6.3.1 嗜冷微生物的特点

对嗜冷菌的概念有多种表达,根据其生长的温度特征可分为两种:嗜冷菌(psychrophiles)和耐冷菌(psychrotroph),其中嗜冷菌又分专性嗜冷菌和兼性嗜冷菌。一般将那些最适生长温度不高于15℃,最高生长温度不高于20℃,最低生长温度为0℃或更低的微生物称为专性嗜冷菌;能在不高于5℃的条件下生长,而最适及最高生长温度不限的微生物称为兼性嗜冷菌。耐冷菌则是指最高生长温度在20℃,最适生长温度在15℃,且在0℃～5℃也可生长繁殖的微生物。

6.3.2 嗜冷微生物在海洋中的分布及研究概况

海洋嗜冷菌主要分布于终年低温的深海和极地海洋表层中。1887年,Forster报道从海鱼中分离出嗜冷菌,0℃时生长良好。在随后的100多年里,随着科学技术的进步和发展,科学家们不断从海洋中分离出嗜冷微生物。1995年日本理化所的Hamamoto等报道了海洋嗜冷菌 *Vibrio* sp. strain5709,该菌株最适生长温度为20℃,0℃时也能生长。2001年Irwin J A在冰岛海域发现一株嗜冷菌,最适生长温度为16.5℃。Breezee等(2006)从北极海冰分离出新种 *Psychromonas ingrahamii*,该菌能在−12℃的温度条件下生长繁殖,这是目前用生长曲线验证过的生物最低生长温度。卜宪娜等(2005)从东海底泥中筛选得到一株低温脂肪酶产生菌 *Psychrobacter glacincola* Eastsea G5-1415,最适生长温度也在20℃以下。我国国家海洋局第三研究所研究人员从海底获得一株深海嗜冷菌DY-A,具有嗜冷性和嗜碱性的双重功能,其最适生长温度为10℃。近10年来,有71个新种、18个新属被发现,其中来源于极地的就占55个新种、15个新属。海洋嗜冷菌种类繁多,目前已发现的种类有细菌、酵母菌、藻类和古细菌等。海洋嗜冷微生物不仅在生产实践和海洋制药方面具有重要的应用前景,而且从事该方面研究还具有重要的理论意义。

6.3.3 嗜冷微生物的嗜冷机制

低温对微生物来说不仅是生长限制因子,而且可能引起其他环境条件的改变,如水黏度增大、热运动降低、一些盐和营养物质的溶解度降低、气体溶解度增大、生理溶液pH增大等。嗜冷菌在低温条件下能正常生长,是因为它们经过长期的进化适应,形成了适应这种低温环境的特殊结构和代谢机制。目前对嗜冷菌的嗜冷机制研究主要集中在以下几个方面。

(1)细胞膜

对嗜冷微生物嗜冷机制研究最多的是细胞膜的结构以及膜中不饱和脂肪酸的含量。能否转运外源营养物质进入细胞是微生物能否在低温条件下生长的限制因素之一,而细胞膜就是外源物质能否进入细胞的关键。细胞膜只有保持液晶态,具有流动性,才能保持其正常的生物学功能。由于膜中不饱和脂肪酸含量增多可导致膜脂的熔点降低,使膜脂在低温下保持液态,具有流动性,因而提高膜中不饱和脂肪酸含量是嗜冷菌保持生物膜在低温下呈液晶态的主要策略。研究表明,嗜冷菌膜脂中不饱和脂肪酸含量大,而且其中中性脂类和磷酸酯含量较高,使膜脂在低温下保持液晶态,从而有助于嗜冷菌在低温条件下吸收环境中的营养物质。

另外,当环境温度降低时酰基链的长度会逐渐缩短,脂肪酸支链的比例增加,环状脂肪酸比例也随之减少,从而降低脂类的熔点,使细胞膜在低温条件下保持良好流动性,因而可以从外界环境中不断吸收营养物质。此外,嗜冷菌在低温下不仅膜脂含量高,而且膜面积增大,使之可以吸收更多的营养;嗜冷菌在低温条件下还可以大量分泌胞外脂肪酶、蛋白酶等,将环境中生物大分子降解成小分子,从而有利于营养物质通过细胞膜而保证微生物的营养需求。

(2)嗜冷酶

生物体内的新陈代谢过程几乎都是在酶的催化下进行的。嗜冷微生物的一些酶由生长温度调节而不是由生长速率调节,低温下嗜冷菌可以产生更多的酶来补偿酶活较低的缺陷,保证其高效率利用营养物质。另一方面,来自嗜冷菌的酶可适应低温环境,大多数具有低温催化和对热不稳定的特征,其活性的最适温度倾向于低温或在低温下仍保持较高的比活性。

嗜冷菌所产生的酶称为嗜冷酶(psychrophilic enzyme)。嗜冷酶的最适反应温度比中温菌产生的酶一般要低20℃~30℃,且在0℃~30℃范围内催化活性高。嗜冷酶之所以在低温范围内具有很高的催化活性,是因为它们在低温条件下一般具有较高的K_{cat}(催化常数)及K_{cat}/K_m值(K_m为米氏常数)。我们知道,低温会引起生化反应速度的降低,而较高的K_{cat}及K_{cat}/K_m值能弥补其带来的影响,保证嗜冷菌正常的新陈代谢活动。一般说来,嗜冷菌的最高产酶温度比其最适生长温度要低。

嗜冷酶的嗜冷机制还与酶结构的柔性有一定联系。生物学家曾提出嗜冷酶具有更蓄弹性的结构,使得它在低温催化时,构象能迅速改变,同时在高温时相对不稳定。这是因为嗜冷酶含有大量带负电荷的氨基酸残基,分子表面的四个极性环状结构呈伸展状态,同时分子内缺少离子间作用与疏水作用,这些结构特征使酶分子呈松散状态,更富弹性。另外,随着酶对低温适应能力的增强,盐键之间和芳香性基团之间的相互作用在减少,离子对的转移和弱的相互作用是提高嗜冷酶结构高弹性和可变性的关键,同时嗜冷酶的盐桥、疏水基团和芳香烃含量都比嗜温酶少,这也增加了酶的柔性。此外,嗜冷酶的一级结构发生微小的变化就足以改变其折叠状态的柔韧性,从而解释其在0℃低温时仍具有高活性的现象。研究还表明在嗜冷菌脂酶中,精氨酸等稳定性残基数量少可能有助于形成更为柔性的三级结构,而增加的甘氨酸残基在低温催化过程中对促进酶构象的改变也会起到促进作用。

(3)冷休克蛋白

温度突然降低时,细胞中会产生一种冷休克反应,即一种特殊形式的基因表达,而产生冷休克蛋白,使细胞适应急剧降低的低温环境。这些冷休克蛋白的主要作用是通过与DNA和RNA相互作用,在转录和翻译水平上促进嗜冷菌在低温条件下生长所需蛋白质的合成,它们也具有分子伴侣(molecular chaperone)的作用——阻止mRNA二级结构的形成。因此,当周围环境温度波动时,嗜冷菌产生的冷休克蛋白对耐受温度的快速降低起到了非常重要的作用。Julseth 等(1990)曾报道,将嗜冷酵母 *Trichosporon pullulans* 的生长温度由 21℃降到 5℃,在 12 h 内诱导合成了 26 种冷休克蛋白。冷休克蛋白在原核生物和真核生物中普遍存在,并发现它与真核生物的 DNA 结合蛋白具有很高的相似性,具体功能有待于进一步研究。

(4)tRNA

研究者发现嗜冷菌 tRNA 转录后被修饰的程度较低,所修饰的仅是维持 tRNA 的基本结构。与之相比,在一些嗜热微生物中,tRNA 转录后被修饰的程度高,以提高 tRNA 的稳定性。另外,嗜冷菌中含有大量的二氢尿嘧啶,它具有较好的柔性和流动性,有助于保持 tRNA 局部构象,以适应低温环境。

(5)嗜冷微生物的蛋白质合成机制

嗜冷菌蛋白质在低温条件下能保持结构上的完整性和催化功能,一方面这是由于蛋白质、核糖体、酶类以及细胞中的可溶性因子等对低温的适应结果;另一方面,嗜冷菌蛋白质是以单体和多聚物的形式存在的。如嗜冷菌 *Vibrio sp.* 的异柠檬酸脱氢酶,其单体形式比二聚体形式对热敏感,当温度超过 15℃时,单体迅速失去活性,在温度降至 0℃时活性又得到恢复。此外,温度还通过影响核糖体上蛋白质的翻译速度或某种专一 mRNA 翻译的起始来影响合成蛋白质总量或特定蛋白的相对量。Szer 等从耐冷菌的核糖体中分离到一种蛋白质,能在 0℃翻译蛋白质(FactorP),使大肠杆菌的核糖体在 0℃时翻译多聚尿苷酸(PolyU)。Oshima 等发现嗜冷菌在低温条件下合成蛋白质的能力与核糖体的 30S 亚基以及细胞中的可溶因子也有关。

6.3.4 嗜冷微生物的应用前景

(1)环境保护方面

自然界中许多污染发生在温度相对较低的环境,如河流、湖泊及地下水源等。在这些环境中,利用低温微生物的氨化、硫化、硝化等生化特性对污染物进行降解和转化,可达到治理污染、保护人类生存环境的目的。另外,有些嗜冷菌,如假单胞菌(*Pseudomonas*)、诺卡氏菌(*Nocardia*)的几个种,在消除海洋低温环境油污过程中也起着至关重要的作用,它们能降解硝基芳香烃、矿化硝基酚、硝基苯、硝基甲苯等多种有机污染物。但目前已研究的嗜冷菌对污染物的降解还存在单一性,并且产生的降解酶热稳定性差,在实际应用中受到很大局限。

(2)工业方面

嗜冷菌为了适应低温环境,常常产生大量的嗜冷酶。嗜冷酶在工业上的应用优势在于这类酶催化反应最适温度较低,可以节约能源。例如,低温蛋白酶、脂酶可用于洗涤剂添加物。嗜冷性纤维素酶用于生物抛光和石洗工艺过程,能降低因温度造成的工艺难度和所需酶的浓度;嗜冷性果胶酶可降低果汁提取液的黏度,澄清终产品;嗜冷性淀粉酶、蛋白酶和木糖酶能缩短生面团发酵时间,提高生面团和面包心的质量、香味和湿度;牛奶加工业中,嗜冷 β-半乳糖苷酶可在兼顾高乳糖水解水平的同时缩短水解时间,对减少细菌污染也有帮助。

(3)医疗方面

脂质是构成和维持细胞生命的重要大分子物质,也是人类赖以生存的重要工业原料。

由不饱和脂肪酸组成的脂质可作为饮食补充物以补偿必需脂肪酸的不足,恢复正常的代谢功能,同时还具有降血脂、降糖、防癌及健脑益智等功效,因此寻求富含不饱和脂肪酸的新来源就显得日趋重要。不饱和脂肪酸目前主要是从植物的种子(紫草科植物)或鱼油中获取。嗜冷菌细胞膜不饱和脂肪酸含量很高,是不饱和脂肪酸的一个新来源。

嗜冷菌是极端环境微生物的重要类群之一,在污染治理、嗜冷酶和不饱和脂肪酸的生产等领域具有很好的应用前景。另外,它在地球的物质循环中也起着重要作用,同时为探索生命起源和生物进化提供重要的材料和线索。

6.4 嗜盐微生物

生物体细胞的水分吸收和流动主要依赖于渗透压,因而环境中渗透压对生物的生存十分关键。所谓渗透压是指水或其他溶剂经过半透性膜进行扩散时,溶剂通过半透性膜时的压力,其大小与溶液浓度成正比。

微生物往往对渗透压有一定的适应能力。突然改变渗透压会使微生物失去活性,但逐渐改变渗透压,微生物常能适应这种变化。对一般微生物来说,将细胞置于高渗溶液中,水将通过细胞膜从低浓度的细胞内进入细胞周围的溶液中,造成细胞脱水而引起质壁分离,使细胞不能生长甚至死亡。相反,若将微生物置于低渗溶液或水中,外环境中的水将从溶液进入细胞内引起细胞膨胀,甚至引起细胞破裂。

6.4.1 嗜盐微生物的特点

嗜盐菌(halophiles)指能在高盐环境下生长的微生物。依据嗜盐浓度的不同,可将海洋嗜盐菌分成三类:弱嗜盐菌、中度嗜盐菌和极端嗜盐菌。最适生长盐浓度(NaCl 浓度)为 $0.2 \sim 0.5$ mol/L 的微生物称为弱嗜盐菌,大多海洋微生物都属于这个类群;最适生长盐浓度为 $0.5 \sim 2.0$ mol/L 的称为中度嗜盐菌,这类嗜盐菌基本上是真细菌,从许多高盐环境中都可以分离到中度嗜盐菌;最适生长盐浓度大于 3.0 mol/L 的称为极端嗜盐菌,它们大多生长在高盐环境中。另外把可以在高盐浓度下生长,但最适生长盐浓度较低的微生物称为耐盐菌。表 6-2 列出了盐浓度与嗜盐菌的关系。

表 6-2　盐浓度与嗜盐菌的关系

类型	盐浓度范围(mol/L)	最适生长盐浓度(mol/L)
极端嗜盐菌	2.0~5.2	3.0~5.2
中度嗜盐菌	0.4~3.5	0.5~2.0
弱嗜盐菌	0~1.0	0.2~0.5
耐盐菌	0~8.0	<0.2
非嗜盐菌	0~1.0	0.2~1.0

6.4.2 嗜盐微生物在海洋中的分布及研究概况

海水的平均含盐量约为 3.5%,部分高盐地区是海洋嗜盐微生物的重要来源,如晒盐场、死海等。已分离到的极端嗜盐菌只有盐杆菌属（*Halobacterium*）的几个种，主要代表有盐生盐杆菌（*Halobacterium halobiumt*）和红皮盐杆菌（*H. cutirubrum*），极端嗜盐藻类有盐生杜氏藻（*Dunaliella salina*）、绿色杜氏藻（*D. viridis*）等。

近年来各国科学家对海洋嗜盐微生物进行了大量研究。1993 年 Moriya K 等在众多海洋嗜盐菌中发现了一些嗜盐菌具有耐有机溶媒的特性，随后在海底有机物沉积区分离到一系列耐有机溶媒的海洋嗜盐微生物。方金瑞等从闽南海域的海泥里分离到数十株海洋嗜盐微生物，从中筛选到多株能产生类胡萝卜素的菌株。日本海洋科学技术中心的 Takami H 从深海沉积物中分离到极端耐盐菌 *Oceanobacillus iheyensis* THE831。林影等从北部湾海水和海泥中分离到几株嗜盐菌，它们分泌的蛋白酶和谷氨酰胺酶具有较高的耐盐性。

6.4.3　嗜盐微生物的嗜盐机理

（1）Na$^+$ 的调节

嗜盐菌特别是极端嗜盐菌细胞内的离子浓度相当高，且细胞壁成分特殊。一般来说，微生物细胞壁由肽聚糖等成分构成，而嗜盐菌细胞壁却不含肽聚糖而以脂蛋白为主。研究发现，环境中高浓度的 Na$^+$ 对嗜盐菌细胞壁蛋白质亚单位间的结合以及保持细胞壁的完整性是必需的。当 Na$^+$ 浓度较低时，一方面细胞壁蛋白解聚为蛋白质单体，使胞壁失去完整性；另一方面细胞内外离子浓度平衡被打破，细胞吸水膨胀，最终引起胞壁破裂，菌体自溶。Na$^+$ 的调节作用主要体现在以下 3 点：

①Na$^+$ 能与细胞膜成分发生特异作用，增强膜的机械强度，有利于细胞膜结构的稳定。盐类，尤其是 Na$^+$ 的存在对阻止嗜盐菌的溶菌起着重要作用。

②Na$^+$ 在嗜盐菌的氨基酸和糖的能动运输系统中起着重要作用，在产能的呼吸反应中也必不可少。

③Na$^+$ 被束缚在嗜盐菌细胞壁的外表面，对于维持细胞完整性起着重要作用。

（2）K$^+$ 的调节

尽管海洋环境中 Na$^+$ 占优势，但在细胞内部 Na$^+$ 浓度比 K$^+$ 浓度小得多。实验表明，在指数生长期的细胞中，K$^+$ 是主要的阳离子，而在停滞期细胞中，却显示出很大不同，一部分细胞包含高浓度的 NaCl，而另一部分细胞包含高浓度的 KCl，这说明嗜盐菌具有浓缩 K$^+$、排出 Na$^+$ 的选择能力。一般认为膜内的负电位促使 K$^+$ 的大量积累，嗜盐菌的膜对于 K$^+$ 有很高的渗透性，K$^+$ 可以随着膜电位的变化通过单向转运系统进入细胞内。K$^+$ 一进入细胞内，Na$^+$ 就随之反转运出胞外，从而保持了电中性。此外，高浓度 K$^+$ 对维持胞内核糖体、蛋白质、酶的正常结构和功能也是必需的。

（3）嗜盐酶

在高盐浓度下能保持稳定性的酶称为嗜盐酶。嗜盐菌的酶是嗜盐性的，只有在高盐条件下才具有生物活性，在低盐浓度中则会失活变性，这是由于其肽链中酸性氨基酸比例明显高于非嗜盐菌，"过量"的酸性氨基酸残基在蛋白表面形成负电屏蔽，促进蛋白在高盐环境中的稳定。刘铁汉等（2002）对嗜盐菌 NRC-34001 硫解酶的氨基酸组成进行了分析，发现这种酶含有较多的负电荷氨基酸、较少的正电荷氨基酸和强疏水氨基酸，而且同类氨基酸中的小氨基酸含量明显增高，进而推测在一定范围内优先使用较小侧链的氨基酸是嗜盐硫解酶适应高盐环境的又一重要机制。

（4）细胞膜

紫膜（purple membrane）是由细菌视紫红质（bateriorhodopsin，BR）和脂类组成的膜，由25%的脂类和75%的蛋白质组成，以碎片形式存在于嗜盐菌原生质膜上，电子显微镜下可见呈圆、椭圆形膜片。紫膜是嗜盐菌结构的一大特征。紫膜中的唯一蛋白质是细菌视紫红质，它最早是由Oesterhelt和Stoekenins于1971年在嗜盐杆菌中发现的，因其与视紫红质（rhosdospin）相似而得名。紫膜中的类脂成分与其他细胞膜中的类脂很相似，不同的是紫膜中含有磷脂酰硫酸甘油和糖脂硫酸，其占总类脂的15%。

在紫膜的视紫红质中含有一种特殊的物质，被称为菌视紫素。在紫膜的内侧菌视紫素的视觉色基（发色团）通常以一种全-反式结构存在，当有光照射时，可被激发并暂时转换成顺式状态（图6-2）。这时，H^+由膜内侧转移到膜的外面，随着菌视紫素分子的松弛和黑暗时吸收细胞质中的质子，顺式状态又转换成全-反式异构体。视觉色基再次被激发，H^+再次转移。如此循环，形成质膜上的H^+梯度差，产生电化势。菌体就利用这种电化势在ATP酶的催化下，进行ATP合成，为菌体贮备能量。嗜盐菌利用这种光介导的质子泵，将Na^+/K^+反向转运，向细胞外排出Na^+，完成K^+和各种营养物的吸收以保持细胞渗透压的平衡。

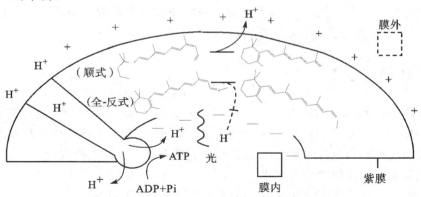

图6-2 嗜盐菌紫膜菌视紫素质子泵的光介导模型

（5）内溶质的调节

嗜盐菌能积累或产生大量的相容性溶质，使嗜盐菌在高盐环境下维持细胞内外渗透压的平衡，有助于细胞的正常代谢。除此之外，嗜盐菌普遍能合成糖（主要有蔗糖、海藻糖、甘油葡糖）、氨基酸等，以调节渗透压，维持细胞在高盐环境下的正常代谢。

6.4.4 嗜盐微生物的应用前景

海洋嗜盐菌具有极为特殊的生理结构和代谢机制，同时还产生许多具有特殊性质的生物活性物质。作为一类新型的、极具应用前景的微生物资源，近年来海洋嗜盐菌在食品、生物电子、环境处理和DNA的修复等方面受到人们的广泛关注。

（1）食品工业

嗜盐菌菌体内含有大量的胡萝卜素、γ-亚油酸等，可广泛用于食用蛋白和食用添加剂等食品工业中。德国研究人员应用化学诱变筛选到一株具嗜盐特性的枯草芽孢杆菌，能够以海水作培养基质,借光合机制产生脯氨酸并分泌出胞外,可用来作为蛋白质的来源。

(2)生物电子方面

嗜盐菌产生的细菌视紫红质是一种新的纳米生物材料,具有光致变色性能、瞬态光电响应性能和非线性光学性能,能用于光化学信息处理、光储存、三维光记忆、光逻辑门和二进制光记忆、图像传感器、仿视觉功能人工视网膜、光电探测器、空间光调节器、光化学图像单调滤波以及光压器件等方面,并已开始应用于军事领域。目前正试图将细菌视紫红质制成离体物,用于合成 ATP、太阳能电池、淡化海水、生物芯片等方面研究。

(3)环境生物处理

嗜盐菌可用于高含盐量有机工业废水的生物处理。Dalmacija 等在利用嗜盐菌处理污泥废水的过程中,发现高含盐量和高水力负荷会使处理系统的污泥减少、有机物去除率和出水悬浮物升高。目前,嗜盐菌在一些地区已被用于有机工业的生物处理,但应用尚不够广泛,要使嗜盐菌在含盐有机废水处理中真正得到广泛应用,还需进一步深入研究。

(4)DNA 的修复

研究发现,嗜盐菌还具有修复 DNA 的功能。科学家用辐射轰击法破坏嗜盐菌的DNA,使其分裂成为碎片,但是它们在几个小时之内能够将所有的染色体"召集"到一起,重新恢复正常功能。嗜盐菌能够耐受致命的紫外线辐射和极端干燥环境,甚至在真空环境中也能生存,这对于研究生命细胞 DNA 修复功能具有重要的意义,为增强人体修复DNA 受损的自然能力开辟了新的途径。

6.5　嗜碱微生物

微生物生长的 pH 值范围极广,一般 pH 值为 2～8,绝大多数种类生长在 pH 值为 5～9 的范围。环境 pH 值对微生物的生命活动影响很大,主要表现在以下几方面:

①能引起细胞膜电荷的变化,从而影响微生物对营养物质的吸收;

②能影响代谢过程中酶的活性;

③能改变生长环境中营养物质的可给性以及有害物质的毒性等。

通常,微生物有其最适生长的 pH 值范围,同一微生物在不同的生长阶段和不同的生理、生化过程中,也要求不同的最适 pH 值。一般而言,微生物在碱性环境中受到的压力比在偏酸性环境中受到的压力大。

6.5.1　嗜碱微生物的特点

嗜碱菌(alkaliphiles)是指最适生长 pH 值在 8.0 以上,通常 pH 值为 9.0～10.0,而在 pH 6.5 以下不能生长或生长极为缓慢的微生物。根据对碱适应程度的不同,将最适生长 pH>8.0,但在 pH 值为中性或以下不生长的一类微生物称为专性嗜碱菌(obligate alkaliphiles);将最适生长 pH≥8.0,在中性环境中或以下也能生长的一类微生物称为兼性嗜碱菌(facultive alkaliphiles);将能在 pH≥8.0 的环境中生长,但最适生长 pH 不在碱性 pH 值范围的一类微生物称为耐碱菌。还有些嗜碱菌可在 pH>10.0 的极端环境下生长,如嗜盐碱杆菌(*Natronobacterium*)、螺旋藻(*Spirulina*)等可在 pH 值为 10.5 的环境中生长。

6.5.2 嗜碱微生物在海洋中的分布及研究概况

1928 年 Downie 发现第一个嗜碱菌 *Streptococcus faecalis* 以来,已从海洋等碱性环境中分离得到多种类型的嗜碱菌。除古细菌外,还有细菌、放线菌和真菌的一些种,既有好氧的,也有厌氧的,广泛分布于热泉、南极以至马里亚纳海沟等极端环境中。方金瑞等从福建泉州湾海泥中分离到一株嗜碱、耐盐的海洋链霉菌 2B,能在 pH 值为 10 的培养基里生长并产生抗菌物质,对许多产生钝化酶的细菌也具有强的抑制作用。Ishilawa M 等(2003)在日本海域分离到一株嗜碱嗜盐菌,最适 pH 值为 8.0～9.5,最适 NaCl 浓度 2.0%～3.75%。Schmidt M 等(2006)在格陵兰岛西南的 Ikka 海峡分离到一株新属种的嗜碱菌 *Rhodonellum psychrophilum*,其最适生长 pH 值为 9.2～10.0。科学家还发现,从海底一些高酸或高碱的区域分离得到的微生物大多具有嗜酸或嗜碱性,从中分离纯化的酶也大多是相应的嗜酸酶(最适 pH<3.0)或嗜碱酶(最适 pH 为碱性,一般在 9.0～11.0)。

6.5.3 嗜碱微生物的嗜碱机制

(1)Na^+ 和膜转运

嗜碱菌不仅对 pH 值有要求,对 Na^+ 浓度也有一定的要求。环境中 Na^+ 的存在对于溶质的有效跨膜运输是必需的。嗜碱菌最适生长时能保持胞质的相对衡稳,其稳定性与胞膜 Na^+/H^+ 反向载体(antiporter)催化排 Na^+、摄 H^+ 的离子交换过程有关。在嗜碱菌的细胞膜上,有一种 Na^+/H^+ 反向载体蛋白,细胞主动运输时,能迅速催化细胞将 Na^+ 从细胞内排出,并将胞外的 H^+ 摄入胞内,经过这一离子交换过程,使细胞质内 pH 处于正常范围,可见 Na^+/H^+ 反向载体是维持嗜碱菌的细胞质处于正常 pH 值(7～9)的关键。

(2)细胞壁

嗜碱菌可以在 pH 值为 10～11 条件下生长,但胞内维持在 pH 值为 7～9,这是因为其细胞壁具有保护细胞免受碱伤害的重要功能。研究发现,嗜碱菌细胞壁含有许多酸性物质,这些酸性物质分解后产生半乳糖醛酸、天门冬氨酸、葡萄糖醛酸、葡萄糖酸和磷酸,从而保护嗜碱菌在碱性环境中不受到伤害。

(3)嗜碱酶

嗜碱菌产生的嗜碱酶,在酶或蛋白质表面形成离子屏蔽效应,对其构象也起到稳定作用。田新玉等从内蒙古碱湖中分离到一株极端嗜盐嗜碱杆菌,其产生的嗜碱酶最适 pH 为8.5,只有在高浓度的 NaCl(最适浓度为 2.6 mol/L)溶液中才能保持其稳定性。

6.5.4 嗜碱微生物的应用前景

20 世纪 70 年代以来,嗜碱菌胞外酶的稳定性引起人们对嗜碱菌的关注。目前,嗜碱菌产生的各种碱性酶,如纤维素酶、木聚糖酶、淀粉酶、环状糊精葡萄糖基转移酶等,已在工业上得到广泛应用。碱性蛋白酶可广泛用于加酶洗涤剂;碱性果胶酶可广泛用于织物和植物纤维的处理、咖啡和茶的发酵、油的提取和污水处理等方面;碱性纤维素酶在碱性pH 范围内具有较高的活性和稳定性,且酶活不受去污剂和其他洗涤添加剂的影响,不降解天然纤维素,具备洗涤剂用酶的条件。此外,碱性纤维素酶在食品、化妆品、医药和塑料工业等方面也具有独特用途。

嗜碱菌也是某些有用基因的来源,如碱性酶基因、分泌信号肽基因、碱性酶的高表达启动子等。总之,嗜碱菌无论在基础研究还是实际应用方面都具有广阔的前景。

6.6 嗜酸微生物

6.6.1 嗜酸微生物的特点

嗜酸菌(acidophiles)是一种能在低 pH 条件下生长和繁殖的极端环境微生物,一般指那些最适生长 pH 值为 1.0～2.5 的微生物,通常在 pH 5.5 以上生长不好,有些在中性条件下根本不生长,如酸热芽孢杆菌、氧化硫杆菌、酸热硫化叶菌等最适生长 pH 值为 2.0～3.0,它们是专性嗜酸菌。在 pH 值<1.0 的极端环境中,有些微生物也可生长,如铁原体菌 *Ferroplasma* sp.、藻类 *Cyanidium caldarium* 都可在 pH 为 0 的环境中生长。

6.6.2 嗜酸微生物在海洋中的分布及研究概况

海洋嗜酸微生物通常生长在含硫量极为丰富的海底火山区域,它们往往也是嗜高温菌,在海底热泉口也生活着硫化叶菌(如 *Sulfolobus shibatae*)、嗜酸两面菌(如 *Acidianus tengchongensis*)和金属球菌(*Metallsphaera*)等嗜热嗜酸菌。Kamimura K 等(2002)在海水中分离到一株革兰氏阴性嗜酸菌 SH,最适生长 pH 值为 4.0。Takai K 等(2005)在西太平洋的马里亚纳群岛的深海热泉口分离到一株嗜热嗜酸菌,最适生长 pH 值为 5.2。目前,有关海洋嗜酸微生物的报道很少。

6.6.3 嗜酸微生物的嗜酸机制

(1)酸适应机制

大量研究表明,嗜酸菌细胞内 pH 接近中性,细胞内酶反应和生化代谢过程也与中性菌相似。细胞膜对 H^+ 的低渗透性是它保持细胞内部正常 pH 值的主要途径。对嗜酸古细菌跨膜 H^+ 梯度和电位差进行研究,发现质膜对质子的通透性间接由定位于膜上的脂质四聚体决定。这种跨膜四聚体能形成一层坚固的单层膜,对 H^+ 和 OH^- 具有不透性;其泵功能很强,使菌体内保持中性,并能忍耐体外高酸浓度。另外,在嗜酸菌的细胞壁和膜上还含有大量的酸稳定性酶蛋白,最高酶活均在酸性范围,保证其能更好地适应胞外酸性环境。

(2)耐重金属机制

酸性环境中,通常都含有大量的重金属离子,但嗜酸菌却可以在这种环境中生长良好,表明嗜酸菌对重金属具有耐受性。嗜酸菌之所以能耐受高浓度的重金属,是因为体内存在一系列的抗重金属机制,主要表现在以下方面:

①将有毒金属排出细胞,如 As^{3+} 被 ArsB 蛋白排出胞外。

②通过渗透障碍阻止重金属进入细胞,如磷酸盐特异性运输蛋白只运输磷酸盐,不运输其他盐。

③在细胞内/外对重金属进行绑定,以降低重金属的毒性。

④调节细胞中某些成分,使其对重金属敏感性降低,如某些抗 Hg 菌株的细胞色素 c 对 Hg 的敏感性很低。

⑤将重金属转化为无毒形式,排出体外,如将 Hg^{2+} 还原为 Hg,Hg 挥发排出细胞。

6.6.4 嗜酸微生物的应用前景

嗜酸热古菌被认为是地球上最古老的生命形式之一,在地球物质循环中起着重要作用,研究嗜酸热古菌可为探索生命起源和生物演化提供重要线索。它也是耐高温酶的重要来源。多数嗜酸菌,特别是无机自养型细菌,可用于冶金提取矿物,沥滤回收低品位的贵重金属,还可用于煤和石油脱硫中处理含硫废气,在肥料生产、土壤改良、环境保护等方面有着巨大的优越性和潜在应用价值。随着嗜酸微生物资源的不断发掘和深入研究,其科学价值和实际应用价值将会越来越突出。

6.7 嗜压微生物

压力是影响微生物生存和繁殖的一个重要因素。一般而言,高压对微生物的致死作用主要是通过破坏细胞膜和细胞壁、使蛋白质凝固、抑制酶的活性以及 DNA 等遗传物质的复制等实现的。这是因为压力能使酸性磷酸酶的活性提高,导致溶菌体膜破裂,使大量组织蛋白酶从中释放出来,从而导致组织蛋白酶的相对活力升高。同时,压力还能导致蛋白质的构象发生变化,使得分子内和分子间的原子相互作用改变。此外,随着压力的增加,脂肪(甘油三酯)的熔化温度也会发生可逆上升,幅度为 $10℃/100$ MPa,因此,室温下为液态的脂肪在压力作用下会发生结晶。通常,细菌、霉菌、酵母菌等微生物在 300 MPa 以上的压力下就会死亡,而在深海中生活着一些嗜压微生物,它们能耐高压,有的甚至可以在高达 1 000 MPa 的压力下生存。

6.7.1 嗜压微生物的特点

嗜压微生物(barophiles)是指那些达到最大生长速度时所需压力大于 0.1 MPa 的微生物。根据它们对压力耐受程度的差异可分为三类(图 6-3):能在接近 40 MPa 的环境下生长但在 0.1 MPa 环境中生长更好的微生物,称为耐压微生物(barotolerant);最适在 40 MPa 或更大压力环境下生长繁殖的微生物,称为嗜压微生物;能在 70~80 MPa 的环境中生存繁殖,而在低于 40 MPa 条件下不生长的微生物,称为极端嗜压微生物(extreme barophiles)。

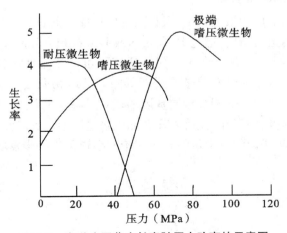

图 6-3　海洋嗜压菌生长率随压力改变的示意图

6.7.2 嗜压微生物在海洋中的分布及研究概况

深海是嗜压微生物的主要栖息环境。一种生活在深海的假单胞菌 *Pseudomonas bathycete* 可在 101 325 kPa 的环境下生长;在水深 1 万米的深海,水压高达 115 510 kPa 处仍然发现有微生物存在。1979 年 Yayanos 等人第一次从水深 4 500 m 以上的深海环境中分离到嗜压菌。1994 年日本的 Akihiko N 等在西太平洋深为 4 700~6 100 m 的海底发现嗜压菌。Kato 等在马里那亚群岛附近海域发现一株嗜压菌,能在水深为 10 898 m 的海底生存。另外,科学家们还在太平洋深 4 000 m 处,发现有 4 个属的酵母菌。在水深 6 000 m 深海中找到 *Micrococcus*(微球菌属)、*Bacillus*(芽孢杆菌属)、*Vibrio*(弧菌属)和 *Spirillum*(螺菌属)等细菌。日本科学家也在水深 3 000~6 000 m 深海的鱼肠道内发现了极端嗜压菌,并从深海鳍鱼和深海鳗鱼的肠道内含物中分离出 150 个嗜压菌株系。目前大部分分离的海洋嗜压微生物不仅耐压而且耐低温,最适生长温度多在 15℃以下。

由于研究嗜压菌需要特殊的加压设备,特别是不经减压作用,将大洋底部的水样或淤泥转移到高压容器内是非常困难的,这使得海洋嗜压菌的研究受到一定限制。

6.7.3 嗜压微生物的嗜压机理

目前,对深海菌的嗜压与耐压机制还不十分清楚。研究表明,随着生长压力的增大,嗜压菌的膜脂不饱和度也在增加,这样才能保持膜流体性的正常水平,也就是说,嗜压菌能在高压条件下调节膜脂的流动性来补偿细胞内和环境间的压力梯度。

一般说来,压力增加时,嗜压菌膜的通道也会相应增加。嗜压菌 DNA 有一组受压力调控的基因,这组基因能在 0.3 MPa 下表达,当压力增加时,它能降低某些蛋白质的产出率,从而减少膜的通道,以阻止体内的糖和其他营养成分扩散到体外。Michels 等(1997)报道深海嗜热嗜压菌 *Methanococcus jannaschii* 能产生嗜压的蛋白酶,当压力增至 500 atm 时,酶的热稳定性提高 2.7 倍,酶催化反应速率提高 3.4 倍。有些嗜压菌含有受压力调节的操纵子,且在许多深海细菌中高度保守,这也许在深海细菌适应高压方面起着重要作用。

6.7.4 嗜压微生物的应用前景

有关极端嗜压菌的应用报道较少,只在高压生物反应器和基因工程研究中有所利用,如根据嗜压微生物的蛋白结构,通过 PCR 技术或 DNA shuffling 方法设计新的蛋白质来增加酶的稳定性;利用嗜压微生物在不同渗透压下可产生某些不同的限制性内切酶或 DNA 结合蛋白的特性,作为研究转录因子新的限制性内切酶或 DNA 结合蛋白的来源;利用压力调节基因的启动子来调节特异基因的表达。科学家认为,嗜压菌的生命活动对海洋至关重要,由于它们的存在,让落入洋底的生物遗骸参与到海洋有机质的再循环。随着科学技术的进步,嗜压菌的科学价值和应用价值会得到进一步发展。

参考文献

刘志恒. 2002. 现代微生物学. 北京:科学出版社

曹军卫,沈萍,李朝阳. 2004. 嗜极微生物. 武汉:武汉大学出版社

和致中,彭谦,张无敌. 1999. 高温菌的细胞壁和细胞被膜. 微生物学通报. 26(5):363~364

厉云,向华,谭华荣. 2002. 极端嗜盐古菌蛋白质类抗生素——嗜盐菌素. 微生物学报. 42(4):503~505

刘铁汉,周培瑾. 1999. 嗜盐微生物. 微生物学通报. 26(3):232~233

石宣明,刘淑珍,黄玉碧. 2004. 嗜热酶耐热机制的研究进展. 科学技术与工程. 4(9):804~808

辛明秀,周培瑾. 1998. 冷适应微生物产生的冷活性酶. 微生物学报. 138(5):400~403

张洪勋,郝春博,白志辉. 2006. 嗜酸菌研究进展. 微生物学杂志. 26(2):68~72

Aunan A J, Breezee J L, Gosink J J, et al. 2006. *Psychromonas ingrahamii* sp. nov. , a novel gas vacuolate, psychrophilic bacterium. Int J Sys Evo Micro. 56(5): 1001-1007

Bowman J P, McCammon S A, Brown M V, et al. 1997. Diversity and association of psychrophilic bacteria in Antarctic sea ice. Appl Environ Microbiol. 63(8): 3068-3078

Ciaramella M. 1995. Molecular biology of extremophiles. World J Microbiol Biotech. 11: 71-84

Dalluge J J, Hamamoto T, Horikohi K, et al. 1997. Posttranscriptoinal modification of tRNA in psychithitc bacteria. Bacteriol. 179(6): 1998-1923

Horikoshi K. 1999. Alkaliphiles: some applications of their products for biotechnology. Microbiol Mol Bio Rev. 63(4): 735-750

Imamura N, Nishijima M. 1997. New anticancer antibiotics pelagiomicins produced by a new marine bacterium *Pelagibacter variabilis*. J Antibiot. 50(1): 8-12

Julseth C R and Inniss W E. 1990. Induction of protein synthesis to cold shock in the psychrotrophic yeast *Trichosporon pullulans*. Can J Microbiol. 36: 519-524

Michels P C and Clark D S. 1997. Pressure-enhanced activity and stability of a hyperthermophilic protease from a deep-sea methanogen. Appl Environ Microbiol. 63(10): 3985-3991

Mimuru H, Nagata S, Matsumoto T. 1994. Concentrations and compositions of internal free amino acids in a halotolerant *Brevibacterium* sp. inresponse to salt stress. Biosci Biotech Biochem. 58(10): 1873-1874

Mose R, Maria C, Raffaele C, et al. 2003. Extremophiles. J Bacteriol. 185(13): 3683-3689

Oshima A. 1980. Effect of temperature on the cell-free protein synthesizing system in psychrophilic and mesophilic bacterial. Gen Appl Microbilo. 26: 265-272

Price L B, Shand R F. 2000. Halocin S: a 362 amino-acid microhalocin from the haloarchaeal strain S8a. J Bacteriol. 182(17): 4951-4958

Robert H, Marrec C L, Blanco C, et al. 2000. Glycine betaine, carnitine and choline enhance salinity tolerance and prevent the accumulation of sodium to a level inhibiting growth of *tetragenococcus halophila*. Appl Environ Microbiol. 66(2): 509-517

Schmidt M, Priemé A and Stougaard P. 2006. *Arsukibacterium ikkense* gen. nov. , sp. nov, a novel alkaliphilic, enzyme-producing γ-Proteobacterium isolated from a cold and alkaline environment in Greenland. Sys Evo Microbiol. Int J Syst Evol Microbiol. 56(12): 2887-92

Takami H, Kobata K, Nagahama T, et al. 1999. Biodiversity in deep sea sites located near the south part of Japan. Extremophiles. 3(2): 97-102

Tiemen V D H, Bert P. 2000. Glycine Betaine transport in *Lactococcus lactis* is osmotically regulated at the level of expression and translocation activity. J Bacteriol. 182(1): 203-206

7. 海洋微生物与物质循环

7.1 物质循环的概念及其一般特征

7.1.1 物质循环的概念

生态系统的物质循环(circulation of materials)又称生物地球化学循环(biogeochemical cycle),是指地球上各种化学元素,从周围环境到生物体,再从生物体回到周围环境的周期性循环。在此过程中,伴随着氧化还原反应的进行、价态的相应变化、物质形态的改变和能量的转化等。从某种意义上说,物质循环和氧化还原循环是元素在自然界中宏观循环和微观循环的体现。

物质循环和能量流动是生态系统的两个基本过程,二者紧密联系不可分割,物质是能量的载体,能量的流动依赖于物质的循环,且总是随着物质循环而流动;而物质的循环又离不开能量的流动,能量的流动推动物质循环的进行。但能量流动和物质循环的性质不同,能量在生态系统中流动最终以热的形式消散,是单向逐级递减的,因此生态系统必须不断地从外界获得能量;而物质的流动是循环式的,各种物质都以可被植物、微生物利用的形式重返环境。可以说,整个生物圈的能量来源于太阳,而物质来源则依赖于微生物推动的生物地球化学循环。

7.1.2 物质循环的一般特征

物质循环可以用库和流通率两个概念加以描述。

物质在环境中都存在一个或多个贮存场所,这些贮存场所就称为库(pool)。库是由存在于生态系统某些生物或非生物成分中一定数量的某种化合物构成,该化合物在库里的贮存数量远远超过结合在生物体内的数量。各库的容量差异很大,物质在各个库中的滞留时间和流动速率也不同。一般把容量大、滞留时间长、流动速率慢、多属于非生物成分的库称为贮存库(reservoir pool);反之,把容量小、滞留时间短、流动速率快、多属于生物成分的库称为交换库(exchange pool)。例如,在海洋生态系统中,海水是碳的贮存库,而生物体则是碳的交换库。物质在生态系统中的循环实际上是在库与库之间的流通。通常情况下,库存与库之间物质流动总是处于动态平衡状态,也就是说,对于某一种物质,在各主要库中的输入和输出量基本相等。

库与库之间借助物质的转移而相互联结,物质在生态系统中库与库之间流动的速率称为流通率(flux rate),即物质在生态系统单位面积(或体积)和单位时间的移动量。物质循环的流通率在空间和时间上有很大的变化,影响物质循环流通率的因素主要有:

①元素的性质。元素的化学特性和被生物体利用的方式不同,其物质循环的流通率也不同。

②生物体的生长速率。它影响着生物对物质的吸收速度和物质在食物链中的循环速度。

③有机物分解的速率。有机物成分、微生物的种群结构和生物量、温度、压强和 pH 值等等都会影响有机物的分解速率。适宜的环境有利于微生物的生长,并促使有机体很快分解,迅速将生物体内的物质释放出来,重新进入循环。

流通率与库中营养物质总量之比称为周转率(turnover rate),其倒数称为周转时间(turnover time)。

$$周转率 = \frac{流通率}{库中营养物质总量}$$

$$周转时间 = \frac{库中营养物质总量}{流通率}$$

由上式可知,库中营养物质总量恒定时,流通率越大,周转率就越大,周转时间就越短。大气圈中主要物质的周转时间分别为:二氧化碳约一年(光合作用从大气圈中移走二氧化碳);氮气需近 100 万年(主要是生物的固氮作用将氮气转化为氨为生物所利用);水的周转时间约为 10.5 d,即大气圈中的水分一年约更新 34 次。

7.1.3　物质循环的类型

生物地球化学循环分为三大类型,即水循环(water cycle)、气体型循环(gaseous cycle)和沉积型循环(sedimentary cycle)。

水是地球上含量最丰富的无机化合物,以气态、液态和固态存在于大气圈、水圈、生物圈和岩石圈中,水携带着多种化学物质周而复始的循环,是生态系统中各种物质不断循环的介质。地球上如果没有水,生命就无法生存,生物地球化学循环也就不存在。水循环的主要路线是从地球表面通过蒸发进入大气圈,同时又不断从大气圈通过降水回到地球表面。氢和氧主要是通过水循环参与生物地球化学循环的。

在气体型循环中,物质的主要储存库是大气和海洋,气体循环将大气和海洋紧密联系起来,具有明显的全球性,循环性能最为完善。气体型循环物质来源丰富,循环速度快。属于气体型循环的物质有氧气、二氧化碳、氮气、氯、溴、氟等。

参与沉积型循环的物质,主要是通过岩石风化和沉积物的分解转变为可被生态系统利用的物质,其主要储存库是土壤、沉积物和岩石,循环速度慢。属于沉积性循环的物质有 P、K、Na、Ca、Mg、Fe、Mn、I、Cu、Si、Zn、Mo 等,其中 P 是较典型的沉积型循环元素,它们从岩石中释放出来,最后又沉积于海底形成新的岩石。

自然状态下,由于大气蓄库很大,多数气体型循环的物质对于短暂的变化能够迅速进行自我调节。例如,当化石燃料燃烧、汽车废气排放等使某地的二氧化碳浓度增大时,则可通过空气运动和绿色植物的光合作用增加二氧化碳吸收量,使其浓度迅速降到原来水平,重新达到平衡。硫、磷等元素的沉积物循环则易受人为活动的影响,因为与大气相比,地壳中的硫、磷贮存库比较稳定,不易被调节,如果在循环中流入贮存库,则生物在很长时间内不能利用它们。气体型循环和沉积型循环都受到能流的驱动,并依赖于水循环,三者紧密联系,构成整个生态系统的物质循环。

7.2　海洋微生物在物质循环中的作用

7.2.1　分解者

生态系统是由生物和非生物两部分组成,生物部分包括生产者、消费者和分解者。微生物是自然界有机物质的主要分解者,它们将有机物分解为无机化合物。

元素由有机形式转化为无机形式的过程称为矿化作用(mineralization)。异养细菌、真菌和个体很小的原生动物(如鞭毛虫和纤毛虫等),是海洋有机物质矿化作用的主要推动者。在经典的海洋食物链中,浮游植物通过光合作用固定太阳能产生有机物用于自身的生长繁殖,同时被植食性浮游动物摄食,后者又成为捕食动物的食物,这中间产生的动植物分泌物、排泄物和残体为异养微生物分解重新进入循环,这种食物链称为牧食食物链(grazing food chain)。它们通过不同的代谢途径和方式将有机物质分解转化为无机物,供初级生产者再利用或沉积贮存起来。

7.2.2　生产者

除植物外,微生物也是食物链中的初级生产者。海洋中分布的自养微生物可利用光能、无机和有机化合能将无机化合物转变成有机化合物以维持自身的生命活动,并产生初级生产力。例如,存在于海洋真光层中的光能自养的藻类(硅藻、甲藻等)、蓝细菌、光合细菌以及化能自养菌等;在含有 H_2S 和 CO_2 的海底水域,化能自养细菌作为主要的初级生产者,通过氧化无机物或有机物获得能量同化 CO_2,为下一营养级生物提供食物。

除自养微生物外,海洋异养浮游细菌也可通过微食物环提供初级生产力。它们摄食大量溶解有机物质(dissolved organic materials,DOM)而转化为颗粒有机物质(particulate organic materials,POM),即细菌自身的生物量,使其自身种群生物量增长,称为细菌的二次生产(bacterial secondary production)。在海洋中 DOM 的含量相当可观,占海洋总有机质(包括溶解态和颗粒态,后者又包括有生命的和无生命的)的 90% 以上。DOM主要来源于浮游植物细胞分泌的有机物、大型海藻和海洋有机碎屑中有机物的溶出、各类生物的排泄物和残体以及陆地径流等等。异养浮游细菌是微型异养浮游动物(主要是个体较小的原生动物,以鞭毛虫类为主)的重要食物,而后者又为个体较大的原生动物(主要是纤毛虫类)所摄食,而纤毛虫又是桡足类等中型浮游动物的重要食物,从而与经典的海洋食物链连接。这样就形成了 DOM→异养浮游细菌→原生动物→桡足类动物的摄食关系,称为微型生物食物环(microbial food loop),简称微食物环(microbial loop)。Azam 等(1983)提出"微食物环"的概念以来,异养细菌在海洋生态系统中的作用备受人们的重视。异养细菌利用浮游动物不能利用的 DOM,提高了海洋生态系统的总生态效率,维持了群落的生态平衡,维护了生态系统的稳定性。

海洋中还存在着大量的与异养浮游细菌大小相似的微微型自养浮游生物($<2~\mu m$),如蓝细菌和微微型光合真核生物,不能直接为桡足类浮游动物摄食,但同样可被微型生物食物环中摄食异养浮游细菌的鞭毛虫、纤毛虫等利用。Sherr 等提出了包括异养浮游细菌和微微型自养浮游生物两个路径的微型生物食物网(microbial food web),但一些学者

仍用微型生物食物环表示这两个摄食营养路径。微型生物食物环的结构及其与经典的海洋食物链的关系见图7-1。

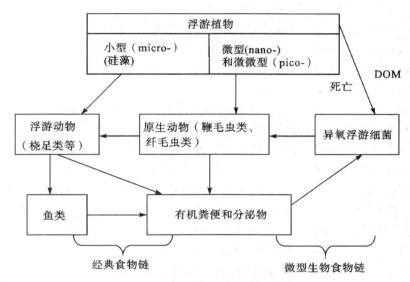

图 7-1　微型生物食物环结构及其与经典的海洋食物链的关系(引自宁修仁,1997)

　　通常在河口和上升流区,大型浮游植物数量大,牧食食物链起主要作用;而在外海和贫营养海域,异养细菌和微微型自养浮游细菌的初级生产力就显得尤为重要,微食物环占主导地位,使有限的物质在生物间得到高效率循环和利用,减少了海洋真光层中的物质流失,对稳定真光层的初级生产力有重要作用。另外,在深海底栖环境中,底栖异养细菌以高丰度、快生长代谢速度消耗了该环境中可利用有机碳的 13％～30％,特别是在寡营养海域底栖异养细菌是碳循环的主要通道。底栖异养细菌利用 DOM 转化为高质量的菌体蛋白,直接进入底栖碎屑食物链,或经微食物环进入经典食物链,因此其在深海底栖系统生物地球化学循环中占主导地位。

7.2.3　贮存者

　　在海洋中,一部分微生物或微生物残体吸附于未分解的颗粒有机物质(POM)上,进而直接沉降到海底形成沉积物,其中的一部分通过解吸附、上升流、微生物分解等作用重新回到海水中,但还有一部分在缺氧、高压和低温等海洋特殊生态条件下,经过漫长地质年代的转化,逐步演化成煤、石油和天然气等化石燃料或化工燃料等离开了海洋物质循环,成为物质和能量的贮存者。

7.3　海洋微生物和碳循环

7.3.1　碳循环

　　碳是构成生命体的基本元素之一,是整个生物圈物质和能量循环的主体,也是地球上储量最丰富的元素之一,广泛分布于大气、海洋、地壳沉积岩和生物体中,其中海洋是地球上最大的碳库。据估算(2002),整个海洋含有的碳达到 3.9×10^{13} t,约为大气碳含量(7.5×10^{11} t)的 53 倍。目前,人类每年排入大气中的二氧化碳以碳计为 5.5×10^{9} t,其中约 2.0×10^{9} t 被海洋吸收,占总排放量的 35%;陆地生态系统吸收 0.7×10^{9} t,占 13%。因此,海洋在缓和二氧化碳温室效应方面作用重大,对于控制全球气候变暖具有重要的意义。研究海洋碳循环生物地球化学过程,是研究碳循环和全球气候变化的基础和关键,也是 21 世纪国际海洋学的重要任务之一。

参与碳循环的含碳气体有二氧化碳(CO_2)、甲烷(CH_4)和一氧化碳(CO),均为温室气体,主要存在于大气圈中;在岩石圈中主要以碳酸盐形式存在;生物圈中则存在于各种有机质中;水圈中以多种形式存在,从大气进入海水的二氧化碳很容易被溶解,以碳酸盐(CO_3^{2-})和碳酸氢盐(HCO_3^-)的无机形式存在于海洋中,这是海洋中碳的主要形式。海洋中碳的来源包括陆源输入、大气溶解、动物尸体和排泄物的分解以及海底沉积物的溶解,其中大部分最终要通过海—气相互作用,以 CO_2 的形式进入大气或大气中的 CO_2 溶解进入海洋。单位时间单位面积上,CO_2 在大气和海洋界面的净交换量叫做海—气界面 CO_2 通量,它是评估海洋在全球变化中作用的前提和基础。

海洋碳循环(图 7-2)是一个复杂的、全球性的生物地球化学过程。碳在海洋生态系统中的循环主要包括光合作用吸收 CO_2 以及呼吸作用和有机物质分解产生 CO_2 两个基本过程。生产者(海藻、蓝细菌、不产氧光合细菌等)通过光合作用吸收 CO_2,并转化为颗粒有机碳(particulate organic carbon,POC),同时将光能转化为化学能。光合作用产生的有机碳通过摄食转化沿着食物链从低营养阶层向高营养阶层不断传递,在此过程中产生的动植物残体和排泄物中的有机碳又被微生物分解,生成 CO_2(或 CH_4)进入海水中;另一方面,动植物、微生物通过呼吸作用消耗有机碳释放 CO_2,又重新为生产者利用。另外,

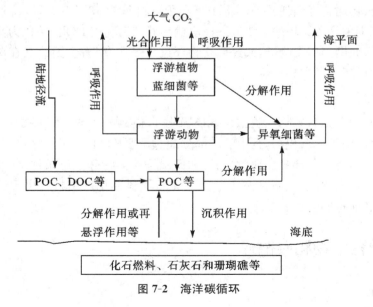

图 7-2　海洋碳循环

主要由浮游植物产生的溶解有机碳(dissolved organic carbon,DOC)为异养细菌利用转化成自身的生物量,即细菌的二次生产,异养细菌作为生产者再进入微型生物食物环,进行再循环,从而实现了碳在海洋生态系统中的循环。海洋中向下输送的碳大部分都与海洋生物过程有关,但有一部分生物体在适当条件下会形成化石燃料、石灰石和珊瑚礁等物质而将碳固定下来,使该部分碳暂时退出碳循环。

7.3.2 生物泵在海洋碳循环中的作用

在海洋表面的透光层中,大量的浮游植物和光合营养菌通过光合作用吸收海水中的CO_2,将其转化为POC,形成的初级生产力大部分在透光层中再循环,但海洋生物残体、粪团和蜕皮等构成的非生命颗粒有机碳,将向下输送到海水深处或海底。生活在不同水层中的浮游动物通过垂直洄游也促使有机物向深层传递。另外,海水中大量的溶解有机物一部分无机化进入再循环,其余的为异养微生物摄食后进入微型生物食物环,可能成为较大的沉降颗粒。在海洋学研究中,这种由有机物生产、消费、传递、沉降和分解等一系列生物活动构成的碳垂直转移,被称作"生物泵"(biological pump)(图7-3)。

"生物泵"改变了海—气界面CO_2通量和海水中有机碳的垂直通量,减少了表层水中的净碳含量,使海洋表层可以获得更多的CO_2,以恢复表层平衡。海洋生态系统通过生物泵的作用驱动大气CO_2进入海洋,在表面混合层中,由于生物的光合作用,CO_2不断被转化成有机碳和生物碳酸盐,并进一步向深层转移,形成了海洋碳循环的主要途径。但是,生物泵对碳循环的短期影响较小,也就是说,生物泵对近百年来因人类活动所产生的过量CO_2吸收很少。

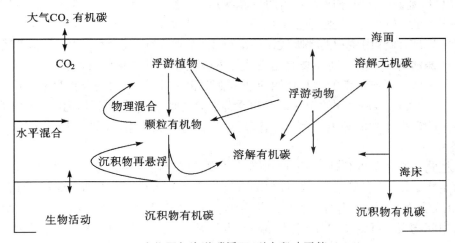

图7-3　生物泵与海洋碳循环(引自殷建平等,2006)

7.3.3 微生物在海洋碳循环中的作用

(1)碳同化作用

光合作用是地球上碳同化的主要方式,光能自养生物利用光能将CO_2还原成有机化合物,实现了光能向化学能的转化。光能自养生物主要包括高等植物和光合自养微生物,前者是陆地环境中主要的光合自养生物,后者则在水生环境中发挥着重要作用,特别是在远海和贫营养海域,光合自养微生物是最主要的光合作用系统。

进行光合作用的海洋微生物主要有产氧的微藻、部分原生动物、蓝细菌和原绿藻等,以及不产氧的紫色和绿色硫细菌、光合营养细菌等(详见本书第 4 部分)。大多数光合生物并不直接利用海水中的 CO_2,而较多地利用 HCO_3^- 作为光合作用的碳源,浮游生物光合作用降低了上层海水的 CO_2 分压,促进了海洋对于大气 CO_2 的吸收,每年有 110 亿~160 亿吨碳因此而由海洋表层转移至深层。

另外,除了光合营养微生物外,化能自养菌也是重要的碳同化者。在海底沉积物的次表层或少数缺氧的海区生活的某些化学合成细菌,属化能自养生物(chemoautotroph),如一些无色硫细菌、铁氧化细菌和硝化细菌等,它们能将简单的无机物(如 H_2S、H_2、S、NH_3 和 Fe^{2+} 等)氧化获得能量来还原 CO_2 制造有机物,称为化学合成作用。以 H_2S 为例:

$$H_2S + 4H_2O \longrightarrow SO_4^{2-} + 10H^+ + 6e^-$$

式中,还原力($10H^+ + 6e^-$)将 CO_2 还原制造有机物。

此外,甲烷八叠球菌(*Methanosarcina* sp.)、醋酸梭菌(*Clostridium aceticum*)和热醋酸梭菌(*Clostridium thermoaceticum*)等专性厌氧菌能在厌氧条件下利用简单的有机物或 H_2,将 CO_2 还原为 CH_4、乙酸,而 CH_4 又可作为甲基营养菌的碳源,再氧化成 CO_2。

(2)呼吸作用和有机碳分解作用

海洋碳循环是一个有生物活动积极参与的地球化学过程,生物的呼吸代谢活动直接影响到海洋对大气中 CO_2 的吸收。某海区 CO_2 的吸收情况,主要取决于该海区浮游植物的初级生产力水平和生物的呼吸代谢活动。假如初级生产吸收的 CO_2 量大于呼吸代谢的 CO_2 呼出量,则该海区处于吸收 CO_2 的自养状态;反之,若初级生产吸收的 CO_2 量小于呼吸代谢产生的 CO_2,该海区则处于释放 CO_2 的异养状态。

研究发现,海洋中生物的呼吸代谢活动可用细菌的呼吸代谢活动代表,也就是说,生物呼吸代谢活动产生的 CO_2 主要是由细菌的呼吸代谢活动产生的;同时海洋中 CO_2 的垂直转移与水体中浮游细菌的呼吸代谢活动也密切相关,因此在研究某海区对 CO_2 吸收情况时,应更加关注浮游生物的初级生产和浮游细菌的呼吸代谢。另外,海洋中营养物质的多少也影响着微生物的呼吸作用,富营养环境会促进呼吸作用,大部分碳经微生物呼吸作用转化为 CO_2。

动植物与微生物的残体、分泌物和排泄物等有机碳物质的转化和分解主要依赖于异养型微生物。糖类、有机酸和其他简单的有机物质由好氧性微生物彻底氧化分解为 CO_2 和 H_2O,而厌氧条件下,则由厌氧菌或兼性厌氧菌发酵产生 CO_2、H_2O 和某些未彻底氧化分解的中间物质。纤维素、半纤维素、果胶、木质素、几丁质和淀粉等复杂有机物,则先由微生物分泌的胞外酶在体外水解为简单多糖,然后再吸收进体内进一步分解利用。分解作用较强的微生物类群有:①好氧性细菌,如芽孢杆菌、假单胞菌、嗜纤维菌和多囊菌等;②厌氧性细菌,如梭菌;③真菌,如青霉、毛霉和根霉等;④放线菌,如链霉菌、小单孢菌、高温放线菌和诺卡氏菌等。海洋微生物参与碳的氧化还原循环过程如图7-4所示。

另外,异养细菌既能作为分解者分解有机碳物质,又能作为生产者将颗粒有机碳(POC)和溶解有机碳(DOC)分解利用形成自身的颗粒有机碳,再进入微型生物食物环中被利用。近十几年的研究证明,DOC是海洋有机碳的主要形式,占海洋有机碳的80%~

95％,DOC 在海洋和全球碳循环中扮演着极重要的角色,异养细菌的作用也因此越来越受到人们的重视。

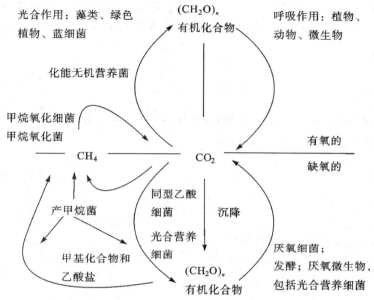

图 7-4 海洋微生物参与的碳的氧化还原循环过程(引自杨文博等,2001)

7.4 海洋微生物和氮循环

7.4.1 氮循环

氮广泛分布于地球大气圈、岩石圈和生物圈,其中大气圈是最重要的氮贮存库,分子氮约占 79％;地壳中氮也是常见元素之一;生物圈中氮总量最少,但对生命体具有决定性的作用,它是生物体蛋白质和核酸的主要组成元素,是构成生命体必需的基础元素之一。

理论上讲,氮的价态为 $-3 \sim +5$,价态较多,但在海洋中常见的为可溶的无机态硝酸盐(NO_3^-)、亚硝酸盐(NO_2^-)、铵盐(NH_4^+)、尿素等,其中 NO_3^- 是海洋中氮的主要形式。除此之外还存在有机态氮,主要是颗粒有机氮(particulate organic nitrogen,PON)和溶解有机氮(dissolved organic nitrogen,DON),如脲、氨基酸等;还有溶解的气态氮,如 N_2、N_2O、NO 和 NH_3。

海水中的氮主要来源于陆地径流、大气沉降和生物固氮等途径。溶于海水的无机氮 NH_4^+ 和 NO_3^- 被海洋植物和微生物吸收后转化形成自身的颗粒有机氮(PON),通常认为,NH_4^+ 被优先吸收,因为 NH_4^+ 不需要价态的转变就可直接结合到生物分子中,而 NO_3^- 则需要酶作用先转化为 NH_4^+,才能结合到分子中去。它们为海洋动物摄食后,沿着食物链传递。海洋动物的氮代谢产物中相当一部分是以 NH_4^+ 形式直接释放到海水中,即泌氨排泄。循环中产生的动植物和微生物的分泌物、排泄物、残体等以 PON、DON 形式存在,它们在沉降过程中逐渐通过生物扰动和微生物的氨化作用等分解为 NH_4^+,重新进入循

133

环。其中的一部分 DON 不需分解转化而直接被重新吸收利用。而未分解的则沉积到海底,其中小部分随成岩作用埋藏到海底,离开循环。在有氧条件下,NH_4^+ 可经微生物的硝化作用转变为 NO_3^-;而在缺氧条件下,NO_3^- 又可经微生物的反硝化作用转化为 N_2,释放到海水中,一部分重新被固氮生物转化成 NH_4^+ 进入大气中。海洋氮循环如图 7-5 所示。

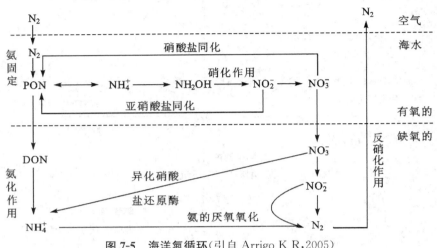

图 7-5　海洋氮循环(引自 Arrigo K R,2005)

7.4.2　微生物在海洋氮循环中的作用

(1)固氮作用

固氮作用(nitrogen fixation)是指将 N_2 转化为 NH_3 的过程。氮在空气中含量虽高,却不能为多数生物直接利用,必须通过固氮作用才能完成。固氮作用是氮形态转化的一个主要过程,有两条主要固氮途径:一是通过自然界中的闪电或化学合成等高能固氮,形成的硝酸盐和氨随降水落到地面和水体中,工业上则采用高能化学合成固氮来生产化肥农药和其他的工业品;二是生物固氮,在常温、常压下,利用有固氮能力的微生物把氮气转变为 NH_4^+ 的形式,能量一般由生物体呼吸作用提供。生物固氮量是工业固氮量的 2～4 倍。据估计,全球年固氮量约为 $2.4×10^8$ t,其中生物固氮占 75%。在生物固氮中,陆生固氮生物完成 60%,海洋固氮生物完成 40%。现已知有固氮作用的微生物近 50 个属,多属于原核微生物。

根据固氮微生物与其他生物的关系,固氮作用可分为 3 种:

①自生固氮。这种固氮微生物营自由生活,常见的类群有固氮蓝细菌、红螺菌、好氧性自生固氮菌、厌氧性固氮梭菌和产甲烷古菌等。

②联合固氮。微生物与其他生物联合生长,但不形成特殊的共生结构,如固氮螺菌和肠杆菌的某些种类。

③共生固氮。该类微生物与其他生物共生,并形成特殊的共生结构,这是自然界主要的生物固氮方式。陆地常见的有与豆科植物共生的根瘤菌属,与非豆科植物共生的弗兰克氏菌属等,海洋中主要是与藻类(如硅藻、根管藻、角毛藻等)或动物(如船蛆、海胆、海绵等)共生,如与硅藻共生的蓝细菌等。

蓝细菌含有叶绿素,能进行光合作用,种类有 1 000 多种,其中有固氮能力的只有 20余种。海洋中的固氮蓝细菌主要有束毛藻、植生藻、丝状蓝细菌、单细胞蓝细菌群 A 和B、异形蓝细菌等,束毛藻是目前发现的固氮量最大的一种海洋细菌。由于铵盐和 N_2 都可作为海洋光合细菌的氮源,从海岸分离到的紫色非硫细菌也具有固氮酶活性,所以海洋光合细菌的一些类群可能是固氮微生物。

（2）氨化作用

氨化作用(ammonification)是指有机态氮被微生物降解形成 NH_3 的过程。主要的含氮有机物质有腐殖质、动植物残体,成分主要是蛋白质、氨基酸、几丁质、核酸、胆碱、氨基糖、尿素、尿酸及马尿酸等。微生物通过酶的催化作用氧化、水解或还原这些物质,释放 NH_3。大多数细菌、放线菌和真菌都能进行氨化作用,氨化作用较强的微生物有蜡状芽孢杆菌、巨大芽孢杆菌、荧光假单胞菌、嗜热放线菌等细菌,曲霉、青霉、毛霉、木霉等真菌。

（3）硝化作用

硝化作用(nitrification)是指 NH_3 氧化形成 NO_3^- 的过程。反应主要分两步,每一步都有微生物的参与。首先,在亚硝化细菌的作用下,氨被氧化成亚硝酸:

$$2NH_3 + 3O_2 \xrightarrow{\text{亚硝化细菌}} 2HNO_2 + 2H_2O$$

亚硝化细菌主要有亚硝化单胞菌(*Nitrosomonos*)、亚硝化球菌(*Nitrosococcus*)、亚硝化螺菌(*Nitrosospira*)、亚硝化叶菌(*NitrosoLobus*)等,以亚硝化单胞菌为主。氨被氧化成亚硝酸后,再在硝化细菌作用下生成硝酸:

$$2HNO_2 + O_2 \xrightarrow{\text{硝化细菌}} 2HNO_3$$

硝化细菌有硝化杆菌(*Nitrobacter*)、硝化球菌(*Nitrococcus*)、硝化囊菌(*Nitrocystis*)等,以硝化杆菌为主。至今仍未发现能直接把氨转化为硝酸的微生物,必须通过两类菌共同作用才能完成。

硝化细菌是严格好氧的化能无机营养微生物,因此硝化作用要在有氧的条件下进行,硝化速率常常受氧气的限制。但由于硝化细菌对氧气的亲和力较强,因而在低氧水平下硝化作用也常常发生。特别是在沉积环境中,甚至可通过硝化作用产生部分硝态氮。近年发现,许多异养微生物也能进行硝化作用,如细菌中的节杆菌、真菌中的黄曲霉等,但硝化能力远不及自养型硝化细菌。调查发现,在阿拉伯海域嗜泉古生菌的丰度和亚硝酸盐的丰度呈正相关,并且一种自养的海洋泉古生菌能将铵氧化为亚硝酸盐,这表明古菌也可能参与海洋氮循环,在其中起硝化作用。

（4）反硝化作用

反硝化作用(denitrification)是指微生物将 NO_3^- 还原为 N_2 的作用,又称为脱氮作用。它由一系列步骤完成:先由硝酸盐还原成亚硝酸盐,然后到一氧化氮和氧化亚氮,最后转化成 N_2。

$$HNO_3 \rightarrow HNO_2 \rightarrow NO \rightarrow N_2O \rightarrow N_2$$

反硝化作用使海洋中具有生物活性的溶解态无机氮转化成不能被生物利用的 N_2、NO 和 N_2O,它主要在海洋中的厌氧层进行,在海水—沉积界面尤其旺盛。相对来说,海洋沉积中的脱氮作用速率比湖、河里的要高。

凡能直接引起硝酸还原为 N_2 的细菌称为反硝化细菌。反硝化细菌的种类很多,如假单胞菌、芽孢杆菌、硫杆菌、螺菌和副球菌等。这些菌的反硝化作用受氧的抑制,有氧时进行有氧呼吸,以氧为最终电子受体,没有反硝化作用;但在缺氧条件下,则以 NO_3^- 为最终电子受体,还原为 N_2。所以,反硝化细菌属于兼性厌氧微生物类群,在有氧和无氧条件下均能生长,这是因为在这些细菌体内具有两套酶系统,在不同外界条件下不同的酶系统发挥作用。反硝化作用可除去海洋中 $67\%\sim80\%$ 的含氮化合物,虽然造成了营养性无机氮盐的损失,某些情况下还会加剧温室效应(产生 N_2O),但它能缓解水域富营养化,又是氮循环中不可缺少的一部分。如果没有反硝化作用,大气中氮气就会减少,而海洋中 NO_3^- 大量积累,导致氮循环中断。海洋微生物参与的氮的氧化还原循环过程见图 7-6。

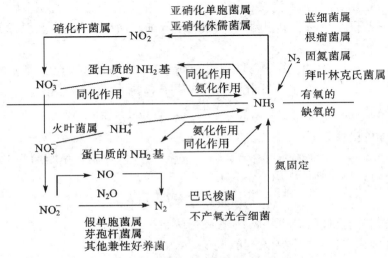

图 7-6　海洋微生物参与的氮的氧化还原循环过程

7.5　海洋微生物和磷循环

7.5.1　磷循环

自然界中的磷主要以磷矿的形式储存于岩石圈中,由于风化、侵蚀和人类的开采活动等被释放出来,进入水圈、生物圈和大气圈,但磷易与 Ca^{2+}、Mg^{2+}、Fe^{3+}、Al^{3+} 等金属离子在较高的 pH 条件下作用生成沉淀而再次离开循环,由此可见,磷循环是比较典型的沉积型循环。虽然磷在生物圈中含量不多,但却是生物体不可缺少的重要元素之一,各种代谢过程都离不开磷,在生物体中它以磷酸盐的形式结合于有机物,是核苷酸、三磷酸腺苷和磷脂等的组分之一,在生物体的能量贮存、物质转变中发挥关键作用。

海水中磷主要来源于陆地径流,其次是火山喷发。其主要形式为颗粒有机磷(particulate organic phosphorus,POP)、溶解性有机磷(dissolved organic phosphorus,DOP)和溶解性无机磷(dissolved inorganic phosphorus,DIP),磷循环主要在这三者中进行。通常 POP 的含量最高,DOP 和 DIP 的含量随季节和海域的不同而变化,其中 DIP 在世界大洋中的平均浓度为 $2.3\ \mu mol/L$,海洋是溶解态磷的最大储库。海水中的 DIP 几乎都是以正磷酸盐形式存在。

　　磷与碳、氮不同,在循环中不存在氧化还原价态的转变,都是以稳定的+5 价的磷酸根结合到各种物质中去。海水中的植物和细菌主要吸收 DIP,它们也可吸收一部分 DOP,并转化为自身的 POP,再沿食物链逐级传递。这个过程中,一部分磷被植物、动物、细菌等直接以 DIP 和 DOP 形式分泌或排泄出来;另一部分则以 POP 形式释放出来,被微生物分解重新进入循环,其中来不及分解的部分下沉到海底成为沉积物,而沉积物的一小部分又因上升流、动物的垂直洄游或微生物作用等重新回到海水中进入循环,其他的与 Ca^{2+} 等作用形成不溶物,成为永久性沉淀离开循环。因为海水中磷含量不高,且易发生沉淀,所以磷在海洋中往往是初级生产力的重要限制因素,尤其是在寡营养的海域。但近年来,因为人们大量使用化肥、农药等含磷物质,导致大量的磷输入海洋,使某些海域水体富营养化,进而引发了近海海域浮游生物(如夜光藻、硅藻等)的大量繁殖和赤潮发生。海洋磷循环如图 7-7 所示。

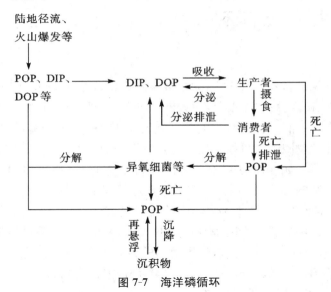

图 7-7　海洋磷循环

7.5.2　微生物在海洋磷循环中的作用

　　因为磷循环中不涉及元素价态的变化,它主要是围绕有机磷和无机磷、溶解和沉淀状态相互转化而进行的。在此过程中,微生物主要参与以下作用:磷同化作用、有机磷的矿化和磷的有效化作用。

　　磷同化作用是指溶解性无机磷(DIP)通过生物作用转化为有机磷的过程。微生物,如夜光藻、硅藻和红硫菌等,有很强的磷同化能力,海水中磷含量的大幅度增加会导致它们的大量繁殖,水体富营养化而引发赤潮。研究表明,海洋异养浮游细菌可与浮游植物竞争吸收无机磷酸盐,从而抑制浮游植物的生长,对防止水体富营养化具有重要意义。

　　有机磷的矿化作用是指从有机磷化物转化为溶解性无机磷(DIP)的过程。海洋中有机磷化物如核酸、磷脂和植酸(肌醇六磷酸)等的矿化作用是微生物在海洋磷循环中最重要的作用。一些微生物,如假单胞菌(*Pseudomonas*)、芽孢杆菌(*Bacillus*)、青霉(*Penicil-*

lum)、根霉(*Rhizopus*)和链霉菌(*Streptomyces*)等，能产生水解酶(如核酸酶和核苷酸酶、植酸酶和磷酸酶等)，催化水解核酸和核苷酸、植酸和磷脂等。

磷的有效化作用则是指通过微生物将不溶性磷酸盐转化为可溶性磷酸盐的过程。海洋中磷酸盐易被一些无定形颗粒吸附，同时又易与 Ca^{2+} 等金属离子形成不溶物，使磷不能为初级生产者所利用，造成磷的无效化。而微生物能产生有机酸、无机酸(如自养微生物通过硝化作用、硫化作用生成的硝酸和硫酸等)来促进不溶性含磷物质的溶解。另外，海水中微生物分解时产生的 CO_2 溶于水生成 HCO_3^- 和 H_2CO_3，也可促进磷酸钙和磷酸镁等不溶性磷酸盐的溶解，使之重新进入循环。在缺氧的沉积物中，H_2S 存在的条件下，细菌能将磷酸盐中的 Fe^{3+} 还原为 Fe^{2+}，铁离子溶解度的提高也可促进海水中磷酸盐含量的增加。同时在还原过程中，一些无定形的 $Fe(OH)_3$ 溶解，致使不能吸附磷酸盐，这是促使沉积物中磷酸盐溶解的主要机制。

7.6　海洋微生物和硫循环

7.6.1　硫循环

硫是自然界常见的营养元素之一，大多数存在于沉积岩和海水中。贮存于岩石圈中的硫主要以黄铁矿、硫酸盐矿(主要是石膏，即 $CaSO_4 \cdot 2H_2O$)等形式存在；海水中的硫主要以硫酸盐形式存在；而大气圈中，硫主要以硫化氢(H_2S)、二氧化硫(SO_2)和甲基硫等气体形式存在。硫在生物圈中含量相对较少，但却是生物体内一些氨基酸(如半胱氨酸、胱氨酸、蛋氨酸)、维生素(如生物素、硫胺素)和酶(如谷胱苷肽还原酶)的重要组成部分。

硫循环是最复杂的元素循环之一，它是在全球规模上进行的，既有长期的沉淀型循环，又有短期的气体型循环。陆地和海洋中的硫酸盐、含硫有机物、化石燃料等经微生物分解、自然风化、火山爆发和人为冶炼等作用释放出 H_2S、SO_2 和甲基硫等气体进入大气中，溶于水形成弱酸，或进一步经光氧化作用生成 SO_3，再溶于水形成硫酸，随降雨落到地面和海洋中。降落到地面的部分，进入土壤中或随陆地径流流入海洋。

海洋中，植物和微生物主要吸收 SO_4^{2-} 形式的硫，还有少量的有机硫和 H_2S，经同化作用将它们转化为含硫有机物，再通过动物的摄食在食物链中传递，这个过程中分泌或排泄的物质经微生物分解在有氧条件下转化为 SO_4^{2-}，重新进入循环，但缺氧条件下则分解为 H_2S 或甲基硫化物，一些不需氧或厌氧细菌能将 H_2S 氧化成 S，再进一步氧化成 SO_4^{2-}。循环过程中，一部分硫与 Ca^{2+}、Fe^{3+} 和 Fe^{2+} 等金属离子形成硫酸钙、硫化铁和硫化亚铁等不溶物发生沉积作用，还有一部分含硫有机物未经分解就直接沉降到海底，其中大部分离开循环，经长期作用演化为矿质或化石燃料等。另外，分解时产生的一部分 H_2S 和甲基硫等又返回到大气中。

海洋排放的负温室气体二甲基硫(dimethyl sulfide，DMS)是大气中硫化物的主要来源，也是自然界含量最多的有机硫化物。DMS 的前体——二甲基巯基丙酸盐(dimethy-sulfoniumpropionate，DMSP)是一种渗透调节物质，溶解态的 DMSP 主要来源于浮游生物细胞的自然分泌。DMSP 可作为微生物的碳源和能源，通过酶促反应分解为 DMS 和丙烯酸,后者可促进微生物生长。DMS 广泛分布于海洋真光层,一部分经光氧化和细菌消化生成 SO_4^{2-},一部分向大气排放。在热带太平洋海域,DMS 通过微生物的降解速率比海—空交换速率大。在有机硫化物中,DMS 的产生和消耗对全球的硫循环影响最大,目前人们在研究全球硫循环时,越来越关注 DMS 所起的作用。DMS 还是决定全球气候的重要因素之一,能使气候变冷,对缓解全球的温室效应有重要意义,但是它也能够促进酸雨的形成,对环境造成危害。有关 DMS 的浓度分布、通量与循环的研究已成为当今国际上的热门研究课题。海洋硫循环如图 7-8 所示。

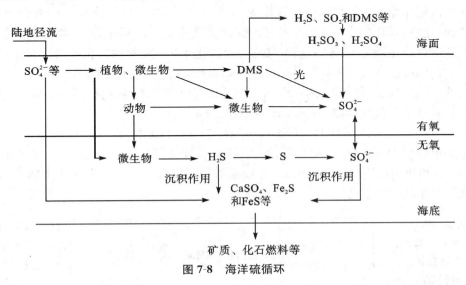

图 7-8　海洋硫循环

7.6.2　微生物在海洋硫循环中的作用

硫循环主要包括硫的同化作用、脱硫作用、硫化作用和硫酸盐还原作用,微生物在整个过程中都起着重要作用。

硫的同化作用是指生物利用硫酸盐或 H_2S 组成自身细胞物质的过程。大多数微生物利用硫酸盐作为硫源,只有少数微生物可利用 H_2S。微生物吸收硫酸盐并将其还原为硫化物,后者再结合到氨基酸等细胞物质中去,这一过程又称为同化性硫酸盐还原作用。这种作用需要 ATP 提供能量,产生的硫化物与丝氨酸形成半胱氨酸,再经一系列的反应结合到蛋白质等生物活性分子中。

脱硫作用指蛋白质或其他含硫有机物被微生物分解释放无机硫的过程。正如前面所述,有氧条件下分解转化为 SO_4^{2-},而缺氧条件下分解为 H_2S 或甲基硫化物,多种硫细菌与硫化细菌(如沉积物或厌氧层中的紫色硫细菌或绿硫细菌)又将 H_2S 和不完全氧化的硫化物氧化为 S,再进一步氧化成 SO_4^{2-}。紫色硫细菌在进行 $H_2S{\rightarrow}S$ 反应的同时,也进行 $S{\rightarrow}SO_4^{2-}$ 的反应,但后者反应较慢,反应过程中生成的硫粒蓄积在细胞内。而绿硫细菌在 H_2S 存在的情况下,只能进行 $H_2S{\rightarrow}S$ 反应,生成的硫粒附着在细胞外侧。分解含硫有机物的微生物有荧光假单胞菌(*Psedomonas fiuorescens*)、线形分枝杆菌(*Mycobacterium fili forme*)、纤细杆菌(*Bacterium delicatum*)等。

139

硫化作用是指在有氧条件下,将还原态的 H_2S、单质硫或硫化亚铁等氧化形成硫酸的过程。能进行硫化作用的微生物主要有两类:一类是化能自养菌,包括无色硫细菌如硫杆菌(*Thiobacillus*)、发硫菌(*Thiothrix*)、贝氏硫菌(*Beggiatoa*)和古菌如嗜热丝菌(*Thermothrix*)、硫化叶菌(*Sulfolobus*)、嗜酸菌(*Acidianus*)等;另一类是具有光合色素的光能自养的硫细菌,如紫硫菌、绿硫菌和红硫菌等。另外,还有一些化能异养的细菌,如节杆菌(*Arthrobacter*)、假单胞菌(*Rseudomonas*)和真菌如曲霉(*Aspergillus*)、毛霉(*Mucor*)等。

硫酸盐还原作用是指将硫酸盐还原为 H_2S 等硫化物的过程,包括两种类型:同化型(见硫的同化)和异化型。异化硫酸盐还原作用指微生物在缺氧条件下,将硫酸盐作为无氧呼吸的受体而还原为 H_2S 的过程,又称为反硫化作用。常见的微生物类群有脱硫肠状菌(*Desulfotomaculum*)、脱硫弧菌(*Desufovibrio*)、火叶菌(*Pyrolobus*)等。

另外,许多微生物在厌养条件下,可以单质硫为电子受体,氧化有机物来维持生长,如乙酸氧化脱硫单胞菌(*Desulfuromonas acetoxidans*):

$$4S + CH_3COOH + 2H_2O \longrightarrow 2CO_2 + 4H_2S$$

或氧化无机物如 $H_2(H_2 + S \rightarrow H_2S)$,例如,热变形菌属(*Thermoproteus*)、热棒菌属(*Pyrobaculum*)和热网菌属(*Pyrodictium*)等极端嗜热厌氧古细菌等。海洋微生物参与的硫的氧化还原循环过程参见图 7-9。

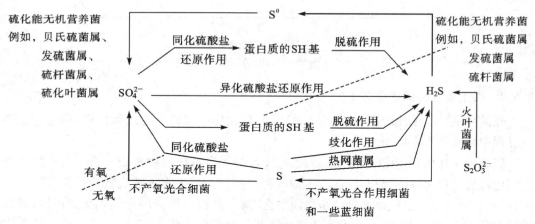

图 7-9 海洋微生物参与的硫的氧化还原循环过程

7.7 海洋微生物和铁循环

7.7.1 铁循环

自然界中,铁主要以黄铁矿存在于岩石圈,因其易与其他物质作用生成沉淀,所以铁在海水中属于痕量金属元素。据统计显示,近岸海水中铁浓度为 $0.05\sim10$ mmol/L,而在大洋中仅为 $0.05\sim2$ nmol/L。铁在生物体内所占比例很小,仅为 0.02%,但作为许多酶和叶绿素等的组分,铁在维持生物体正常的呼吸作用、光合作用和氮代谢(特别是氮固定)等过程中发挥着重要作用。

海水中大部分铁以颗粒态和胶体态存在,溶解态(主要以有机络合态存在)浓度很低,而颗粒态和胶体态需要转化为溶解态才能被生物利用,因此溶解态成为许多海域特别是高硝酸盐低叶绿素(high-nitrate low-chlorophyll, HNLC)地区(如南大洋和赤道太平洋、亚北极太平洋)初级生产的限制因子,而铁在海洋中的生物地球化学循环过程也成为各生源要素中的一大研究热点。

海水中铁的来源主要有陆地径流、大气沉降、垂直混合和上升流输入等,其中大气沉降是远海海域的主要来源。海洋中的溶解态铁以两种价态存在:Fe^{2+} 和 Fe^{3+},二者可相互转化,但只有 Fe^{2+} 才能为初级生产者利用。植物和微生物吸收 Fe^{2+},与自身的有机物发生螯合作用形成含铁有机物进入食物链中,最后通过微生物分解以 Fe^{3+} 形式释放出来,而 Fe^{3+} 又为微生物作用,作为电子受体还原成 Fe^{2+} 后重新进入循环。另外,微生物除了直接吸收外,还可以产生铁螯合剂来结合和转运铁络合物,如细菌、真菌和某些藻类在低铁环境中生长时,分泌铁载体(siderophore)到海水中,铁载体以极高的专一性和亲和力与铁结合形成络合物,再被细胞吸收转化为二价铁有机物供机体利用,在调节海洋初级生产力中发挥重要作用。但由于 Fe^{3+}、Fe^{2+} 易与 H_2S 等反应发生沉淀,相当一部分含铁的不溶物和未分解的颗粒铁一样沉积到海底而离开循环。

铁作为海洋初级生产力的潜在限制因子而常常受到关注,但是以往的注意力大多集中于真核浮游植物铁限制的研究,光合细菌和异养细菌在铁循环中的重要性却没有给予足够的重视。Tortell 等认为,原核微生物在海洋铁循环中有着重要作用,它们含有海域中绝大部分的生物铁,是浮游生物吸收铁的主要来源。在亚北极区的北太平洋表层水中,异养细菌吸收了超过 50% 的溶解铁,并直接与浮游植物竞争这种限制性资源。在寡营养的热带和亚热带海域,当混合层水中大部分生物铁的固氮菌——束毛藻(*Trichodesmium*)变得丰富时,光合细菌在铁循环中的作用就显得更加重要。以亚北极区太平洋深海上层水为例,生物铁循环如图 7-10 所示。

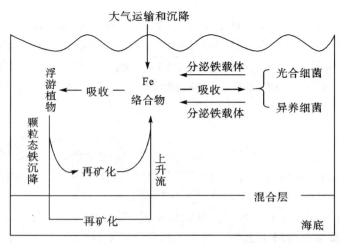

图 7-10 亚北极区太平洋深海上层水中生物(不包括原生动物和后生动物)铁循环示意图

(引自 Tortell,1999)

7.7.2 微生物在海洋铁循环中的作用

细菌还原 Fe^{3+} 为 Fe^{2+} 是自然界中铁被溶解的主要方式,而 Fe^{3+} 的还原是一些微生物厌氧呼吸的主要形式。某些真菌、许多化能有机营养菌及化能自养菌,都把 Fe^{3+} 作为电子受体用于能量代谢,如巨大芽孢杆菌(*Bacillus megaterium*)、多黏芽孢杆菌(*Bacillus polymyxa*)、铜绿假单胞菌(*Pseudomonas aeruginosa*)、腐败希瓦氏菌(*Shewanella putrefaciens*)、普通变形菌(*Proteus vulgaris*)、鱼皮无色杆菌(*Achromobacter ichthyodermis*)、埃希氏菌(*Escherichia*)和葡萄球菌(*Staphylococcus*)等。另外,有些微生物在厌氧环境下可利用产生的甲酸盐、单质硫间接还原 Fe^{3+}。缺氧条件下,有 H_2S 存在时,Fe^{3+} 也可通过微生物作用还原为 Fe^{2+},该部分内容请参见"硫循环"。因此,铁循环和硫循环在许多环境下交叉在一起,关系密切。

目前在海洋底部发现有大量的磁铁矿石,这很可能与向磁磁螺菌(*Magnetospirillum magnetotactium*)等细菌有关。厌氧条件下,向磁磁螺菌能将细胞外的 Fe^{3+} 还原为细胞内混合价的磁铁矿颗粒(Fe_3O_4)。有些细菌则能在细胞外堆积磁铁矿产物。

铁的氧化常常与沉积联系在一起,常见的作用于铁氧化的微生物有嗜酸铁氧化菌、中性 pH 铁细菌和真菌等。在酸性 pH 条件下,Fe^{2+} 氧化很慢,但嗜酸化能无机营养菌——氧化亚铁硫杆菌(*Thiobacillus ferrooxidans*)能催化这一反应,产生褐色沉积物,使环境进一步酸化,反应式为

$$4Fe^{2+} + O_2 + 10H_2O \longrightarrow 4Fe(OH)_3 \downarrow + 8H^+$$

中性 pH 条件下,化能无机自养的嘉利翁氏菌(*Gallionella*),在有氧环境中,仅以 Fe^{2+} 为电子供体释放 CO_2,形成大量 $Fe(OH)_3$ 沉积物。近年发现,在海底沉淀的厌氧条件下,紫色光合细菌也能利用 NO_3^- 将 Fe^{2+} 氧化成 Fe^{3+}。

7.8 海洋微生物和其他元素循环

上述元素在海洋物质循环中起着非常重要的作用,其他元素如硅(Si)、锰(Mn)、钾(K)、钙(Ca)、钠(Na)等也有不可忽视的作用。另外,汞(Hg)、铅(Pb)、镉(Cd)、铬(Cr)、砷(As)等有毒害作用的元素,近年来由于人类开矿、冶金、制作工业产品等活动而大量流入海洋,污染了海洋环境,导致海产品锐减,同时有毒元素积存于海产品中也间接对人体造成了伤害。

7.8.1 硅循环

硅分布广泛,在地壳中约占 27.7%,居第二位,仅次于氧。硅多数以硅酸盐形式存在,是矿物和岩石的主要构成成分。由于物理和化学风化作用,岩石中的部分硅酸盐进入水圈和生物圈。海洋中,硅是许多海洋浮游生物所必需的营养盐之一,尤其是对于硅藻,硅更是构成机体不可缺少的组分,硅藻外壳的形成和细胞生长周期的完成都需要硅。此外,放射虫、硅质海绵和硅鞭毛虫等生物的生长和骨骼形成也都离不开硅。

海水中溶解态的硅主要以正硅酸盐——$Si(OH)_4$ 形式存在。由陆地径流、大气沉降、海底热液喷发和海底玄武岩侵蚀等途径输入的硅酸盐被浮游生物吸收后,大量用来合成

无定形硅($SiO_2 \cdot nH_2O$),组成硅藻等的硅质壳,少量用来调节浮游生物的生物合成。浮游生物体内可累积硅,浓度可达到外界介质硅浓度的30～350倍。死亡的硅藻以及体内硅含量较大的浮游动物的排泄物和残体等离开真光层沉降到海底,一部分被细菌产生的水解酶等催化溶解重新进入循环,另一部分未溶解的硅离开海水表层沉降到海底形成沉积物,沉积到海底的无定形生物硅(BSi,又称蛋白石)是海洋沉积物的重要组成部分。在硅藻生长旺盛海域的某些沉积物中,生物硅蛋白石甚至占沉积物总重量的80%以上。而有些硅又通过海底含硅的岩石风化或热液喷发等重新回到循环。硅藻是海洋初级生产力的重要组成部分。每当输入大量的含硅营养盐,硅藻的生物量就会出现高峰值,甚至有赤潮发生。由于浮游生物吸收大量的硅,海水中硅的含量大幅度降低,造成硅的缺乏,导致硅藻生长受到严重限制,并大量沉积,从而维持海水中硅元素的含量水平,保持了海洋中的硅含量与浮游生物的生物量处于动态平衡状态。海洋硅循环见图7-11。

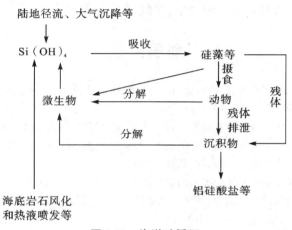

图 7-11　海洋硅循环

7.8.2　汞循环

汞俗称水银,是唯一在常温常压下呈液态的金属,能与大多数金属形成汞齐合金。汞是有毒重金属,即使在极低的剂量下,对生物包括人类都有相当大的毒性。汞在自然界中含量很低,地壳中平均含量为 7.0 ng/g,但分布广泛且极不均匀,其主要储库是水和沉积物。汞及其化合物的应用十分广泛,现在世界上有 80 多种工业生产需要用汞作为原料。全世界每年开采应用的汞在 1×10^4 t 以上,每年散失在环境中的汞估计达 5×10^4 t,汞已成为毒性极高的全球性环境污染物,有关汞及其化合物的环境生物地球化学研究是目前国际上的研究热点之一。

汞在自然界中以多种形式存在:单质汞(Hg^0)、一价汞(Hg^+)或二价汞(Hg^{2+}),化合物中以二价多见。在海水中,汞主要以 Hg^{2+} 形式存在,Hg^{2+} 易吸附到颗粒物质上,然后或沉积于海底,或经微生物代谢(生物过程)、纯粹的化学过程(非生物过程)发生甲基化作用形成可溶性甲基汞(CH_3Hg^+)和少量可挥发性的二甲基汞(CH_3HgCH_3),这两类汞化合物在与蛋白质结合后将富集于动物组织或微生物中;其中生物过程是甲基汞形成的主要机制。海洋中的鱼类、贝类具有非常强的富集甲基汞的能力,与海水中的甲基汞含量相

比其富集倍数可达 $10^{4\sim6}$。CH_3Hg^+ 是一种神经毒素,可引起人或动物肝脏和肾脏损伤,达到一定量可导致生物体死亡。

能进行甲基化反应的微生物主要有:厌氧菌,如产甲烷菌(*Methanobacterium*)、匙形梭菌(*Clostridium cochlearium*)等;好氧菌,如硫杆菌、荧光假单胞菌、巨大芽孢杆菌等;真菌,如粗糙链孢菌等。随着甲基汞数量增加,脱甲基作用也越来越明显。已知有多种细菌具有脱甲基汞的能力,包括需氧菌和厌氧菌,但以需氧菌较多。微生物将体内的有机汞和无机汞转化为单质汞排出体外的特性称为汞抗性(mercury fastness)。例如,产甲烷菌能将 CH_3Hg^+ 转化为 CH_4 和单质汞,反应式为

$$CH_3Hg^+ \longrightarrow Hg + CH_4$$

另外一些微生物,如硫酸盐还原菌可使 Hg^{2+} 沉淀,反应式为

$$H_2S + Hg^{2+} \longrightarrow HgS\downarrow$$

所以在无氧的硫酸盐还原沉积物中,多数以 HgS 形式存在。

参考文献

陈水土,阮五崎.1994.九龙江口、厦门西海域磷的生物地球化学研究:(Ⅲ)生物活动参与下的形态转化及磷循环估算.海洋学报.16(2):63~71

侯建军,黄邦钦.2005.海洋蓝细菌生物固氮的研究进展.地球科学进展.20(3):312~319

洪义国,许玫英,郭俊,等.2005.细菌的 Fe(Ⅲ)还原.微生物学报.45(4):653~656

李冠国,范振刚.2004.海洋生态学.北京:高等教育出版社

李云,李道季.2004.海洋中不产氧光合细菌的研究进展.海洋通报.23(4):86~92

李永华,王五一,杨林生,等.2004.汞的环境生物地球化学研究进展.地理科学进展.23(6):33~40

刘志恒.2002.现代微生物学.北京:科学出版社

马迪根 M T,马丁克 J M,帕克 J,著.微生物生物学.杨文博,等译.2001.北京:科学出版社

马红波,宋金明.2001.海洋沉积物中的氮循环.海洋科学集刊.43:96~107

任玲,杨军.2000.海洋中氮营养盐循环及其模型研究.地球科学进展.15(1):58~64

尚玉昌.2002.普通生态学(第二版).北京:北京大学出版社

沈国英,施并章.2002.海洋生态学(第二版).北京:科学出版社

孙云明,宋金明.2002.中国海洋碳循环生物地球化学过程研究的主要进展(1998~2002).海洋科学进展.20(3):110~118

宋金明,徐亚岩,张英,等.2006.中国海洋生物地球化学过程研究的最新进展.Marine Sciences.30(2):69~77

唐启升,苏纪兰.2000.中国海洋生态系统动力学研究:(Ⅰ)关键科学问题与研究发展战略.北京:科学出版社

杨东方,高振会,陈豫,等.2002.硅的生物地球化学过程的研究动态.Marine Sciences.26(3):39~42

杨家新.2004.微生物生态学.北京:化学工业出版社

杨苏生,周俊初.2004.微生物生物学.北京:科学出版社

殷建平,王友绍,徐继荣,等.2006.海洋碳循环研究进展.生态学报.26(2):566~575

张志南,田胜艳.2003.异养细菌在海洋生态系统中的作用.青岛海洋大学学报.33(3):375~383

张远辉,王伟强,陈立奇.2000.海洋二氧化碳的研究进展.地球科学进展.15(5):559~564

朱维琴. 2002. 铁、锰等金属元素的微生物还原及其在环境生物修复中的意义. 应用生态学报. 13(3):369
～372

Arrigo K R. 2005. Marine microorganisms and global nutrient cycles. Nature. 437:349-355

Danovaro R, Marrale D. 1999. Bacterial response to seasonal changes in labile organic matter composi-
tion on continental shelf and bathyal sediments of Cretan Sea. Prog Ocean. 46: 345-366

Pfannkuche O. 1996. Organic carbon through the benthic community in the temperate abyssal northeast
Atlantic. Deep-sea food chains and the global carbon cycle. 368: 183-197

Pinhassi J, Zweifel U L, Hagstrom A. 1997. Dominant marine bacterioplankton species found among
colony-forming bacteria. Appl Environ Microbiol. 63(9): 3359-3366

Sarmiento J L, Le Quere C. 1996. Oceanic carbon dioxide uptake in a model of century-scale global ar-
ming. Science. 274: 1346-1350

Turley C M. 2000. Bacteria in the cold deep-sea benthic boundary layer and sediment-water interface of
the N E-Atlantic. Microbiol Ecol. 33:89-99

UNEP. 2002. Report of the global mercury assessment working group on the work of its first meeting.
Geneva Switzerland. 9:9-13

Ullrich S M, Tanton T W, Abdrashitova S A. 2001. Mercury in the aquatic environment: A review of
factors affecting methylation. Cri Rev Environ Sci Technol. 31(3): 241-293

Zhang Y H, WangW Q, Chen L Q. 2000. Advances in studies of oceanic carbon dioxide. Adv Ear Sci.
15(5): 559-564

8. 海洋微生物多样性研究技术

8.1 海洋微生物多样性概述

海洋约占地球表面积的71％,浩瀚的海洋中有着丰富的生物资源,而海洋微生物以其数量大、种类多、分布广及适应能力强等特点在其中占据举足轻重的地位。据统计,海洋微生物有 $1×10^6 \sim 2×10^8$ 种,为适应海洋特有的高盐、高压、低营养、低光照等极端条件,海洋微生物在物种、基因组成和生态功能上具有丰富的多样性,是整个生物多样性的重要组成部分。海洋微生物多样性包括生态环境多样性、物种多样性、遗传多样性以及代谢途径与产物多样性等诸多方面,详细内容参见本书第3部分。

海洋微生物虽种类繁多,但人们迄今了解的不超过其总量的1％。1992年《生物多样性公约》的签署,标志着人类研究与保护生物多样性进入了一个新的发展阶段。海洋微生物资源的开发,进一步促进了海洋微生物多样性的研究,尤其是随着分子生物学的迅速发展和计算机技术的普遍应用,使得在不经培养的条件下研究海洋微生物的多样性成为可能。下面对海洋微生物多样性研究中的常用技术逐一进行介绍。

8.2 微生物培养法

微生物培养法(microbial cultivation method)是指使用不同营养成分的培养基对海洋中可培养的微生物进行分离培养,并参考外观形态与生理生化等方面特征进行分类鉴定。该方法在研究小群体微生物多样性方面较为快速,但由于受到培养基选择和实验条件的限制,不能全面反映微生物生长的自然条件,并且会造成某些微生物的富集生长。另外,由于对微生物生存环境的认识不足,迄今为止通过人工培养方法分离和描述的海洋微生物数量仅为估计数量的0.001％～0.1％,绝大多数微生物仍未被分离和认识。

由此可见,传统的研究方法反映的只是极少数微生物的信息,大量有价值的微生物资源尚未被认识和利用,因此微生物培养法必须与其他先进方法结合起来才能较为客观地反映海洋微生物群落结构的真实信息。这种方法在针对某些特殊目标物种时非常有效,也已分离出许多有应用价值的微生物种类。

8.3 细胞成分分析法

细胞成分分析法是定量描述微生物群落结构较为常用的方法之一,通常以微生物细胞的生化组成成分作为生物量的标记物,进而分析其群落结构。这种方法的优点:不需从样品中分离微生物细胞,又避免了传统微生物培养法中不同微生物种群选择性生长带来

的影响。一般来说,作为标记物需符合以下 3 个条件:

(1)在微生物体内有该成分的存在,且浓度不会随微生物生长而改变;

(2)该成分只能存在于活细胞内,随细胞死亡而迅速分解;

(3)该成分可被定量提取和准确测定。

常用的标记物有磷脂类化合物中的磷脂酸、脂肪酸及鞘脂类化合物等。研究时,先选择一种适宜的提取剂从样品中提取该生物标记物,纯化后进行定量检测。应用磷脂类化合物的脂肪酸组成来研究微生物群落结构是一种较新的方法。磷脂类化合物只存在于生物活细胞的细胞膜中,一旦细胞死亡,其中的磷脂类化合物马上消失。由于磷脂类化合物的这种特性,故可以把相对稳定的磷脂类化合物看做海洋微生物的生物量,进而来分析其群落结构。

分析脂肪酸时,要注意尽可能地提取脂肪酸,防止失去一些重要的信息,在选择提取方法时,要避免偏重于那些普遍存在的脂肪酸。但由于不同属甚至不同科微生物的脂肪酸可能会相同,因此在区分关系较远的微生物时有一定的困难,所以还需寻求更加可靠的分析方法。这种方法在分析一个不太复杂的生态系统的微生物多样性时仍有一定的参考价值。

8.4 电子显微镜技术

电子显微镜技术(electron microscope technology)的出现,使得对细胞和病毒超微结构的研究成为可能。常用的电子显微镜有透射电子显微镜(transmission electron microscope,TEM)和扫描电子显微镜(scanning electron microscope,SEM)。

TEM 的基本原理:当电子束透过样品时因细胞组织的密度不同而被散射,经过聚焦与放大后产生物像,投射到荧光屏或底片上形成图像。TEM 的有效放大倍数可达到100 000倍,分辨率为 0.5 nm。TEM 结合辅助技术如冻蚀法、负染色等还可观察细胞膜、内质网结构和细胞表面附属物,但不能反映这些组织在活细胞中的实际结构。

SEM 的基本原理:用极细的电子束在细胞表面扫描,将产生的二次电子用特制的探测器收集,形成电信号运送到显像管,在荧光屏上形成三维图像,特别适用于细胞表面结构的研究。但扫描电镜法和透射电镜法仅是对微生物形态进行检测,并不能为微生物分类提供足够信息,且十分昂贵。

8.5 荧光染料染色法

荧光染料染色法(fluorescent staining method)是通过选择合适的荧光染料来标记微生物细胞,该方法简单、直观,现已被广泛使用。其作用原理是:染料渗入细胞后与 DNA特异结合,在激发光源的作用下释放较强的荧光并且可见光谱范围广。表 8-1 列举了 4种常用的荧光染料,其中 DAPI 是计算微生物总数的首选荧光染料。荧光染料染色法可以用来分析海洋环境中微生物的现存量,但不能为微生物分类提供足够的信息。

表 8-1　四种常用的荧光染料

种类	用途
吖啶橙	可鉴别 DNA 和 RNA,区别分裂细胞和静止细胞群体
DAPI	细胞核染色以及某些特定情况下的双链 DNA 染色,细胞凋亡的检测
碘化丙啶	细胞凋亡(apoptosis)或细胞坏死(necrosis)的检测
溴化乙啶	检测 DNA 和 RNA

8.6　流式细胞术

流式细胞术(flow cytometry,FCM)是一种在功能水平上对单细胞或其他生物粒子进行定量分析和分选的检测手段。该方法最早在生物医学中得到运用,20 世纪 70 年代末首次应用于海洋研究,并给海洋微生物计数和特性的研究带来显著进展。其基本原理是:将待测样品制备成单细胞悬液,用荧光染料标记细胞的特异部位后进入流动室。流动室内充满流动的鞘液,鞘液压力与样品流压力不同,当两者的压力差达到一定程度时,鞘液裹挟着样品流中细胞排成单列逐个经过激光聚焦区,荧光染料通过激光检测区时受激发,发出特定波长的荧光,通过波长选择通透性的滤色片,可以将不同波长的荧光信号区分开来,并送到不同的光电倍增管中,经过一系列信号转换、放大和数字化处理,可在计算机上统计出各种带有荧光标记的细胞百分率。选择不同的单克隆抗体及荧光染料,FCM 还可同时测定一个细胞上的多个特征。

FCM 可以高速分析上万个细胞,并能同时从一个细胞中测得多个参数,与传统的荧光镜检查相比,具有速度快、精度高、准确性好等优点,成为当代最先进的细胞定量分析技术。1997 年 Marie 等用流式细胞术结合新型核酸染料 SYBRGreenI 直接检测海洋中的病毒数目取得成功。2002 年 Karsten 等用流式细胞术结合细胞微胶囊法对 Sargasso 海中的微生物进行分析,发现一些新的未可培养海洋微生物,经 16S rRNA 基因序列进一步分析表明,这些微生物大部分属于浮霉菌、噬纤维菌-黄杆菌-拟杆菌、变形细菌 3 个类群。

8.7　基于 rRNA 基因序列的系统发育分析

核糖体 RNA(ribosomal RNA,rRNA)是生物体的基本要素之一,存在于所有细胞中,其功能稳定,是研究系统进化关系的最好材料。核糖体由两个亚基组成,分别称为大亚基和小亚基,每个亚基由主要的 rRNA 和许多不同功能的蛋白质分子构成。在生物进化的漫长过程中,rRNA 分子保持相对恒定的生物学功能和保守的碱基排列顺序,其分子排列顺序有些部位变化非常缓慢,以致保留了古老祖先的一些序列,同时也存在着与进化过程一致的突变率。rRNA 在细胞中含量大,一个典型的细菌中含有 10 000～20 000 个核糖体,提取容易,可以获得足够量的 rRNA 用于研究。

8.7.1　原核微生物 rRNA

原核微生物 rRNA 含有 3 种类型:23S、16S 和 5S rRNA,分别含有约 2 900、1 540 和 120 个核苷酸。大多数原核生物的 rRNA 基因按照 16S-23S-5S 的顺序排列在同一操纵子上,中间由转录间隔区(internal transcribed spacer,ITS;或称 intergenic spacer region, ISR)隔开。ITS 就是指 rRNA 操纵子中位于 16S rRNA 和 23S rRNA 以及 23S rRNA 和 5S rRNA 之间的序列(图 8-1)。由于 5S rRNA 分子小,所含信息量太少,而 23S rRNA 分子大,信息多,碱基突变速率要比 16S rRNA 快得多,对于较远的亲缘关系不适用。16S rRNA 序列相对稳定而又高度保守,分子中含有保守区和高变区,可用于进化程度不同的生物之间的系统发育分析,根据其结构的变化规律,可将其全长划分为 9 个高变区 $V_1 \sim V_9$(图 8-2)。而且 16S rRNA 相对分子量适中,易于进行序列测定和分析比较,可以为细菌鉴定提供相对稳定可靠的信息,广泛用于评价生物的遗传多态性和系统发生关系。

此外,由于利用 16S rDNA 分析时不需要得到微生物的纯培养,突破了用传统的微生物分离纯化方法调查海洋微生物多样性时绝大多数微生物未可培养的限制,可不经过分离培养,直接从自然环境样品中提取 DNA 作为模板,通过 PCR 方法扩增出 16S rDNA 用于多态性分析。该方法目前已广泛应用于土壤、海洋、湖泊、肠道等多种生态系统中微生物多样性的调查,并揭示出前所未知的微生物多样性。Woese 等利用 16S rDNA 序列分析技术,发现了一类在系统发育上与其他细菌存在很大差异的微生物——古菌,奠定了有关古菌、真细菌和真核生物"三域"理论的基础。

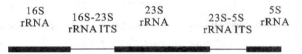

图 8-1　原核生物 rRNA 结构示意图

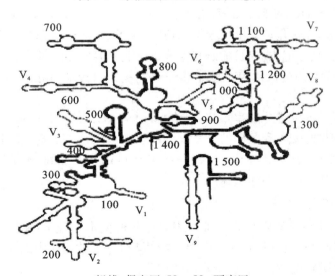

粗线:保守区;$V_1 \sim V_9$:可变区

图 8-2　16S rRNA 分子的二级结构

研究还发现,不同菌种 16S-23S rRNA 间隔区具有长度和序列上的多型性,而且进化速率比 16S rRNA 大 10 多倍,但在间隔区两端(即 16S 的 3′端和 23S 的 5′端)均具有保守的碱基序列,使其在细菌系统发育学特别是近缘种菌株的区分和鉴定方面有着不可替代的作用。作为 16S rRNA 序列的一大补充,16S-23S rRNA 间隔区可作为菌种鉴定的分子特征之一,适用于属及属以下水平的分类研究,并广泛用于不同生态环境微生物多样性的研究,详细内容参见本书第 9 部分。

8.7.2 真核微生物 rRNA

真菌微生物的 rRNA 与原核生物不同,转录区包括 5S、5.8S、18S 和 28S rRNA。对于大多数真核生物,rRNA 基因群的一个重复单位包括(按 5′→3′):非转录区(non transcribed sequence,NTS)、外转录间隔区(external transcribed spacer,ETS)、18S rRNA、内转录间隔区 1(internal transcribed spacer1,ITS1)、5.8S rRNA、内转录间隔区 2(ITS2)和 28S rRNA(图 8-3)。18S、5.8S 和 28S rRNA 基因共处于一个重复单位,组成一个转录单元(5S rRNA 基因属于另一个转录单元),转录时连同 ETS、ITS1 和 ITS2 一起转录成 37～45S 的 rRNA 前体(pre-rRNA),在转录后加工过程中 ETS、ITS1 和 ITS2 被除去而成为成熟的 18S、5.8S 和 28S rRNA。NTS 和 ETS 常被合称为基因间隔区(intergenic spacer,IGS),rRNA 上的所有间隔区 ITS1、ITS2、ETS 和 NTS 也被统称为基因间区(intergenic region,IGR)。

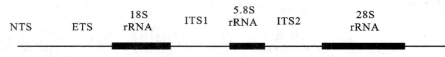

图 8-3 真菌 rRNA 结构示意图

18S、5.8S、28S rRNA 基因序列进化缓慢而相对保守,是科间或更高级阶元间系统发育的良好标记。18S rRNA 和 28S rRNA 大小分别为 1.8 kb 和 3.4 kb 左右,序列中既有保守区又有可变区,在进化速率上比较保守,其中 18S 比 28S 基因更保守,是系统发育中种级以上阶元的良好标记,成为目前研究真菌属以上分类最常选用的基因座位之一,普遍用于真菌物种多样性的分析比较。另外,28S rRNA 和内转录间隔区 ITS 也可用于多态性的研究。

研究还发现,IGS 区进化速率最快,具有种间标记的价值,可作为区别亲缘关系密切的种类以及识别亚种、变种和菌株的关系。Fan 等测定了新生隐球菌变种的 IGS 区序列,发现变种间的基因序列存在较大的差异,说明 IGS 区因变异过高,不适宜某些真菌的种间鉴别,更适用于同种内的不同菌株。

8.7.3 rDNA 系统发育分析

rDNA 序列(即 rRNA 基因序列)系统发育分析的基本原理是:从微生物样品中获得总 DNA,通过克隆、测序获得 rDNA 序列信息,再与 DNA 数据库中的序列或其他数据进行比较,确定其在进化树中的位置,操作步骤如下:

(1)直接提取微生物样品的基因组 DNA。

(2)采用特异引物,以基因组 DNA 为模板,采用 PCR 方法扩增 rDNA 基因片段。

（3）通过琼脂糖凝胶电泳，将目的 rDNA 片段与其他 DNA 片段分开，回收所需要的 rDNA。

（4）将回收的 PCR 产物与 T-载体连接后，转化 *E. coli* DH5α 感受态细胞。对转化细胞进行蓝白斑筛选，挑取白色斑点进行 PCR 检测或酶切片段检测，对阳性克隆进行测序。也可以采用保守引物对 rDNA 序列直接测序。

（5）经测序获得的 rDNA 序列，通过 Blast 程序与 GenBank 中核酸数据进行对比分析（http://ncbi.nlm.nih.gov/blast），选取同源性高的菌株及其他相关菌株，采用 CLUST-AL X 软件比对分析，再运用 PHYLIP、PAUP 或 MEGA 等软件构建发育树。详细内容请见本书第 9 部分。

8.8　基于 PCR 技术的多样性分析

微生物多样性研究中，基于 PCR 的多样性分析技术目前得到广泛采用。

聚合酶链式反应（polymerase chain reaction，PCR），是一种在体外对特定的 DNA 片段进行快速扩增的方法。PCR 过程主要分高温变性、低温退火和中温延伸三个阶段，过程如图 8-4 所示，即在高温（95℃）下，双链 DNA 模板受热变性成为两条单链 DNA 模板；低温（37℃～55℃）下，引物与互补的单链 DNA 模板结合，形成部分双链；中温（72℃）下，利用 Taq 酶以引物 3′端为合成起点，以单核苷酸为原料，沿模板 5′→3′方向合成 DNA 新链。如此不断循环，PCR 产物以指数形式（2^n）迅速扩增。经过 25～30 个循环后，理论上可使基因扩增 10^9 倍以上，实际上一般可达 10^6～10^7 倍。

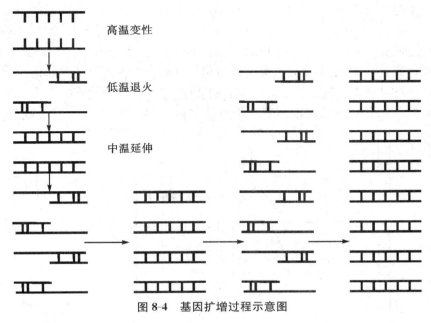

图 8-4　基因扩增过程示意图

随着人们对海洋微生物的重视以及科学技术的发展，越来越多的基于 PCR 的分子生物学技术运用到海洋微生物多样性的研究中。Stefan Weidner 等（1996）应用 ARDRA 技术研究了自然状况下海草 *HalophiLa stipulacea* 的寄生菌,对相关菌株进行分类并描述了各类群的相互关系。1999 年 Hidetoshi 等利用 ARDRA 和 RFLP 技术对 16S rDNA 进行分析,阐述了日本东京湾和相模湾沉积物中微生物的多样性。Beja 等(2002)利用 PCR 技术从海洋中发现了新的光合作用基因簇,并发现 11 个新种。

　　基于 PCR 技术发展起来的分子生物学技术主要有随机扩增 DNA 多态性、聚合酶链式反应——单链构象多态性、末端限制性片段长度多态性、扩增 rDNA 限制性酶切片段分析、扩增片段长度多态性等,下面逐一阐述。

8.8.1　随机扩增多态性 DNA 技术

　　随机扩增多态性 DNA(random amplified polymorphism DNA,RAPD)技术是在 PCR 技术基础上发展起来的一种分子标记技术。它以一系列不同的随机排列碱基顺序的寡聚核苷酸单链(通常为十聚体)为引物,对基因组 DNA 进行 PCR 扩增,通过凝胶电泳分离来检测,这些扩增产物的多态性反映了基因组相应区域的多态性。RAPD 技术是由 PCR 技术发展出来的,但又有所不同,主要是引物的差异。首先,在 PCR 扩增中使用的是成对引物(正、反向引物),而 RAPD 中使用的随机引物是单个加入的。其次,随机引物较短,退火温度比常规 PCR 低,一般为 35℃～45℃。虽然 RAPD 技术有很多优点,如操作简单、成本低、多态性高、易实现自动化等,但也存在不少缺点,如易产生假阳性条带、重复性差。因此,在用 RAPD 技术分析海洋微生物多样性时,一般要和其他分子生物学技术结合起来进行。

8.8.2　聚合酶链式反应-单链构象多态性

　　聚合酶链式反应-单链构象多态性(polymerase chain reaction-single strand conformation polymorphism,PCR-SSCP)方法是近年来发展起来的一种微生物多样性分析技术,基本原理如图 8-5 所示。先对 PCR 产物进行变性处理,使双链 DNA 变为单链,然后进行非变性凝胶电泳,由于序列差异会使单链 DNA 的二级结构发生变化,影响了 DNA 分子的电泳迁移速率,从而可以将序列有差别的单链 DNA 分离开。PCR-SSCP 法中可用硝酸银或溴乙啶对电泳后的PCR产物直接显色,也可先用荧光素或放射性元素标记

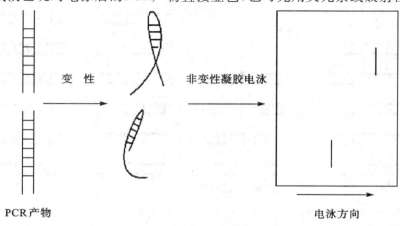

图 8-5　PCR-SSCP 原理示意图

PCR 引物或产物,电泳后再进行显色或照相。在进行变性凝胶电泳时,要注意保持凝胶温度恒定,因为温度的变化可能会造成 DNA 分子单链结构发生变化从而影响检测结果。此方法操作比较简便,灵敏性高,而且分离的 PCR 产物可以直接进行测序。但灵敏性会随 PCR 产物长度的增加而下降。

8.8.3 末端限制性片段长度多态性

末端限制性片段长度多态性(terminal restriction fragment length polymorphism,T-RFLP)的原理是:基因组中酶切位点的突变,如点突变(产生新的或去除酶切位点)和DNA 重组(如插入和缺失造成酶切位点间的长度发生变化),会造成酶切片段长度的不同。其操作步骤是:首先对样品中目的 DNA 片段(通常是 16S rDNA 序列)进行扩增,其中 PCR 所用引物的一端(5′端)或两端用荧光染料进行标记;纯化 PCR 产物;对 PCR 产物进行酶切,所用的限制性内切酶通常是有四对碱基识别位点的酶;用自动测序仪对酶切产物进行检测,只有末端带荧光标记的片段能被检测到,而没有带荧光标记的片段则检测不到。对于不同种类的微生物,酶切位点与荧光标记的 5′端之间的长度不同,因此不同微生物可以由不同长度的末端限制性片段来表示,也就是说每一种长度的末端片段至少代表一种微生物基因型,因此可直接分析出群落中微生物种群数的最小估计值。利用末端标记的片段还可以反映微生物群落组成情况,根据荧光的相对强度可以确定该片段所代表的微生物的相对丰度。T-RFLP 法方便快捷,同时使用了荧光标记,具有较高的灵敏度。

但是,由于 T-RFLP 法只能分析末端片段长度,获得的信息不足以对复杂的微生物群落进行分析。此外,由于多种微生物的酶切末端片段长度可能相同,会造成对物种丰度的估计过低。Dunbar 等还发现由不同酶酶切所得的末端片段数目不一致,造成对群落中类群数估计值不一致。这可能与微生物种群之间存在或远或近的系统进化关系有关,其16S rDNA 序列或多或少有一些相同的区域,若某一特异性限制性内切酶的酶切位点落在此共同区域内,且此区域在 16S rDNA 中的位置相同时,各类群的 DNA 序列差异就不会得到反映。若另一种特异性限制性内切酶的酶切位点不在 16S rDNA 的共同区域中,则可以将它们区别开来。因此,在进行 T-RFLP 分析时,应该用多种限制性内切酶分别进行酶切,并对其结果进行比较。

8.8.4 扩增 rDNA 限制性分析

扩增 rDNA 限制性分析(amplified ribosomal DNA restriction analysis,ARDRA)是美国最新发展起来的一项现代生物技术。基本原理:依据原核生物 rDNA 的保守性,选择性扩增 rDNA 片段(如 16S rDNA、16S-23S rDNA 等),再用限制性内切酶(通常是有四对碱基识别位点的酶)对扩增产物进行酶切并通过凝胶电泳检测,根据酶切片段长度多态性来分析菌种多样性(图 8-6)。

此方法不受传统微生物培养法的限制,不受宿主的干扰,特异性强,效率高。虽然ARDRA 法最早是用于细菌的分类鉴定,但随着它的不断发展,应用越来越广泛。目前这项技术多用于新物种的发现、微生物分类鉴定以及微生物遗传多样性的检测等。由于利用 ARDRA 法分析 rDNA 快速、方便,因此非常适用于研究复杂生境中微生物的群落结构及其多样性。另外,由于 ARDRA 法工作量太大,操作中一般不设置重复。

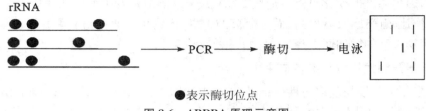

●表示酶切位点

图 8-6　ARDRA 原理示意图

8.8.5　扩增片段长度多态性

扩增片段长度多态性(amplified fragment length polymorphism,AFLP)是有选择地扩增经酶切的部分基因组 DNA 片段来分析各样品基因组间的差异。操作流程是(图 8-7):首先用限制性内切酶将基因组 DNA 消化;将人工双链 DNA 接头通过 T₄ 连接酶加在这些限制性片段两端,形成带有接头的特异片段;用只含一个选择性核苷酸的 AFLP 引物进行预扩增;最后用含 2 或 3 个选择性核苷酸的 AFLP 引物进行选择性扩增,经聚丙烯酰胺凝胶电泳后可以获得多条带的高信息量图谱。AFLP 接头由双链寡核苷酸和酶识别位点两部分组成。AFLP 引物由三部分组成:与接头互补的核心部分、限制性内切酶识别特异序列及 3′端的选择性碱基。引物的选择性碱基为 1～3 个,此时有很好的特异性效果,超出这一范围将易引起错配。在 AFLP 分析中对酶切片段进行连续两次 PCR 扩增可使扩增结果更清楚、重复性更好。

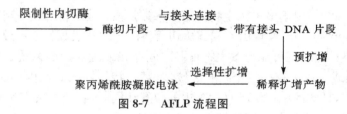

图 8-7　AFLP 流程图

为使酶切片段大小分布均匀,一般采用两种限制性内切酶进行双酶切。一种是六碱基识别位点的内切酶(如 EcoRⅠ、PstⅠ、SacⅠ),切点较少;另一种是四碱基识别位点的内切酶(如 MseⅠ、SeaⅠ),切点多。采用双酶切可减少扩增片段从而减少选择扩增时所需的选择性碱基数,使操作简化,同时增加了引物组合,可以产生大量不同的 AFLP 指纹。需指出的是,AFLP 扩增带的数目可以通过调整选择性碱基数目来准确调节,而且它检测 DNA 多态性的效率也很高,典型的 AFLP 分析可检测到 50～100 条谱带。不足之处在于:AFLP 技术费用昂贵,操作过程中必须具有防护辐射的措施和配套的仪器设备,而且对 DNA 纯度和内切酶的质量要求较高。

8.9　基于核酸杂交技术的多样性分析

尽管 PCR 技术可使复杂的海洋微生物群落结构分析起来相对简化,但是测序过程仍然比较繁琐。因此,需要在尽可能覆盖样品中所有种类的同时,尽量减少测定的克隆数。

利用探针进行杂交很容易克服这一缺点。杂交(hybridization)是指两个以上的分子因具有相近的化学结构和性质而在适宜的条件下形成杂交体(hybrid)。利用两条不同来源的多核苷酸链之间的互补性而使它们形成杂交体双链叫核酸杂交。核酸分子杂交的基础是核酸分子单链之间有互补的碱基顺序,碱基对之间形成非共价键,即出现稳定的双链区。杂交分子的形成并不要求两条单链的碱基顺序完全互补,所以不同来源的核酸单链只要彼此之间有一定程度的互补就可以形成杂交双链。

分子杂交可发生在 DNA 与 DNA、RNA 与 RNA 或 RNA 与 DNA 的两条单链之间,由于 DNA 一般都以双链形式存在,因此在进行分子杂交时,应先将双链 DNA 分子解聚成为单链,这一过程称为变性,一般通过加热或提高 pH 值来实现。用分子杂交进行定性或定量分析的最有效方法是将探针技术与分子杂交技术相结合,即将一种核酸单链用同位素(或其他非同位素)标记成为探针,再与另一种核酸单链进行分子杂交,过程如图 8-8 所示。

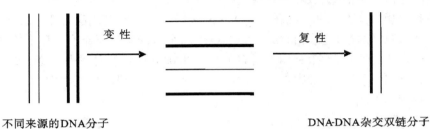

变 性   复 性

不同来源的DNA分子   DNA-DNA杂交双链分子

图 8-8　核酸杂交过程示意图

所谓探针(probe)就是一种带有合适标记物、与特异靶分子反应的分子。例如,抗原—抗体、外源凝集素—碳水化合物、亲和素—生物素、受体—配基以及互补核酸间的杂交均属于探针—靶分子反应。蛋白质探针(如抗体)与特异靶分子是通过混合力(疏水离子和氢键)的作用在少数特异位点上结合,而核酸探针与互补链的反应则是根据杂交体的长短不同,在几十、几百甚至上千个位点上通过氢键结合,这就决定了它的特异性。根据标记方法的不同,基因探针可粗分为放射性探针和非放射性探针两大类,根据探针的核酸性质不同又可分为 DNA 探针、RNA 探针、cDNA 探针、cRNA 探针及寡核苷酸探针等几类,此外,DNA 探针还有单链和双链之分。

核酸探针的制备是分子杂交技术的关键。最早采用的也是目前最常用的核酸探针标记方法是放射性同位素标记。常用的放射性同位素有^{32}P 和^{35}S。^{32}P 因能量高、信号强,因而最常用。放射性同位素标记探针虽然灵敏度高,但却存在辐射危害和半衰期限制(^{32}P半衰期为 14.3 d,^{35}S 半衰期为 87.1 d,^{125}I 半衰期为 60 d)。因此,人们一直在寻找更为安全的非放射性标记物,并在近年来取得了很大进展。目前,非放射性标记物有下述几类:金属(如 Hg)、荧光物质(如半抗原、地高辛、生物素)、酶类(如辣根过氧化物酶、碱性磷酸酶)等。不同的标记物,所标记探针的方法及检测方法也各异。核酸探针的非放射性标记技术有光促生物素标记核酸、酶促生物素标记核酸、寡核苷酸的生物素末端标记、酶标 DNA、酶标寡核苷酸、DNA 半抗原标记。利用核酸杂交技术分析海洋微生物多样性的技术有很多,这里主要介绍膜杂交和荧光原位杂交。

8.9.1 膜杂交

膜杂交主要包括斑点杂交、Southern 印迹杂交和 Northern 印迹杂交。

斑点杂交(dot blot)是将被检标本点到膜上,烘烤固定。这种方法耗时短,可作半定量分析。一张膜上能同时检测多个样品,为使点样准确方便,可使用市售多管吸印仪,如 Minifold I 和 II、Bio-Dot(Bio-Rad)和 Hybri-Dot。吸印仪上有许多孔,样品加到孔中,在负压下就会流到膜上呈斑点状或狭缝状。反复冲洗进样孔,取出膜烤干或紫外线照射以固定标本,这时的膜就可以用于杂交。根据杂交样品,斑点杂交又可分为:DNA 斑点杂交、RNA 斑点杂交和完整细胞斑点杂交。

Southern 印迹杂交(Southern blot),即 DNA 印迹杂交,是由 Edwen Southern 于 1975 年创建,故称为 Southern 印迹杂交,它是研究 DNA 图谱的基本技术,在遗传病诊断、DNA 图谱分析及 PCR 产物分析等方面具有重要价值。基本方法如图 8-9 所示:DNA 标本用限制性内切酶消化后,经琼脂糖凝胶电泳分离各酶解片段,然后经碱变性,在 Tris 缓冲液中和高盐条件下通过毛细作用将 DNA 从凝胶中转印至硝酸纤维素膜上,凝胶中 DNA 片段的相对位置与滤膜相对应,DNA 烘干固定后即可用于杂交。附着在滤膜上的 DNA 与 ^{32}P 标记的探针杂交,利用放射自显影技术确立探针互补的每一条 DNA 带的位置,从而确定在众多消化产物中含某一特定序列的 DNA 片段的位置和大小。

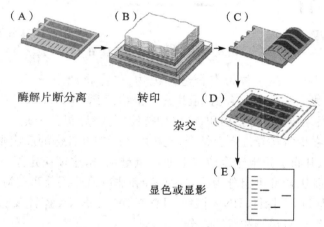

图 8-9　Southern 印迹杂交示意图

Northern 印迹杂交(Northern blot)是一种将 RNA 从琼脂糖凝胶中转印到硝酸纤维素膜上再进行杂交的方法。由于 DNA 印迹杂交又称为 Southern 印迹杂交,而 RNA 印迹技术正好与 DNA 相对应,故将 RNA 印迹技术趣称为 Northern 印迹杂交。与此原理相似的,蛋白质印迹技术则被称为 Western blot。Northern 印迹杂交的 RNA 吸印与 Southern 印迹杂交的 DNA 吸印方法类似,只是在进样前用甲基氢氧化银、乙二醛或甲醛使 RNA 变性,而不是用 NaOH。

8.9.2 荧光原位杂交

荧光原位杂交(fluorescent in situ hybridization,FISH)是 20 世纪 80 年代末期以放射性原位杂交技术为基础发展出来的一种非放射性原位杂交技术,实际上也是核酸杂交的一种方式。目前已广泛应用于动、植物基因组结构研究,病毒感染分析,肿瘤遗传学和基因组进化研究等许多领域,也是海洋微生物多样性研究中最为常用的分子生物学技术。1997 年 Schumann 等利用 FISH 研究海绵 *Chondrosia reniformis* 和 *Petrosia ficiformis* 中微生物的多样性,发现其中大部分细菌属于 γ-变形菌(γ-proteobacteria)。2001 年 Webster 等对海绵 *Rhopaloeides odorabile* 中微生物群落进行研究,利用 FISH 证实了在海绵 *R. odorabile* 中放线菌(Actinobacteria)、β-变形菌(β-proteobacteria)、厚壁菌(Firmicutes)和浮霉菌(Planctomycetales)的存在。随着海洋微生物的深入研究,FISH 在海洋微生物多样性研究中的应用会更加广泛。

　　FISH 的基本原理是:用已知的标记的寡核苷酸探针,按照碱基互补的原则,与待检材料中特定的靶序列进行特异性结合,形成可被检测的杂交双链核酸。与传统的放射性标记的原位杂交相比,FISH 具有快速、检测信号强、杂交特异性高和可以多重染色等特点。杂交过程是(图 8-10):首先用多聚甲醛处理,将微生物固定在载玻片上,然后把处于感受态的细胞暴露给用荧光染料(如荧光素)标记的 DNA 探针,DNA 探针与细胞内特定的靶序列相结合,再用表面荧光显微镜激发,含有与 DNA 探针互补序列的微生物就会发光。

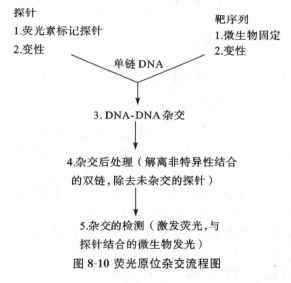

图 8-10 荧光原位杂交流程图

　　在用 FISH 分析海洋微生物多样性的研究中,寡核苷酸探针是以不同微生物保守序列的差异为基础设计的。以 rDNA 序列的差异为基础建立的专一性杂交探针检测方法已被广泛用于相关微生物的检测;同时采用多种荧光标记的探针来鉴定同一样品中不同类群的相对丰度和空间分布也已被广泛应用,但该方法存在环境样品自身荧光背景干扰的缺点,可以采用迅速筛选多个显微镜视野以及加入背景对照来减少这种干扰。此方法常常与 DAPI 染色同时进行,可以反映某类微生物在总微生物中的相对比例。

8.10　变性梯度凝胶电泳和温度梯度凝胶电泳

　　1993 年 Muyzer 首先采用变性梯度凝胶电泳(denaturing gradient gel electrophoresis,DGGE)对 16S rDNA 进行了分析,原理如图 8-11 所示。它是通过在凝胶电泳过程中建立由低到高的变性梯度,在一定温度、同一浓度的变性剂中,由于不同 DNA 的 PCR 扩增产物部分解链程度不同,从而导致电泳迁移速率存在差异而被分离。现在 DGGE 已被广泛应用于海洋微生物多样性研究中。2003 年 Thoms 等用 DGGE 对不同环境中海绵 *Aplysina cavernicola* 中微生物群落结构的变化进行了研究。2007 年 Elia 等利用 16S rDNA 结合 DGGE 技术对海鞘 *Molgula manhattensis*、*Botryllus schlosseri*、*Didemnum* sp. 和 *Botrylloides violaceus* 中的细菌进行系统发育分析,发现这些共生细菌绝大多数属于 α-变形细菌,同时其产生的次生代谢产物为海鞘提供防御机制。

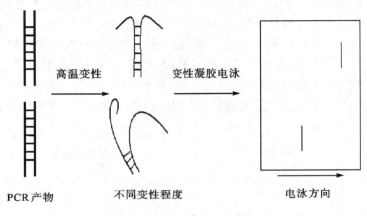

图 8-11　DGGE 原理示意图

　　常用的 DNA 变性剂有尿素和甲醛。依变性剂梯度方向的不同,DGGE 可分为:①垂直 DGGE,即变性剂梯度与电场方向垂直;②平行 DGGE,即变性剂的梯度同电场方向平行。

　　在进行 DGGE 分析时,会在正向引物的 5′端引入一个发夹结构(GC clamp),它是由 40~45 个 GC 碱基组成的一段序列,可防止 PCR 产物完全解链。罗海峰等用 DGGE 法对 16S rDNA 分析时发现,含有 GC 发夹结构的 PCR 产物能够得到很好的分离,而无 GC 发夹结构则不能获得满意分离。DGGE 法不依赖限制性酶切,因而可保证目的片段的完整性,而分离所得的目的片段纯化后可直接用于测序。但用荧光素或同位素标记的 DNA 的检测灵敏度相对较低,会降低 DGGE 法的灵敏度;另外,由于 DGGE 法没有合适的分子量标准物,使得不同次电泳的样品难以进行比较。

　　温度梯度凝胶电泳(temperature gradient gel electrophoresis,TGGE)的原理及优缺点与 DGGE 法类似,只是在使 DNA 变性时采取升高温度的方法,而不是用化学变性剂。

8.11　海洋微生物多样性的保护和利用

　　独特的海洋生态环境导致了海洋微生物的多样性,而这些海洋微生物为人们提供了丰富的海洋天然产品,是海洋药物、保健食品和生物材料等的巨大宝库,并且在海洋生态环境保护、地球物质循环和能量转换等方面具有非常显著的作用,因而开发利用海洋微生物资源意义重大,同时也是海洋生物技术开发的重要内容。目前,海洋微生物多样性资源的开发利用主要集中在以下几个方面:具有重大经济价值的海洋生物活性物质的研究开发、海洋生物功能材料的开发研制、海洋微生物极端酶的研制开发以及海洋污染环境的生物修复等。

但是,由于人类对海洋微生物多样性认识不足,长期以来很少有人注意到海洋微生物多样性保护问题。到目前为止,除专利菌种外,尚未见到关于海洋微生物资源保护的专门性法规。事实上,海洋微生物多样性是生物多样性的重要组成部分,是人类赖以生存和发展的基础,在地球物质循环、能量转换和环境保护等方面均发挥着重要作用。海洋微生物多样性的丧失不仅影响到海洋动植物的生存,还会导致海洋生态系统物质循环和能量流动的失调,因此对海洋微生物多样性的保护不容忽视。今后,我们应该加强对海洋微生物多样性的基础研究,只有正确有效地对海洋微生物多样性进行评价,才能更好地实现保护,才能获得最大的物种丰富程度,为人类开发和利用海洋微生物资源提供借鉴和参考。现代生物技术,如微生物工程、功能基因组学与基因工程、细胞工程、代谢工程、蛋白质组学研究等,也将在海洋微生物资源的保护与高效利用方面发挥重要作用。

参考文献

田兴军. 2005. 生物多样性及其保护生物学. 北京:化学工业出版社环境科学与工程出版中心

徐君怡,靳艳,虞星炬,等. 2004. 黄海繁茂膜海绵中微生物多样性的研究. 微生物学报. 44(5):576~579

Beja O, Sazuki M T, Heideberg J E, et al. 2002. Unsuspected diversity among marine aerobic anoxygenic phototrophs. Nature. 415(6287):630-633

Carlos P A. 2006. Marine microbial diversity: can it be determined? Trends Microbiol. 14(6):257-263

De Fontaubert A C, Downes D R and Agardy T S. 1996. Biodiversity in the seas. Implementing the convention on biological diversity in marine and coastal habitats. IUCN Environmental Policy and Law Paper. 32:1-82

Elia T, Mary C, Stefan M. S. 2007. Phylogenetic diversity of bacteria associated with ascidians in Eel Pond(Woods Hole, Massachusetts, USA). J Exp Mar Biol Ecol. 342:138-146

Federica S, Linda C, Ameriga L, et al. 1999. Biodiversity and potentials of marine-derived microorganisms. J Biotech. 70:65-69

Friedrich A B, Fischer I, Proksch P, et al. 2001. Temporal variation of the microbial community associated with the Mediterranean sponge Aplysina aerophoba. FEMS Microbiol Ecol. 38:105-113

Gerardo T and Brian P. 1997. Synechococcus diversity in the California current as seen by RNA polymerase(rpoC1) gene sequences of isolated strains. Appl Environ Microbiol. 63(11):4298-4303

Hidetoshi U, Kumiko K and Kouichi O. 1999. Microbial diversity in marine sediments from Sagami Bay and Tokyo Bay, Japan, as determined by 16S rRNA gene analysis. Microbiology. 145:3305-3315

Inagaki F, Nunoura T, Nakagawa S, et al. 2006. Biogeographical distribution and diversity of microbes in methane hydrate-bearing deep marine sediments on the Pacific Ocean Margin. PNAS. 103(8):2815-2820

Jutta K, Oliver P, Martin H S, et al. 2002. Sulfate reducing bacterial community response to carbon source amendments in contaminated aquifer microcosms. FEMS Microbiology Ecology. 42: 109-118

Katrin R, Kerstin S, Jakob P, et al. 1999. High bacterial diversity in permanently cold marine sediments. Appl Environ Microbiol. 65(9): 3982-3989

Ken T and Koki H. 1999. Genetic diversity of Archaea in deep-sea hydrothermal vent environments. Genetics. 152: 1285-1279

Lee S and Fuhrman J A. 1990. DNA hybridization to compare species composition of natural bacterioplankton assemblages. Appl Environ Microbiol. 56(6): 739-746

Lobert B E, Rossello M R and Amann R. 1998. Microbial community composition of Wadden Sea sediment as revealed by fluorescence in situ hybridization. Appl Environ Microbiol. 64(12): 2691-2696

McAllister D E. 1995. Status of the world ocean andits biodiversity. Sea wind, bulletin of ocean voice international. 9(4): 1-72

Moeseneder M M, Jesus M A, Gerard M, et al. 1999. Optimization of terminal-restriction fragment length polymorphism analysis for complex marine bacterioplankton communities and comparison with denaturing gradient gel electrophoresis. Appl Environ Microbiol. 65: 3518-3525

Murray A E, Preston C M, Massawa R, et al. 1998. Seasonal and spatial variability of bacterial and archaeal assemblages in the coastal waters near Anvers Island, Antarctica. Appl Environ Microbiol. 64(3): 2585-2595

Nicoles S W, Kate J W, Linda L B, et al. 2001. Phylogenetic diversity of Bacteria associated with the marine sponge *Rhopaloeides odorabile*. Appl Environ Microbiol. 67(1):434-444

Pace N R, Stahl D A, Lane D J, et al. 1986. The analysis of natural microbial populations by ribosomal RNA sequence. Advan in Microb Eco. 9: 1-55

Pace N R. 1997. A molecular viewer of microbial diversity and the biosphere. Science. 276: 734-740

Prasannarai K and Sridhar K R. 2001. Diversity and abundance of higher marine fungi on woody substrates along the west coast of India. Current Science. 81(3): 304-311

Preston C M, Wu K Y, Molinski T F, et al. 1996. A psychrophilic crenarchaeon inhabits a marine sponge: *Cenarchaeum symbiosum* gen. nov. , sp. nov. Proc Natl Acad Sci USA. 93: 6241-6244

Ravenschlag K, Sahm K, Pernthaler J, et al. 1999. High bacterial diversity in permanently cold marine sediments. Appl Environ Microbiol. 65(9): 3982-3989

Sabine P, Stefanie K, Frank S, et al. 2000. Succession of microbial communities during hot composing as detected by PCR-single-strand-conformation polymorphism based genetic profiles of small-subunit rRNA genes. Appl Environ Microbiol. 66(3): 930-936

Savage A M, Goodson M S, Visram S, et al. 2002. Molecular diversity of symbiotic algae at the latitudinal margins of their distribution: dinoflagellates of the genus *Symbiodinium* in corals and sea anemones. Mar Ecol Prog Ser. 244: 17-26

Schumann-Kindel G, Bergbauer M, Manz W, et al. 1997. Aerobic and anaerobic microorganisms in modern sponges: a possible relationship to fossilization processes. Facies. 36: 268-272

Stefan W, Arnold W, et al. 1996. Diversity of uncultuered microorganisms associated with the seagrass *Halophila stipulacea* estimated by restriction fragment length polymorphism analysis of PCR-Amplified 16S rRNA genes. Appl Environ Microbiol. 62(2): 766-771

Thoms C, Horn M, Wagner M, et al. 2003. Monitoring microbial diversity and natural products profiles of the sponge *Aplysina cavernicola* following transplantation. Mar Biol. 42：685-692

Watve M G and Gangal R M. 1996. Problems in measuring bacterial diversity and a possible solution. Appl Environ Microbiol. 62(11)：4299-4301

Webster N S，Wilson K J，Blackall L L，et al. 2001. Phylogenetic diversity of bacteria associated with the marine sponge *Rhopaloeides odorabile*. Appl Environ Microbiol. 67：434-444

9. 海洋微生物的分离与鉴定

海洋微生物的分离筛选主要是在沿用以往陆栖微生物经验与技术的基础上,根据海洋环境的特殊性及菌株分离生境的具体特点而采取一些针对性措施。

9.1 样品的采集

样品采集是从特定生态系统中分离微生物菌群的第一步,如何在预定海域、预定水层采集到不受外界污染的样品是首先面临的一个难题。真正原地菌群的出现可能是短暂的,采样前应充分考虑采样的季节与时间。微生物的数量、种类与采集时间、季节、有机物含量、深度等有着密切关系,通常在夏季或冬季沉积物中微生物存活数量较少,暴雨后微生物也会显著减少。采样地点尽可能选择人为干扰小、无污染的区域,采样当天与前三天天气应晴朗。确定采样地点后,根据采样范围、样品水分、肥力状况、植被等特征,采用蛇形取样法、棋盘法或对角线法,选取 5～15 个采样点进行样品采集。采样点不要过于集中,布点应均匀且各点取样量要大体一致。

采集样品所需的工具主要有无菌刮铲、镊子、解剖刀、采水器、采泥器、无菌塑料袋和塑料瓶等,金属容器对微生物有杀灭作用,不适于直接盛装水样,多选用玻璃或塑料制品,并以所有灭菌器具只使用一次为原则。采集对象要具有代表性,如特定土层、叶子碎屑和腐质、根系及根系周围区域、海水、海底沉积物、植物表皮及各部,等等。采集的样品还必须完整地标注种类、采集日期、地点及采集地的地理与生态参数等。

不同生态环境微生物种类差异很大,微生物群落与其所在环境的物理、化学以及生物学因素密切相关。与海洋微生物群落有关的环境因子包括:较低的温度(95%以上体积的海水低于5℃)、较高的盐度(30)、较高的水压以及较低的有机物浓度。研究发现,海底沉积物中含有的微生物数量比上层海水中多得多,而且一般包含了水层中含有的全部微生物种类。土壤是获取放线菌的最主要来源,如红树林土壤中链霉菌、小单孢菌、游动放线菌、链轮丝菌、诺卡氏菌、红球菌等放线菌的种类与数量都明显多于其他海洋样品。海洋真菌是一类腐生性真菌,常常腐生或寄生在一定的基物上,如海底沉积木、浮木、红树林、藻类、海草、海洋动物等。有报道称,从海洋植物和软体动物分离到的真菌远远多于别的样品。

海水是浮游微藻的主要栖息地,获取微藻可直接采集海水,采用过滤法(滤膜孔径 0.6 μm)富集。对于海洋水体中数目稀少、体积较大的浮游微藻,可用浮游生物网(孔径 10 μm)采集和浓缩;对于固着型蓝藻,可从潮间带礁石、海洋植物或船底表面采样。底栖型微藻可用载玻片收集,将载玻片放于水体底积物中,一段时间后附着型微藻就会定居在上面,也可将沉积物悬液稀释后涂布于固体培养基进行分离。

深海中(如热泉口、沉积物等)微生物种类繁多,这是一笔宝贵的资源。为适应不同的采样要求和采样条件,经过几十年的调查实践,已成功研制了多套采样装置,如多管采样器可用来采集海底表层沉积物及其上覆水;深海拖曳式采样器可用来采集悬浮颗粒物;电视抓斗可用来采集海底沉积物,等等。但是,采集到的样品随着压力、光照等环境条件的变化,将发生溶解气体散失、离子氧化态改变、有机组分分解以及大量嗜压菌死亡等问题,使得分析数据难以准确反映样品的原始状态。为实现取样器保压取样的可靠性,又出现了新型的保真采样器。

需强调的是,海洋样品含水量高,尤其海洋动物极易腐败,一般要求采好的样品及时送回实验室处理,暂不能及时处理的应贮存于冰浴作短暂存放。这是因为,样品采集后微生物群体脱离原来的生态环境,其内部的性境发生变化,微生物群体之间会出现消长。尤其是海洋微藻,由于有些藻体在几小时后开始解体,导致样品中藻类多样性下降,要求采集后在最短时间内进行观察和分离。但在实际工作中,考虑到采样工作量大,花费也较昂贵,在进行微生物分离的同时,还要对样品进行适当保存,以备日后再次分离所需。Kathrin S 等报道添加 $10\% \sim 15\%$ 的甘油、5% 的二甲基亚砜或 5% 海藻糖都是不错的选择,保存温度 $-70\,℃$ 优于 $-20\,℃$。

9.2 微生物的分离

尽管对于不同样品,不同的目标微生物类群有相对特定的培养方案,然而微生物的分离仍是一项经验性较强的工作,培养基的营养组成、pH 值、选择抑制剂以及样品的预处理条件都会影响选择性。分离时需要遵循的宗旨是:尽量使培养条件与原有生境相同或相近。研究表明,参照海洋环境改变培养条件,有可能分离出更多的菌株,有时也能使海洋微生物活性化合物产量得以提高。

考虑到海洋的高盐、高压、贫营养等特殊环境,对海洋微生物分离培养基需加以改造,途径主要有以下几种。

①水的选择:由于从海洋生境中分离的微生物往往有耐盐、嗜盐甚至完全盐依赖的特点,制备分离培养基所用的水通常要选用天然陈海水或人工海水,尽量缩小与海洋环境的差异。陈海水是将海水放置暗处存放数周,待其所含杂质沉淀后,过滤而成。这样,除 $NaCl$ 外,微生物还可以得到 $MgCl_2$、KCl、$NaNO_3$ 等无机盐的补充。

人工海水的组成参见本书第 2 部分。在 Weyland 等人的研究中,配制人工海水时甚至添加痕量的 H_3BO_3、$MnCl_2$、$NiSO_4$、$(NH_4)_6Mo_7O_{24}$、$SnCl_2$ 等无机盐成分。为避免配制人工海水时产生沉淀,各成分要分别溶解后再混合。用人工海水代替天然海水大大方便了实验室操作,使海洋微生物的研究与培养易于进行,而且各个实验室得到的数据更有可比性。

②营养物浓度:海洋为贫营养环境,与陆地环境有本质的不同,因而分离海洋菌株时营养物的浓度应比分离陆地菌株时低。培养基营养物浓度的高低,将直接影响分离结果。

③共生关系的利用:由于海洋环境的特殊性,有些菌株是与其他海洋生物共生的,如

海绵共生菌、鱼类共生菌、藻类共生菌、蟹类共生菌等。如果在实验室环境中未考虑这个因素,很可能只是分离到一些常规或兼性的海洋微生物。分离培养基中添加适量的无菌分离源样品,对共生菌的分离是非常有利的。例如,从海绵中分离微生物,用含相同海绵细胞浸出汁的培养基,相比普通培养基而言,分离得到的菌株在数量、种类和质量上都高得多。

④抑制剂的使用:与分离陆地微生物一样,为抑制非目标菌的干扰,通常要在培养基中添加一定浓度的抑制剂,但在浓度的选择上有所差异。例如,海洋真菌比陆地真菌数量少、浓度低,因此,抑制剂的浓度应比陆地真菌的使用浓度要低一些。

除培养基成分外,海洋微生物对其他培养条件也常常有一些特别的要求。多数情况下,所需的培养温度较同类的陆栖微生物要低,但对于嗜热微生物,最适生长温度可高达80℃;分离嗜盐微生物时培养基中盐浓度可高达 2.5 mol/L。此外,深海分离的菌株,常要加压培养,有的甚至要避光才能生长,等等。

9.2.1　常用微生物纯培养方法

研究微生物的前提是获得该种微生物的纯培养(pure culture)。微生物纯种分离主要有以下 6 种方法。

(1)平板稀释法

先将含菌样品用无菌海水进行 10 倍系列稀释至 10^{-1},10^{-2},10^{-3},…,10^{-8},制成菌悬液,使微生物细胞充分分散为单细胞(图 9-1)。

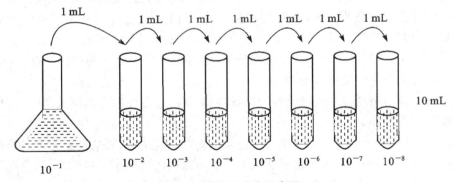

图 9-1　稀释法分离示意图

平板稀释法又分为涂布法与倾注法。

①涂布法:将融化的琼脂培养基倒入培养皿,均匀凝固后,用无菌移液枪吸取 0.1 mL 不同稀释倍数的稀释液移至平板培养基上,用无菌玻璃涂布棒均匀涂布后放入培养箱倒置培养。

②倾注法:用无菌移液枪吸取适量不同稀释倍数的稀释液加到融化并冷却至 50℃ 的培养基,混匀后倒入培养皿,平置,待凝固后放入培养箱倒置培养。

两种方法的差别在于:涂布法是菌落在培养基表面均匀形成,用于分离好氧菌;而倾注法是细胞均匀分布在培养基内,在培养基表面和内部都长有菌落,用于分离兼性厌氧菌或微好氧菌。当需要统计样品的含菌量时应采用涂布法分离。

（2）平板划线法

通过在固体培养基上多次划线稀释，把混在一起的多种微生物或同种微生物的不同细胞进行分离而得到单个细胞，经培养获得单菌落的菌种纯化方法。该方法普遍用于微生物的分离纯化，常用划线方法如图9-2所示。

对于暴露于空气中不立即死亡的（兼性）厌氧菌，可以采用涂布法或倾注法进行分离，接种后将其放于密闭的容器中培养，并采用化学或物理的方法去除容器中的氧气。而对于氧气敏感的厌氧菌则需用特殊的培养基与培养装置，如高层琼脂柱法、Hungate滚管技术、厌氧培养皿法及厌氧罐法等。

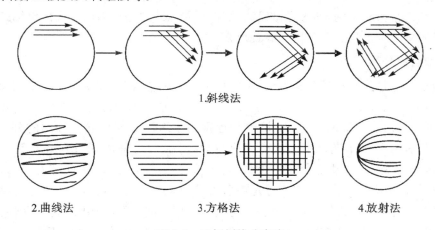

图 9-2　平板划线分离法

（3）选择培养法

为提高分离效率，针对微生物特殊的生理类型，为其提供一个适于该类微生物生长而不利于其他类型微生物生长的培养环境，使待分离微生物先进行富集培养再分离的方法。例如，针对微生物对物理因素的抗性不同，用80℃、15 min或100℃、10 min高温处理待分离样品来分离芽孢杆菌；针对代谢碳氮源的不同，以纤维素为唯一碳源分离能分解纤维素的菌株，以无氮培养基分离固氮菌；针对不同菌株对某些抑制剂的抗性不同，在分离放线菌时加入 50～100 mg/L 的 $KMnO_4$ 抑制细菌与真菌的生长；在纯化微藻时加入 30 mg/L青霉素与 50 mg/L链霉素抑制细菌的生长，等等。

（4）显微镜法

将一滴菌悬液滴加到载玻片上，在显微镜下用安装在显微镜挑取器上的毛细管，挑取单一细胞或孢子接种于培养基中而获得纯培养的方法，常用于微藻的分离。

（5）液体稀释法

将待分离菌液接种于液体培养基进行顺序稀释（经高度稀释的液体培养基中几乎不含微生物），取一滴稀释的培养液加至盛有液体培养基的试管中或涂布于固体培养基上，静置培养。如果只出现一个菌落，此培养物可能是由一个细胞繁殖而来的纯培养。此法适宜于分离较大细胞的微生物，如体积较大的细菌、原生动物和微藻。

（6）离心洗涤法

对于个体差异较大的微生物,如细菌和微藻,采用多次离心洗涤可较容易分开。具体步骤是:取生长旺盛的海藻,置于无菌离心管中,2 000 r/min 离心 45～90 s,弃上清液后加入新鲜无菌培养液,充分混匀后再离心,重复这一过程 12 次以上。取最后一次沉淀物,加入新鲜无菌培养液,用划线法检查藻落情况。为促进细菌与微藻的分离,在离心洗涤前可用去污剂(如 5％的吐温-80)和超声波(一般采用 90 kHz 范围内的低强度超声波)处理藻样。

总结起来,微生物分离不外乎两大类:单菌落分离和单细胞/单孢子分离,其中单菌落分离因操作方便、不需要特殊的仪器设备而得到广泛应用。当然,单细胞/单孢子分离与单菌落分离是紧密联系的,通过显微镜法、液体稀释法或离心洗涤法分离出单细胞后常常仍需要在固体平板上生成单菌落而表现出来。

9.2.2 细菌的分离

平板稀释法是最常用的分离方法,牛肉膏蛋白胨琼脂、营养琼脂等是分离细菌的常用培养基,前苏联细菌学家设计的 Zobell 2216E 培养基是培养海洋好气性异养细菌较好的培养基,可培养出多种细菌;Simidu 培养基也常用于海洋好气性异养细菌的分离;Pfennigs 培养基适用于海洋光合细菌的分离;分离海洋弧菌可采用 TCBS 培养基。培养基 pH 值一般为 7.2～7.6,盐度为 28～30,培养温度 28℃～37℃,培养时间 1～7 d,培养时注意观察平板的菌落变化,1～2 d 时先挑取大菌落,5～7 d 时再挑取后生长的小菌落。为防止真菌的污染,常在培养基中添加一定量的抗真菌抗生素,如制霉菌素、两性霉素、放线菌酮等。放线菌因生长较慢且菌落不大,一般不会对细菌的分离产生影响。

此外,海水中存在大量的寡营养细菌,此类微生物对过高的有机物敏感,营养基质会造成它们复苏的障碍。稀释培养法的建立,使人们得以分离海水中的寡营养细菌,具体内容参见本书第 10 部分。

9.2.3 放线菌的分离

放线菌是已知活性物质的主要来源,也是海洋微生物的一个重要组成部分,下面将给予详细介绍。在海洋放线菌的分离过程中,涉及采样地点、时间、样品处理、培养基与抑制剂的选择等许多技术问题,为尽可能多地分离出目标放线菌,一般应遵循以下 4 个原则:

①分离前对样品进行预处理以减少非目标菌的数量,并促进目标放线菌孢子的萌发;

②富集或加富培养,促进目标放线菌的生长;

③选择一种或几种利于目标菌生长而不利于其他微生物生长的培养基;

④添加化学抑制剂抑制非目标菌的生长。

（1）分离源的选择

海洋放线菌大多栖息于海底沉积物、海洋生物表面以及海水中,在海洋底泥及其他微生物可附着的物体表面,放线菌是数量最多、最常分离到的革兰氏阳性菌。Jensen 的研究表明,离海岸越近,热带海域底泥中链霉菌比例越高,在 0～1 m 水深的底泥样本中,链霉菌占所分离放线菌总数的 86％,小单孢菌占 12％,其他放线菌为 2％。Hayakawa 等也观察到在腐殖质含量丰富的土壤中放线菌较为丰富。洪葵等从红树林土壤中分离出链霉菌、小单孢菌、游动放线菌等多种放线菌,其中链霉菌和小单孢菌是优势菌群,与前人的研究结果一致。黄惠琴等从南海红树林沉积物中分离得到一株小单孢菌新种 *Micromonospora rifamycinica* sp. nov,可代谢产生利福霉素类抗生素。

近年来,从海洋动植物中分离获得共附生微生物的报道越来越多。研究人员先后从海绵、海参、海胆、海葵、海兔、珊瑚、石莼、羊栖菜、裙带菜等动植物中分离得到共附生放线菌,具体内容在本书第 5 部分中已作详细介绍,这里不再赘述。鲍时翔课题组从南海广泛收集海绵并从中分离到大量放线菌,同时进行了 16S rDNA 多态性分析,结果显示,海绵中放线菌资源非常丰富,且存在大量的新种。大量的文献报道表明,从海洋生物分离的共附生放线菌比海洋底泥中分离的放线菌有着更高的种属多样性。

海水中也存在放线菌。Jensen 等发现,随着水深的增加,链霉菌数量快速下降,而小单孢菌比例却随之增加。进一步研究表明,从海洋不同深度水域分离出放线菌的状况为:水深 100 m 内分离出链霉菌,水深 1 000 m 左右分离出的菌株多为小单孢菌,而水深 3 000~5 000 m 未分离出放线菌。

（2）分离培养基

分离培养基成分和条件的设计,是培养方法中最关键的因素。选择培养基应考虑两方面:一方面要有利于放线菌生长,另一方面要不利于细菌、真菌生长。因而必须选择一种适合放线菌生长而不利于细菌、真菌生长的选择培养基。例如,以几丁质、淀粉或甘油为碳源,以精氨酸、天冬氨酸、酪氨酸或硝酸盐为氮源,或以腐殖酸作为唯一的碳、氮源。研究发现,海洋来源的营养物——样品采集地的基质直接用于分离培养基的配制,往往能取得可喜的效果。需要指出的是,没有一种培养基能够分离出样品中所有的放线菌,为确保得到更多种类的放线菌,应使用一种以上的选择分离培养基。

分离放线菌多采用合成培养基(如高氏合成一号培养基、精氨酸培养基、天门冬素培养基等)和有机培养基(如 HV 培养基、YE 培养基、Waksman 培养基、Bennett 培养基等),具体成分参见本书附录。高氏合成一号培养基是分离放线菌的常用培养基,适合放线菌尤其是链霉菌生长,但在不加抑制剂的情况下,细菌和真菌也大量生长。该培养基的优点是生长的放线菌形态完整,利于肉眼观察,缺点是对稀有放线菌的选择性不高。HV培养基是以腐殖酸作为唯一碳、氮源的培养基,腐殖酸是一种高度交联的聚合物,不能被细菌和真菌利用,但却能被放线菌利用,在不加任何抑制剂的情况下分离平板上大部分为放线菌,霉菌不能生长,仅有少量细菌生长而且菌落较小,不影响放线菌的挑取,而且 HV培养基利用维生素 B 族作为生长因子,进一步提高了其选择性。该培养基的优点是对稀有放线菌尤其是小单孢菌、小双孢菌、指孢囊菌、链孢囊菌的选择性比较高,缺点是生长的放线菌形态不完整,难以观察,给挑菌工作带来了困难。表 9-1 给出了部分放线菌的分离培养基。

表 9-1 部分放线菌的分离培养基

待分离的放线菌	培养基	添加的抗生素
小单孢菌 (*Micromonospora*)	HV 琼脂	萘啶酸(20 mg/L)＋衣霉素(20 mg/L)
小双孢菌 (*Microbispora*)	HV 琼脂 精氨酸-维生素琼脂(AV 琼脂) HVG 琼脂	放线菌酮(50 mg/L) 放线菌酮(50 mg/L)＋制霉菌素(50 mg/L) 制霉菌素(50 mg/L)＋放线菌酮(50 mg/L)
小四孢菌 (*Microtetraspora*)	HV 琼脂 AV 琼脂 LSV-SE 琼脂	放线菌酮(50 mg/L) 庆大霉素(2.5~5.0 mg/L) 卡那霉素(20 mg/L)＋诺氟沙星(20 mg/L)＋萘啶酸(10 mg/L)
马杜拉放线菌 (*Actinomudra*)	葡萄糖-酵母浸膏琼脂 HMG 琼脂 AV 琼脂	放线菌酮(100 mg/L)＋利福平(5 mg/L) 萘啶酸(10 mg/L)＋甲氧苄啶(50 mg/L) 庆大霉素(2.5~5.0 mg/L)
链孢囊菌 (*Streptosporangium*)	AV 琼脂 HV 琼脂	庆大霉素(2.5~5.0 mg/L) 萘啶酸(20 mg/L)＋吉他霉素(1 mg/L)
指孢囊菌 (*Dactylosporangium*)	HV 琼脂	萘啶酸(20 mg/L)＋衣霉素(10 mg/L)
游动放线菌 (*Actinoplanes*)	HV 琼脂 土壤提取物琼脂	萘啶酸(34 mg/L) 放线菌酮(25 mg/L)＋制霉菌素(25 mg/L)

（3）抑制剂

为增加目标放线菌的数量,减少真菌、细菌及不需要的放线菌,推荐使用适当的抑制剂。一般来说,放线菌酮、制霉菌素可抑制真菌,青霉素、链霉素可抑制细菌,重铬酸钾对真菌、细菌均可抑制。重铬酸钾(0.005%~0.01%)是较理想的放线菌分离抑制剂,它具有 3 个显著特点:①抑制样品中真菌、细菌的生长;②不影响放线菌的正常生长,还可促进一些放线菌孢子的萌发;③价格低廉。部分常用放线菌分离抑制剂见表 9-2。

表 9-2 部分放线菌分离选择性抑制剂

被选择的放线菌	选择性抑制剂	被选择的放线菌	选择性抑制剂
Streptomyces	复霉素(polymycin) 硫链丝菌肽(thiostrepton) 放线菌酮(cycloheximide)	*Actinoplanes*	新生霉素(novobiocin) 衣霉素(tunicamycin)
Micromonospora	衣霉素(tunicamycin) 新生霉素(novobiocin) 庆大霉素(gentamycin) 林可霉素(lincomycin)	*Thermoactinomyces*	新生霉素(novobiocin) 硫链丝菌肽(thiostrepton)

（续表）

被选择的放线菌	选择性抑制剂	被选择的放线菌	选择性抑制剂
Nocardia	放线菌酮（cycloheximide） 四环素（trtracycline）	*Thermonospora*	卡那霉素（kanamycin） 新生霉素（novobiocin）
Actinomudra	棕霉素（bruneomycin） 链霉素（streptomycin） 利福平（rifampicin）	*Microtetraspora*	卡那霉素（kanamycin）＋ 诺氟沙星（norfloxacin）＋ 萘啶酸（nalidixic acid）
Streptoverticillium	溶菌酶（lysozyme） 土霉素（oxytrtracycline）	*Streptosporangium*	柱晶白霉素（leucomycin）

（4）样品的预处理

在分离放线菌前，通常要用物理或化学的方法对样品进行适当处理。处理的目的是为了使放线菌及其孢子释放到溶液中并进行激活，或富集目标放线菌以提高放线菌的分出率。常用的物理分散技术是使用玻璃珠与样品悬液一起振荡，或使用韦林氏搅拌器、超声波等分散样品。化学分散技术是通过加入化学分散剂促进微生物从样品中释放出来，常用的分散剂有十二烷基硫酸钠（SDS）、苯酚、焦磷酸钠、三羟甲基氨基甲烷（Tris）、六偏磷酸钠、胆酸钠、螯合剂等。下面对其中几种预处理方法进行介绍。

1）热处理法

放线菌孢子比一般细菌孢子更耐高温，研究表明小双孢菌和链孢囊菌的孢子对120℃干热有极强的抗性，干热处理土壤样品 1 h 能大大减少细菌和链霉菌的数量，而对稀有放线菌的影响较小，甚至能有利于部分稀有放线菌孢子的萌发。但由于海洋样品多潮湿，同时放线菌孢子对湿热敏感，因此对海洋样品进行中温处理较为合适，50℃～55℃热处理 5～10 min 就会促使大部分放线菌孢子萌发。

2）化学杀菌剂法

根据不同孢子对化学杀菌剂耐受力的差异，可分离特定的稀有放线菌。不同的放线菌孢子对 SDS（0.05％）、苯酚（1.5％）、葡萄糖酸洗必泰（chlorhexidine gluconnate CG；0.01％）和苄索氯氨（benzethonium chloride BC；0.01％）等杀菌剂（表 9-3）的抗性不同。链霉菌的孢子、杆菌及假单胞菌的营养细胞用 SDS、苯酚、CG、BC 在 30℃处理 30 min 即被杀死，相反地，小双孢菌属的孢子对各种杀菌剂都有相当强的抗性。小单孢菌对苯酚的抗性也比其他属的放线菌强，但是对 CG、BC 的抗性较弱；指孢囊菌的厚垣（侧生）孢子、小四孢菌和链孢囊菌在 BC 处理后能够存活。同时使用几种杀菌剂能够高效选择性分离特殊的稀有种属。

表 9-3　常用化学杀菌剂与其富集的放线菌

杀菌剂	苯酚	十二烷基硫酸钠（SDS）	葡萄糖酸洗必泰（CG）	苄索氯氨（BC）	碳酸钙	氯化钙
富集的放线菌	非链霉菌属	小单孢菌 小双孢菌 小四孢菌	非链霉菌属	指孢囊菌 小四孢菌 链孢囊菌	所有放线菌	放线双孢菌

3）差速离心法

Hayakawa 等研究表明,差速离心能够把链霉菌等非游动放线菌与游动放线菌分离开,从而起到富集的作用。因此,使用差速离心法能够从样品中选择性消除非游动放线菌,保留动孢放线菌属(*Actinokineospra*)、束丝放线菌属(*Actinosynnema*)、短链游动菌属(*Catenulioplanes*)、指孢囊菌属(*Dactylosporangium*)、地嗜皮菌属(*Geodermatophilus*)、动孢囊菌属(*Kineosporia*)和鱼孢菌属(*Sporichthya*)的游动孢子。用胆酸钠、Tris、低速超声波对样品进行分散,并进行差速离心,对稀有放线菌的分离也获得了很好的效果。

4）浓缩法

浓缩法也适于有游动孢子放线菌的分离,又分为诱饵法和化学趋化法。

诱饵法是指用天然物质作诱饵诱捕放线菌,是分离游动放线菌属(*Actinoplanes*)、嗜毛水生菌属(*Pilimelia*)、小瓶菌属(*Ampullariella*)和螺孢菌属(*Spirillospora*)的经典方法。基本操作原理是:取少量样品放在培养皿中,用无菌海水加满,再向水面上加入已灭菌的诱饵(头发或花粉),置于 20℃ 下富集培养 2~3 周,镜检观察。游动双孢菌和游动单孢菌形成少量气生菌丝,并伴有成束的孢囊,显微观察时孢囊可通过暴露于空气的诱饵边缘的闪光水珠来辨认,随后挑取带有微生物菌落的诱饵进行划线分离。分离自头发上的孢囊使用高度稀释的脱脂牛奶——牛角粉琼脂作为分离培养基,分离自花粉上的孢囊使用察氏琼脂、蛋白胨察氏琼脂或燕麦汁琼脂。

由于游动孢子囊特别是游动放线菌的孢子囊能被 Cl⁻ 和 Br⁻ 吸引,Palleroni 等为选择性分离游动放线菌而设计了化学趋化法。原理是:分离装置上有一个具有 2 个圆孔的无菌塑料物体,圆孔通过一个中间渠道连接。取少量样品放在 2 个孔的同等部位,从边缘加无菌水,然后在 30℃ 下培养 1 h,孢子即可在水中自由游动。用毛细玻璃管吸取 1 mL 0.01 mol/L 的 KCl 缓冲液加入中间渠道中,再培养 1 h,游动放线菌孢子就会积聚在毛细管腔中,稀释后涂布于分离平板,于 28℃ 下培养 1~3 周,推荐使用淀粉酪素琼脂作为分离培养基。

另外,近年来有利用链霉菌噬菌体分离新类群放线菌的报道,具有一定的可行性,可抑制样品中占绝大多数的链霉菌,加大了稀有放线菌的分离率。

9.2.4 真菌的分离

真菌是通过吸附于有机物质上进行渗透营养生长的异养真核生物。据 Jones 和 Mitchell(1966)估计,海洋真菌至少有 1 500 种,但直到 2000 年止已认识的海洋真菌仅仅 444 种,包括 177 属 360 种的子囊菌(占 81.1%),51 属 74 种的半知菌(占 16.7%)和 7 属 10 种的担子菌(占 2.2%)。

（1）选择性富集

为避免细菌污染,同时提高样品中真菌的数目,可用选择性富集的方法。选择性富集是通过一定的方式使样品中目标微生物数量增加而利于分离的一种技术。常用富集真菌的方法是将从采样环境中获得的无菌底物(如土浸出汁、动物或植物浸出汁)掺到分离培养基中,同时将培养基调至酸性,并添加特定抗生素进行选择性培养后再分离。例如,从海绵中分离真菌,用含相同海绵细胞浸出汁的培养基,在 25℃、150 r/min 条件下震荡培养 2 d 后再涂布平板,得到的真菌与不富集直接分离相比在数量、种类上都高得多;富集嗜碱性真菌时,可在培养基中加入各种海水盐分,并调节 pH 至碱性,利用高盐分的耐受性来富集;分离酵母菌时,可将含 50～200 mg/L 氯霉素的分离培养基用浓盐酸调 pH 值至 3.4,酸性条件下可以抑制很多细菌的生长,等等。

海水样品中真菌数量少,可经过浓缩或过滤来富集。方法是:用无菌的 0.45 μm 孔径的硝酸纤维素滤膜过滤海水,然后直接将滤膜放在培养基上培养,或洗下滤膜上的菌体制成菌悬液,再均匀涂布于固体培养基上。

(2)分离培养基

用于海洋真菌分离的培养基主要是借鉴陆地真菌分离培养基并进行改良,常用的真菌分离培养基有察氏(Czapek)培养基、马丁氏(Martin)琼脂培养基、马铃薯葡萄糖琼脂(PDA)、麦氏(Meclary)琼脂培养基等。由于海洋真菌数量少,浓度较低,一般抑制剂的浓度要比分离陆地真菌的使用浓度低一些。氯霉素、四环素、卡那霉素、青霉素、链霉素等抗生素可有效抑制细菌生长和菌落形成,使非目标微生物得到有效消除或减少;玫瑰红、孟加拉红、胆汁、五氯硝基苯等非抗生素抑制因子也常使用。

为分离更多种类的真菌,常常要抑制一些生长过快的真菌,可以在培养基中加入特定的真菌生长抑制剂,例如,25 mg/L 的 2,6-二氯-4-硝基苯胺(商品名 Dichloran)可有效抑制青霉、曲霉的生长,30～700 mg/L 的孟加拉红(Rose Bengal)可抑制细菌(不包括放线菌)和部分真菌(如木霉)的快速生长,6 mg/L 的邻苯酚(o-phenylphenol)可用来抑制木霉的生长,0.5% 或 1.5% 的牛胆汁(oxgall)可完全抑制腐霉和疫霉的生长,并部分抑制其他真菌和细菌的生长,0.04% 的 Triton X-100 和 Triton X-171 可抑制镰刀菌的快速生长。

(3)分离方法

真菌的分离方法有稀释平板法、土壤平板法、钟形撒粉器法、平板插入筛选法、插入管法、菌丝分离法、植物残渣法、直接分离法,等等。其中稀释平板法使用最普遍,主要用于分离产孢能力较高的半知菌、子囊菌和接合菌,如青霉属、曲霉属、拟青霉属、粘帚霉属、镰孢属、枝顶孢属和枝孢属,很少分离到担子菌和无孢子真菌。土壤平板法适用于分离在土壤中以菌丝状态存在的真菌。植物残渣法适用于稀释平板法或土壤平板法不能分离的真菌,如立枯丝核菌(*Rhizoctonia solani*)。湿筛法和漂浮法用于分离产生孢子囊的真菌。钟形撒粉器法可用来分离镰孢属。平板插入筛选法和插入管法适用于分离丝核菌属和葡萄孢属。菌丝分离法和直接分离法可用来分离不易产孢的真菌。

另外,与放线菌分离一样,对样品进行适当的物理(热处理)和化学方法(乙醇处理法)预处理,相对于不经预处理而直接进行稀释涂板,分离得到的子囊菌数目大大增加。

海洋真菌由于适应了海水的温度,生长温度一般较低,25℃～28℃较为合适。当然改变培养温度有利于不同嗜温区真菌的分离,低温(最好为 5℃～15℃)对嗜冷真菌是必要的,分离中温菌时培养温度为 20℃～35℃,嗜热真菌分离培养的最适温度一般选择在45℃以上。

近年来,从药用植物的内生真菌(endophytic fungi)中寻找与宿主相同或类似的活性成分成为新的研究热点,内生真菌是存在于健康植物的根茎叶中,形成不明显侵染的一类真菌。研究表明,植物内生真菌是一个庞大的特殊真菌类群,从研究过的植物看,内生真菌在植物体内是普遍存在的。进行内生菌分离前,对植物材料表面进行彻底消毒非常必要。典型的消毒剂有 70%～90% 的乙醇、漂白剂、1% 的过氧乙酸和 3%～30% 的过氧化氢,通常多种消毒剂结合使用效果较好。目前,内生真菌的分离一般采用组织块法,即将消毒的植物样品剪切成小块,放置于分离培养基上培养。多采用 PDA 培养基,并加入庆大霉素、氯霉素、链霉素等抗生素,以抑制细菌和放线菌的生长。

9.2.5　微藻的分离

海洋微藻广泛存在于海洋中,细胞较小(0.2～500 μm),形态多样,种类可能多达几万种,目前已认证的有 4 000～5 000 种。根据生活方式的不同,分为两大生态类群:浮游微藻(planktonic microalgae)和底栖微藻(benthic microalgae)。

（1）分离培养基

培养海洋微藻的培养基不少,常用的有 Erdschreiber 培养基、ASP-2 培养基、Muller 培养基、BG-11 培养基、Von stosch 加富培养基等。根据藻类的不同,有的需加入葡萄糖、蛋白胨等有机物,有的需补充微量元素、维生素,或加入土壤抽提液。对一些难培养的种类,加入土壤抽提液往往能获得满意的效果。

对海洋微藻来说,使用天然海水比人工海水的培养效果好。然而,从近海采集的海水因受沿岸环境、雨水的影响较大,质量一般难以保证,通过活性炭吸附可除去海水中的有毒物质,使用聚乙烯桶盛装的海水静置几个月后海水中的有害物质也会有所减少,适用于培养基的配制。远洋海水因污染少,水质清澈,可直接配制培养基。

由于海水只能被碳酸氢盐离子缓冲,在进行高温灭菌时,CO_2 被赶走,金属离子以氢氧化物的形式沉淀,导致培养液中微量元素缺乏。目前采用螯合剂来保存培养基中重要的微量元素,常常还需加入藻类生长必需的一些维生素,如维生素 B_{12}、硫胺素、生物素等。部分微藻可在固体培养基表面生长,通常加入 0.5%～2% 的高纯度琼脂,但有些微藻在琼脂培养基表面不能生长或生长不好,添加 100～500 μg/L 的 Tween-20、Tween-80 或 Triton-100 可促进生长,这可能与降低表面张力有关。在实验中我们还发现,适当降低培养基的 NaCl 浓度也有利于藻落的生成。

（2）微藻分离方法

采样后先用显微镜观察,若需要的藻类在水样中数量较多,可立即分离;若数量很少,最好先进行预培养,数量增多后再分离。对于较难培养的藻类,加适量的土壤抽提液将有助于藻类的生长。预培养用的培养液营养成分以低浓度较好,一般只需原配方的 1/2～1/4,接种后放在室内背阴的窗台上培养。培养过程中,对于附着藻类,容器可静置不动;对于浮游藻类,每天应该摇动一次。

分离个体较大的丝状藻,往往在解剖镜或显微镜下用镊子或解剖针进行;对个体小的单细胞微藻,常用的分离方法主要有以下 4 种。

1）吸管分离法

将待分离的藻体样品放入少量清水中,在低倍显微镜下用拉制的细玻璃吸管吸取所需的藻细胞或藻丝,置浅凹载玻片上镜检。用吸管挑选要分离的藻体,放入另一载玻片上,显微镜下观察这一滴水中微藻是否为纯种。若不是,再反复几次直到为纯藻体。

2）小片分离法

将采回的藻体挑出,接入相应培养基中进行富集培养,待长出新藻丝后挑出接种到固体平板,根据藻类的趋光性及不同的扩散特点,挑取纯净藻丝继续培养,经过几次移接,可得到纯净的藻类培养物。

3)平板分离法

用无菌海水将要分离的藻液稀释到合适浓度,对混合程度较大的藻团,可将其挑入灭菌的、装有一定量水和石英砂的试管中,充分振荡,打碎藻体,使之成为单细胞或短的藻丝,再逐级稀释。然后从每级稀释液中吸取适量藻体悬浮液接入固体培养基上,轻轻涂布均匀,放在适宜光照下培养,一般经过 10 d 平板上可长出藻落,从较稀的藻落中挑取新藻丝,接入液体培养基培养,当培养液颜色变深、藻浓度逐渐增大后镜检观察是否为纯种。

4)稀释分离法

取一定量含分离藻种的样品,用培养液进行稀释,并配合显微镜检查,直至每一滴水含有一个左右的细胞(即没有、一个、两个或更多)。然后在装有培养液的试管中加入稀释的水样一滴,摇匀后置培养箱培养,待藻类生长到一定浓度时,显微镜下检查是否为纯种。也可用 24 孔细胞培养板进行梯度稀释:吸取一定量含有藻种的样品,置 24 孔细胞培养板之首孔中,加入 6 mL 培养液并吹打混匀,然后从中吸取 3 mL 于第二孔中,另加 3 mL 培养液并再吹打混匀,再从中吸取 3 mL 于第三孔中,重复操作至第 24 孔。接种完毕将细胞培养板置光照培养箱中培养,每日定时镜检观察,及时补充培养液,防止藻液干涸。以该藻为母液,重复操作 3～5 次并经青霉素—链霉素混合液处理,一般都能得到无菌纯藻种。

藻种分离后紧接着要进行藻种的培养,可选用多种大小不一的三角瓶作为培养容器,培养基要高压灭菌,接种后置于适宜的光照条件下培养,需要时每天摇动 1 次,1～2 周进行一次移种。藻种在培养过程中必须定期镜检,确认不受污染。当发现污染了细菌时,选用离心洗涤法进行纯化是一种不错的选择,用混合抗生素处理也可以成功地纯化出藻种。

9.3 原核微生物的多相分类

为进一步了解所分离菌株的特点与性质,需要对它进行分类鉴定。分类的目的在于将所有的微生物按其相似性进行归群,并依据群间亲缘关系的密切程度排列成一个等级系统,尽可能反映生物种群间自然的系统演化关系,从而为海洋微生物资源的开发利用奠定基础。菌株的分类鉴定是海洋微生物研究的一个重要环节。

微生物分类经历了长期不断的发展和提高,从经典分类到化学分类,再发展到分子分类以及目前反映生物系统进化的多相分类。多相分类(polyphasic taxonomy)是 Colewell 于 1970 年最先提出的,是指综合利用微生物表型、基因型和系统发育等多种信息,来研究微生物分类和系统进化的方法,是目前研究各级分类单元的最有效手段,可用于所有水平的分类。它几乎包括了现代分类的所有方面,如经典分类、化学分类、数值分类、分子分类等。多相分类的研究方法及其适用的分类等级水平见表 9-4。

表 9-4　多相分类信息在不同分类水平上的适用性（引自 Bull et al.，2000）

信息来源	方法*	适用的分类等级 属或以上	种	亚种或以下
表观数据：				
细胞表型特征	形态特征	+	+	
	生理生化特征	+	+	
	快速酶学测定		+	+
化学特性	脂肪酸、醌、糖脂、枝菌酸、肽糖、极性类脂、氨基酸、糖、壁酸	+	+	
全细胞化学组分指纹图谱	拉曼分散图谱、FT-IR、PyMS		+	+
蛋白质	氨基酸序列	+	+	
	SDS-PAGE		+	+
	血清学分析	+	+	+
基因型数据：				
染色体 DNA	DNA(G+C)mol%	+	+	
	DNA-DNA 杂交		+	+
	限制性酶切图谱(PFGE,RFLP,AFLP)		+	+
	全基因组测序	+	+	+
	DNA 探针	+	+	
DNA 片段	DNA 测序(如 *gryB* 和 *recA* 基因,MLST)	+	+	+
	基于 PCR 的 DNA 指纹图谱(如 PCR-RFLP,RAPD,REP-PCR)		+	+
rRNA	DNA-rRNA 杂交	+	+	
	核酸序列	+	+	
	核酸分型,ARDRA		+	+

＊:PFGE,脉冲场电泳;RAPD,随机扩增多态 DNA 指纹图谱;RFP-PCR,重复 DNA 序列 PCR; MLST,多位点序列分型;RFLP,限制性片段长度多态性;ARDRA,扩增 rDNA 限制酶切分析;AFLP,扩增片段长度多态性。

9.3.1　经典分类

经典分类(classical classification)又称传统分类(traditional classification),主要指以形态特征、培养特征及生理生化特征等表观指征对微生物进行描述,这些表型性状是描述各个单元最基本的特征。20 世纪 50～60 年代,美国瓦克斯曼和苏联克拉西里尼可夫两大放线菌分类学派的兴起反映了放线菌经典分类的鼎盛时期。经典分类虽不能确切说明微生物的遗传进化地位,却是人们认识微生物的基础,目前仍然是多相分类的基础。

对于放线菌鉴定,通常是将试验菌株接种于桑塔斯(Sauton's)、燕麦汁、甘油天门冬素、葡萄糖天门冬素、甘油硝酸盐、蔗糖硝酸盐、土豆汁、酵母粉-淀粉(JCM)、酵母粉-麦芽提取物(GYM)及高氏一号等固体培养基上,28℃培养 7～20 d 观察其培养特征。菌株的形态特征一般采用插片法或埋片法来观察。

①插片法：将灭菌的盖玻片以 45°角斜插入合成培养基平板，插入深度为培养基的 1/2～1/3，一个培养皿可插数片，用接种环将菌种接种在盖玻片与琼脂相接的沿线。将菌种划线或涂布后再插片亦可。于 28℃～30℃下培养 3～15 d，菌丝体会生长在培养基及盖玻片上，用镊子小心将盖玻片抽出，轻轻擦去生长较差一面的菌丝体，将生长良好的菌丝体面向载玻片，压放于载玻片上，直接在显微镜下观察。

②埋片法：在已凝固的合成培养基平板上用灭菌小刀切开两条小槽，宽度小于 1.5 cm。将放线菌菌种接种在小槽边，盖上已灭菌的盖玻片 1～2 片，放入 28℃恒温箱培养 3～15 d。取出培养皿，打开皿盖，将培养皿直接置于显微镜下观察；也可以取出盖玻片，将其置于洁净载玻片上，放在显微镜下观察。

取出培养不同天数的玻片，于光学显微镜下观察气丝及基丝有无横隔、是否断裂、孢子丝及孢囊形状，孢囊孢子是否有鞭毛、是否游动，是否产生可溶性色素等特征。选取培养物经固定、脱水等处理后，扫描电镜观察并照相。插片法和埋片法均可获得形态的真实结果，前者简单，但不易保存；而后者易于保藏，一般可保留 10～20 年。

生理生化实验主要包括革兰氏染色试验、酶的产生试验、碳源利用试验、抗生素抗性试验、耐盐试验、水解活性试验、硝酸盐还原试验等，具体性状的选择可根据《伯杰氏细菌鉴定手册》(1994)中相应属、种鉴定有关内容进行。该手册是国际上公认和普遍采用的分类系统，是原核微生物分类系统的综合标准。具体操作方法也可参考东秀珠的《常见细菌系统鉴定手册》。

9.3.2 数值分类

数值分类(numerical classification)是根据微生物分类学信息，应用计算数学原理和技术来辅助定义微生物分类单位的一种分类方法。它的特点是根据较多的特征进行分类，一般为 50～60 个，多者可为 100 个以上。通常是以形态特征、生理生化特征、对环境的反应和忍受性以及生态特性为依据，其中每一个特性的地位都同等重要。再将所测菌株两两比较，并借用电子计算机计算出菌株间的总相似值，列出相似值矩阵。最后，将矩阵重新安排，使相似度高的菌株列在一起，然后将矩阵图转换成树状谱(dendrogram)，树状谱中最高的分枝表示相似值较高的簇群，往下则为相似值较低的簇群，分类结构一目了然。

数值分类法的优越性在于它是以分析大量分类特征为基础，为细菌的分类鉴定积累了大量资料，对于类群的划分比较客观和稳定。但在对细菌菌株分群归类定种或定属时，还应进行有关菌株 DNA 碱基的(G＋C)mol％测定和 DNA-DNA 杂交，以进一步加以确认。

9.3.3 化学分类

化学分类(chemotaxonomy)是根据微生物细胞中某些特定化学物质的特征对生物个体进行分类的方法。由于细胞特定化学组分和分子结构稳定性好，化学分类一直被作为原核生物系统分类的主要方法之一。主要化学指征包括细胞壁化学组分、枝菌酸、脂肪酸、磷酸类脂、甲基萘醌、全细胞蛋白及核糖体蛋白电泳分析等。

(1)细胞(壁)化学组分分析

20世纪60年代初,Lechevalier夫妇建立的细胞(壁)化学组分分析法在放线菌分类学领域的应用不仅澄清了过去分类单位的错误,而且发现了一系列的新属,如无枝菌酸菌属(Amycolata)、拟诺卡氏菌属(Nocardiopsis)、类诺卡氏菌属(Nocardiodes)等,对化学分类作出了卓越贡献。1976年,他们提出根据形态和细胞壁化学组成将好气放线菌分为9个胞壁类型(表9-5)和4个糖型(表9-6),从而奠定了化学分类的基础。Stackebrandt于1994年发现绿灰链孢囊菌(Streptosporangium viridogriseum)等的全细胞水解物只含半乳糖,与以前发现的均不同,于是将这种糖型定为E型。

细胞(壁)化学组分分析一般采用Lechevalier的纯细胞壁制备法或王平的快速薄层分析法进行纯细胞壁氨基酸及全细胞糖型分析。

表9-5　放线菌细胞壁的主要类型及组成

胞壁类型	主要组成*	代表属
I	L,L-DAP,glycine	*Streptomyces*
II	meso-DAP,glycine	*Micromonospora*
III	meso-DAP	*Actinomadura*
IV	meso-DAP,arabinose,galactose	*Nocardia*
V	Lysine,Ornithine	Actinomyces
VI	Lysine(Asparicacid,galactose)	*Oerskovia*
VII	DAB,glycine	*Agromyces*
VIII	Ornithine	*Bifidobacterium*
IX	meso-DAP,多种氨基酸	*Mycoplana*

*:DAP,二氨基庚二酸(Diaminopimelic acid);DAB,1,4-二羟基丁酸。所有细胞均含有丙氨酸、谷氨酸、胞壁酸和葡萄糖胺。

表9-6　放线菌细胞的主要糖型及组成

糖型	主要成分	代表属
A	Arabinose,Galactose	*Nocardia*
B	Madurose	*Actinomadura*
C	无	*Streptomyces*
D	Xylose,Arabinose	*Micromonospora*
E	Galactose	*Streptosporangium viridogriseum* etc.

(2)磷酸类脂分析

磷酸类脂(phospholipid)属极性脂,位于细菌、放线菌的细胞膜上,对于细胞的物质运输、代谢及维持正常的渗透压有重要作用。不同菌株的磷酸类脂组分不同,是鉴别属的重要依据之一。分类上重要的磷酸类脂有磷脂酰乙醇胺(phosphatidylethanolamine,PE)、磷脂酰甲基乙醇胺（phosphatidylmethylethanolamine，PME）、磷脂酰胆碱（phosphatidyl-choline，PC）、磷酸酰甘油（phosphatidyglycerol，PG）及含有葡萄糖未知组分的磷酸类脂（phospholipids of unknown structure containing glucosamine，GluNus）等5种。一般采用Lechevalier等的方法进行磷酸类脂提纯，用硅胶薄层层析法（thin layer chromatography，TLC）进行组分分析。Lechevalier夫妇分析了放线菌48个属典型的磷酸类脂，将放线菌分为5种磷酸类脂类型（表9-7）。徐丽华等又发现放线菌双孢菌属菌株都含有PE、PC和GluNus，建议定为PⅥ型。

表 9-7　好气放线菌的磷酸类脂类型

磷酸类脂类型	特征性磷酸类脂*				
	PE	PME	PC	GluNus	PG
PⅠ	−	−	−	−	V
PⅡ	+	−	−	−	−
PⅢ	V	V	+	−	V
PⅣ	V	V	−	+	−
PⅤ	−	−	−	+	+
PⅥ	+	−	+	+	−

*："−"表示不出现；"+"表示出现；"V"表示有变化。

（3）枝菌酸分析

枝菌酸（mycolic acid）属于 α-烷基-β-羟基高分子脂肪酸，是细胞膜的重要组分。枝菌酸的有无和分子特征是诺卡氏放线菌必不可少的化学指征。根据分子中碳原子数目的多少可将枝菌酸分为4类：分枝杆菌枝菌酸（mycobcteomycolic acid），约含80个碳原子；诺卡氏菌枝菌酸（nocardomycolic acid），约含 60 个碳原子；红球菌枝菌酸（rhodomycolic acid），约含40个碳原子；棒状杆菌枝菌酸（corynomycolic acid），约含30个碳原子。采用气质联用色谱仪（gas chromatography-mass spectrometry，GC-MS）和薄层层析法（TLC）都可以对枝菌酸进行分析。

（4）醌组分分析

醌是原核生物细胞原生质膜的组分，在电子传递和氧化磷酸化中起重要作用，属非极性类脂。细菌细胞膜上的醌有泛醌（ubquinone，辅酶Q，即 2,3-二甲氧基-5-甲基-6-多异戊烯基-1,4-苯醌）和甲基萘醌（menaquinone，MK，即 2-甲基-3-多异戊烯基-1,4-萘醌），而放线菌主要合成甲基萘醌。甲基萘醌的侧链由 1～14 个不同长度的异戊烯单位构成，其分子中的多烯侧链长度和3位碳原子上多烯侧链的氢饱和度具有分类学意义。常用来分析醌的方法有薄层层析法（TLC）和高效液相色谱法（high performance liquid chromatography，HPLC）等。放线菌的甲基萘醌有 4 种类型，如表 9-8 所示。

表 9-8　放线菌的甲基萘醌类型

类型	萘醌种类	代表菌
Eubacteria scandidus Ⅰ （异戊烯单位无氢化）	MK-7 MK-9	*Thermoactinomyces* *Gordona aurantiaca*
Mycobacteriu Ⅱ （主要是 8～9 异戊烯单位 上被 2～4 个氢化）	MK-8（H$_2$） MK-8（H$_4$） MK-9（H$_2$） MK-（H$_4$）	*Rhodococus rhodochrous* *Nocardia* *Mycobacteriu* *Geodermatophilus*
Saccharomonospora Ⅲ （四氢化的多烯萘醌）	MK-8（H$_4$），MK-9（H$_4$） MK-9（H$_4$），MK-10（H$_4$）	*Saccharomonospora* *Actinoplanes*
Streptomyces Ⅳ （具有同一链长,但氢饱和度 不同）	MK-9（H$_2$），MK-9（H$_4$），MK-9（H$_6$） MK-9（H$_4$），MK-9（H$_6$），MK-9（H$_8$） MK-10（H$_4$），MK-10（H$_6$）	*Microtetrospora* *Streptomyces* *Nocardiopsis*

（5）脂肪酸组分分析

脂肪酸（fatty acid）是脂类和脂多糖的主要组分,通常以极性脂的形式存在,它是一项重要的分类指标。脂肪酸分析具有快速方便、自动化程度高等优点,适用于大量菌株的快速分析。脂肪酸定性分析结果限于属与属以上的分类,定量分析结果可为种和亚种分类提供有用的资料。在高度标准培养条件下,细胞脂肪酸甲酯是一个稳定参数,可用毛细管气相色谱仪测定各种脂肪酸的百分含量,直接进行比较。用作脂肪酸分析的菌体应在稳定期收获。

（6）全细胞蛋白质图谱分析

全细胞蛋白质图谱分析是一种通过分析蛋白图谱来获取化学分类信息的快速技术,是在细胞水平上进行分类。微生物细胞中可溶蛋白种类繁多,每一种蛋白都代表着至少一种基因,其基因间的变化和差异在一定程度上可以通过蛋白质的种类及分子量的变化体现出来。研究发现,全细胞蛋白质图谱与 DNA-DNA 杂交有很好的相关性,可用于微生物种或种以下水平的分类研究,是一种快速的分类技术,可以对大量菌株进行快速分析。

蛋白质电泳的种类很多,在细菌分类中最常用的是聚丙烯酰胺凝胶电泳（polyacrylamide gel electrosphoresis,PAGE）,其优点是兼有分子筛和电泳的双重作用,可大大提高分辨率,从而将蛋白质混合物精确分开。一般来说,蛋白单向电泳（1-D）可以对大量菌株进行快速比较,并且重复性很好,与 DNA-DNA 杂交、脂肪酸及血清学的结果有广泛的一致性。而蛋白双向电泳（2-D）对某一基因产物的分辨率远高于单向电泳,在用于分析结构、功能相对稳定,进化速度较慢的细菌核糖体蛋白时有明显优势,但由于其过于灵敏,在分析进化速度高的蛋白质时反而不适用。

为保证对电泳图谱分析的可靠性和准确性,分类时还需要高精度的激光扫描仪和专门的分析软件计算菌株之间的蛋白质图谱相似性,此方法可用于属内的分群。

（7）核糖体蛋白图谱

原核生物的核糖体由三种 rRNA 和五六十种蛋白质组成,由于结构和功能的稳定性,核糖体蛋白的变化比其他蛋白保守,因此,它可用于研究微生物的分类和系统进化。最近几年,核糖体蛋白图谱在放线菌分类中逐渐得到应用,已开始用于小四孢菌、小双孢菌、小单孢菌、马杜拉菌及链霉菌等的分类。研究发现,核糖体蛋白图谱与 16S rRNA 基因序列分析的一致性比数值分类更高。

9.3.4 分子分类

由于海洋微生物(尤其是深海微生物)的培养温度、盐度及其他培养条件与陆地微生物不同,使得相关菌株的实验结果可比性差,因而利用传统方法鉴定海洋微生物,相对陆地微生物而言难度更大。分子生物学技术作为新的分类手段引入微生物分类中,使分类鉴定工作从一般表型特征的鉴定,深化为遗传型特征的鉴定,从而提供了一种简单、方便、易于操作的分类鉴定方法,为海洋微生物资源的开发利用奠定了基础。分子分类(molecular taxonomy)就是在分子水平上,对生物个体的 DNA、RNA 和蛋白质进行研究,并根据获得的基因型信息对生物个体进行分类。目前,分子分类已成为微生物分类的主导方法,应用于分类鉴定的分子生物学技术如表 9-9 所示。

表 9-9　应用于微生物分类的分子生物学技术

组分	技术
核酸	DNA(G＋C)mol％测定核酸杂交 　（1）DNA-DNA 杂交 　（2）DNA-RNA 杂交 rRNA 序列分析 rRNA 转录间隔区(ITS)序列分析 DNA 分子指纹分析
染色体	核型分析
蛋白质	氨基酸序列分析蛋白质图谱 　（1）全细胞蛋白质图谱分析 　（2）特定类群蛋白质图谱,如核糖体、ATPase、同工酶、 延伸因子、反转录酶等

（1）DNA 的(G＋C)mol％测定

DNA 是除少数 RNA 病毒外的一切微生物的遗传信息载体,每一种微生物都有其特有的、稳定的 DNA 成分和结构,不同种微生物间基因组序列的差异程度代表着它们之间亲缘关系的远近。(G＋C)mol％已成为细菌分类鉴定的基本方法并作为描述细菌分类单位的标准之一,主要用于验证已建立的分类关系是否正确。一般认为(G＋C)mol％在种内不超过 4％,在属内不超过 10％,相差低于 2％时没有分类学意义。需要注意的是,单纯根据(G+C)mol%判断,当(G+C)mol%相差大于5%时,菌株肯定不是同种,但数值相同或相近的菌株未必种类相同或相近,因此(G+C)mol%只具有否定价值,需与表型特征等其他分类依据结合起来分析。

实验中,常用测定(G+C)mol%的方法有熔点法(T_m值法)、浮力密度法和高效液相色谱法(HPLC)。T_m值法是常用的测定方法,在SSC溶液中测定260 nm处因解链引起的吸收值增加(即增色效应),从DNA变性曲线上即可得出T_m值(图9-3),然后根据公式计算(G+C)mol%:

①使用1×SSC缓冲液时
$$(G+C)mol\% = 2.44 \times T_m - 169.3$$

②使用0.1×SSC缓冲液时
$$(G+C)mol\% = 2.08 \times T_m - 106.4$$

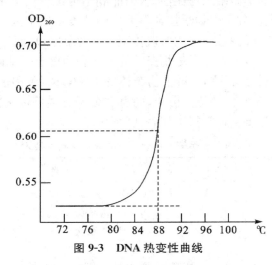

图9-3 DNA热变性曲线

微生物的(G+C)mol%变化很大,在25%~80%范围内。根据(G+C)mol%的不同,可将原核生物分为高(G+C)mol%和低(G+C)mol%两大类群。由于(G+C)mol%大于51%的菌株在1×SSC溶液中的变性温度大于90℃,测定应在0.1×SSC溶液中进行以降低测定温度。另外,不同的仪器及溶液可能会导致实验结果的变化,因而有必要使用已知菌株进行校正:

$$(G+C)mol\% = (G+C)mol\%_{已知} + 2.08(T_{m未知} - T_{m已知})$$

(2)碱基序列分析

1)16S rDNA序列分析

16S rDNA序列相对稳定而且高度保守,同时分子中含有进化速度不同的区域,相对分子量适中,易于进行序列测定和分析比较,为细菌鉴定提供相对稳定可靠的信息,可作为细菌系统分类发育标记分子,用于评价生物的遗传多态性和系统发生关系。16S rDNA在细菌分类学中作为一个科学可靠的指标,已成为细菌种属鉴定和分类的标准方法,适于种及种以上的分类单元。

16S rDNA序列分析技术的基本原理是从微生物样本中获得16S rDNA的基因片

段,通过克隆、测序获得 16S rDNA 序列信息,再与 16S rDNA 数据库中的序列数据或其他数据进行比较,确定其在进化树中的位置,主要包括以下 3 个步骤。

①基因组 DNA 的获得:从微生物菌体中直接提取总 DNA。

②16S rDNA 基因片段的获得:采用 16S rDNA 引物从总 DNA 中 PCR 扩增 16S rDNA 序列。表 9-10 给出了 16S rDNA 的常用引物。

PCR 扩增的一般程序:94℃～96℃预变性 2～5 min,94℃～95℃变性 30～60 s,45℃～55℃退火 1 min,68℃～72℃延伸 2～4 min,35 个循环,最后 68℃～72℃延伸 6～10 min。采用 1% 的琼脂糖凝胶对 PCR 产物电泳检测,纯化后使用自动测序仪直接进行序列测定,也可以将 PCR 产物克隆到质粒载体、转化感受态细胞后再测序。

表 9-10　16S rDNA 常用引物

引物*	序列(5′→3′)	适合菌群
8F	AGAGTTTGATCCTGGCTCAG	细菌、古菌
9F	GAGTTTGATCCTGGCTCAG	细菌、古菌
25F	CTGGTTGATCCTGCCAG	古菌
27F	AGAGTTTGATCMTGGCTCAG	细菌
334F	CCAGACTCCTACGGGAGGCAGC	细菌
341F	CCTACGGGICCGIGCA	细菌、部分古菌
519F	CAGCMGCCGCGGTAATWC	细菌、古菌
786F	GATTAGATACCCTGGTAG	细菌、部分古菌
533R	TIACCGIIICTICTGGCAC	细菌、部分古菌
915R	GTGCTCCCCCGCCAATTCCT	古菌
926R	CCGTCAATTCCTTTRAGTTT	细菌
934R	GTGCTCCCCCGCCAATTCCT	古菌
939R	CTTGTGCGGGCCCCCGTCAATTC	细菌
1115R	AGGGTTGCGCTCGTTG	细菌
1348R	CGGTGTGTACAAGGCCCGGGAACG	细菌
1406R	GACGGGCGGTGTGTRCA	细菌、古菌
1492R	TACGGYTACCTTGTTACGACTT	细菌
1510R	GGTTACCTTGTTACGACTT	细菌
1541R	AAGGAGGTGATCCANCCRCA	细菌、部分古菌

*:数值对应于 *E. coli* 16S rDNA 序列的位置,F 代表正向,R 代表反向,I 为脱氧次黄嘌呤,M=A/C,R=A/G,W=A/T,Y=C/T。

一般认为,16S rDNA 序列同源性≥95%的菌可归为同一属,≥97%可视为同一种。因此,在进行菌株鉴定时,16S rDNA 序列同源性低于 95%的菌可考虑建立新属,低于97%的可建立新种,≥97%时必须测定 DNA-DNA 杂交率才能确定是否为新种。16S rDNA 序列分析可以为判断新属种提供强有力的依据,相似性低于 97%的菌株间,DNA-DNA 同源性绝对不会超过 60%。但仅靠 16S rDNA 相似性来定种,往往会得出错误的结论。由于 16S rDNA 序列在原核生物中的高度保守性,对于近缘种或同一种内的不同菌株之间的分辨力较差,更适于研究属及属以上的菌株。

③构建 16S rDNA 进化树:首先对目前国际上用于检索核酸序列的数据库 GenBank 作一简单介绍。1992 年 10 月,美国国立生物技术信息中心(National Center for Biotechnology Information,NCBI)(http://www. ncbi. nlm. nih. gov/)承担起 GenBank DNA 序列数据库的责任,通过来自各个实验室递交的序列并与国际核酸序列数据库(欧洲的 EMBL 和日本的 DDBJ)交换数据建立起数据库 GenBank,这三个组织每天交换数据,制作充分详细的数据库向公众开放。目前 GenBank 正以指数形式增长,核酸碱基数目大概每 14 个月就翻一番。

当我们得到 16S rDNA 序列后,将之与 GenBank 中核酸数据进行 BLAST 分析(http://www. ncbi. nlm. nih. gov/BLAST/),从中选择要比对的序列。一个完整的进化树分析包括以下几个步骤:

A. 对所分析的多序列目标进行排列:最常使用的软件是 CLUSTAL X。

B. 构建进化树:构建进化树的算法主要分两类,即独立元素法(discrete character methods)和距离依靠法(distance methods)。独立元素法指进化树的拓扑形状由序列上的每个碱基/氨基酸的状态决定。例如,一个序列上可能包含很多的酶切位点,而每个酶切位点的存在与否由几个碱基的状态决定,也就是说一个序列碱基的状态决定着它的酶切位点状态,当多个序列进行进化树分析时,进化树的拓扑形状也就由这些碱基的状态决定。独立元素法又分为最大简约性法(maximum parsimony methods)和最大可能性法(maximum likelihood methods)。而距离依靠法是进化树的拓扑形状由两两序列的进化距离决定,在进化树上枝条的长度代表着进化距离。距离依靠法又分为除权配对法(unweighted pair group method with arithmetic mean,UPGMAM)和邻位相连法(neighbor-joining)。

不同的算法有不同的适用目标。一般来说,最大简约性法适用于比较序列的碱基差别小、序列上每一个碱基有近似相等的变异率、没有过多颠换/转换的倾向以及碱基数目较多(几千个碱基)的序列。用最大可能性法分析序列则不需以上的诸多条件,但是此种方法计算极其耗时。UPGMAM 法假设在进化过程中所有核苷酸/氨基酸都有相同的变异率,也就是存在着一个分子钟,这种算法得到的进化树相对来说不是很准确,已经很少使用。邻位相连法是一个经常使用的算法,它通过确定距离最近(或相邻)的成对分类单位来使系统树的总距离达到最小。相邻是指两个分类单位在某一无根分叉树中仅通过一个节点相连,此法构建的进化树相对准确,而且计算快捷,其缺点是序列上的所有位点都被同等对待,而且,所分析序列的进化距离不能太大。

构建进化树的常用软件有 PHYLIP、PAUP、MEGA、MOLPHY、PAML、PUZZLE、

TreeView 等,其中 PHYLIP 是一个包含大约 30 个程序的软件包,这些程序基本上囊括了系统发育的所有方面,是目前最广泛应用的系统发育程序,适用于绝大多数操作系统。

C. 对进化树进行评估:主要采用 Bootstraping 法。所谓 Bootstraping 法就是从整个序列的碱基中任意选取一半,剩下的一半序列随机补齐组成一个新的序列。这样,一个序列就变成许多序列。通常 Bootstrap 分析可以做 100 次甚至 1 000 次,从而组成 100 或 1 000个新数据,再用这些新数据构建相应的系统发育树。分析这些树,计算具有相同拓扑结构部分的数目,并给出相应的支持值(bootstrap value),支持值越大越好。

2)rDNA 转录间隔区序列分析

16S-23S rDNA 转录间隔区(internally transcribed spacer,ITS)在不同种属中拷贝数、所含 tRNA 基因种类和数目不同,而且进化速率比 16S rDNA 大 10 多倍,但在间隔区两端(即 16S 的 3′ 和 23S 的 5′端)却具有保守的碱基序列,使其在细菌系统发育学特别是近缘种菌株的区分和鉴定方面有着不可替代的作用,可作为菌种鉴定的分子指征之一,适用于属及属以下水平的分类研究。ITS 弥补了 16S rDNA 序列的缺陷,目前已广泛应用于相近种及菌株的分类和鉴定。一些细菌、放线菌 16S-23S rDNA ITS 的数目、大小和序列已经报道,其长度在 60 bp(高温变形菌 *Thermoproteus* sp.)至 1 529 bp(伊氏巴尔通氏体 *Bartonella elizabethae*)之间。

16S-23S rDNA ITS 序列分析所采用的技术与 16S rDNA 序列分析几乎完全相同,不同点只在于获得特异片段时所使用的 PCR 引物不同。根据 16S 和 23S 基因内的保守区域设计相应的引物,利用 PCR 方法就可以对 ITS 序列进行扩增,从而对其进行系统发育研究。通过对 16S rDNA 和 23S rDNA 序列的分析发现,其内部各有数个保守区域适合扩增 ITS。张灵霞等用两套引物(5′-GAAGTCGTAACAAGG-3′,5′-CAAGGCATC-CACCAT-3′;5′-CAGCAAAACGCCCCAACTG -3′,5′-CGGCAGCGTATCCATTGATG -3′)成功地检测了分枝杆菌。Miyajima 等用引物 5′-TGAAGTCGTAACAAGGTAAC-3′,5′-CTTATCGCAGTCTAGTACG -3′扩增了嗜热菌 *Campylobacter* 的 ITS 区。

ITS 的长度和序列多型性已经在不同细菌种的区分上显示了作用,但是,它并不能对所有的菌株进行鉴别,如大肠杆菌的不同血清型等,而且 16S-23S rDNA ITS 核酸序列数据库也不够完善,然而它仍是细菌 16S rDNA 序列系统分类及 DNA-DNA 杂交定种的一个有力补充。

3)rRNA 特征序列

通过计算机分析发现,rRNA 的特征序列是单独存在于某些生物类群中的短的寡核苷酸(表 9-11),这些寡核苷酸限定了三种原始领域,也有助于将未知生物置于正确的系统发育类群。另外,特征序列的信息还有助于构建属和种特异的核酸探针。少数情况下还存在单碱基特征序列,例如,在所有细菌 16S rDNA 的 675 位置都是腺嘌呤 A,而在古生菌中从未发现,在真核生物中也非常稀少。因而,单碱基特征序列可以将某些菌株快速鉴定至正确的领域。

表 9-11　定义 3 种生物领域的 16S rDNA 或 18S rDNA 的部分特征序列

特征序列[a]	位置	发生率[b]		
		古生菌	细菌	真菌
CACYYG	315	0	>95	0
CYAAYUNYG	510	0	>95	0
AAACUCAAA	910	3	100	0
AAACUUAAAG	910	100	0	100
NUUAAUUCG	960	0	>95	0
YUYAAUUG	960	100	<1	100
CAACCYYCR	1 110	0	>95	0
UUCCCG	1 380	0	>95	0
UCCCUG	1 380	>95	0	100
CUCCUUG	1 390	>95	0	0
UACACACCG	1 400	0	>99	100
CACACACCG	1 400	100	0	0
U	549	98	0	0
A	675	0	100	2
U	880	0	2	100

a:Y,任一种嘧啶;R,任一种嘌呤;N,任一种嘌呤或嘧啶;

b:发生率指生物在每一领域中检测的百分比。

(3)DNA-DNA 杂交

DNA-DNA 杂交的基本原理是根据 DNA 解链的可逆性和碱基配对的专一性,将不同来源的 DNA 在体外加热解链,并在合适的条件下,使互补的碱基重新配对结合成双链 DNA,然后检测两个序列的同源性。同源性越高,表示两个 DNA 碱基序列的相似性越高,它们之间的亲缘关系也就越近。例如,两株大肠埃希氏菌的 DNA 杂交率可高达 100%,而大肠埃希氏菌与沙门氏菌的 DNA 杂交率较低,约有 70%。两种生物的 DNA 单链之间互补程度越高,通过分子杂交形成双螺旋片段的程度也就越高,二者的亲缘关系就越近,反之,亲缘关系就越远。所以,可以通过 DNA 分子杂交技术来鉴定物种之间亲缘关系的远近。

DNA-DNA 杂交反映种及亚种水平的信息,用于种水平的分类研究,利用 DNA-DNA 杂交可以在总体水平上研究微生物间的关系,目前已被确定为建立新种的必要标准之一。1987 年,国际系统细菌学委员会(International Committee on Systematic Bacteriology,ICSB)规定,DNA 同源性≥70%或杂交分子的热解链温度差 ≤2℃为细菌种的界限。

DNA-DNA 分子杂交的方法很多,常用的有膜分子杂交法、复性速率法和微孔板杂交法。膜分子杂交法是将 DNA 固定于支持物滤膜上,属于固相杂交;而复性速率法在溶液中进行,属于液相杂交,复性速率法比膜杂交方法重复性好,但这两种方法都受杂交温度、离子浓度、DNA浓度、DNA片断大小和杂交时间的影响,不仅需要DNA量大,而且操作复杂、可靠性差。微孔板杂交法是近年来发展起来的快速而节省DNA样品的DNA杂交新方法,它直接将特异探针固定于微孔板上,然后用生物素等标记的DNA样品与之杂交,所需DNA量少且重复性较好,具体操作方法请参考Kaznowski(1995)、Christensen(2000)、Ezaki(1989)和Mehlen(2004)等人的相关报道。

(4)DNA指纹技术

DNA指纹技术(DNA fingerprinting techniques)通常指利用以DNA为基础的分型方法对微生物进行鉴别的技术。限制性片段长度多态性分析(RFLP)是近几年发展起来的一种DNA分析技术,它不受数量限制,无上位性,易构成饱和的遗传图谱,但需要筛选一系列不同的探针对不同酶所产生的酶切片断进行检测,以探讨基因组酶切位点的多态性,而且DNA片段图谱较复杂,难以比较。在RFLP的基础上发展了其他相关技术,如PCR-RFLP、ribotyping和AFLP。选用酶切位点较少(例如,具有6个碱基识别位点的 *Sam* I 或8个碱基识别位点的 *Not* I)的低频限制性酶切片段分析(low-frequency restriction fragment analysis,LFRFA)技术与脉冲场凝胶电泳(pulsed-field gel electrophoresis,PFGE)分析相结合,可得到较少的限制性片段,被认为是分辨率最好的DNA分类方法。但要特别注意在提取DNA时,尽可能保证DNA的完整性,避免DNA断裂。核酸分型(ribotyping)方法是将复杂的DNA酶切片段转移到膜上,和标记的rDNA探针进行杂交,比较杂交片段。探针可在序列和标记技术上有所不同,可用16S或23S rDNA,也可用rDNA的保守寡核苷酸片段。

PCR技术的引入,又产生了许多DNA分类方法,如DNA扩增与限制性酶切分析相结合的扩增rDNA限制性酶切片段分析(ARDRA),是基于PCR技术扩增rDNA片段,再对rDNA片段进行限制性酶切片段多态分析。与16S rDNA测序比较,ARADA的不同之处在于对16S rDNA的酶切以及片段在凝胶上的分离。ARADA可用于属内分类(单个群中的相关种),并改进了芽孢杆菌等几个属的分类。此外,还有随机扩增DNA片段多态性分析(RAPD)、扩增片段长度多型性分析(AFLP)、变性梯度凝胶电泳法(DGGE)和温度梯度凝胶电泳法(TGGE)等。这些DNA指纹技术简便易行,分辨率高,重复性好,可以用来进行属、种及种以下水平的分类鉴定,已成为多相分类研究的常规方法。本书第8部分已对DNA指纹技术作了较为详尽的介绍,这里不再赘述。

9.4 细菌的快速鉴定系统

应用常规方法对未知菌株进行鉴定,不仅工作量巨大,而且对技术熟练度要求也很高。快速鉴定系统最初是针对肠杆菌科的细菌及相关革兰氏阴性杆菌而设计的,如API、Micro-ID、RapID、Enterotube、Minitek和Biolog等系统早已商品化并形成独特的细菌鉴定系统,准确率高,操作简便,节省了大量的试验时间,在临床应用上取得了满意的效果。

特别是美国Biolog鉴定系统,优点是自动化、快速(4~24 h)、高效和应用范围广,可鉴定包括细菌、酵母和真菌在内约2 000种微生物,开创了细菌鉴定史上新的篇章。Biolog系统采用独创的碳源利用方法,利用微生物对不同碳源代谢的差异,针对每一类微生物筛选 95 种碳源,配合四唑类显色物质(如 TTC、TV),固定于 96 孔板上(A₁ 孔为阴性对照),接种菌悬液后培养一定时间,通过检测微生物细胞利用不同碳源进行新陈代谢过程中产生的氧化还原酶与显色物质发生反应而导致的颜色变化(吸光度),以及由于微生物生长造成的浊度差异(浊度),与标准菌株数据库进行比对,即可得出最终鉴定结果。

但是,对于从海洋环境中分离到的细菌,采用这些系统受到了一定的局限,主要表现在:

①自动化鉴定系统是根据数据库中所提供的背景资料鉴定细菌,数据库资料的不完整直接影响了鉴定的准确性。到目前为止,尚无一个鉴定系统能包括所有的细菌鉴定资料,尤其是大量海洋新菌株的鉴定,自动化鉴定系统是无能为力的。

②利用鉴定系统进行海洋细菌鉴定时,稀释液的盐度对鉴定结果会产生一定影响。而且,Biolog 鉴定系统是建立在 37℃ 时菌株能够正常生长的前提之上,而不少海洋微生物在 37℃ 不能生长,无法获得 37℃ 时其对底物的利用情况,从而无法参照数据库进行鉴定。

③通过自动化鉴定仪得出的结果,必须与其他生物性状,如标本来源、菌落特征及生理生化特征等进行核对,避免错误鉴定。

9.5 放线菌的快速鉴别

放线菌形态稳定,而且细胞壁化学组分中氨基酸型与糖型在各属菌中的化学结构与组成规律不变,可用于属水平的鉴别。同时,16S rDNA 序列也已成为分子分类鉴定属、种的主要依据之一。因此,将形态、细胞壁化学组分及 16S rDNA 序列相结合,能够达到快速鉴别放线菌到属、种水平。近年来,微生物学者从海洋中分离了大量的放线菌菌株,如何快速对这些菌株进行分类是一个亟待解决的问题。中国科学院微生物所阮继生研究员及其他国内外学者在这方面做了大量工作,并成功运用形态学、细胞壁化学组分及 16S rDNA 序列分析将分离的放线菌菌株快速鉴定到属。

(1)从形态鉴定到"属"

放线菌形态是表观分类中比较稳定的特征之一,不因培养条件的不同而改变。在微生物传统分类中,形态是定属、种的主要依据。在当今以 DNA 为核心的分子分类时代,微生物形态虽不能确切说明微生物的遗传进化以及与其他物种的亲缘关系,但形态是物种的基础,任何物种有基因型就必有其表现型,因而微生物多相分类也将表观分类特征(如形态等)视为识别物种的基础之一,但不能以形态单独定属、种,而必须与其他特征相结合。

(2)形态与细胞壁化学组分相结合鉴定到"属"

对于培养特征相似,形态特征相同的放线菌,如链霉菌属、北里孢菌属、糖霉菌属、糖丝菌属、小四孢菌属、马杜拉菌属、链异壁菌属等都具有长孢子丝链,从表观特征难以区分,这时用形态与细胞壁化学组分相结合有助于将其鉴定至属。如链霉菌属、北里孢菌属分至类型 1(胞壁Ⅰ型,糖型 C),两者的区别在于后者细胞壁同时含 meso-DAP 及 L,L-DAP,而链霉菌只含 L,L-DAP;糖霉菌属的细胞壁含 meso-DAP,含糖 xylose 及 arabinose,分至类型 2(胞壁 Ⅱ 型即 meso-DAP,糖型 D);诺卡氏菌属、糖多孢菌属、拟无枝酸菌属、节杆菌属的细胞壁含 meso-DAP、arabinose 及 galactose,分至类型 3(胞壁 Ⅳ 型,糖型 A);小四孢菌属、马杜拉菌属、螺孢菌属因含有 meso-DAP、madurose 归入类型 4(胞壁 Ⅲ 型,糖型 B),等等。形态与细胞壁化学组分相结合可以区分大多数属,这是快速鉴别属的方法之一。

(3)16S rDNA 是定"属"的核心

对于采用形态与细胞壁化学组分不能鉴定至属的菌株,如细胞壁 Ⅳ 型菌,可通过 16S rDNA 的克隆、测序、GenBank 比对分析及构建发育树,将这些菌株归到相应属,且能将含枝菌酸和不含枝菌酸的属分成两个独立群。由于表观与 16S rDNA 序列分析在鉴定细胞壁 Ⅳ 型菌时没有相关性,因而该类菌都要进行分子分类测定。另外,对于细胞壁 Ⅲ 型,糖型 B 的各属菌,如小双孢菌属、小四孢菌属、马杜拉菌属、野野村菌属及草状孢菌属用表观特征难以鉴定到属,这些菌株也必须通过 16S rDNA 序列测定进行分类。

综上所述,形态、细胞壁氨基酸型与糖型以及 16S rDNA 序列相结合的快速鉴别方法,加速了放线菌分类的进程,其中分子分类弥补了用形态和化学分类指征相结合划分属的不足。当然,快速鉴别到属只是分类的第一步,当发现新种或新属,则要按国际系统细菌学委员会(ICSB)的规定,再补齐其他分类特征,如表观特征中的形态及生理生化,化学分类特征中的甲基萘醌、磷酸类脂、脂肪酸,以及分子分类中(G+C)mol%、DNA-DNA 杂交率等。需要强调的是,在定种时应以 16S rDNA 序列、DNA-DNA 杂交为主,形态及生理生化特征为辅。如尚难区分到种时,再从多相分类中"种"的鉴定项目中选取有关项目进一步深入研究。

9.6 真菌分类

划分真菌各类单位的传统方法主要是依据真菌的形态、生理和生化特征等对真菌进行分类。基本原则是以真菌的形态特征、细胞结构及生理生化特征,尤其是有性生殖阶段的形态特征为主要分类依据,并结合系统发育的规律来分类。丝状真菌主要根据孢子产生方式和孢子本身特征,以及培养特征来划分各级分类单位。尽管传统分类方法有一定的局限性,但仍是相当有效、可靠的方法,是发展其他现代分类方法的重要基础。目前以形态学为基础建立的分类系统在分类学界仍占据着举足轻重的作用,99%的真菌属、种级分类单位仍建立在传统分类研究基础上,并为人类认识真菌物种、了解和利用真菌资源方面继续发挥着重要作用。不同真菌分类学家对一些分类特征的认识和理解不同,提出不同的真菌分类系统,具有较大影响的真菌分类系统有 Ainswonth 分类系统(1973)、Alexopoulos 分类系统(1974)和 Martin 系统(1950)等,这些分类系统基本上都是以形态学为依据的传统分类方法。

近年来多门新兴学科和技术的发展,尤其是分子生物学技术的兴起使真菌分类学获得了大的推进。应用于原核生物的 DNA (G+C)mol%含量测定、核酸杂交技术、DNA指纹技术以及 rDNA 序列分析等分子生物学技术同样适用于真菌的分类。应用分子生物学方法从遗传进化角度阐明真菌种群之间和种间的分类学关系是目前真菌分类学研究的热点,从过去依赖形态和生理生化等表型特征描述逐渐引入分子生物学鉴定方法,按其亲缘关系和系统发育的规律对真菌进行自然分类。下面对真菌 18S rDNA、28S rDNA 和 ITS 的扩增给予详细介绍。

9.6.1 18S rDNA 扩增

与其他真核生物相比,真菌的 rDNA 具有非常明显的特点,在真菌的分类鉴定方面发挥着十分重要的作用。需要指出的是,真核生物 rDNA 与原核生物不同,转录区包括 5S、5.8S、18S 和 28S rDNA,其中 18S、5.8S、28S rDNA 组成一个转录单元,序列进化缓慢而相对保守,是科间或更高级阶元间系统发育的良好标记。

18S rDNA 大小为 1.8 kb,序列中既有保守区又有可变区,在进化速率上比较保守,是系统发育中种级以上阶元的良好标记。作为研究真菌属以上分类最常选用的基因座位之一,18S rDNA 普遍用于真菌物种的鉴定分析。

5.8S rDNA 由于核苷酸序列短(约 160 个核苷酸)、高度保守,只能用于门级以上阶元的系统发育分析,因而很少用于真菌的系统发育和分子鉴定,但它为真菌 rDNA PCR 扩增通用引物的设计提供了极大的方便。通常用于 18S rDNA 扩增的引物见图 9-4 和表 9-12,其中 PS1,PS2,…,PS8 普遍用于真菌 18S rDNA 的扩增。

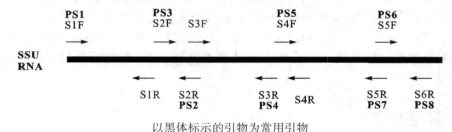

以黑体标示的引物为常用引物

图 9-4 真菌 18S rDNA 扩增示意图

表 9-12 真菌 18S rDNA 扩增引物

引物名称	序列(5′→3′)	相对 *S. cereviseae* 上位置
S1F	TACCTGGTTGATQCTGCCAGT	1～21
S2F	AGTTAAAAAGCTCGTAGTTG	637～617
S3F	GAACCAGGACTTTTACCTT	732～749
S4F	CTTAAAGGAATTGACGGAA	1 130～1 148
S5F	GTACACACCGCCCGTCG	1 624～1 640
S1R	ATTACCGCGGCTGCT	578～564
S2R	GTTCAACTACGAGCTTTTTAA	617～637
S3R	CCGTCAATTCVTTTPAGTTT	1 146～1 127
S4R	CGGCCATGCACCACC	1 277～1 263

（续表）

引物名称	序列（5′→3′）	相对 *S. cereviseae* 上位置
S5R	ACGGGCGGTGTGTPC	1 638～1 624
S6R	TGTTACGACTTTTACTT	1 760～1 744
PS1	GTAGTCATATGCTTGTCTC	
PS2	GGCTGCTGGCACCAGACTTGC	
PS3	GCAAGTCTGGTGCCAGCAGCC	
PS4	CTTCCGTCAATTCCTTTAAG	
PS5	AACTTAAAGGAATTGACGGAAG	类似于 S4F
PS6	GCATCACAGACCTGTTATTGCCTC	类似于 S5F
PS7	GAGGCAATAACAGGTCTGTGATGC	
PS8	TCCGCAGGTTCACCTACGGA	

9.6.2　28S rDNA 扩增

28S rDNA 大约由 3 500 个核苷酸组成,其结构域比 18S rDNA 有更大的变异,不同的结构域在进化上差别也较大,选择某一变异较大的结构域研究对真菌的系统发育分析往往具有重要意义。Driver 通过 28S rDNA D3 区序列分析,对 *Metarhizium* 的分类进行了重新评价。李文鹏等对 16 个食线虫真菌(节丛孢属、隔指孢属和单顶孢属)菌株和 3 个其他相关丝孢菌(顶辐孢属和单端孢属)菌株的 28S rDNA 片段进行了扩增,并对 PCR 产物限制性酶切片段进行聚类分析,所得结果与 rDNA 的 ITS 区间、5.8S 和 18S 的序列分析结果一致。

通常用于真菌 28S rDNA 扩增的引物见图 9-5 和表 9-13。大多数分子分类学研究只考察 600～900 bp 的区域,这是 28S rDNA 上变异较大的结构域。多数真核微生物 28S rDNA 数据库都包含前 900 bp 的片段。在引物的使用上,以 5.8SF 和 L7R 使用最多,其次是 L1F、L2F、L4R 和 L5R。而在 3′端的基因序列却高度保守,即使在原核生物和真核生物间也具有较高的同源性。

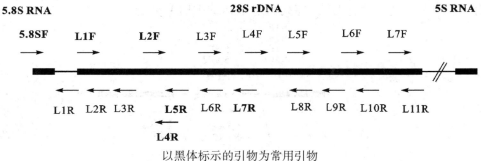

以黑体标示的引物为常用引物

图 9-5　真菌 28S rDNA 扩增示意图

表 9-13 真菌 28S rDNA 扩增引物

引物名称	序列(5′→3′)	相对 S. cereviseae 上位置
5.8SF	TCGATGAAGAACGCAGCG	34～51(5.8S RNA)
L1F	ACCCGCTGAACTTAAGC	26～42
L2F	GTCTTGAAACACGGACC	638～654
L3F	TAACCTATTCTCAAACTT	1 033～1 050
L4F	GCAGATCTTGGTGGTAG	1 430～1 446
L5F	AGCAGGTCTCCAAGGTG	1 845～1 861
L6F	GACCCTGTTGAGCTTGA	2 402～2 418
L7F	GTGAGACAGGTTAGTTTTACCCT	2 959～2 982
L1R	GGTTGGTTTCTTTTCCT	73～57
L2R	TTTTCAAAGTTCTTTTC	385～370
L3R	ACTTCAAGCGTTTCCCTTT	424～393
L4R	TCCTGAGGGAAACTTCG	964～948
L5R	TTCCACCCAAACACTCG	1 081～1 065
L6R	CGCCAGTTCTGCTTACC	1 141～1 125
L7R	TACTACCACCAAGATCT	1 448～1 432
L8R	AGAGCACTGGGCAGAAA	2 204～2 188
L9R	AGTCAAGCTCAACAGGG	2 420～2 404
L10R	GCCAGTTATCCCTGTGGTAA	2 821～2 802
L11R	GACTTAGAGGCGTTCAG	3 124～3 106

9.6.3 ITS 扩增

内转录间隔区(ITS)位于 18S 和 5.8S rDNA 之间(ITS1)以及 5.8S 和 28S rDNA 之间(ITS2),见图 9-6。由于 ITS 区在 rRNA 加工过程中被剪切掉,不加入成熟的核糖体,所以受到的选择压力较小,进化速率较快,在绝大多数真核生物中表现出极为广泛的序列多态性。同时 ITS 序列长度适中,一般为几百 bp,人们可以从不太长的序列中获得足够的信息,可广泛用于属内种间或种内群体的系统学研究。

用于 ITS PCR 扩增的引物见表 9-14,其中 S1F 和 L1R 最常用。目前使用 ITS 区作为分子标记的主要方法有 DNA 序列测定和 PCR-RFLP 分析。

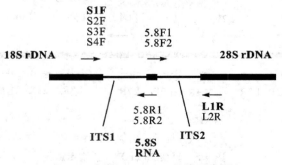

图 9-6 真菌 ITS rDNA 扩增示意图

表 9-14　真菌 ITS rDNA 扩增引物

引物	序列(5′→3′)
S1F	TCCGTAGGTGAACCTGCGG
S2F	CTTGGTCATTTAGAGGAAGTAA
S3F	GGAAGTAAAAGTCGTAACAAGG
S4F	AAGWAAAAGTCGTAACAAGG
5.8F1	GCATCGATGAAGAACGCAGC
5.8F2	TCGATGAAGAACGCAGCG
5.8R1	CGCTGCGTTCTTCATCG
5.8R2	GCTGCGTTCTTCATCGATGC
L1R	TCCTCCGCTTATTGATATGC
L2R	CAGGAGACTTGTACACGGTCCAG

　　18S rDNA 前的一段非转录区(NTS)和外转录间隔区(ETS)常被合称为基因间隔区(IGS),IGS 区进化速率快,可作为区别亲缘关系密切的种类以及识别亚种、变种和菌株的关系。一般认为,IGS 区因变异过高,不适宜某些真菌的种间鉴别,但对于一个种内的不同菌株具有鉴定意义。

　　根据核糖体基因及间隔区基因进化程度不同,可将真菌鉴定到属及属以上、种、亚种、变种,甚至菌株的水平(表 9-15)。

表 9-15　真菌核糖体不同序列分类等级表

核糖体序列	适合分类水平
5S rDNA	科及科以上
5.8S rDNA	属
18S rDNA	属、种
28S rDNA	属、种、变种
ITS	种、亚种、变种
IGS	种、变种、菌株

9.7　菌种的保藏

　　微生物在使用和传代过程中容易发生污染、变异甚至死亡,在保藏(preservation,conservation,maintenance)过程中必须使其代谢处于最不活跃或相对静止的状态,在一定时间内尽可能保持其原有性状和活力的稳定。菌种保藏对于基础研究和实际生产都具有重要的意义,一方面可以保证基础研究结果获得良好的重复性,另一方面可以为实际生产提供优良菌种,以保证长期高产稳产。

进行微生物保藏时,首先应挑选菌种的优良纯种,最好选择它们的休眠体,如分生孢子、芽孢等;对于不产生分生孢子、芽孢的菌株,应选择生长期为幼龄的培养物。另外,将培养物制成浓菌液保存也有利于保证菌株的存活率。理想的菌种保藏方法应满足以下条件:①经长期保藏后菌种能正常存活;②保证高产突变株表型和基因型不改变,特别是不改变初级代谢产物和次级代谢产物的高产能力;③低温、干燥与真空是菌种保藏的基本措施。微生物生长温度的低限约为-30℃,而酶促反应低限为-140℃,因此即使把微生物保藏在较低的温度下,只要有水分存在,还是难以长期保藏。水分对生化反应和一切生命活动至关重要,干燥(尤其是深度干燥)在菌种保藏中占有首要地位,而高度真空则可以同时达到驱氧和深度干燥的双重目的。低温、干燥和保持真空是降低微生物代谢能力的重要因素,菌种保藏方法都是根据这三个因素设计的。

由于遗传特性不同,适合不同微生物的保藏方法也不一样。一种有效的保藏方法,首先应能保持原菌种的优良性状长期不变,同时还须考虑方法的通用性、操作的简便性和设备的普及性。表 9-16 对常用的菌种保藏法进行了比较。

表 9-16　常用菌种保藏方法对比

方法	主要措施	适宜菌种	保藏时限	评价
斜面保藏法	4℃	各类	1~6 个月	简便
半固体穿刺法	4℃,避氧	细菌、酵母	6~12 个月	简便
石蜡油封藏法*	4℃,阻氧	各类	1~2 年	简便
甘油悬液保藏法	-70℃,保护剂(10%~15%甘油等)	细菌、酵母	约 10 年	较简便
砂土保藏法	干燥,无营养	产孢子微生物	1~10 年	简便有效
冷冻干燥保藏法	干燥,低温,无氧,保护剂(脱脂牛奶等)	各类	5~15 年	繁而高效
液氮保藏法	超低温(-196℃),有保护剂(10%~20%的甘油等)	各类	>15 年	繁而高效

*:用斜面或半固体穿刺培养物均可,但不适于石油发酵菌株。

下面对这几种菌种保藏方法作逐一介绍。

(1)斜面低温保藏法

将菌种转接在适宜的固体斜面培养基上,待其充分生长后,用牛皮纸将棉塞部分(用胶塞效果更好)包扎好,置 4℃冰箱保藏,此法广泛适用于细菌、放线菌、酵母菌和霉菌等大多数微生物菌种的短期储存。保藏时间依微生物的种类而定,霉菌、放线菌及芽孢菌可保存 6 个月,酵母菌 3 个月,普通细菌 1 个月,假单胞菌需两周传代一次。

此法优点是操作简单、使用方便,故科研和生产上对经常使用的菌种大多采用这种保藏方法。缺点是保藏时间短、传代次数多,菌种较容易发生变异和被污染。

(2)半固体穿刺法

在保藏厌氧菌种或研究微生物的动力时常采用半固体穿刺法。具体做法是:用接种针蘸取少量菌种,沿半固体培养基中心向管底作直线穿刺,如某细菌具有鞭毛,则在穿刺线周围能够生长。最好选择不含糖或含糖量低的培养基,以减少或避免因产生代谢产物而造成的细菌死亡。

（3）石蜡油封藏法

石蜡油封藏法是在斜面培养物和穿刺培养物上面覆盖一层灭菌的液体石蜡,一方面可防止因培养基水分蒸发而引起菌种死亡,另一方面可阻止氧气进入,以减弱代谢作用。它实际上是传代培养的变相方法,能够适当延长保藏时间。具体操作是:将菌种接种于斜面上或进行半固体穿刺培养,适温培养后,加入无菌液体石蜡,以液面高出斜面顶端 1 cm 为宜,使菌种与空气隔绝,于 4℃ 保藏。

由于液体石蜡阻隔了空气,使菌体处于缺氧状态,同时防止了培养基的水分挥发,能使保藏期达 1～2 年或更长。一般霉菌、放线菌、芽孢细菌可保藏 2 年以上,酵母菌可保藏 1～2 年,无芽孢细菌可保藏 1 年左右。

此法制作简单,不需特殊设备,且保存时间较长。缺点是保存时必须直立放置,不便于携带,而且对很多厌氧性细菌的保藏效果较差,尤其不适用于那些能分解烃类的菌种。另外,从石蜡油下取培养物接种后,接种环在火焰上灼烧时,培养物容易与残留的液体石蜡一起飞溅,要注意安全。

（4）砂土保藏法

这是一种常用的长期保藏菌种的方法,兼具低温、干燥、隔氧和无营养等条件,故保藏期较长,为 1～10 年,且微生物移接方便,经济实用。适用于产孢子的放线菌、霉菌及形成芽孢的细菌,但对于一些对干燥敏感的细菌(如奈氏球菌、弧菌和假单胞菌)及酵母不适用。具体操作是:将过筛后的中性细砂烘干,装入小试管内约 1 cm 高,于 160℃ 灭菌烘干 2 h。用无菌生理盐水将培养物洗下,吸取菌悬液约 0.5 mL 注入已冷却的砂土管,放入干燥器内抽干,然后放在装有吸水剂(如氯化钙)的干燥瓶内,置 4℃ 冰箱保存。

（5）甘油(或二甲基亚砜)悬液低温保藏法

将拟保藏菌种培养至对数期,取培养液直接与经 121℃ 蒸汽灭菌 20 min 的已冷却甘油(或二甲基亚砜)混合,甘油常用终浓度 10%～15%。将菌种悬浮于该保护液中,再分装小离心管,置低温冰箱中保藏。保存温度的高低可影响菌种的存活率,保藏温度 −20℃ 时保藏期为数年,−70℃ 时保藏期可达 10 年。注意:反复冻融易导致细菌死亡。本法操作简便,在一般实验室均可应用,基因工程菌常采用此法保藏。

在微生物采样分离过程中,我们常需要对采集的样品进行保存,添加 10%～15% 的甘油是适合的。Kathrin 等对采集的海绵样品进行冻存时发现,添加 5% 海藻糖的样品(−20℃ 保存)或添加 5% 的二甲基亚砜(−70℃ 保存),保藏样品的含菌量及多样性也都取得了令人满意的结果。

（6）冷冻真空干燥保藏法

冷冻真空干燥保藏法,简称冻干法,是目前保存菌种的最佳方法之一。通常是用保护剂制备拟保藏菌种的细胞悬液或孢子悬液,装入安瓿管中,在低温下快速冻结后,减压抽真空,形成完全干燥的固体菌块,并在真空条件下立即熔封,造成无氧真空环境,置于低温下长期保藏,操作流程见图 9-7。冷冻干燥过程中必须使用冷冻保护剂,常用的是脱脂乳和蔗糖,国外有使用动物血清等。

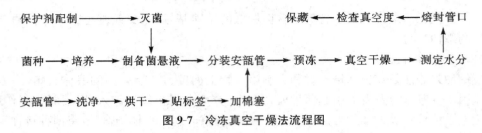

图 9-7 冷冻真空干燥法流程图

此法适用范围广,除少数不产生孢子的丝状真菌不宜采用此方法保藏外,其他各大类微生物如细菌、放线菌、酵母菌、丝状真菌及病毒均可采用此方法保藏;由于此法同时具备低温、干燥、缺氧的菌种保藏条件,因此保藏期长,存活率高,变异率低,一般达5~15年;微生物在保藏期内可避免其他杂菌污染,便于携带运输,易实现商品化生产,但设备和操作都比较复杂,需要一定的设备(冷冻真空干燥机)。

(7)液氮超低温保藏法

液氮超低温保藏法是以甘油或二甲基亚砜等作为保护剂,在液氮超低温(-196℃)下保藏菌种的方法。将保藏的菌种分散在保护剂(如甘油、二甲基亚砜、蔗糖和吐温-80等,常用10%~20%的甘油)中,或将平板上生长良好的培养物直接置于保护剂并混匀,控制制冷速度,以1℃/min~10℃/min的下降速度从0℃降到-35℃,然后保藏在液氮(-196℃)中。使用两步或三步法降温也可以得到较满意的效果。如果降温速度过快,由于细胞内自由水来不及渗出胞外,形成冰晶就会损伤细胞,保存微藻细胞时尤其要注意。

使用菌种时,从液氮罐中取出安瓿瓶,迅速放到35℃~40℃温水中,使快速融化,以无菌操作打开安瓿瓶,移接到保藏前使用的同一种培养基斜面上进行培养。从液氮罐中取出安瓿瓶时速度要快,一般不要超过1 min,以防其他安瓿瓶升温而影响保藏质量。此外,保护剂对微生物细胞存在一定的影响,解冻后要尽快稀释或去除。

该法操作简便、高效,保藏期一般可达到15年以上,是目前较理想的菌种保藏方法。除了少数对低温损伤敏感的微生物外,该法适用于各种微生物菌种的保藏,且可使用各种培养形式的微生物进行保藏,无论是孢子或菌体、液体培养物或固体培养物均可采用该保藏法,且性状不变异。缺点是需购置超低温液氮设备,且液氮消耗量大,操作费用较高。

参考文献

东秀珠,蔡妙英.2001.常见细菌系统鉴定手册.北京:科学出版社

李素玉.2005.环境微生物分类与检测技术.北京:化学工业出版社

林永成.2002.海洋微生物及其代谢产物.北京:化学工业出版社

林万明.1990.细菌分子遗传分类鉴定法.上海:上海科学技术出版社

刘志恒.2002.现代微生物学.北京:科学出版社

陶天申,陈文新,骆传好译.1989.国际细菌命名法规(Lapage S P,et al. International Code of Nomenclature of Bacteria,1975).北京:科学出版社

张士璀,马军荣,范晓.1987.海洋生物技术原理和应用.北京:海洋出版社

张致平.2003.微生物药物学.北京:化学工业出版社

周德庆. 1994. 微生物学教程. 第二版. 北京：高等教育出版社

Baker G C, Smith J J, Cowan D A. 2003. Review and re-analysis of domain-specific 16S primers. J Microbiol Meth. 292(55)：2073-2075

Christensen H, Angen O, Mutters R, et al. 2000. DNA-DNA hybridization determined in micro-wells using covalent attachment of DNA. Int J Syst Evol Bacteriol. 50(3)：1095-1102

Eilers H, Pernthaler J, Glockner F O, et al. 2000. Culturability and in situ abundance of pelagic bacteria from the North Sea. Appl Environ Microbiol. 66(7)：3044-3051

Ezaki T, Hashimoto Y, & Yabuuchi E. 1989. Fluorometric deoxyribonucleic acid-deoxyribonucleic acid hybridization in microdilution wells as an alternative to membrane filter hybridization in which radioisotopes are used to determine genetic relatedness among bacterial strains. Int J Syst Bacteriol. 39(3)：224-229

Holt J G, editor in chief. 1994. Bergey's Mannal of determinative bacteriology 9th ed. Baltimor, Md：Williams & Wilkins. London

James B & R Jack Hartin. 2000. PCR primers that amplify fungal rRNA genes from environmental samples. Appl Environ Microbiol. 66(10)：4356-4360

Jensen P R, Dwight R and Fenical W. 1991. Distribution of actinomycetes in near-shore tropical marine sediment. Appl Environ Microbiol. 57(4)：1102-1108

Joulian C, Ramsing N B, Ingvorsen K. 2001. Congruent phylogenies of most common small-subunit rRNA and dissimilatory sulfite reductase gene sequenecs retrieved from estuarine sediments. Appl Environ Microbiol, 67(7)：3314-3318

Kathrin S, Martina B, Irina A, et al. 2004. Evalution of methods for storage of marine macroorganisms with optimal recovery of bacteria. Appl Environ Microbiol. 70(10)：5912-5916

Kaznowski A. 1995. A method of colorimetric DNA-DNA hybridization in microplates with covalently immobilized DNA for identification of *Aeromonas* spp.. Med Microbiol Lett. 4：362-369

Lchevalier H A, Lechevalier M P. 1980. The chemotaxonomy of actinomycetes. In：Dietz A and Theayer D W. (eds.) Actinomycetes taxonomy. Special Publication No. 6. Society for Industrial Microbiology. Arlington Va

Mehlen A, Goelhner M, Ried S, et al. 2004. Development of a fast DNA-DNA hybridization method based on melting profiles in microplates. Syst Appl Microbiol. 27(6)：689-695

Miyajima M, Matsuda M, Haga S, et al. 2002. Cloning and sequencing of 16S rDNA and 16S-23S rDNA internal spacer region (ISR) from urease-positive thermophilic Campylobacter (UPTC). Lett Appl Microbiol. 34(4)：287-289

Nagahama T, Hamamoto M, Nakase T, et al. 2003. *Cryptococcus surugaensis* sp. nov., a novel yeast species from sediment collected on the deep-sea floor of Suruga Bay. Int J Syst Evol Microbiol. 53(6)：2095-2098

Oren A. 2002. Diversity of halophilic microorganisms：environments, phylogeny, physiology, and applications. J Ind Microbiol Biotechnol. 28(1)：56-63

Schut F, Egbert J de Vries, Gottschal J C, et al. 1993. Isolation of typical marine bacteria by dilution culture：growth, maintenance, and characteristics of isolates under laboratory conditions. Appl Environ Microbiol. 59(7)：2150-2160

Stoesser G, Sterk P, Tuli M A, et al. 1997. The EMBL nucleotide sequence database. Nucleic Acid Res. 25(1)：7-14

Thompson J D,Gibson T J,Plewniak F,et al. 1997. The GLUSTAL X windows interface: flexible strat-
　　egies for multiple sequence alignment aided by quality analysis tools. Nucleic Acids Res. 25(24):
　　4876-4882

Vandamme P,Pot B,Gillis M,et al. 1996. Polyphasic taxonomy,a consensus approach to bacterial sys-
　　tematics. Microbiol. 60(2): 407-438

Webster N S,Wilson K J,Blackall L L,et al. 2001. Phylogeneitc diversity of bacterial associated with the
　　marine sponge *Rhopaloeides odorabile*. Appl Environ Microbiol. 67(1): 434-444

Zaslavskaia L A,Lippmeier J L,Shih C,et al. 2001. Trophic conversion of an obligate photoautotrophic
　　organism through metabolic engineering. Science. 292(2): 2073-2075

10. 未可培养海洋微生物

10.1　什么是未可培养海洋微生物

　　未可培养海洋微生物(uncultured marine microorganisms)是指那些栖息于海洋环境中,用现有培养方法还不能得到纯培养的微生物。"未可培养"并不是这些微生物的特性,而是由于我们对这些微生物生命活动及其生长环境认识不足,直接导致了现有的培养条件不能满足这些微生物的生存需要。但是,当培养条件与方法得到改进时,如采用稀释培养、模拟自然生境培养、富集培养、混合培养等策略,就有可能得到它们的纯培养,这些微生物也就成为可培养海洋微生物。

　　因此,未可培养海洋微生物是个相对的概念,随着培养技术的发展,对未可培养海洋微生物的认识始终处于动态的变化之中。为了更多地了解未可培养海洋微生物,本部分将从未可培养海洋微生物的多样性、未可培养的原因、培养技术以及分子技术等方面进行阐述。

10.2　未可培养海洋微生物的多样性

　　早在 1932 年,Razumov 就报道在水生环境微生物的研究中,通过显微镜观察计数得到的细胞数远远大于各种培养基培养的菌落数,随后发现这种现象普遍存在,例如,Jones(1977)利用平板计数与显微镜计数的方法,发现沉积物中微生物可培养率约为 0.25%;Kogure 等(1979、1980)、Ferguson 等(1984)发现海水中微生物可培养率<0.1%;Ferguson 等(1984)发现无污染的河口海洋微生物可培养率为 0.1%～3%。鉴于此,1985 年Staley 和 Konopka 提出"伟大平板,计数太偏"(the great plate count anomaly)。所有这些都充分反映了海洋中存在大量的未可培养微生物。

　　20 世纪 90 年代分子生物学技术应用于海洋微生物多样性研究以来,未可培养海洋微生物的多样性研究得到了迅猛发展。研究发现,未可培养海洋微生物分布广泛,包括细菌、古细菌、真菌、病毒以及原生生物等多个微生物门类。Hugenholtz 等(1998)综合 23项研究成果,对已测序的 687 个海洋来源的细菌序列进行了分析,发现未可培养海洋细菌在变形细菌、噬纤维菌、放线菌、低 GC 革兰氏阳性菌、酸杆菌、疣微菌、绿色非硫细菌、蓝细菌等多个门类中都有存在;Hagström 等(2002)对未可培养海洋浮游细菌进行分析,通过对 GenBank 中海洋浮游细菌的 16S rDNA 进行分析,获得 1 117 个独特序列,其中 609个来源于未可培养细菌,它们涵盖了变形细菌、浮霉菌、噬纤维菌－屈挠杆菌、厚壁菌、疣微菌、蓝细菌等类群,其中变形细菌中未可培养细菌所占比例最高,噬纤维菌－屈挠杆菌次之(图 10-1)。Webster 等(2004)利用 16S rRNA 基因序列分析技术研究日本海沉积物中的微生物,发现了一个新的细菌类群——JS-1;Parkes 等(2005)对秘鲁海边沉积物中的未可培养细菌进行分析,也发现 JS-1 类群的存在。

在对海洋古菌的研究中,同样发现其具有丰富的多样性。Fuhrman(1992)、Delong(1992)等在研究海洋浮游古菌时,分别发现了两个新的古菌群:海洋古菌群Ⅰ和Ⅱ。随后,Fuhrman(1997)、Francisco Rodriguez-Valera(2001)又在海洋环境中分别发现了古菌群Ⅲ和Ⅳ。

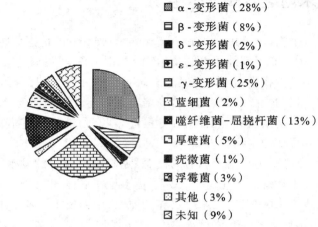

α-变形菌(28%)

β-变形菌(8%)

δ-变形菌(2%)

ε-变形菌(1%)

γ-变形菌(25%)

蓝细菌(2%)

噬纤维菌-屈挠杆菌(13%)

厚壁菌(5%)

疣微菌(1%)

浮霉菌(3%)

其他(3%)

未知(9%)

图 10-1　GenBank 中未可培养海洋浮游细菌的类型与比例(引自 Hagström 等,2002)

10.3　未可培养海洋微生物难以培养的原因

长期以来,由于对未可培养海洋微生物个体状况、生长条件及其规律性的认识不足,导致了未可培养海洋微生物的培养受到限制。近年来,微生物研究者对未可培养海洋微生物进行了广泛的探索,总结出一些难以培养的原因,主要包括生境条件的改变、营养条件的变化、群落生存方式的破坏及微生物自身因素等。下面对这四个方面逐一进行介绍。

10.3.1　生境条件的改变

大多数微生物的生长必须依赖于适宜的生境条件。由于监测技术和手段的限制,人们对微生物生境了解尚不充分,因此,目前尚不能完全模拟微生物的自然生存条件,如物理条件(温度、湿度、辐射、压力、磁场、空间、时间等)、化学条件(盐度、酸碱度、重金属浓度、氧化还原电位等)和生物条件(营养、种群密度、生物链因素等)。

然而,我们通常将培养条件进行简化,将微生物置于恒温、恒湿、黑暗或光照等小环境中,并将微生物的生长控制在固定的琼脂板或振荡的液体培养基质中。这些微生物的培养基质通常也是简化的,虽然某些营养成分被极大的增加,但缺少了原生境可以提供的微生物生长繁殖所必需的某些化学物质。所以,对于大多数微生物而言,分离、纯化对微生物本身就是一种生态灾难,它们由于不能适应环境的变化而难以复苏形成菌落,从而导致了微生物的不可培养。

10.3.2 营养条件的变化

现存的任何有机生物体都是自然选择的结果,微生物也不例外。一些细菌在长期的自然进化过程中选择了快速生长、依赖高繁殖率的生长策略,即 r 生长策略;另外一些则选择了对环境资源高亲和性的生长策略,适应了低营养含量和极低的生长率,即 k 生长策略。由于未可培养海洋微生物数量庞大,海洋中可利用的营养物质又极度匮乏,因而多数未可培养海洋微生物选择了 k 生长策略。而实验室传统的纯培养提供的培养基营养丰富,导致这些寡营养的海洋微生物快速生长,产生大量的自身难以调节的过氧化物、超氧化物和羟基自由基等毒性氧物质,这些物质的快速累积破坏了细胞内膜结构,进一步导致细胞死亡,从而表现出微生物的不可培养性。

实行 k 生长策略的海洋微生物中,大多数具有高效的丙氨酸运输系统,但是缺乏一些关键代谢中间物(如琥珀酸)的运输系统。虽然能避免在高度贫营养环境中代谢物泄漏,但在营养丰富的培养基中由于不能利用代谢中间物,反而成为阻碍其复苏的重要因素,有时甚至会发生底物加速死亡(substrate-accelerated death)的现象。

要特别指出的是,这些营养丰富的培养基只是相对丰富而已,它们往往不能提供或满足微生物生长与繁殖必需的某些特殊营养物质或活性物质,比如海水或淡水中浓度可达 1 nmol/L 的 ATP(很可能来自浮游植物和其他浮游生物)、藻类分泌的生长因子和维生素、动植物病原菌寄主产生的活性物质等,都是传统纯培养难以提供的。

10.3.3 群落生存方式的破坏

在同一生态环境中,我们把同一种微生物的所有个体总和称为族群(ethnic group);多种微生物族群相互作用而共同构成了更高一级的生物单位,称为微生物群落(microbial community)。在原始生境中,微生物总是面临着多种环境压力,如营养、代谢底物、环境污染、种间优势等。为了适应生境,微生物进化出相应的生存方式,即共同协作关系和群体感应。

所谓共同协作(cooperation)是指由于生存环境胁迫而发展起来的微生物间协同生长的生长方式,包括偏利共生和互惠共生关系。如在污水生境中,化能异养细菌的氧化分解作用产生 CO_2 和 NO_3^-、PO_4^{3-} 等,在光条件下被光合细菌利用,放出 O_2,提供给细菌群落完成好氧分解;贝氏硫细菌氧化 H_2S 可解除对 H_2S 敏感细菌的毒性;硝酸细菌和亚硝酸细菌的协同代谢等。群体感应(quorum sensing)是通过细菌间的信息交流来调控细菌的群体行为,即细胞通过感应某种胞外低分子量的信号分子来判断周围菌群密度和环境的变化,从而调节相应的细菌表达以调控细菌的群体行为。群体感应参与细菌种群竞争、孢子生成、抗生素生产、致病因子诱导、细胞分化、致病菌感染过程的营养分配、生物膜的合成以及其他许多生理反应的调控。

因此,采用传统的纯培养方法时,不同微生物之间缺乏必要的信息和物质交流,自然就破坏了共同协作以及群体感应的生存方式,从而极大地降低了海洋微生物的可培养性。

10.3.4 微生物自身因素

除了上述外部因素外,海洋微生物自身的某些因素也会导致其难以培养。例如,某些微生物在液体培养基中可培养,但在平板培养基上却难以培养;微生物生长处于垂死状态时,生理代谢已经衰竭,难以满足生长和繁殖所需的物质要求;一些微生物产生孢子进入休眠状态时难以被萌发;当微生物受到某些环境胁迫(如低温、高浓度的铜离子等)时,也表现为难以培养,如嗜盐弧菌(*Vibrio vulnificus*)在室温下可培养,而在 5℃时却难以培养。另外,培养受温和噬菌体侵染的海洋微生物时,温和噬菌体可能被引发进入裂解性循环,导致宿主微生物的死亡,故在培养基上也表现为不可培养。

10.4 未可培养海洋微生物的培养技术

虽然分子生物学方法有可能将未可培养海洋微生物从环境中鉴定出来,但是并不能获得它们的活体细胞,也就无法准确了解这些微生物的代谢途径、营养需求以及不同微生物间相互协调的规律,就更谈不上高效利用了。因此,大力开发微生物培养技术,以提高微生物可培养性,不仅是微生物学基础理论研究的需要,也是未可培养海洋微生物资源开发利用的基础。

研究人员曾采用多种策略和方法来提高微生物的可培养率,如富集培养、自然培养、混合培养等,取得了一定的效果,并为众多海洋微生物研究者所接受。下面介绍其中主要的几种。

10.4.1 稀释培养技术

传统培养基营养丰富,不适合那些原先生长在贫营养环境中的海洋微生物。一般认为,多数的海洋微生物对过高的有机物敏感,营养基质会成为它们复苏的障碍,因此可以采用将营养基质稀释一定倍数的稀释培养技术(dilution culturing technique),甚至直接采用原生态水作为培养基。Franklin 等(2001)采用从原液到 10^{-4} 浓度进行系列稀释的培养方法分析污水微生物群落,结果发现从每一个稀释梯度样品中都分离到 2~3 个新的微生物类群。这充分说明了自然生境中微生物是随营养渐变而呈梯级分布的,因而设计营养策略时,就要参考原生境微生物数目和营养条件,而不是简单的全营养培养或 100 倍稀释的简单选择。目前,针对稀释培养技术发展了两种具体方法:细胞微囊法和消失培养法。

(1)细胞微囊法

细胞微囊法(microdroplet technique)由 Zengler K 于 2002 年首先报道,它是指把微生物细胞包装成微滴胶囊(gel microdroplets,GMDs),通过其先后在含有低营养培养基的灭菌层析柱中以及含有富营养培养基的微孔板上进行培养而分离微生物的一种方法。微生物的培养分为两个阶段:首先在低营养培养基中进行初级培养,然后在微孔板上进行富集培养(图 10-3)。

微胶囊技术常与流式细胞技术(flow cytometry,FCM)结合使用。流式细胞技术是20 世纪 70 年代初发展起来的一项高新技术,是光学、机械学、流体力学、电子计算机、细胞生物学、分子免疫学等技术的综合应用。使用流式细胞仪(flow cytometer)对高速流动的细胞或亚细胞进行快速定量测定、分析和分选,从而将包含菌落的微滴胶囊、未包埋的活细胞及空的微滴胶囊进行分离。分离效果用显微镜进行检测。

具体操作步骤:先将海洋环境样品中的微生物加以浓缩,逐步稀释后与海水琼脂混合,并加入细胞混合乳化剂(cellmix emulsion matrix),然后采用细胞微滴胶囊制备装置 (CellSys 100 microdrop maker)制成大量的微滴胶囊。微滴胶囊的孔径应能允许营养物质自由交换,包埋的微生物可在微滴胶囊中形成 20～100 个细胞的微菌落。

微菌落的检测与分离是流式细胞仪根据特有的光信号来完成的。微滴胶囊中微菌落的大小与在流式细胞仪中扩散的程度成比例,利用这一特性可区分单细胞、空微滴胶囊、含一个细胞和含一个微菌落的微滴胶囊。其中含有单个细胞的微滴胶囊被装入灭菌层析柱,柱的入口和出口装有过滤膜,入口膜(孔径 0.1 μm)防止游离活细胞进入,出口膜(孔径 8 μm)阻止柱内繁殖的游离细胞逃逸,这样可以防止未包埋的活细胞污染层析柱内的培养基并将微滴胶囊保留在柱中。培养海洋微生物样品时层析柱灌注的培养基用灭菌海水配制,培养基主要成分为 $NaNO_3$(4.25 mg/L)、K_2HPO_4(0.016 mg/L)、NH_4Cl(0.27 mg/L)、微量元素和有机物,氨基酸浓度为 6～30 nmol/L。微滴胶囊至少在柱子中培养 5 周,然后分装 96 孔板,用海水培养液培养,同时添加葡萄糖、蛋白胨、酵母提取物和腐殖酸提取物等营养成分。

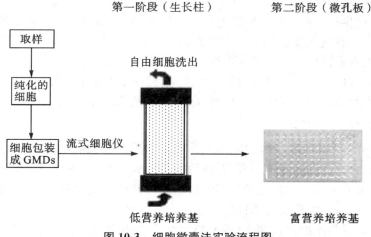

图 10-3　细胞微囊法实验流程图

为了确定需要包埋细胞的最小数量,常先以大肠杆菌作对照,分别按上述方法包埋 1 000、100、10 个,稀释后的提取细胞用流式细胞计数法直接计数,包埋的细胞培育 3 h 后将在微滴胶囊中形成菌落,然后用流式细胞计数法对微滴胶囊进行分析和分类。微滴胶囊中的细胞群可长出胶囊,经 1 周培养,多数微孔的菌浓度可达 10^7 cells/mL。以上结果表明微胶囊技术具有高通量的特点,并可为微生物生理生化、代谢途径、代谢产物以及细胞间相互作用的研究提供足够的生物量。与标准的限制稀释培养法相比,细胞微囊法具有下列优点:

①微滴胶囊的孔径很大可使代谢产物和其他分子(如信号分子)进行交换,一定程度上与自然环境相似。

②微滴胶囊培养在开放、连续的培养系统中进行,与自然环境相类似。

③具有高通量的特点,容易进行,价格便宜,可满足任何低流量特性的需要,包括工业范围的筛选。

（2）消失培养法

消失培养（extinction culture），又称为稀释至消失技术（dilution-to-extinction technique）。2002年Connon等将其发展为高通量培养法（high-throughput culture，HTC）用于较大样品贫营养细菌的培养和计数。主要操作流程是：先用荧光显微镜对天然群落微生物直接计数。然后将样品稀释至终浓度为1～5 cells/mL，接种到预备培养基；加入48孔板（1毫升/孔）中，培养一定时间后，各取200 μL过滤排列在48片滤膜上，染色，并转移至载玻片上，用荧光显微镜观察，有微生物生长即为阳性；最后对阳性培养物进行PCR、RFLP分析和测序鉴定，并进行保藏。同传统富营养平板相比，该法微生物可培养性高出4～120倍。Connon等采用比实验室常用培养基营养低3个数量级的低营养培养基分离海洋微生物，从11个海洋浮游微生物样品中分离出2 500个培养物，并从中得到44株γ-变形细菌（γ-proteobacteria）新菌株，分属于5个rRNA进化枝，其中有4株属于首次被培养和描述的变形细菌，分别和SAR11（α亚纲）、OM43（β亚纲）、SAR92（γ亚纲）和OM60/OM241（γ亚纲）类群相关。

大多数海洋浮游微生物遵从k生长策略，因而在普通培养基上是不能形成菌落的。Simu等（2004）利用96孔板对微生物进行消失培养，并将富营养不能形成菌落者滴加到海水琼脂载片（含有荧光染料DAPI）上观察微生物的生长行为。虽然有3株没有形成菌落，但仍然发现有促进生长和分布的作用，在琼脂表面形成了由数个细胞组成的、显微镜可见的微菌落。可以说，对贫营养生境的微生物，稀释培养技术是增强其可培养性的主要选择之一，消失培养法则是其中一项针对性强、效果显著的研究方法。

10.4.2 模拟自然培养技术

传统纯培养技术中，微生物是单一的、分离的和不可交流的，而自然生境中微生物是多样的、合作的、可交流的，对这二者的比较和思考，从生态学角度出发的模拟自然培养技术便成为新的培养策略。要想成功分离未可培养海洋微生物，就要连同它们所栖息的生境和群落一起带走，尽量让培养条件模拟原先的自然状态。

模拟自然培养技术的优点在于：既能纯培养，又能保证微生物原生态特性在一定程度上得到延续，弥补了自然培养和传统纯培养的部分弱点，虽尚未完全成熟，但应该是未来主要发展的培养技术之一。近年来由模拟自然培养技术发展起来的培养方法主要有两种：近自然纯培养法和扩散生长小室法。

（1）近自然纯培养法

近自然纯培养法（near-native pure culture technique）是将微生物培养在内衬有微孔滤膜（孔径0.20～0.45 μm）的有孔培养装置（如培养皿、试管和三角瓶等）中，并将装置放入微生物所需的真实环境或模拟自然生境的外皿中，内外环境中活性物质可通过微孔滤膜相互渗透，保证被培养的微生物能够同原生环境交流，克服传统纯培养难以提供外源活性物质的缺陷，从而提高未可培养海洋微生物的可培养性。

具体做法：首先在玻璃培养皿底部钻取直径5 mm的圆孔5～6个，形成有孔培养皿，若无法将玻璃培养皿底部钻孔，可用塑料培养皿替代；将微孔滤膜覆盖于有孔培养皿上，轻轻抹压，使滤膜与培养皿紧密相贴，无明显缝隙。蒸汽高压灭菌后，加入无菌培养基备用。在无菌条件下接种欲分离的微生物，方法同常规微生物分离。将该培养皿放入一个盛有原生境物质的外皿中进行培养,外皿中液面应不高于内部培养基表面以免形成明显水渍影响菌落形成。相关装置及操作流程如图 10-4 所示。

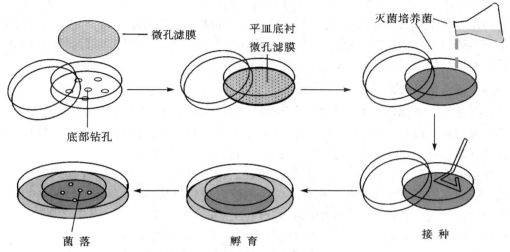

图 10-4 近自然纯培养法装置及操作流程

近自然纯培养法在一定程度上为微生物提供了同原生境沟通的可能,既有物质流的交换,也可能有信号分子的交流,使得强烈依赖这种生态关系的部分细菌有可能被培养出来。另一方面,由于微孔滤膜的营养物泄漏也会造成某些快速生长菌株更弱或菌落数更少,但种类数目基本不会减少,这说明近自然纯培养法在一定程度上是"雪中送炭"、而非"锦上添花"的培养模式。也就是说,近自然纯培养法的相对技术优势在于它提供了同原生境沟通的可能,它不一定会使已经长出的菌株生长得更好,但给那些强烈依赖原生境而不能用传统培养方法形成菌落的菌株提供了生长的可能。

(2)扩散生长小室法

Kaeberlein T 等(2002)设计了一种称为扩散生长小室(diffusion growth chamber)的结构,用于海洋微生物的分离培养,这种小室允许营养物和微生物产生的活性物质透过膜进出小室,而细菌却不会逃逸。具体做法:首先将海洋环境样品浓缩,作适当稀释后接种于扩散生长小室中的海水琼脂培养基,两端用膜封好。然后将许多这种小室放入沙池,并用海水覆盖。经过一段时间的培养后,先前未培养出的海滩菌株在小室中聚集并出现纯培养,培养菌落数为常规技术的 300 倍左右。这种方法与近自然培养法一样,也是根据模拟自然纯培养策略设计而成的,其特色就在于模拟自然环境,使不同细胞经过交流,形成菌落。

10.4.3 富集培养技术

富集培养(enrichment culture)是指根据微生物的某些特性,特异地添加微生物生长所必需的营养成分,从而使原先无法培养的微生物变为可培养的一种培养方式。富集培养使用的培养基是在基础培养基的基础上,增加额外营养成分而形成的富集培养基(enrichment medium)。对于营养要求比较苛刻的异养型微生物,必须添加相应的营养物质来培养,如血液、血清、酵母浸膏、动植物组织液、土壤抽提液、特异性的电子传递物质等。

此类培养基也可用于富集特定生理类群的微生物和增强其可培养性,这一点类似于选择培养基。Kashefi 等(2003)根据嗜高热微生物利用 Fe(Ⅲ)作为终端电子受体这一高度保守的特性,在培养基中添加非常微量的 Fe(Ⅲ)氧化物并成功分离到微生物新种。另外,也有在培养基中加入腐殖质电子载体、亚磷酸、亚砷酸等电子供体,芳香基卤化物等分离出未可培养微生物的报道。要说明的是,使用富集培养技术之前只有对目标微生物的生理特性有一定的了解,才能有效提高微生物的可培养率。

10.4.4 混合培养技术

自然微生物群体通常混合共存于环境中,不同微生物之间常存在物质和信息的交换。很多工业过程,如酿造、污水生物处理以及环境大分子有机物的降解过程中,使用单一菌株往往效率很低,而采用多种细菌的混合培养则成功解决了这一难题。

所谓混合培养(mixed culture)就是将两种或两种以上微生物混合,在同一环境中进行共培养。研究发现细菌的生长似乎不完全取决于食物供应,很可能在增殖前会相互发出信号,传送出特定种群所需要的信息,这已在细菌形成的生物膜上检测到。混合培养能提供微生物在纯培养时无法获得的物质和信息流,这是其增强微生物可培养性的重要原因。例如,从异丙隆(isoproturon)污染的环境样品中通过富集培养分离得到 SRS1 和 SRS2 菌株,将二者混合共培养时生长率、降解性都比单独培养时大幅度提高,原因是 SRS1 为 SRS2 提供了生长必不可少的氨基酸,成为后者可培养性提高的物质基础。Tsigarida 等(2003)对腐败希万氏菌(*Shewanella putrfaciens*)、热杀索丝菌(*Brochothrix thermosphacta*)和假单胞菌(*Pseudomonas* sp.)进行单独培养和混合培养后发现,细菌混合培养时不仅生长率得到提高,代谢产物类型也发生了改变。

10.5 未可培养海洋微生物的分子技术——宏基因组法

尽管发展和改进了众多新颖的未可培养海洋微生物培养方法,但对于绝大多数未可培养微生物来说,实现其纯培养仍然难度很大。随着分子生物学技术的不断发展,越来越多的科学家倾向于利用宏基因组的方法直接研究海洋微生物,从而避开了微生物培养的问题。

10.5.1 宏基因组简介

1998 年 Handelsman 等提出宏基因组(metagenome)的概念,从而开创了未可培养微生物研究的新纪元。所谓宏基因组就是指在某一时间特定环境中全部生物遗传物质的总和,故又称为环境微生物基因组(environmental DNA,eDNA)。

在宏基因组研究中,构建宏基因组文库是最为重要的环节。从特定环境中提取总 DNA,将切割成一定长度的 DNA 片段连接到载体上,然后转化宿主菌形成重组 DNA 文库,即宏基因组文库(metagenome library),也叫环境基因组文库(environmental DNA library,eDNA 文库)。它包含了特定 DNA 片段的重组子集合,每一个重组子携带一个 DNA 片断。文库中既包含可培养的又包含未可培养的微生物基因,从而克服了绝大多数环境微生物难以通过实验室分离培养的困难,使人们的认识单元实现了从单一基因到基因集合的转变。根据 DNA 片断的来源，宏基因组文库又可分为 DNA 文库和 cDNA 文库；根据克隆载体的不同分为质粒文库、噬菌体类载体文库、细菌人工染色体（bacterial artificial chromosome，BAC）文库、酵母人工染色体（yeast artificial chromosome，YAC）文库等。

目前已采用土壤、海水、海洋浮游生物、海绵、甲虫、人唾液等环境样品成功构建了多个宏基因组文库，并筛选到脂酶、酯酶、蛋白酶、淀粉酶、氧化酶、几丁质酶、核酸酶、膜蛋白、4-羟基丁酸代谢酶系、生物素合成酶系、色素、抗菌抗肿瘤活性物质以及抗生素抗性基因等。表 10-1 列出了 2000 年以来报道的部分宏基因组研究。

表 10-1　2000 年以来部分宏基因组的研究报道

DNA 来源	载体	宿主	目的	筛选方法	发表时间(年)
深海土样	Plasmid	*E. coli*	β-内酰胺酶	活性	2005
鼠大肠	BAC	*E. coli*	β-葡聚糖酶	活性	2005
土壤	Cosmid	*E. coli*	DNA 片断大小与土壤种类的相关性	测序	2005
嗜热环境样品	Fosmid	*E. coli*	热稳定酯酶	活性	2005
森林土壤	Fosmid	*E. coli*	脂酶	活性	2004
生物膜	Plasmid	*E. coli*	区系分析	测序	2004
土壤	Plasmid	*E. coli*	短链多羟化合物的生物催化	活性	2003
富集培养物	Plasmid	*E. coli*	乙醇氧化还原酶/B$_{12}$甘油脱水酶/二醇脱水酶	活性	2003 2001
生物膜	Cosmid/ Plasmid	*E. coli*	区系分析	测序	2003
富集培养物	Cosmid	*E. coli*	脂酶/琼脂酶/立体选择酰胺酶/纤维素酶/淀粉酶/葡聚糖酶	活性/测序	2003
土壤	Cosmid	*E. coli*	聚酮合成酶	HPLC-UV/测序	2003
水体/富集培养物	λ	*E. coli*	酯酶/纤维素酶	活性	2003
富集培养物	Cosmid	*E. coli*	区系分析	DNA 芯片	2003
土壤	BAC	*E. coli*	DNA 提取纯化研究	测序	2003
土壤	Fosmid	*E. coli*	区系分析	测序	2002
土壤	Plamid	*E. coli*	4-丁醇脱氢酶	测序	2002
土壤	Cosmid	*E. coli*	生物活性小分子	菌落颜色	2001
土壤	Cosmid	*E. coli*	抗生素	抑菌筛选	2000
土壤	Plamid	*E. coli*	DNA 提取纯化研究	活性	2000

10.5.2　宏基因组文库的构建

（1）环境样品总 DNA 的提取和纯化

构建宏基因组文库首先要解决的是环境样品 DNA 的提取和纯化问题。这是因为海洋环境样品中存在大量的抑制性物质，如腐殖酸、酚类物质、重金属离子等，其中腐殖酸是广泛存在于土壤、河湖海沉积物以及风化煤、褐煤、泥炭中的天然有机高分子化合物，对PCR 反应、裂解酶和内切酶的活性、杂交以及感受态细胞的转化等分子操作影响很大。此外，由于酚类物质与 DNA 分子结合难以除去，重金属离子通常是很多酶的变性剂，这两类物质对分子操作也存在抑制作用。

DNA 提取方法分为直接提取法和间接提取法。直接提取法是不需从环境样品中分离细胞，直接将环境样品充分悬浮于裂解缓冲液中，进而裂解细胞释放 DNA，因而可最大限度提取样品中所有类型微生物的 DNA；间接提取法则利用离心介质（如 percoll、metri-zamide 等）或者梯度离心等方法先把微生物从环境样品中分离出来，再按处理纯培养细胞的方法裂解微生物细胞提取 DNA。

由于一些海洋样品（如海洋沉积物）中，微生物与各种沉积颗粒紧密吸附，直接在样品中裂解细胞往往会造成细胞裂解不完全，或裂解后的 DNA 与沉积颗粒紧密吸附，使DNA 的丢失率高达 75%～90%，因此选择有效的裂解方法就显得至关重要。常用的细胞裂解措施：液氮冻融、研磨、超声波破碎等物理处理；SDS 裂解等化学处理；裂解酶、蛋白酶等酶处理。经常采用三者组合使用的方法使样品中微生物细胞尽可能全部裂解。

DNA 提取的产量和质量除与裂解方法有关外，还与使用的裂解缓冲液有关。磷酸缓冲液是常用的缓冲液，缓冲液中含有 EDTA 和高浓度的盐离子，EDTA 可螯合金属离子以防止 DNA 被降解。高的盐浓度可以提高 DNA 提取量，但所提 DNA 的纯度会有所降低。

不管是用间接法还是用直接法提取环境样品中的 DNA 都不可避免受到环境样品中杂质的影响，因此纯化是环境样品 DNA 提取过程中的关键环节。对粗提 DNA 进行纯化的方法有电泳法、分子筛法、CsCl 密度梯度离心法、羟基磷灰石法、选择沉淀法、玻璃粉吸附法等。电泳法又分透析袋洗脱和低熔点琼脂糖回收两种，当采用琼脂糖法回收时，须向琼脂糖凝胶中加入 2% PVPP（水溶性聚乙烯毗咯烷酮），4℃ 下电泳时 PVPP 与腐殖酸结合使其电泳速率慢于 DNA 而使腐殖酸与 DNA 得到分离。分子筛法又分为 Bio-gel、聚丙烯凝胶柱、Sephadex G-50 和 G-200 等，其中 G-200 效果最好，DNA 回收率高达 90%。CsCl 密度梯度离心法可获得较纯的 DNA，但操作繁琐，成本高。羟基磷灰石法的回收率较低，仅为 2.5% 左右。选择沉淀法是用亚精胺-HC1 在低盐条件下沉淀 DNA，可以去除腐殖酸等抑制剂，回收率为 50%～100%。玻璃粉吸附法是利用玻璃粉在高盐下吸附DNA 的特性纯化核酸，回收率达 75%～100%。

需要说明的是，由于环境样品种类繁多、组成复杂，理化性质也各异，所以没有一种方法能适用于所有的样品。我们应根据样品特有的理化（如黏土和有机物含量）和生物学（如微生物群落）特性，特别是后续实验的目的与要求来选择合适的分离纯化方法。

（2）载体的选择

促使宏基因或基因簇在重组克隆子中表达或提高表达量，选择合适的载体是非常重要的。载体选择主要是要有利于目标基因的扩增、表达及在筛选活性物质时表达量的调控,还要考虑载体的类型和容量,是选择克隆载体、表达载体还是穿梭载体,等等。为提高和调控外源基因的拷贝数与表达量,常需构建不同类型的载体,如 Handelsman 实验室构建的 superBAC X 载体系列,以 pBeloBAC II 为骨架,添加多种复制原点,调控拷贝数及宿主范围,以利于外源基因的表达及调控表达量。华中农业大学农业微生物国家重点实验室保藏的 pBluescriptSK[+] 以及广西大学生命科学院构建的 pGXN1050 载体系列也都成功用于宏基因组文库的构建。下面介绍几种不同表达量及功能的载体。

1)大片段插入载体

微生物活性物质大多是其次生代谢产物,代谢途径由多基因簇调控。尽量插入大片段 DNA 可以获得控制完整代谢途径的多基因簇序列,目前多采用细菌人工染色体(BAC)载体、Cosmid 载体、Fosmid 载体等来构建大片段宏基因组文库。

BAC 载体实际上是质粒载体,它的复制起点序列来源于细菌的 F 因子,能携带长达 350 kb 的外源片断。因此,需要利用细胞或细胞核包埋方法,在凝胶中降解蛋白以及对 DNA 进行限制酶切,借助脉冲电泳技术分离大片断 DNA,利用电转化向细菌细胞引入重组质粒,而 BAC 载体本身的制备与一般质粒载体相同。BAC 载体虽可插入大片段外源 DNA 且在宿主细胞中稳定性高,但其克隆效率低,在宿主中的拷贝数也低,宏基因扩增困难,表达量低。

Cosmid 载体是较早研究并成熟应用的载体,可插入中等大小的外源 DNA 片段(20~40 kb),克隆效率高且能在宿主细胞中稳定存在,不过同样存在拷贝数低、宏基因扩增困难、表达量低等不足。

近年来,Fosmid 载体得到了越来越广泛的应用。与 Cosmid 载体相当,Fosmid 载体也可插入中等大小的外源 DNA 片段(约 40 kb)。Epicentre 公司研发的多拷贝 Fosmid 载体(Copy Control pCC1FOS Vector)既含有 E. coli F 因子的单拷贝复制起点,又含有多拷贝的可诱导复制起点 oriV。制备的 Fosmid 克隆先以单拷贝形式生长,以保证插入片段的稳定性和克隆的正常表达,然后可通过诱导多拷贝复制起点而使每个细胞中的克隆数达到 50 个。

2)表达载体

为了提高宏基因的表达便于重组克隆子活性检测,有研究者直接利用表达载体构建宏基因组文库。表达载体可插入的宏基因片段一般小于 10 kb,适于筛选单一基因或小的操纵子产物。Henne 等(1999)利用表达载体 pBluescriptSK[+] 克隆获得表达脂酶、酯酶及 4-羟基丁酸脱氢酶的重组克隆子。

3)穿梭载体

外源基因的表达受到宿主细胞的遗传类型(顺式作用组件、反式作用因子、tRNA 丰度、密码子偏爱等)、细胞基质、细胞的生理状态及初级代谢产物等的影响,利用穿梭载体扩大宿主范围有利于促使和提高外源基因的表达。Courtois(2003)等采用 Cosmid pOS700 I 穿梭载体,构建了土壤 eDNA 的穿梭粘粒载体文库,得到 50 000 个克隆,从中发现了 11 个新的聚酮合酶 I(PKS I)基因,同时采用 HPLC 技术发现了两个新化合物。

总之,各类载体都有不足之处,新研制的载体通常能克服旧载体的缺点,因而许多曾经在分子生物学研究中发挥过重要作用的载体已经退出历史舞台。

（3）宿主的选择

选择合适的宿主细胞是重组基因高效克隆或表达的前提之一。宿主菌株的选择主要是考虑转化效率、重组载体在宿主细胞中的稳定性、外源基因的表达、目标性状（如抗菌）缺陷型等。宏基因组文库多以细菌、链霉菌、酵母等为宿主菌株，而不同微生物基因表达调控方式以及所产生的活性物质有明显差异，因此针对不同的研究目标应选择适宜的宿主。大肠杆菌、链霉菌和酵母菌是其中三种较为典型的宿主。

大肠杆菌是目前遗传背景研究得最清楚，且广泛应用于工业发酵的菌株，批量生产、活性产物分离及下游处理都比较方便。在大肠杆菌表达体系中，通常选用 T7、PRPL、Ptac 等强启动子，通过对翻译增强序列和转录终止序列的改进和优化，来实现外源基因的高效表达。此外，还可以按照大肠杆菌系统偏爱的密码子和 mRNA 二级结构进行目的基因的设计和合成，来获得外源基因的高效表达。从大肠杆菌为宿主的宏基因组文库中，已成功筛选多种生物催化剂和一些小分子物质，如 β-内酰胺酶、β-葡聚糖酶、热稳定酯酶等。但是该系统不能表达许多真核生物基因编码的活性功能蛋白，这是因为在原核微生物——大肠杆菌中缺少真核生物的蛋白质特异折叠和加工系统，且大肠杆菌中的蛋白酶系统对真核生物基因表达产物具有降解作用。

链霉菌是另一个重要的外源基因表达系统，与大肠杆菌表达系统有着明显区别。链霉菌具有丰富的次级代谢途径和严密的调控体系，因此用链霉菌来表达次级代谢产物具有明显的优势。在严密调控体系中，研究较多的是链霉菌基因的启动子结构多样性。对链霉菌启动子区域的核苷酸序列分析表明，它具有多种类型的启动子序列。其中，SEP 启动子的-10和-35区以及这两个保守区的间隔与大肠杆菌的多数基因启动子序列类似；另一类启动子则类似于枯草芽孢杆菌启动子。对链霉菌启动子的研究，特别是对严紧控制型启动子的调节机制、转录的终止、蛋白质的分泌信号及链霉菌分泌的多种蛋白酶活性的深入研究，发现真核基因或非链霉菌来源的原核基因在链霉菌中能够得到高水平的表达。通过多年的研究，已经有不少真核基因及一些非链霉菌来源的原核基因在链霉菌中得到成功表达，如牛生长激素基因、人干扰素 α_1 和 α_2 基因、人乙肝表面抗原（HBSAg）基因、人白细胞介质素基因、人肿瘤坏死因子（TNF）基因、鼠肿瘤坏死因子基因、人体 T 细胞受本 CD4 基因、胰岛素原基因、水蛭素基因等。

酵母菌结构简单，是真核外源基因最理想的表达系统。酵母菌作为真核外源基因的表达系统具有超越其他真核生物的优势，例如，对酵母菌的基因表达调控机理、蛋白质翻译后加工过程以及酵母菌大规模发酵技术都研究得比较透彻；酵母菌能将外源基因表达产物分泌到培养基质中，有利于目标产物的获得；酵母菌能够表达某些动植物目的基因，有利于对动植物基因表达调控系统的研究，等等。在对酵母菌的分子遗传学研究中，最早认识的是酿酒酵母（*Saccharomyces Cerevisiae*），该菌也是最先作为外源基因表达的酵母宿主。1981 年酿酒酵母表达了第一个外源基因——干扰素基因。1983 年 Wegner 等发展了以甲基营养型酵母（methylotrophic yeast）为代表的酵母表达系统，包括 Pichia、Candida 等，其中毕赤巴斯德酵母（*Pichia pastoris*）表达系统研究得较为透彻。经过近 10 年发展，毕赤巴斯德酵母表达系统已基本成为较完善的外源基因表达系统。在此系统中利用强效可调控启动子 AOX1,高效表达了 HBsAg、TNF、EGF、破伤风毒素 C 片段、基因工程抗体等多种外源基因,并证实该系统是以提高表达量并保持产物生物学活性为突出特征的外源基因表达系统。

10.5.3 宏基因组文库的筛选

(1)功能驱动筛选

功能驱动筛选(function-driven screening)也叫活性筛选(activity screening),它是依赖于基因在宿主中的成功表达而形成活性克隆(或阳性克隆),再根据重组克隆产生的活性进行筛选。可采用多种活性检测手段挑选活性克隆子(如利用指示培养基或抗生素抗性筛选),并通过生化分析和插入 DNA 片段序列分析,对其深入研究。

这一策略是以生物活性为线索,能够发现全新的活性物质或基因,较快地鉴定克隆、克隆中包含的功能基因及其表达产物在医药、农业、工业上的潜在应用价值,同时获得克隆子或功能产物的全长基因。该筛选方法最大的不足是要求功能基因或完整的基因簇在宿主中能够成功表达,而宏基因组 DNA 成功表达蛋白质的效率却是很低的。导致宏基因组 DNA 编码的蛋白质表达效率低下的原因很多:宏基因组来源的基因转录效率低;翻译效率低;外源蛋白质难以分泌到胞外;目标蛋白质由于缺乏分子伴侣形成不正确的折叠;缺乏合成的辅因子;与宿主菌密码子存在差异,等等。此外,用这种筛选方法获得活性克隆的频率也比较低,筛选工作量大,有时为了检测不超过 10 个具有活性的克隆,至少要分析几千个甚至几万个克隆。

提高功能驱动筛选的效率主要是通过提高筛选底物的灵敏度、研发新的筛选底物或使用高通量的微阵列分析技术。另外,克隆前含目标序列微生物的富集、克隆后宏基因组克隆的收集也是提高获取目标序列的方法。

(2)序列驱动筛选

序列驱动筛选(sequence-driven screening)又称为 DNA 序列水平的筛选,根据保守 DNA 序列设计杂交探针或 PCR 引物,通过杂交或 PCR 扩增来筛选宏基因组文库中不同目标的阳性克隆,获取目标序列,它是基于序列特异性的筛选方法。此方法不需要外源片段的表达,但存在下面两个缺陷:一是用到的探针或引物,都是已知的基因或蛋白分子,因此必须对相关基因序列有一定的了解,否则较难发现全新的活性物质;其二是不能获得全序列。但是该方法有可能筛选到某一类结构或功能的活性物质,而且基于 DNA 操作有可能利用基因芯片技术大大提高筛选效率。

序列驱动筛选中,常用来直接对环境总 DNA 进行 PCR 扩增的引物有简并引物、随机/简并组合引物和根据 IS 侧翼序列设计的成对简并引物等。序列驱动筛选常利用含核糖体 RNA(rRNA)的克隆子研究环境微生物的多态性,再结合 rRNA 分子标记技术便可以认识未可培养环境微生物的基因组,并能提供未知微生物生理学方面的线索,最终发现工业上感兴趣的新的生物分子。如果克隆序列中含有系统进化上的锚定序列(phylogenetic anchor sequence),比如古菌 DNA 的修复基因 rasA,该序列就可以提供该克隆来源于何种生物体的有关信息。Courtois 等(2003)通过比对 GenBank 中 I 型聚酮合成酶系基因的同源序列,设计了两对 PCR 引物,以宏基因组文库克隆子中提取的重组载体 DNA 为模板进行 PCR 扩增,扩增产物回收纯化后测序,通过与 GenBank 比对发现了 11 个全新序列；Knietsch 等（2003）根据所有已知脱水酶基因的保守序列设计了一对简并 PCR 引物，用其对宏基因组 DNA 扩增，用扩增产物制作探针与宏基因组文库进行杂交，从 1.58×10^5 个克隆子中获得了 5 个阳性克隆，其中两个克隆子表现出很强的甘油和 1,3-丙二醇脱水酶活性，有望开发应用于工业生产。

（3）底物诱导基因表达筛选

底物诱导基因表达筛选（substrate-induced gene expression screening，SIGES）是近几年提出的一种基因表达筛选策略。此策略的设计基于：代谢基因的表达是在代谢底物或者代谢酶的诱导下发生，同时受到一定的调控机制控制。因此，用 SIGES 法所检测的是在底物存在的时候表达代谢特征、而底物不存在的时候不表达的代谢基因。

SIGES 法为宏基因组提供了一个有效而经济的检测手段，在基因组检测中具有许多优势：其一，它可以通过比色法来分离克隆，如用荧光激活细胞分选法（fluorescence-activated cell sorting，FACS）来检测分离荧光活性克隆，这是其他检测方法无法做到的；其二，SIGES 不需要对在颜色筛选中使用的底物进行修改（修改底物可能会产生毒性）；其三，在 SIGES 筛选中，能从底物的推断中得出未知的酶，便于对先前未知和假设的基因进行了解。

SIGES 法也有它的局限性，如分解代谢基因的表达需有一定条件、对表达的目的基因的结构和方向极为敏感；此外，由于存在大量的转化中止情况，使 SIGES 不能运用于含有大片段外源基因的宏基因组文库；还有，底物不能进入细胞质时，也不能用 SIGES 法进行筛选，如淀粉酶、蛋白酶、脂肪酶、纤维素酶和木聚糖酶的底物均不能进入细胞质等。

综上所述，宏基因组文库分析的三种主要途径，包括功能驱动筛选、序列驱动筛选以及底物诱导基因表达筛选，各有其独特优势，同时也存在一些缺陷。这三种筛选方法的比较见表 10-2。因此，选择有效、经济的筛选途径是宏基因组研究的一个重要目标。

表 10-2　三种宏基因组文库筛选方法的比较

	功能驱动筛选	序列驱动筛选	底物诱导基因筛选
筛选原理	依据重组克隆产生的活性进行筛选	通过杂交或 PCR 扩增来筛选文库中不同目标的阳性克隆，获取目标序列	底物诱导基因表达，并使用荧光激活细胞分拣法
优势	能够得到完整的目的基因或基因簇；可能获得完整新基因	克服了异源表达的限制	快速、经济；任何可进入细胞质的底物的代谢功能基因都可筛选
缺陷	在异源宿主中，需要存在克隆基因表达的各种条件（如转录、翻译、翻译后加工、分泌等）	需要对相关基因序列有所了解；不能确保获得基因或基因簇全序列	对目的基因方向敏感；对不能进入细胞质的底物不能应用；FACS 检测和包含诱导的媒介条件极为严格
举例	抗生素、酰胺酶、淀粉酶、酯酶、脂肪酶、木聚糖酶、脱氢酶、氧化还原酶	淀粉酶、聚酮合酶	安息香酸降解或萘降解操纵子、p450 酶

参考文献

郭斌,吴晓磊,钱易.2006.提高微生物可培养性的方法和措施.微生物学报.46(3):504~507

焦瑞身.2004.新世纪微生物学者的一项重要任务——未培养微生物的分离培养.生物工程学报.20(5):641~645

蓝希钳,周泽扬.2005.未培养的微生物研究进展.微生物学通报.32(6):116~119

王啸波,唐玉秋,王金华,等.2001.环境样品中 DNA 的分离纯化和文库构建.微生物学报.41(2):133~140

许晓研,崔承彬,朱天骄,等.2005.宏基因组技术在开拓天然产物新资源中的应用.微生物学通报.32(1):110~112

阎冰,洪葵,许云.2005.宏基因组克隆——微生物活性物质筛选的新途径.微生物学通报.32(1):113~117

叶姜瑜,罗固源.2004.未培养微生物的研究与微生物分子生态学的发展.微生物学通报.31(5):111~115

叶姜瑜,罗固源,王图锦,等.2005.近自然纯培养法对细菌培养的初步研究.微生物学报.45(5):802~804

岳秀娟,余利岩,张月琴.2004.自然界中处于 VBNC 状态微生物的研究进展.微生物学通报.31(2):108~111

Amann R I, Ludwig W, Schleifer K H. 1995. Phylogenetic identification and in situ detection of individual microbial cells without cultivation. Microbiol Rev. 59:143-169

Beja O. 2004. To BAC or not to BAC:marine ecogenomics. Biotechnology. 15(3):187-190

Breitbart M, Salamon P, Andresen B, et al. 2002. Genomic analysis of uncultured marine viral communities. Proc Natl Acad Sci USA. 99(22):14250-14255

Connon S A, Giovannoni S J. 2002. High-throughput methods for culturing microorganisms in very-low-nutrient media yield diverse new marine isolates. Appl Environ Microbiol. 68:3878-3885

Cottrell M T, Moore J A, Kirchman D L. 1999. Chitinases from uncultured marine microorganisms. Appl Environ Microbiol. 65:2553-2557

Cottrell M T, Yu L, Kirchman D L. 2005. Sequence and expression analyses of Cytophaga-like hydrolases in a western arctic metagenomic library and the Sargasso Sea. Appl Environ Microbiol. 71(12):8506-8513

Courtois S, Cappellano C M, Ball M, et al. 2003. Recombinant environmental libraries provide access to microbial diversity for drug discovery from natural products. Appl Environ Microbiol. 69:49-55

Cowan D, Meyer Q, Stafford W, et al. 2005. Metagenomic gene discovery:past, present and future. Tre Biotechnol. 23(6):321-329

DeLong E F. 2005. Microbial community genomics in the ocean. Nat rev microbiol. 3:459-469

Deutschbauer A M, Chivian D, Arkin A P. 2006. Genomics for environmental microbiology. Curr Opin Biotech. 17:229-235

Ferrari B C, Binnerup S J, Gillings M. 2005. Microcolony cultivation on a soil substrate membrane system selects for previously uncultured soil bacteria. Appl Environ Microbiol. 71(12):8714-8720

Franklin R B, Garland J L, Bolster C H, et al. 2001. Impact of dilution microbial community structure and functional potential: comparison of numerical simulations and batch culture experiments. Appl Environ Microbiol. 67: 702-712

Galperin M Y. 2005. Genomics update More cool news from marine bacteria. Environ Microbiol. 7(12): 1864-1867

George Tchobanoglous, Franklin L. Burton, H. David Stensel. 2003. Wastewater Engineering Treatment and Reuse. Mc Graw Hill. 1298-1301

Gich F, Schubert K, Bruns A, et al. 2005. Specific detection, isolation, and characterization of selected, previously uncultured members of the freshwater bacterioplankton community. Appl Environ Microbiol. 71(10): 5908-5919

Hagström A, Pommier T, Rohwer F, et al. 2002. Use of 16S ribosomal DNA for delineation of marine bacterioplankton species. Appl Environ Microbiol. 68(7): 3628-3633

Handelsman J, Rondon M R, Brady S F. 1998. Molecular biological access to the chemistry of unknown soil microbes: a new frontier for natural products. Chem Biol. 5(10): 245-249

Handelsman J. 2004. Metagenomics: Application of genomics to uncultured microorganisms. Microbiol Mol Biol Rev. 68(4): 669-685

Healy F G, Ray M R, Aldrich H C, et al. 1995. Direct isolation of functional genes encoding cellulases from the microbial consortia in a thermophilic, anaerobic digester maintained on lignocellulose. Appl Microbilol Biotechnol. 43: 667-674

Henne A, Daniel R, Schmitz R A, et al. 1999. Construction of environmental DNA libraries in *Escherichia coli* and screening for the presence of genes conferring utilization of 4-hydroxybutyrate. Appl Environ Microbiol. 65(9):3901-3907

Kaberlein T, Lewis K, Epstein S S. 2002. Isolating uncultivable microorganisms in pure culture in a simulated natural environment . Science, 296: 1127-1129

Kashefi K, Lovley D R. 2003. Extending the upper temperature limit for life. Science. 301(5635): 934

Knietsch A, Waschkowitz T, Bowien S, et al. 2003. Construction and screening of metagenomic libraries derived from enrichment cultures: generation of a gene bank for genes conferring alcohol oxidoreductase activity on *Escherichia coli*. Appl Environ Microbiol. 69: 1408-1416

Li X, Qin L. 2005. Metagenomics-based drug discovery and marine microbial diversity. Trends Biotech. 23(11): 541-545

Oded Beja. 2004. To BAC or not to BAC: marine ecogenomics. Biotechnology. 15: 187-190

Pace N R. , Olsen G J, Nuell M, et al. 1985. Sequence of the 16S rRNA gene from the thermo-acidophilic archaebacteium *Sulfolobus sofataricus* and its evolutionary implications, J Mol Evol. 22: 301-307

Proctor L M, and Fuhrman J A. 1990. Viral mortality of marine bacteria and cyanobacteria. Nature. 343: 60-62

Proctor L M, Okubo A, and Fuhrman J A. 1993. Calibrating estimates of phage-induced mortality in marine bacteria: ultrastructural studies of marine bacteriophage development from one-step growth experiments. Microb Ecol. 25: 161-182

Rahman M H, Suzuki S, Kawai K. 2001. Formation of viable but non-culturable state(VBNC) of *Aeromonas hydrophila* and its virulence in goldfish, *Carassius auratus*. Microbiol Res. 156: 103-106

Richard J E, Philip M, Andrew J W, et al. 2003. Cultivation-dependent and-independent approaches for determining bacterial diversity in heavy-metal-contaminated soil. Appl Environ Microbiol. 69(6):

3223-3230

Rondon M, August P, Bettermann A, et al. 2000. Cloning the soil metagenome: a strategy for accessing the genetic and functional diversity of uncultured microorganisms. Appl Environ Microbiol. 66(6): 2541-2547

Schirmer A, Gadkari R, Reeves C D, Ibrahim F, et al. 2005. Metagenomic analysis reveals diverse polyketide synthase gene clusters in microorganisms associated with the marine sponge *Discodermia dissoluta*. Appl Environ Microbiol. 71: 4840-4849

Simu K H. 2004. Oligotrophic bacterioplankton with a novel single-cell life strategy. Appl Environ Microbiol. 70: 2445-2451

Staley J T, Konopka A. 1985. Measurement of in situ activities of nonphotosynthetic microorganisms in aquatic and terrestrial habitats. Annu Rev Microbiol. 39: 321-346

Stevenson B S, Eichorst S A, Wertz J T, et al. 2004. New strategies for cultivation and detection of previously uncultured Microbes. Appl Environ Microbiol. 70: 4748-4755

Streit W R, Schmitz R A. 2004. Metagenomics-the key to the uncultured microbes. Curr Opin Microbiol. 7: 492-498

Tsigarida E, Boziaris I S, Nychas G J E. 2003. Bacterial synergism or antagonism in a gel cassette system. Appl Environ Microbiol. 69: 7204-7209

Tyson G W, Ian Lo, Baker B J, et al. 2005. Genome-directed isolation of the key nitrogen fixer *Leptospirillum ferrodiazotrophum* sp. nov. from an acidophilic microbial community. Appl Environ Microbiol. 71(10): 6319-6324

Valenzuelaa L, Chib A, Bearda S, et al. 2006. Genomics, metagenomics and proteomics in biomining microorganisms. Biotech Adv. 24: 197-211

Venter J C, Remington K, Heidelberg J F, et al. 2004. Environmental genome shotgun sequencing of the Sargasso Sea. Science. 304: 66-74

Vilela R, Mendoza L, Rosa P S, et al. 2005. Molecular model for studying the uncultivated fungal pathogen *Lacazia loboi*. J Clin Microbio. 43(8): 3657-3661

Wang G Y, Graziani E, Waters B, et al. 2000. Novel natural products from soil DNA libraries in a *Streptomycete* host. Org Lett. 2(16): 2401-2404

Worden A Z, Cuvelier M L, Bartlett D H. 2006. In-depth analyses of marine microbial community Genomics. Trends Microbiol. 408-413

Wolfgang R S, Rolf D, Karl-Erich J. 2004. Prospecting for biocatalysts and drugs in the genomes of non-cultured microorganisms. Biotechnology. 15: 285-290

Xu H, Roberts N, Singleton F, et al. 1982. Survival and viability of nonculturable *Escherichia coli* and *Vibrio cholerae* in the estuarine and marine environment. FEMS Microbiol Ecol. 8: 313-323

Zengler K, Toledo G, Rappé M, et al. 2002. Cultivating the uncultured. Proc Natl Acad Sci USA. 26: 15681-15686

Zhou J Z. 2003. Microarrays for bacterial detection and microbial community analysis. Curr Opin Microbiol. 6: 288-294

11. 海洋微生物基因组学

11.1 什么是海洋微生物基因组学

海洋微生物基因组学(marine microorganism genomics)是研究海洋微生物基因组的分子组成、内含信息及其编码的基因产物的一门科学,包括结构基因组学(structural genomics)、功能基因组学(functional genomics)和比较基因组学(comparative genomics)三个领域。

开展海洋微生物基因组学研究不但能了解海洋微生物生理生化、多样性及其在整个海洋生态系统中的作用,而且对所有海洋生物的功能基因鉴定和生物进化研究都将作出巨大贡献。需要指出的是,海洋微生物基因组学是从个体水平和群体水平两方面进行研究的,本部分主要介绍从个体水平对微生物基因组的研究,从群体水平对基因组的研究(如宏基因组研究)参见本书第 10 部分。

11.2 海洋微生物基因组学研究概况

20 世纪 90 年代中期,Fleischmann 及其同事率先采用基因组随机测序法成功地完成了流感嗜血菌(*Hemophilus influenzae*)全基因组的序列测定和组装,标志着基因组时代的真正开始。随后许多微生物的基因组研究相继展开,包括病原微生物、重要的工业微生物以及极端环境微生物等。1996 年 Bult 等完成了第一株海洋微生物 *Methanocaldococcus jannaschii*(从深海热泉口分离到的一株海洋古菌)的测序工作,从而揭开了海洋微生物基因组学研究的序幕。随着人们对海洋微生物的重视,对海洋微生物基因组的研究也越来越多。1997 年 Klenk 等发表了嗜热硫酸盐还原古菌的全基因组序列。1998 年 Kawarabayasi 等报道了超嗜热古菌 *Pyrococcus horikoshii* OT3 的全基因组序列。2000 年 Hideto 等完成了嗜碱芽孢杆菌 *Bacillus halodurans* C-125 的全基因组测序工作,通过与其他芽孢杆菌编码基因的比较,发现同源性很低(仅 8.8%),同时发现了 10 个 *Bacillus halodurans* C-125 独有的 σ 因子,这些 σ 因子在其适应碱性环境的机制中起重要作用。2000 年 Wailap 等完成极端嗜盐菌 *Halobacterium* sp. NRC-1 的基因测序,通过对基因组的分析,发现了氨基酸摄入和利用途径、钾钠反向运输系统及复杂的感光与信号转导途径,同时发现了类似于真核生物的 DNA 复制、转录与翻译系统,由于这种嗜盐菌易培养并可在实验室中进行基因操作,因此成为研究古菌的模式菌。2003 年 Rocap 等对不同海洋生境的两株蓝细菌 *Prochlorococcus marinus* MED4 和 *Prochlorococcus* sp. MIT9313 进行了全基因组测序,并对二者在不同光照和营养条件下的基因组差异进行了比较。2004 年美国湖泊与海洋学学会在夏威夷檀香山建立了海洋微生物基因组测序计划基金会,旨在鼓励科学家更多地研究与海洋生态相关的微生物基因组。同年,Moran 等完成了海洋细菌 *Silicibacter pomeroyi* 的全基因组测序工作,进一步分析发现该菌在调节海洋碳和硫循环中具有很重要的作用,并对海洋气候产生了一定影响。现已测序的海洋微生物包括来自透光带、深海、深海底和热泉喷口的蓝细菌、细菌、古菌和一些原生生物,极大地促进了海洋微生物基因组学的发展。表 11-1 列举了部分已完成基因组测序的海洋微生物,还有更多的海洋细菌、古菌和原生生物基因组测序工作正在进行。

表 11-1　部分已完成基因组测序的海洋微生物

古菌	细菌	病毒	原生生物
Aeropyrum pernix	*Aquifex aeolicus*	*Chaetoceros salsugineum* nuclear inclusion virus	*Thalassiosira pseudonana*
Archaeoglobus fulgidus	*Bacillus halodurans*	*Emiliania huxleyi* virus 86	
Halobacterium salinarum	*Caulobacter crescentus*	*Heterosigma akashiwo* RNA virus	
Methanocladococcus jannaschii	*Desulfotalea psychrophila*	*Micromonas pusilla* virus	
Methanococcus maripaludis	*Idiomarina loihiensis*	*Ectocarpus siliculosus* virus	
Methanopyrus kandleri	*Magnetospirillum magnetotacticum*	Minivirus	
Methanosarcina acetivorans	*Nostoc* sp.	White spot syndrome virus	
Pyrobaculum aerophilum	*Oceanobacillus iheyensis*		
Pyrococcus abyssi	*Prochlorococcus marinus*		
Pyrococcus horikoshii	*Photobacterium profundum*		
Pyrococcus furiosus	*Rhodopirellula baltica*		
Thermotoga maritima	*Synechocystis* sp.		
	Silicibacte pomeroyi		
	Thermotoga maritima		
	Vibrio choierae		
	Vibrio fischeri		
	Vibrio parahaemolyticus		
	Vibrio vulnificus		

11.3　海洋微生物基因组学研究内容

11.3.1　结构基因组学

　　结构基因组学以全基因组测序为目标,从而构建基因组高分辨率的遗传、物理和转录图谱。全基因组测序是结构基因组学以及其他分支基因组学的研究基础,因此,准确而高效率的基因组测序成为整个海洋基因组学研究的支柱。下面对基因组测序原理及方法进行简要介绍。

(1)DNA 测序的基本原理

DNA 序列测定技术是在高分辨率变性聚丙烯酰胺凝胶电泳(SDS-PAGE)技术的基础上建立起来的。这种测序胶分辨率高,能在长达 500 bp 的单链寡核苷酸中分辨出一个脱氧核苷酸的差异。操作时,需要使其转变成一系列被标记的寡核苷酸单链,它们有固定的起点,另一端由于长度不同成为一系列相差 1 个碱基的连续末端。无论化学法还是酶促反应法,寡聚核苷酸在 4 种反应体系中分别终止于不同位置的 A、T、G、C 位点,这 4 个反应的寡核苷酸产物在测序胶的相应泳道中能被一一分辨。由于所有可能产生的不同大小的寡核苷酸片段都存在于 4 种反应产物中,DNA 的序列便能从 4 种末端寡聚核苷酸的"阶梯"图谱中依次读出(图 11-1)。

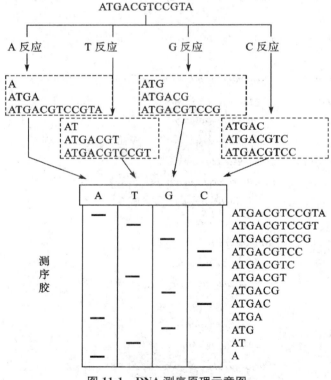

图 11-1　DNA 测序原理示意图

(2)全基因组鸟枪测序法

20 世纪 80 年代初 Sanger 等成功运用鸟枪法(shotgun sequencing)策略完成一种 λ 噬菌体的全基因组序列测定。但由于当时测序技术的限制,且计算机发展水平较低,致使相对比较复杂的微生物全基因组测序进展缓慢。真正意义上的大规模测序得益于 1989 年荧光自动测序仪的发明,而鸟枪法测序策略为大规模测序提供了技术保障,使拼接几十万个 300～500 bp 的 DNA 序列片段成为可能,并成功地利用全基因组鸟枪测序法

(whole-genome shotgun sequencing)测定了流感嗜血菌（*H. influenzae*）的全基因组序列。

全基因组鸟枪法是将全基因组随机打断成小片段 DNA,构建质粒文库后进行测序,然后利用这些小片段的重叠关系将它们拼接成一条一致序列,省去了构建物理图的复杂过程。随着计算能力和拼接软件功能的不断提高,用这种方法可以方便、快捷地完成微生物基因组的测序任务,目前几乎成为微生物全基因组测序的标准方法。下面对其策略作进一步介绍。

1）文库构建

进行全基因组测序,首先要用酶切或超声波的方法将细菌全基因组 DNA 随机断裂成相当小的片段（相当于一个基因或更小）,电泳,回收 1.5～3 kb 的片段,连接插入载体,构建质粒文库。一般选用 pUC18 作为构建文库的载体,也可以用噬菌体载体、复合载体等。插入片段越短,文库越容易构建,不过由于基因组中存在一些不可克隆的区域,如果这些区域的长度大于插入片段长度,则无法利用正反向反应确定这个区域两侧克隆群的位置关系,这样就需要一些插入片段较长、足以跨过这些不可克隆区域的克隆,然后利用正反向末端测序,确定这些区域的大小及其两侧克隆群的位置。因此,可依据被测基因组中难以克隆区域的分布情况另外构建一个或多个插入片段较长的文库。

2）随机测序

将构建好的文库转化大肠杆菌（宿主菌）,扩增培养大肠杆菌就可以得到大量的模板 DNA 用于测序。由于插入位点两侧的序列相同,可以以两侧相同序列为引物对不同的模板进行 PCR 测序,实现了测序的规模化,这种方法叫做正反向末端测序法（pairwise end sequencing）。因为插入片段的大小大致确定,同一个插入片段两侧的测序反应在一致序列上的位置就相对固定,并呈对应关系。

3）全基因组大小预测

对全基因组大小预测,可以估计测序反应投入量,有效降低测序成本。假设构建了一个随机文库,拼接后形成的片段沿染色体成泊松（possion）分布,则拼接后的克隆群数与所需的反应数之间的关系可用公式 $X = Ne^{-NW/G}$ 表示。式中,X 为拼接后的克隆群数,N 为所需的反应数,W 为插入片段的平均长度,G 为基因组大小。因为对某一微生物来说,基因组大小 G 是固定的,而插入片段的平均长度 W 随反应数没有大的变化,可认为 W/G 为一常数,因而 X 随 N 的变化而变化,成函数对应关系,可用一条曲线来表示（图 11-2）。曲线的顶点对应克隆群数目的最大值,顶点之后,测序反应数的增加则使克隆群总数降低。由于不同大小基因组的 G 值不同,曲线和顶点位置会发生改变。这样,预先估计一个与基因组大小相近的 G 值,然后取不同的反应数拼接,再与对应的拼接后克隆群总数作图,绘成一个点,这样的一组点就构成了实际曲线。如果实际曲线和理论曲线吻合较好,则基因组的估计值 G 和实际的基因组大小相近,否则应重新取值,直到实际曲线和理论曲线最吻合为止,此时 G 值即为最接近基因组大小的估计值。该步骤可以通过编写程序自动完成。

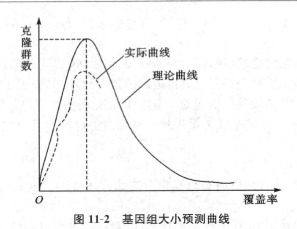

图 11-2　基因组大小预测曲线

4)片段排列和缺口封闭

片段排列指通过比较已测序的 DNA 片段之间的核苷酸序列的重叠,将其分组并装配成较长的序列片段。这个工作由专门的计算机软件来完成,Phrap、Phred、Swat、Crossmatch 以及 Consed(http://www.phrap.org)等拼接软件包适于拼接基因组比较小、重复序列含量少的微生物基因组。一般序列结果不能直接进行拼接,在拼接前要屏蔽污染的载体序列和宿主菌的基因组序列,污染严重的要直接剔除,另外还要剔除读长太短(<100 bp)的片段。在序列组装时,还要注意基因组中的大量重复序列,它可能会造成错拼,可通过提高单次读长来跨越重复序列;另外,还可先将重复区序列屏蔽掉,拼接后再把重复序列加到正确位置,这样就需要构建能够跨越重复区的文库,否则就不能将屏蔽掉的重复序列放回正确位置,从而形成物理缺口。当反应数达到一定覆盖率时,随反应数的增加,所有重叠群的总长度增加缓慢,当总重叠群数基本不再增加时,就要考虑进入缺口填充阶段。

全基因组乌枪法文库采用末端随机测序,获得的片段序列用计算机进行拼接可产生多个序列重叠群,各重叠群之间的部分称为缺口(gap)。其中,有模板相对应,只是测序未测到的缺口称为测序缺口(sequence gap);没有模板相对应的缺口称为物理缺口(physical gap)(图 11-3)。这两种缺口将采用不同的策略进行填充。测序缺口的填充首先要判断位于重叠群末端序列之间的关系,如果位于两个不同重叠群上的序列是同一个克隆的两个端点,那么这两个重叠群应该是相邻的,然后根据该端点设计向外延伸的引物,以文库中的克隆为模板,采用步移法(walking)填充其间的缺口。相对来说,物理缺口的填充要复杂得多,可考虑用印迹法、肽链连接法、λ 克隆排序法和 PCR 确定连锁群 4 种策略来解决。

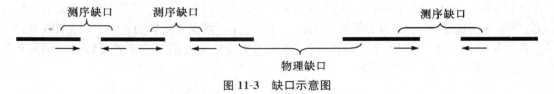

图 11-3　缺口示意图

5)编辑

为了消除序列中任何模棱两可之处,还必须进行仔细的校对。如果有必要还需核对不必要的移码突变并进行纠正。

11.3.2　功能基因组学

功能基因组学以基因功能鉴定为目标,利用结构基因组学提供的信息系统地研究海洋微生物基因功能,以高通量、大规模实验方法以及统计与计算机分析为特征,代表着基因分析的新阶段。它主要采用比较基因序列和测定基因组序列两大类方法,力图从基因组整体水平对基因的活动规律进行阐述。对于海洋微生物功能基因组学的研究,不仅要阐明基因组内每个基因的功能,还要研究基因的调节及表达,进而从整个基因组及全套蛋白质产物的结构、功能与机理水平去了解微生物生命活动的全貌。下面我们分别介绍其中的几个主要方面。

(1)基因组注释

基因组注释(genome annotation)是指在基因组研究中,对生物体的原始序列数据进行解读,鉴定出各种可以解读其意义的区域,如 ORFs、编码序列、调控序列、复制起始点、已知基因的识别等。相比结构基因组学,基因组注释要复杂得多。通常,对微生物基因组进行注释需要微生物学、遗传学、生物化学、分子生物学、生物信息学等学科领域内的专家协同工作才能完成,一般从以下几个方面进行。

1)碱基组成分析

碱基组成分析是最基本的工作。在获得全基因组序列后,首先要分析基因组中的(G+C)mol%,然后确定不同区域 DNA 的(G+C)mol%,这是因为在微生物分类学中常常把(G+C)mol%作为分类参数之一。应该注意的是,在微生物基因组中,碱基分布常常是不均一的,对此有两种解释:第一种解释是,遗传物质的侧向转移(lateral transfer)或水平转移(horizontal transfer)与重组现象造成不同 DNA 区段(G+C)mol%的明显不同,这可能是海洋微生物物种多样性的基础和进化的源泉。第二种解释是,某些特殊碱基的不均一区域往往是特殊功能所在区,如启动子(promoter)序列区常常出现 TATA 框,复制起始点和 tRNA 基因也有它们特征性的碱基不均一性。利用这些特征,可以鉴定基因组中某些功能区段的位点。

2)密码子偏嗜性分析

20 种氨基酸各有其特定的密码子,但许多氨基酸具有多个密码子,这种由一个以上密码子编码同一个氨基酸的现象称为简并(degeneracy)。尽管不同微生物在基因水平上的核苷酸序列可能不一样,但它们的氨基酸序列可能相同,这是由于不同微生物在编码同一氨基酸时对密码子的使用具有偏嗜性。密码子使用的偏嗜性是物种的特征。对基因组中某些基因的密码子偏嗜性(codon bias)进行统计分析,有可能揭示海洋微生物基因组中通过侧向转移而获得的基因。

3)开放阅读框的鉴定

开放阅读框(open reading frame, ORF)的鉴定是基因组注释中一项非常重要且必不可少的工作。由于 ORF 是蛋白质的可能编码区域,在对海洋微生物基因组的转录翻译水平分析前,要对整个基因组中 ORF 定位。ORF 的鉴定是根据起始密码和终止密码来进行的,可借助多种现成工具完成,NCBI 网站中的 ORF finder 就是其中之一。

4)移框检测与校正

移框(frame-shift)是指开放阅读框的某一点上增加(或减少)1 个或 2 个碱基,从而导致发生点下游整个氨基酸序列的改变。这种情况可能是在自然情况下移码突变或基因组测序及组装过程中引起的,后者是人为造成,需要予以矫正。

5)编码序列分析

编码序列(coding sequences,CDSs)分析过程中,除了考虑起始密码与终止密码,还要考虑编码序列上、下游的"语法结构"(grammatical structure)特征和编码序列、非编码序列中使用的核苷酸语汇(nucleotide words)。编码序列的分析有助于确定 ORFs 是否是真正的基因。编码序列分析有专门的软件,如 Genemark。

6)tRNA 基因检索

tRNA 有着特殊的"三叶草"结构特征。根据这一特征,可以比较容易地鉴定 tRNA 基因,专门用于鉴定 tRNA 基因的软件有 DNA Star 等。

7)rRNA 基因的鉴定

根据原核生物与真核生物 rRNA 结构特征的不同,发展出专门用于细菌鉴定与分类的技术,相关网站有 http://www.midilabs.com。但是由于 rRNA 基因的多样性,目前鉴定 rRNA 基因的方法远不如鉴定 tRNA 基因那么成熟。

8)重复序列、插入序列等特殊元件的检索

重复序列(repeated sequence,RS)、插入序列(inserted sequence,IS)、转座子(transposon)、致病岛(pathogenicity island)等特殊序列是生物基因组中的常见现象。现已有许多针对这些特殊元件检索的软件,用户可根据自己的目的进入不同网站选用相应的软件。如检索串联重复序列可选用 tandern repeat finder(http://c3.biomath.mssm.edu/trf.html)。

9)原点鉴定

原核生物的复制原点有其特殊结构特征,根据这些特征可以鉴定原核生物的复制原点,基因组序列中的"1"号碱基通常从复制原点开始。

10)同源性基因检索

为了解一个编码序列的开放阅读框(ORF)是什么基因,可以与已知功能的基因进行同源性(homology)检索,如果有高度的相似性(similarity),则可推定这个 ORF 可能是什么。因此,对于基因组中的每一个 ORF 进行同源性检索是必要的。这一工作通常采用美国国立卫生研究院的 BLAST 软件(http://www.ncbi.nlm.nih.gov/)来完成,查询时可采用两种方式:核酸序列比对核酸序列(nucleotide-nucleotide BLAST,blastn)和核酸序列比对蛋白序列(nucleotide query-protein,blastx)。

(2)核酸水平基因表达的检测

DNA 芯片是检测基因表达的最好方式之一。芯片固相支持物通常是玻璃或硅,大小与显微镜载玻片相当,通过高度有组织的阵列形式将 DNA 附着在上面。构建芯片主要有两种方式:第一种方式是通过可编程的自动机器将 DNA 微滴转移到芯片的特定位置上,通过干燥处理,使其紧密结合在芯片表面,这种方式可将预先设定的长度是 500∼

5 000 bp 的 DNA 附着在芯片上；第二种方式是在芯片上直接合成寡核苷酸。

通常选用表达序列标记物（expressed sequence tag，EST）作为探针，这种表达序列标记物是待分析基因独有的基因序列，它来自于 cDNA 分子，在基因组分析中能够用来鉴定和定位基因。现在已有为大肠杆菌（约有 4 200 个开放阅读框）和啤酒酵母（约有 6 100 个开放阅读框）基因组中每个表达基因或开放阅读框的检测芯片。

首先将要分析的核酸（可以是 mRNA，也可以是由 mRNA 逆转录而来的 cDNA，通常称之为"靶"）分离，用荧光素标记，然后将其与芯片混合。为确保互补序列与探针的特异性结合，混合时间一定要足够长，反应完成后洗去未结合的靶，用激光束扫描芯片，有荧光的位置表明那些靶与特异探针进行了结合，最后通过杂交分析显示哪些基因进行了表达。不同靶样品可用不同的荧光基团标记，并用同样的芯片进行比较。

DNA 芯片的结果显示基因在不同环境或对环境变化做出的特征性表达。有些情况下，某条件的变化会使许多基因的表达发生变化。因此根据检测到的基因表达的状况，可以推断基因的大概功能。例如，一个未知基因与已知功能的基因在相同条件下都获得了表达，那么它很可能分担同样的功能。DNA 芯片通过失活一个调节基因，观察其对基因组活性的影响，也能够用来直接研究调节基因。当然，一般只有被表达的 mRNA 才能被检测到，但如果基因表达时间短暂，那么 DNA 芯片可能检测不到它。

（3）蛋白质水平基因表达的检测

基因功能还可以在翻译水平上进行研究。有机体产生的全部蛋白质的集合称为蛋白质组（proteome）。而蛋白质组学（proteomics）就是从蛋白质水平来研究基因组的基因表达，分析基因组的蛋白质类型、数量、空间结构变异以及相互作用的机制。通过蛋白质组学研究，可提供微生物基因组功能的确切信息，而这是 mRNA 研究所不能提供的，因为蛋白质存在翻译后修饰和蛋白质转换，从而造成 mRNA 和蛋白质之间并不总是呈正相关。mRNA 水平的检测可预测细胞可能发生的状况，而蛋白质组学可确定细胞中实际发生的状况。蛋白质组学的检测技术有很多，如双向电泳、质谱技术、蛋白质芯片技术、蛋白质复合物纯化技术、表面等离子共振技术等。

1）双向电泳

双向电泳（2-dimensional electrophoresis，2-DE）是最重要的蛋白质组研究工具之一，可用来大规模地鉴定蛋白质。它的原理比较简单，第一向是等电聚焦（iso-electric focusing，IEF），蛋白质沿 pH 梯度（pH 3～10 或 pH 4～7）泳动至各自的等电点；第二向是 SDS 聚丙烯酰胺凝胶电泳（SDS-PAGE），蛋白质沿垂直方向按分子量的大小进行分离。SDS（十二烷基硫酸钠）是一种使蛋白质变性并用负电荷覆盖多肽的阴离子去污剂，第一向电泳完成后，将其浸入 SDS 缓冲液中，并放在 SDS-PAGE 胶的边上，然后加电压。在聚丙烯酰胺凝胶中多肽的移动速度与它们的质量成反比，而与其形状和电荷无关，从而使不同质量的蛋白质得以分离。双向电泳技术在分离蛋白质中非常有效，能分辨出几千种蛋白质。最后对结果进行图像分析，找出表达上有差异的蛋白质，进行分析比较，从而发现有意义的蛋白质。

2）质谱技术

蛋白质组学是对一个细胞或组织所表达的蛋白质进行系统分析，而质谱（mass spectrometry,MS)是它的关键性分析工具。质谱技术应用到蛋白质组研究的时间还比较短。原理是根据不同离子间的质荷比(m/q)差异来分离蛋白质,并确定其分子量。基本操作过程:从胶上将未知蛋白质斑点切下来,使用胰蛋白酶将该蛋白质切成碎片,然后用质谱仪分析这些碎片,绘制质谱图。

质谱技术主要应用于大规模鉴定蛋白质。蛋白质的鉴定包括肽指纹图谱鉴定和运用串联质谱分析肽序列。肽指纹图谱鉴定是将双向电泳凝胶上分离的蛋白用特定的蛋白酶在特定位点断裂,然后用质谱技术对所得的肽混合物进行分析,获得这些肽段的精确分子量,再运用串联质谱分析肽序列。通常是先将液相的肽段电离,进入串联质谱(tandem-MS)后,肽链中的肽键断裂成 N-端离子序列和 C-端碎片序列。根据肽片段的断裂规律,即可推导出肽段的氨基酸序列,从肽段的分子量和肽段的序列信息即可鉴定蛋白质。

运用串联质谱与同位素标记,质谱技术还可进行差异显示蛋白质组学的研究。用稳定的同位素标记已制备好的蛋白或多肽,根据标记的蛋白或肽质谱峰之比进行分析。该技术可直接跳过电泳分离这一步骤,直接定量分析蛋白质表达水平的差异。

3)蛋白质芯片技术

蛋白质芯片(protein chips)技术主要应用在研究差异显示蛋白质和蛋白质间的相互作用。与 DNA 芯片相似,蛋白质芯片技术就是以微阵列的方式将抗体固定于经过特殊处理的支持物上,然后与待分析的蛋白质样品进行反应,反应完成后只有与特定蛋白抗体特异结合的蛋白质才能留在芯片上。实际上,蛋白质芯片技术就是酶联免疫技术的大规模应用,通过选择合适的单克隆抗体,将翻译后经过不同修饰过程的蛋白质区别开来。但无法快速大规模地制备各种单克隆抗体限制了这项技术的发展。

4)蛋白质复合物纯化技术

蛋白质复合物纯化技术(purification of protein compound)是研究蛋白质之间相互作用的方法之一。它是根据亲和层析的方法来纯化蛋白质复合物,然后运用单向或双向电泳对纯化后的蛋白质复合物进一步分离,再用质谱技术对分离得到的各种成分进行鉴定。这种技术在研究蛋白质之间相互作用时非常有效。但由于诱饵的选择和实验条件的限制,蛋白质复合物纯化技术的应用范围并不广。现已有一些改进方法,如用双标记法减少非特异性结合蛋白,提高混合物中各成分的准确性。对于低亲和的蛋白质,还可用化学交联的方法获得复合物中的目标成分。

11.3.3 比较基因组学

比较基因组学是在具有生物基因组图谱和成功测序的前提下,比较物种基因组间的相似性和差异性,进而阐述其内在分子机制,以了解基因的功能、表达机制和物种进化的一门新兴学科。它把不同学科、不同生物种类联系在一起,架起了基础研究和应用研究之间的桥梁。利用比较基因组学可以克隆新基因、揭示基因功能、阐明物种进化关系及基因组的内在结构等,因此它是研究微生物基因组最重要的策略与手段之一。

海洋微生物比较基因组学起步较晚,2003 年 4 种海洋蓝细菌(*Prochlorococcus marinus* MED4、*Prochlorococcus* sp. MIT9313、*Prochlorococcus marinus* SS120 和 *Synechococcus* sp. WH8102)基因组计划的完成标志着海洋微生物比较基因组学的开始。基因组

的比较分析表明,这 4 种蓝细菌可能有一个共同的祖先,在进化过程中为了适应不同海洋环境或对海洋环境变化做出应答,致使基因组发生变化,它们在进化上的关系如图 11-4 所示。2004 年,Shaobin Hou 等完成对 γ-变形细菌 *Idiomarina loihiensis* 的全基因组测序工作,通过与其他 γ-变形细菌基因组的比较,发现 *I. loihiensis* 是通过氨基酸异化作用来获得碳源和能量的。随着越来越多的海洋微生物基因组测序工作的完成,比较基因组学将在海洋微生物功能基因鉴定、进化研究等方面作出巨大贡献。

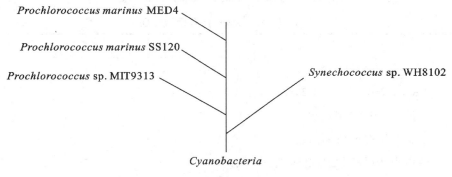

图 11-4　4 种蓝细菌的进化关系

11.4　几种海洋微生物基因组研究实例

海洋微生物种类繁多。由于进行基因组研究耗时、花费大,不可能对每种微生物的基因组都进行研究。为了比较全面地反映整个海洋微生物基因组信息,在选择研究对象时要符合一定的标准:富含核糖体 RNA 的可培养海洋浮游微生物;富含核糖体 RNA 的未可培养海洋浮游微生物(或 BAC 克隆);与生态相关的海洋浮游微生物;代表不同生理类型(光合自养菌、光合异养菌、硝化细菌等)的海洋浮游微生物;不同环境或栖息地(深海、极端温度和特殊的环境)的海洋浮游微生物等。下面对细菌 *Silicibacter pomeroyi*、海洋原绿球藻 *Prochlorococcus marinus* SS120、硅藻 *Thalassiosira pseudonana*、海洋嗜盐古菌 *Haloarcula marismortui* 以及对虾白斑杆状病毒(WSBV)的基因组研究分别进行介绍。

11.4.1　细菌 *Silicibacter pomeroyi* 基因组

细菌 *Silicibacter pomeroyi* 是 2003 年 González 等在美国乔治亚沿海的海水中发现的,属好氧性革兰氏阴性杆菌,可降解海水中的二甲基巯基丙酸(dimethylsulfoniopropionate,DMSP)及其类似物,经鉴定是红细菌科玫瑰杆菌属的一个新种,形态如图 11-5 所示。*S. pomeroyi* 主要分布在大洋与浅海之间的混合层中,占混合层浮游细菌总量的 10%~20%。Moran 等人于 2004 年完成了 *S. pomeroyi* 的基因组测序工作,其基因组大小与大肠杆菌相似:主要染色体为 4 109 442 bp,巨型质粒 491 611 bp,基因组上有 4 283 个区域编码蛋白质的合成,其他特征见表 11-2。

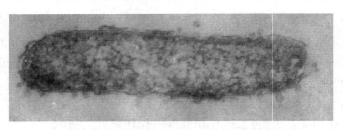

图 11-5　细菌 *Silicibacter pomeroyi* 形态图

表 11-2　*S. pomeroyi* 基因组特征

特征	数量
编码基因总数	4 283
rRNA 操纵子数（16S，23S，5S）	3
tRNA 基因数	53
结构 RNA 基因数	2
与已知功能蛋白相关的蛋白/总蛋白（%）	59.7
未知功能的蛋白/总蛋白（%）	16.8
保守假定蛋白/总蛋白（%）	15.3
假定蛋白/总蛋白（%）	8.2
主要染色体	
分子大小（bp）	4 109 442
（G+C）mol%	64.2
编码基因总数	3 838
编码基因平均大小（bp）	966
编码基因比例（%）	90.2
巨型质粒	
分子大小（bp）	491 611
（G+C）mol%	62.8
编码基因数	445
编码基因平均大小（bp）	997
编码基因比例（%）	90.3

　　分析表明，*S. pomeroyi* 基因组中拥有两个编码一氧化碳脱氢酶的操纵子，意味着该菌株可吸收 CO 并将其氧化成 CO_2，从中获取能量；基因组中拥有一簇与降解无机硫氧化物有关的编码基因，这意味着 *S. pomeroyi* 的无机异养生长还存在另一种能量来源：硫化物；基因组中存在大量 TRAP 输送系统，可使其吸收在海水表面的溶解性有机物（dissoloved organic matter,DOM),如光氧化产生的乙醛酸和乙酸盐,还可吸收丙二酸和甲酸盐;拥有两个群体感应系统($luxI$/$luxR$),保证了该菌在高营养和低营养环境中均可生存;拥有与铵运输有关的四种输送蛋白和一种与尿素输送有关的蛋白,反映它是以铵和尿素为氮源。

研究还发现,S. pomeroyi 的无机异养方式(利用一氧化碳和硫化物提供能量)减少了对有机碳的消耗,使其他有机异养细菌可更多地利用有机碳,从而增加了微生物的生物量;大部分与生态相关的海洋异养微生物以前一般被认为是寡营养菌,只生存于有机物含量低的海水中,但 S. pomeroyi 的"机会营养"策略却揭示了另一种营养方式:在有机物含量低的环境中,利用海洋浮游生物的代谢产物以及其死后有机体降解形成的短暂的高浓度有机物来满足生长所需。S. pomeroyi 这种与海洋寡营养菌在生理上的显著差别,为现有的低营养海洋环境中的生存机制又增添了新的内容。另一方面,该菌可通过吸收CO 而减少海洋中温室气体的释放,同时可通过降解 DMSP 而最终释放出硫——形成云的一种催化剂,进而影响地球的温度和能量调节。该菌基因组研究将进一步促进对其他调节海洋碳、硫循环相关微生物的了解。

11.4.2　海洋原绿球藻 Prochlorococcus marinus SS120 基因组

原绿球藻具有独特的光合色素,能量转换率高,生物量循环迅速,是微型生物食物网中必不可少的组成,也是海洋能量流动和物质循环中的重要部分。原绿球藻分为高光适应型和低光适应型两种生态型。2003 年 Dufresne 等对低光适应型 Prochlorococcus marinus SS120 进行了全基因组测序,并通过比较分析对其基因功能进行了诠释,对其基因结构与生态环境之间的相关性也进行了研究。

P. marinus SS120 基因组为单环状染色体,大小为 1 751 080 bp,(G+C)mol%平均为 36.4%,比 P. marinus MED4 基因组略大,是除 MED4 外基因组最小的光合自养生物。其基因组包括了 1 884 个 ORFs(占全部基因组序列的 88.5%,平均大小为 825 bp)、1 个 rRNA 操纵子、40 个 tRNA 基因和 3 个 rRNA 基因。在 ORFs 中,有 66.6%(1 254 个 ORFs)的生物功能已确定;在未确定功能的 ORFs 中,有 21.2%(399 个 ORFs)的在数据库中发现了同源序列。为了更加清晰认识 SS120 基因组的信息,表 11-3 将几种已测序的蓝细菌基因组进行了比较。可以看出,从编码基因数量及基因大小来看,SS120 的基因表现得更为紧凑和简化。

表 11-3　几种蓝细菌基因组比较

种类	基因组大小(kb)	编码蛋白质基因	rRNA 基因	tRNA 基因
P. marinus MED4(高光适应型)	1 658	1 716	1	37
P. marinus SS120(低光适应型)	1 751	1 884	3	40
P. marinus MIT9313(低光适应型)	2 411	2 275	2	43
Thermosynechococcus elongatus BP-1	2 594	2 475	3	42
Synechocystis sp. PCC 6803	3 573	3 169	6	41
Anabaena(Nostoc)sp. PCC 7120	6 414	6 129	12	48+19*

*:染色体和质粒上的 tRNA 基因分别为 48 个和 19 个。

为了适应特殊的生长环境,*P. marinus* SS120 基因组可以编码某些合成途径的酶,包括氨基酸、核苷、细胞壁多糖和辅因子等,但是光合作用中的多数酶却不能编码。通过与已测序的蓝细菌基因组进行比较研究发现,在 *P. marinus* SS120 中有些基因缺失或者未表达,这些基因涉及光合作用、溶解物吸收、DNA 修复、中间代谢、动力、趋光性等。在蓝细菌中广泛存在的信号转导和环境压力应激反应系统在 *P. marinus* SS120 基因组中明显简化,例如,没有编码细菌光敏色素、隐花色素或视紫红质等光受体的基因,许多普遍存在于微生物基因组中的编码信号蛋白基因(包括腺苷酸环化酶、磷酸二酯酶、丝氨酸/苏氨酸激酶和磷酸化酶等)在 *P. marinus* SS120 中也缺失。

通过对 *P. marinus* SS120 和其他蓝细菌基因组的研究发现,现有的证据虽然还不能有力地证明基因组大小与基因组复杂性之间的关系,但是至少可以确定基因组上的动态变化与环境多样性之间有着紧密的联系。

11.4.3 硅藻 *Thalassiosira pseudonana* 基因组

硅藻广泛分布于海洋和湖泊,是地球上氧气的主要生产者之一,它们在碳循环中也扮演着重要的角色。硅藻每年生产的有机碳达到 500 多亿吨,占全球碳固定量的 20%,同时它也是许多动物的重要食物来源。*Thalassiosira pseudonana* 是一种海洋单细胞硅藻,形态如图 11-6 所示。自 2002 年开始,美国能源部附属基因组研究所的 Daniel Rokhsar 和西雅图华盛顿大学的 Virginia Armbrust 等人利用鸟枪法对 *T. pseudonana* 基因组进行测序,并于 2004 年 10 月成功地破译。*T. pseudonana* 的核基因组大小为 34 mb,并拥有 129 kb 的质粒和 44 kb 的线粒体基因组,其他基因组特征如表 11-4 所示。

序列和光学限制图谱表明,*T. pseudonana* 为二倍体,含有 24 对染色体。进一步分析发现,它还拥有丰富的输送蛋白补体和广泛的代谢途径,保证了对无机营养的获取,可将其看做一个高效率的光合自养生物。在 *T. pseudonana* 中由内共生红藻细胞核转移而来的基因及叶绿体蛋白上 ER 信号序列的存在,证实了这种高效率光合系统来源于次级内共生。

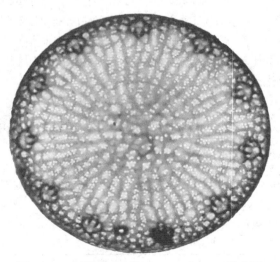

图 11-6 硅藻 *Thalassiosira pseudonana* 形态图

表 11-4 *Thalassiosira pseudonana* 基因组特征

特征	数量
核基因组	
大小(bp)	34 266 941
染色体数	24
染色体大小(bp)	360 000～3 300 000
(G＋C)mol%	47
转座元件(%)	2
蛋白质编码基因数	11 242
基因平均大小(bp)	992
平均内含子数(个/基因)	1.4
基因大小(bp/基因)	3 500
tRNAs	131(至少含有 1 个密码子)
质粒基因组	
大小(bp)	128 813
(G＋C)mol%	31
蛋白质编码基因数	144
基因平均大小(bp)	775
tRNAs	33
线粒体基因组	
大小(bp)	43 827
(G＋C)mol%	30.5
蛋白质编码基因数	40
基因平均大小(bp)	1 137.5
tRNAs	22

通过与其他基因的相似性比较,发现 *T. pseudonana* 中大约有一半的基因不能确定功能,一方面是因为硅藻有明显不同的特征,无法用现有模型体系进行解释。该藻利用硅代谢构建细胞膜的方式也很独特;蛋白质转运进质体的过程是目前所知的系统中最复杂的;运送 CO_2 到二磷酸核酮糖氧化酶/羧化酶的过程现在还不清楚;在硅藻中合成的高比例多不饱和脂肪酸及其氧化物进入中间代谢的过程与其他真核生物也不同;甚至受体与环境信号的结合过程也不清楚。令人惊讶的是,*T. pseudonana* 内存在尿酸循环中的酶补体,虽然它的存在不容置疑,但目前还没有与这一循环有关代谢物的信息。*T. pseudonana* 基因组学的信息为全球重要生物的生物学及其与环境相互关系的研究提供了一个全新的方法,即用基因组序列来推断海洋生态系统的结构。

11.4.4　海洋嗜盐古菌 *Haloarcula marismortui* 基因组

许多海洋古菌生长在极端环境中,如高温、高压、高盐、酸性环境等,但是对这些海洋古菌抵御极端条件的调控机理、基因结构及进化等方面研究较少。随着分子技术的发展以及比较基因组学的广泛应用,对极端环境海洋古菌的抵御机理、功能基因结构以及基因结构进化关系等获得了较多的认识。

2004 年 Baliga 等对分离于死海的嗜盐古菌 *Haloarcula marismortui* 进行了全基因组测序。*H. marismortui* 基因组大小为 4 274 642 bp,由 9 个环状复制子组成,复制子的 (G+C)mol% 为 54%~62%;其中包括大小为 3 132 kb 的 Chromosome Ⅰ 复制子,(G+C)mol% 为 62.36%;8 个小复制子大小为 33~410 kb,(G+C) mol% 为 54.25%~60.02%(表 11-5)。*H. marismortui* 基因组共有 4 242 个编码蛋白的基因,1 667 个能够确定其特征或能够推测其功能的蛋白,1 432 个有匹配蛋白但不知其功能,1 143 个在数据库中没有任何匹配。在小复制子中,有 3 个复制子编码了宿主生存所必需的基因,如 pNG600 编码 *H. marsimourti* 一个拷贝的基因:顺乌头酸酶,它是三羧酸循环一个重要的酶。pNG700 编码叶酸代谢的所有四个酶,Chromosome Ⅱ 编码氨基甲酰磷酸盐合成酶、琥珀酸半醛脱氢酶、丙酮酸脱氢酶等基本生存代谢必需的酶。

Baliga 等还将该菌和 *Halobacterium* sp. NRC-1 进行比较基因分析,发现两种嗜盐古菌的 Chromosome Ⅰ 相似性为 65%~70%,其生理代谢类似 NRC-1,可能来自于同一祖先。但是 *H. marsimoruti* 所编码的环境应答调节蛋白要远远多于 *Halobacterium* sp. NRC-1,这也说明了前者比后者更能适应多样性的海洋环境。

表 11-5　嗜盐古菌 *Haloarcula marismortui* 基因组结构

复制子	大小(bp)	(G+C)mol%	RNA	插入序列	转座酶
Chromosome Ⅰ	3 131 724	62.36	48 tRNAs,*rrn*A,*rrn*C*	13	15
Chromosome Ⅱ	288 050	57.23	1 tRNA,*rrn*B*	7	7
pNG700	410 554	59.12	5S rRNA	2	2
pNG600	155 300	58.33	1 tRNA	none	none
pNG500	132 678	54.48	none	15	22
pNG400	50 060	57.35	none	3	3
pNG300	39 521	60.02	none	none	none
pNG200	33 452	55.63	none	none	none
pNG100	33 303	54.25	none	none	none

＊:3 个核糖体 RNA 操纵子都包含有 16S、23S 和 5S rRNA,分别标记为 *rrn*A,*rrn*B 和 *rrn*C。

11.4.5　对虾白斑杆状病毒(WSBV)基因组

对虾白斑杆状病毒(white spot bacilliform virus,WSBV)又称对虾白斑综合征病毒(white spot syndrome virus,WSSV),是目前所知的最大动物病毒。WSBV 最早出现在 20 世纪 90 年代初,曾经导致亚洲各国对虾养殖业遭受巨大经济损失,仅我国 1993 年爆发以来已累计损失数百亿元，WSBV 已成为海水养殖业危害最大的病毒，这引起了全世界科学家的高度重视。研究人员对白斑综合征的病原进行了分离，但由于缺乏对病毒遗传信息和功能特性的了解，影响到病毒的防治研究。

2000 年，我国科学家杨丰等在世界上首次完成了 WSBV（中国大陆株）基因组 DNA 的全序列测定，WSBV 的基因组为双链环状 DNA 分子（图 11-7），大小为 305 107 bp，具有 181 个开放式阅读框（ORFs）。9 个同源序列中有 47 个重复小片断，其中包括同向重复序列（direct repeats）、非典型的倒位重复序列（atypical inverted repeat sequences）和不完全的回文序列（imperfect palindromes）。虽然 WSBV 在形态学特征上与昆虫杆状病毒具有较大相似性，但是序列比较发现它们在氨基酸水平上并没有太多同源性。进一步比较分析发现，WSBV 病毒基因组与所有已知病毒均不相同。通过基因表达进行分析，发现超过 80% ORFs 编码的蛋白质在已确定的蛋白质中未发现同源蛋白质，而在那些同源的蛋白质中大多数却趋向于真核生物蛋白，而与病毒蛋白质相似性较小。因此，WSBV 代表了一种新类型的病毒，现已成为新设立的 Nimaviridae 科 *Whispovirus* 属的代表种。

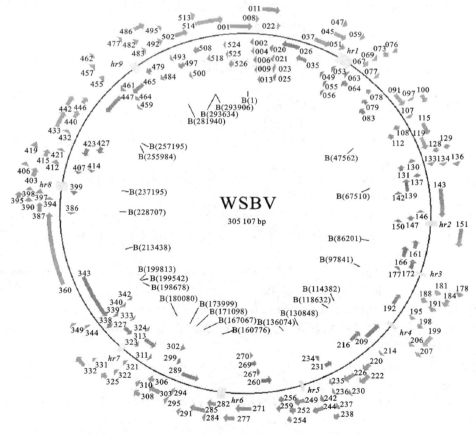

外圈外部和内部箭头代表了 181 ORFs 的不同转录方向；外圈上 9 个矩形代表了 9 个同源序列；内圈 B 位置为限制内切酶 *BamHI* 位点（括号内代表它们的位置）

图 11-7　WSBV 环状基因组（引自 Yang F 等，2001）

鉴于上述 WSBV 的特殊性和危害性,加强对该病毒的基础研究具有重要的理论意义和重大的经济价值。随着 WSBV 全基因组 DNA 测序工作的完成,其功能基因组的研究如火如荼,现已报道的预测的功能基因包括胸腺核苷激酶和胸腺核苷酸激酶(TK 和 TMK)基因、DNA 聚合酶基因、核酸内切酶基因、核糖核酸还原酶 RR1 和 RR2 基因、蛋白激酶(PK)基因、dUTP 酶(dUTPase)基因、胸苷酸合成酶(TSY)基因、胶原样蛋白(collagen like protein,CLP)基因、TATA box 结合蛋白(TBP)基因、细胞因子受体基因以及 1197 基因。对这些预测功能基因还有待于进行表达产物的功能研究。此外,对感染 WSSV 的对虾血细胞进行免疫细胞化学分析,发现组成核糖核苷酸还原酶(RR)的大亚基(RR1)和小亚基(RR2)两个亚单位主要集中在细胞核外周,这说明 RR 可能参与 WSSV 的感染过程。对 ORF220 基因分析,发现其编码的氨基酸序列中含有细胞因子受体 gp130 家族的特征序列,可能在病毒入侵宿主、抵御和逃避宿主免疫系统的过程中起着重要作用。

对 WSBV 基因组的研究不仅有助于揭示 WSBV 的基本特性和感染分子机理,还为 WSBV 的防治奠定理论基础和开辟有效途径,并且对海洋动物病毒与陆地动物病毒在分子水平上的进化与分歧能提供有用的信息。

参考文献

胡福泉. 2002. 微生物基因组学. 北京:人民军医出版社

罗春清,杨焕明. 2002. 微生物全基因组鸟枪法测序. 遗传. 24(3):310～314

Lansing M P,John P H,Donald A K. 2003. 微生物学(第 5 版). 沈萍,彭珍荣主译. 北京:高等教育出版社

Adam M B, Srisuda D, Phillip C W. 2003. Cyanobacterial postgenomic research and systems biology. Tren Biotechnol. 21(11): 504-511

Alexis Dufresne, Marcel Salanoubat, Fre'de' ric Partensky, et al. 2003. Genome sequence of the cyanobacterium *Prochlorococcus marinus* SS120, a nearly minimal oxyphototrophic genome. PNAS. 100 :10020-10025

Armbrust G, Berges J, Bowler C, et al. 2004. The genome of the diatom *Thalassiosira pseudonana*: Ecology, evolution, and metabolism. Science. 306: 79-86

Béjà O. 2004. To BAC or not to BAC: marine ecogenomics. Curr Opin Biotech. 15(3): 187-190

Bowman S, Horrocks P. 2000. Assessing the impact of Plasmodium falciparum genome sequencing. Microbes Infect. 2: 1479-1487

Bult C J, White O, Olsen G J, et al. 1996. Complete genome sequence of the methanogenic archaeon, *Methanococcus jannaschii*. Science. 273: 1058-1073

Chen C Y, Wu K M, Chang Y C, et al. 2003. Comparative genome analysis of *Vibrio vulnificus*, a marine pathogen. Genome Res. 13: 2577-2587

Chinen A, Uchiyama I & Kobayashi I. 2000. Comparison between *Pyrococcus horikoshii* and *Pyrococcus abyssi* genome sequences reveals linkage of restriction-modification genes with large genome polymorphisms. Gene. 259: 109-121

Dufresne A, Salanoubat M, Partensky F, et al. 2003. Genome sequence of the cyanobacterium *Prochlo-*

rococcus marinus SS120, a nearly minimal oxyphototrophic genome. Proc Natl Acad Sci USA. 100: 10020-10025

Edward F D. 2005. Microbial community genomics in the ocean. Nature. 3: 459-469

Fitz-Gibbon S T. , Ladner H, Kim U J, et al. 2002. Genome sequence of the hyperthermophilic crenarchaeon *Pyrobaculum aerophilum*. Proc Natl Acad Sci USA. 99(2): 984-989

Fleischmann R. 1995. Whole-genome random sequencing and assembly of *Haemophilus influenzae* Rd. Science. 269: 496-512

Galagan J E, Nusbaum C, Rov A, et al. 2002. The genome of *M. acetivorans* reveals extensive metabolic and physiological diversity. Genome Res. 12(4): 532-542

Gonzále J M, Covert J S, Whitman W B, et al. 2003. *Silicibacter pomeroyi* sp. nov. and *Roseovarius nubinhibens* sp. nov. , dimethylsulfoniopropionate-demethylating bacteria from marine environments. Int J Syst Evol Microbiol. 53: 1261-1269

Haeyoung J, Joung H Y, Choonghwan L, et al. 2005. Genomic blueprint of *Hahella chejuensis*, a marine microbe producing an algicidal agent. Nucleic Acids Res. 33(22): 7066-7073

Hendrickson E L, Kaul R, Zhou Y, et al. 2004. Complete genome sequence of the genetically tractable hydrogenotrophic methanogen *Methanococcus maripaludis*. J Bacteriol. 186(20): 6956-6969

Hideto T, Kaoru N, Yoshihiro T, et al. 2000. Complete genome sequence of the alkaliphilic bacterium *Bacillus halodurans* and genomic sequence comparison with *Bacillus subtilis*. Nucleic Acids Res. 28 (21): 4317-4331

Houry W A, Frishman D, Eckerskorn C, et al. 1999. Identification of in vivo substrates of the chaperonin GroEL. Nature. 402: 147-154

Glöckner F O, Kube M, Bauer M, et al. 2003. Complete genome sequence of the marine planctomycete *Pirellula* sp. strain 1. Proc Natl Acad Sci USA. 100(14): 8298-8303

Kanehisa M, Goto S, Kawashima S, et al. 2004. The KEGG resource for deciphering the genome. Nucleic Acids Res. 32: 277-280

Kawarabayasi Y, Hino Y, Horikawa H, et al. 1999. Complete genome sequence of an aerobic hyperthermophilic crenarchaeon, *Aeropyrum pernix* K1. DNA Res. 6(2): 145-152

Kawarabayasi Y, Sawada M, Horikawa H, et al. 1998. Complete sequence and gene organization of the genome of a hyper-thermophilic archaebacterium, *Pyrococcus horikoshii* OT3. DNA Res. 5(2): 55-76

Klenk H P, Clayton R A, Tomb J F, et al. 1997. The complete genome sequence of the hyperthermophilic, sulphate-reducing archaeon *Archaeoglobus fulgidus*. Nature. 390(6658): 364-370

Lester P, Hubbard S. 2002. Comparative bioinformatic analysis of complete proteomes and protein parameters for cross-species identification in proteomics. Proteomics. 2: 1392-1405

Makino K, Oshima K, Kurokawa K, et al. 2003. Genome sequence of *Vibrio parahaemolyticus*: a pathogenic mechanism distinct from that of *V. cholerae*. Lancet. 361: 743-749

Moran M A, Buchan A, Gonzalez J M, et al. 2004. Genome sequence of *Silicibacter pomeroyi* reveals adaptations to the marine environment. Nature. 432: 910-913

Nelson K E, Clavton R A, Gill S R, et al. 1999. Evidence for lateral gene transfer between archaea and bacteria from genome sequence of *Thermotoga maritima*. Nature. 399: 323-329

Palenik B, Brahamsha B, Larimer F W, et al. 2003. The genome of a motile marine *Synechococcus*. Nature. 424(6952): 1037-1042

Rabus R, Ruepp A, Frickey T, et al. 2004. The genome of *Desulfotalea psychrophila*, a sulfate-reducing bacterium from permanently cold Arctic sediments. Environ Microbiol. 6(9): 887-902

Robb F T, Maeder D L, Brown J R, et al. 2001. Genomic sequence of hyperthermophile, *Pyrococcus furiosus*: implications for physiology and enzymology. Methods Enzymol. 330: 134-157

Rocap G, Larimer F W, Lamerdin J, et al. 2003. Genome divergence in two *Prochlorococcus* ecotypes reflects oceanic niche differentiation. Nature. 424: 1042-1047

Ruby E G, Urbanowski M, Campbell J, et al. 2005. Complete genome sequence of *Vibrio fischeri*: a symbiotic bacterium with pathogenic congeners. Proc Natl Acad Sci USA. 102(8): 3004-3009

Rutherford K, Parkhill J, Crook J, et al. 2000. Artemis: sequence visualization and annotation. Bioinformatics. 16: 944-945

Sanger F, Coulson A R, Hong G F, et al. 1982. Nucleotide sequence of bacteriophage lambda DNA. J Mol Biol. 162: 729-773

Scala S, Carels N, Falciatore A, et al. 2002. Genome properties of the diatom *Phaeodactylum tricornutum*. Plant Physiol. 129: 993-1002

Shaobin H, Jimmy H S, Kit S L, et al. 2004. Genome sequence of the deep-sea γ-proteobacterium *Idiomarina loihiensis* reveals amino acid fermentation as a source of carbon and energy. PANS. 101 (52): 18036-18041

Slesarev A I, Mezhevaya K V, Makarova K S, et al. 2002. The complete genome of hyperthermophile Methanopyrus kandleri AV19 and monophyly of archaeal methanogens. Proc Natl Acad Sci USA. 99(7): 4644-4649

Stover C K, Pham X Q, Erwin A L, et al. 2000. Complete genome sequence of *Pseudomonas aeruginosa* PA01, an opportunistic pathogen. Nature. 406: 959-964

Takami H, Takaki Y & Uchiyama I. 2002. Genome sequence of *Oceanobacillus iheyensis* isolated from the Iheya Ridge and its unexpected adaptive capabilities to extreme environments. Nucleic Acids Res. 30: 3927-3935

Tinsley C, Nassif X. 2001. *Meningococcal pathogenesis*: at the boundary between the pre-and post-genomic eras. Curr Opin Microbiol. 4: 47-52

Venter J C, Remington K, Heidelberg J F, et al. 2004. Environmental genome shotgun sequencing of the Sargasso Sea. Science. 304: 66-74

Vezzi A, Campanaro S, D'Angelo M, et al. 2005. Life at depth: *Photobacterium profundum* genome sequence and expression analysis. Science. 307: 1459-1461

Wailap V N, Sean P K, Gregory G M, et al. 2000. Genome sequence of *Halobacterium* species NRC-1. PNAS. 97(22): 12176-12181

Wolfgang R H. 2004. Genome analysis of marine photosynthetic microbes and their global role. Curr Opin Biotech. 15(3): 191-198

12. 赤潮

12.1 赤潮概述

12.1.1 赤潮及赤潮生物

赤潮(algal bloom)是海水中某些浮游藻类、原生动物或细菌等在一定环境条件下短时间内暴发性增殖或聚集,引起水体变色或对其他海洋生物产生危害作用的一种生态异常现象,也称为有害藻华(harmful algae bloom,HAB)或红潮(red tide)。发生在淡水中的这种现象则称为水华(water bloom)。并不是所有的赤潮都是红色,赤潮发生时的颜色随发生原因、赤潮生物种类和数量的不同而呈现红、黄、绿、褐等多种颜色。赤潮,这一名词最早是因海水变红而得名,现在已成为各种颜色赤潮的统称。有些生物引起的赤潮并不引起海水呈现任何特别的颜色,如膝沟藻、裸甲藻、梨甲藻等。

一般而言,能够大量繁殖并引发赤潮的生物统称为赤潮生物,包括浮游藻类、原生动物和细菌等,其中浮游微藻是引发赤潮的主要种类。据 1995 年 Sournia 等统计,海洋中有 3 365～4 024 种浮游藻类,其中赤潮种类约占 6%,共 12 个纲,184～267 种,包括蓝藻门(Cyanophyta)蓝藻纲(Cyanophyceae)的 3～4 种;甲藻门(Dinophyta)恶甲藻纲(Dinophyceae)的 93～127 种;硅藻门(Bacillariophyta)中心硅藻纲(Centricae)的 30～65 种、羽纹硅藻纲(Pennataes)15～18 种;着色鞭毛藻门(Chromophyta)隐藻纲(Cryptophyceae)的 5～8 种、针胞藻纲(Raphidophyceae)7～9 种、金藻纲(Chrysophyceae)6 种、硅鞭藻纲(Dictyochophyceae)2 种、定鞭金藻纲(Prymnesiophyceae)8～9 种;绿藻门(Chlorophyta)绿藻纲(Chlorophyceae)的 5～6 种、裸藻纲(Euglenophyceae)6～8 种、青绿藻纲(Prasinophyceae)5 种。原生动物门(Protozoa)中仅纤毛虫纲(Ciliatea)的红色中缢虫(*Mesodinium rubrum*)为赤潮生物。赤潮生物中有毒种为 70 余种,占藻类的 2%。赤潮种类和有毒种类均以甲藻门为主。

赤潮是一种自然生态现象,相当一部分赤潮是无害的,它们自生自灭。然而,近年来赤潮频繁发生和规模不断扩大,严重威胁着近海生态系统,对渔业资源和海产养殖业造成严重破坏。赤潮已成为世界海洋重大灾害之一,给经济、环境及人类健康造成重大影响。

12.1.2 赤潮的分类

按照不同的分类标准,可将赤潮划分为多种类型。

根据赤潮的成因和来源,可分为原发型(内源性)和外来型(外源性)赤潮。原发型赤潮是指某海域具备发生赤潮的理化条件,赤潮生物就地暴发性增殖所形成的赤潮。此类赤潮有明显的地域性,通常持续时间较长,当环境没有明显变化时,可以反复出现。因此当某种赤潮只在每天特定时间内出现于某些海域,应视其为同一起赤潮的时间延续,而不应认为是每天发生一起赤潮。如果赤潮生物发生更替,则另当别论。一般而言,在内湾发生的赤潮,大多属于原发型赤潮。外来型赤潮则指并非在原海域形成,而是在其他水域形成后由于外力(如风、浪、流等)的作用而被带到该海区的赤潮,最常见的是束毛藻赤潮。外来型赤潮持续时间短,具有"路过性"的特点,因此易将同一起赤潮的迁移误认为是发生在不同地点的两起赤潮。

按赤潮发生的海域不同,可分为外海型、近岸型、河口型和内湾型赤潮。外海型赤潮是指赤潮发生在外海或洋区,赤潮生物种类较少,最典型的是蓝藻门的束毛藻。近岸、河口和内湾型赤潮分别指出现在近岸区、河口区、内湾区的赤潮,赤潮生物种类较多,主要有甲藻类和硅藻类。国内发生该类型赤潮的地区有杭州湾、辽东湾、胶州湾及黄河口、长江口、珠江口等海域。

根据赤潮发生时占绝对优势的赤潮生物种类组成可分为单相型、双相型和复合型赤潮。单相型赤潮又称单种型赤潮,是指赤潮发生时只有一种赤潮生物占绝对优势(占总细胞数的 80% 以上)。而有两种赤潮生物共存并同时占优势的赤潮称为双相型赤潮,也称两相型赤潮。如果赤潮中有 3 种或 3 种以上的赤潮生物,且每种的数量(细胞数)都占总数量(总细胞数)的 20% 以上,即为复合型赤潮。国内赤潮大多数属于单相型赤潮,双相型赤潮仅占少数,复合型赤潮罕见。

根据引起赤潮的生物能否产生毒素,可将赤潮分为有毒赤潮和无毒赤潮两类。有毒赤潮是指以体内含有某种毒素或能分泌出毒素的赤潮生物为主的赤潮,主要种类有裸甲藻、棕囊藻、具齿原甲藻、米氏凯伦藻、中肋骨条藻等。有毒赤潮一旦形成,可对赤潮区的生态系统、海洋渔业、海洋环境以及人体健康造成不同程度的毒害。当海水水样、贝类中的赤潮毒素超过 80 mg/100g 时,即可判断为有毒赤潮。无毒赤潮则指以体内不含毒素、又不分泌毒素的赤潮生物为主的赤潮。无毒赤潮对海洋生态、海洋环境、海洋渔业也会造成不同程度的危害,但基本不产生毒害作用。

12.2　赤潮发生的原因

赤潮的发生是多种生物、化学、物理等生态因子综合作用的结果。由于赤潮生物种类繁多,不同海域发生赤潮的主要影响因子又不尽相同,致使赤潮的发生机理非常复杂。因此,尽管引发赤潮的生物种类已经清楚,但是科学家们对其形成机制至今尚未达成共识。一般认为必须具备两个方面的基本条件(图 12-1):一是要有赤潮生物的存在;二是要有适宜赤潮生物快速繁殖的生态环境,包括氮、磷等营养盐和水温、盐度、微量元素以及维生素类等。此外,赤潮的形成还受海况、潮流和气压等水文气象因素的影响。总的说来,引起赤潮的因素包括生物因素、化学因素和物理因素三个方面,下面对其分别阐明。

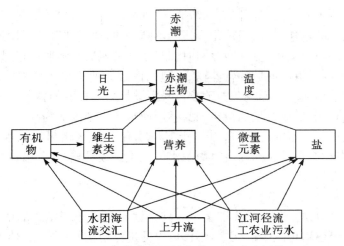

图 12-1　赤潮发生的主要环境条件(引自张水浸等,1994)

12.2.1　生物因素

赤潮生物种源的存在是赤潮发生的基础。当海域环境条件适合藻类生长时,再加上富营养化水体中含有的大量营养盐,为赤潮藻类的生长提供了良好的物质基础。一般来说,藻类孢囊在冬季进入休眠期,翌年春季遇到合适条件(温度、盐度等)则萌发,水体中大量营养盐的供给使赤潮生物大量繁殖,引发赤潮。

12.2.2　化学因素

(1)水体富营养化

水体富营养化(eutrophication)是指大量氮、磷等营养物质进入水体,引起蓝细菌、微小藻类及其他浮游生物恶性增殖,最终导致水质急剧下降的一种污染现象。目前,判断水体富营养化的标准为:水体含氮量>0.2 mg/L,含磷量>0.01 mg/L,生化需氧量>10 mg/L,淡水中细菌总数$>10^5$个/立方厘米,叶绿素 a>10 mg/L。富营养化可分为天然富营养化和人为富营养化两种类型。

1)天然富营养化

引起富营养化的自然因素可能是进行固氮作用的微生物(如固氮蓝藻)大量繁殖导致海水中含氮量增多的结果。异形胞是固氮蓝藻体内的一种特殊结构,是进行固氮作用的场所,异形胞越多,固定氮素就越多。一般而言,异形胞可以存在几天至几周,而且固氮蓝藻的含氮量常为其他非固氮藻类的两倍,因此可以通过异形胞的数量来检测水中固氮作用的强度变化。此外,固氮作用导致赤潮并使之持久与水体中含有足够的磷也是分不开的。需要说明的是,固氮作用不见得总是污染过程,在正常水体中,它是保持自然生态平衡的一个组成部分。

2)人为富营养化

超过水体自净能力的大量有机或无机营养物进入水体是人为因素导致富营养化的主要原因。有机物被微生物矿化分解成无机物,水体中的无机物又为藻类大量生长提供丰富的营养。海洋中的富营养化主要是由陆源污染、养殖业自身污染以及大气沉降引起的,所以富营养化一般出现在沿岸的浅海和海湾,尤其是河流入海口的海区。

随着全球人口的迅速增长、城市化步伐的不断加快,通过陆源污染输入水体的营养物质总量明显上升。农田大量施用的农药和化肥(尤其是氮肥和磷肥),通过地表径流、河流汇入海洋,不仅提高了沿岸海域的营养输入总量,而且改变了水体营养的组成和比率,进而对浮游植物群落组成产生影响。养殖业自身污染是另一重要的营养来源。养殖场管理者为了获取高额利润,投放过量的饵料、肥料等,使水产养殖区成为高生物量水域,而那些养殖生物的粪便更是丰富的氮、磷来源。另外,未分解的残余饵料沉入水底,形成庞大的内部营养负荷,在相当长的时间内会对周围水体产生持续影响。因此,这种营养加富的养殖水域最易频繁发生赤潮。

(2)微量金属元素

微量金属也可以诱发和促进赤潮发生。其中铁和锰是比较重要的微量金属元素,是浮游植物生长和繁殖不可缺少的元素,不仅可以促进浮游植物的繁殖,使赤潮生物成倍增加,而且铁、锰螯合剂在一定的剂量下,可使赤潮生物卵甲藻和真甲藻达到最高增殖率。当铁、锰含量大于正常海水含量 $10\sim20$ 倍时,赤潮生物将成十倍的增长。相反,在没有铁、锰元素的海水中,即使其他条件适合也不会增加种群的密度。

(3)维生素等有机物

氮、磷等营养盐是赤潮繁殖生长的必要条件,但不是充分条件。有很多藻类在繁殖和生长过程中还需要一定数量和类型的维生素等有机物,它们是赤潮生物的促生长物质。海洋中的维生素是有机物经微生物分解而产生的。而海洋中的有机物一方面可以作为铁、锰螯合剂,另一方面可在微生物作用下生成维生素诱导赤潮发生,此外一些有机物还可以刺激赤潮生物的大量繁殖。研究发现,维生素 B_1、B_{12},四氮杂茚,间二氮杂苯,酵母、蛋白质消化分解后的分解液以及纸浆废液都是赤潮生物大量繁殖的重要刺激因素。当维生素 B_{12} 含量高时,赤潮生物可增殖 3 倍。

12.2.3　物理因素

(1)水温、盐度

赤潮生物的生长发育与水温、盐度密切相关,水温和盐度影响着赤潮生物细胞中酶的活性,直接调控赤潮生物的生理活动。赤潮生物都有其适合的繁殖生长水温和盐度,有些赤潮生物适合生长的水温、盐度范围较广,属于广温性、广盐性种;而有些则喜在低水温、低盐度环境中生长,如冷水种、近岸种等。因此,在营养盐供应充沛时,水温、盐度等物理因子是赤潮生物生长与增殖的环境限制因素。

(2)水文气象因素

水文气象因素是发生赤潮的自然因子,浪、潮、锋面、降雨、风向、风速、光照、气温和气压等方面的物理海洋因子都会对赤潮的发生产生影响。对赤潮发生的个例进行分析发现,凡是有赤潮发生的海域,海面都是"风平浪静"。分析赤潮发生的物理机制,如果"风大浪高",海水的各种物理机制就会遭到破坏,水气交换更加充分,也就是说形成赤潮的部分要素就会改变,而使赤潮消亡在"萌芽"之中。

潮汐的变化对赤潮的影响也是不可忽视的。在大潮期间,水体随着潮汐的涨落幅度越大,对外交换也越充分,海水的富营养成分会得到相应稀释和缓解,不容易发生赤潮现象;相反,在小潮期间,水体交换小,海水结构及各种富营养成分不会有较大的改变,比较容易发生赤潮现象。

大气沉降对赤潮的发生也起着重要作用。大气沉降包括尘埃颗粒和降水。尘埃颗粒中的营养盐含量比一般雨水高10倍,数量巨大,而且是混合营养,也是关键微量金属(如铁)的重要来源。由于人类活动引起大气污染日趋严重,大气沉降已成为近岸海域一个迅速增长的营养来源。据统计,输入河口和沿海水域的氮源中,20%~40%来源于大气。降雨对赤潮发生的作用主要表现在两个方面:一是大量雨水通过地表径流汇入海中,降低了海水盐度。众所周知,"高盐水"的水质比较稳定,"淡盐水"容易变质、发酵,低盐度会刺激赤潮生物加快细胞分裂速度。二是将大量营养物质输入海中,加快了海水富营养化的进程,使赤潮生物得以生长和繁殖。但也有实验表明:暴雨易造成表层水体盐度在短时间内的急降。这种盐度在短时间内的急降,对主要分布在表层水体中的藻种群有巨大的破坏力,而且大雨也不利于赤潮生物的聚集。因此,只有适量的降水量才会加快赤潮的发生。

风速和风向的密切配合会影响赤潮生物的繁殖和聚集。季风转换会直接影响海面的垂直交换。水体的垂直运动,使得海洋表面层下的营养物质和矿物质不断地被翻转到海表面,为赤潮生物的繁殖提供了足够的营养物质。海面风速增大到一定程度会使赤潮生物发生聚集、扩散或消散。同时,低压天气可以诱发赤潮发生。在这种天气形势的控制下,海区往往会有连续的较强降水,而且风浪过后伴随而来的是高温、小风小浪的天气。这些条件最适合藻类大规模繁殖,比较容易发生赤潮。

(3)水底层出现无氧和低氧水团

有学者提出,水底层出现无氧和低氧水团也会促进赤潮发生。积聚在泥沙中的有机物季节性分解消耗了大量的水底溶解氧,一方面使沙—水界面处缺氧,另一方面向上层水体中释放无机氮、无机磷和微量元素导致水体富营养化。

总之,赤潮的发生是生物、化学和物理等因素综合作用造成的。在生物因素方面,赤潮生物"种子"群落是赤潮发生最基本的生物因子;在化学因素方面,氮、磷、微量元素、特殊有机物等水体营养盐的存在形式和浓度,直接影响着赤潮生物的生长、繁殖与代谢,它们是赤潮形成和发展的物质基础;在物理因素方面,适宜的水温、盐度以及可导致水体相对稳定、水体交换率低的水文气象因素等,都是产生赤潮的环境条件。上述三种因素互相作用决定着赤潮的形成、发展和消亡。

12.3 赤潮发生的过程

赤潮发生的实质是赤潮生物在适宜的环境因素条件下暴发性繁殖生长直至恢复正常状态的过程,大致可分为起始、发展、维持、消亡四个阶段,其长消过程中的主要物理、化学和生物控制因素的变化见表12-1。

表 12-1　赤潮长消过程中主要物理、化学和生物控制因素的变化(引自张有份，2000)

赤潮阶段	物理因素	化学因素	生物因素
起始阶段	底部湍流、上升流、底层水体温度、水体垂直混合	营养盐、微量元素、赤潮生物生长促进剂	赤潮"种子"群落、动物摄食、物种间的竞争
发展阶段	水温、盐度、光照等	营养盐和微量元素	赤潮生物种群、缺少摄食者和竞争者
维持阶段	水团稳定性(风、潮汐、辐合、辐散、温盐跃层、淡水注入)	营养盐或微量元素限制	过量吸收的营养盐和微量元素、溶胞作用、聚结作用、垂直迁移和扩散
消亡阶段	水体水平与垂直混合	营养盐耗尽、产生有毒物质	沉降作用、被摄食和分解、孢囊形成、物种间的竞争

①起始阶段：海域内具有一定数量的赤潮生物种(包括营养体或孢囊)。此时，水环境中物理、化学条件基本适宜于某种或多种赤潮生物生长、繁殖的需要。

②发展阶段：当海域内的某种赤潮生物"种子"有了一定个体数量，且各种营养物质、温度、盐度、光照等外环境达到该赤潮生物生长、增殖的最适范围，在缺少赤潮生物摄食者和竞争者，即低捕食压的条件下，赤潮生物即可进入指数增殖期，就有可能发展成赤潮。

③维持阶段：赤潮现象出现后至临近消失时所持续的过程，这时赤潮生物种群数量处于相当高的水平。维持阶段的长短，主要取决于水体的物理稳定性和各种营养物质的消耗与补充状况。如果此时海区风平浪静，水体稳定性好，且及时补充必要的营养物质等，赤潮就可能持续较长时间；反之，若遇台风、阴雨，水体稳定性差或营养物质被消耗殆尽，又未能得到及时补充，那么，赤潮现象就可能很快消失。

④消亡阶段：消亡阶段是指赤潮现象消失的过程。引起赤潮消失的原因：水体营养物质耗尽未能得到及时补充；刮风、下雨等引起水体剧烈运动，使赤潮生物趋于分散；温度已超过该赤潮生物的适宜范围，"捕食压"增强等。赤潮消失过程经常是赤潮对渔业危害最严重的阶段。

12.4　赤潮的危害

随着各沿海国家工农业生产和经济的高速发展，沿海居民的增多，更多的生活污水、工农业废水排入大海，同时近海养殖业大规模发展，使得近海污染日趋严重，有害赤潮发生频率增加、规模扩大、新的赤潮藻种不断出现，危害程度也日益增加，给海洋生态环境、水产养殖、渔业、旅游和人类的健康安全构成了严重威胁。赤潮已成为全球性的海洋公害，严重干扰着世界各国特别是沿海国家的经济发展。近年来，美国、日本、中国、加拿大、法国、瑞典、挪威、菲律宾、印度、印度尼西亚、马来西亚、韩国等 30 多个国家的赤潮发生都很频繁。

12.4.1　赤潮对海洋生态系统的影响

海洋是一种生物与环境、生物与生物之间相互依存、相互制约的复杂生态系统,系统中的物质循环和能量流动处于相对稳定、动态平衡的状态,当赤潮发生时,这种平衡就遭到干扰和破坏。此时,大量浮游植物的过度光合作用使海水中的 CO_2 被大量消耗,破坏了海域水体的 CO_2 平衡体系,使得水体的酸碱度发生较大变化,海水的 pH 值从正常值 8.0～8.2 提高到 8.5 以上。同时,海水中的叶绿素 a 含量、溶氧量及化学消耗量都会增高。这些环境的改变,致使一些海洋生物不能正常生长、发育、繁殖,导致一些生物逃避甚至死亡,破坏了原有的生态平衡。赤潮消亡期,缺氧、赤潮毒素和有害气体的综合作用可导致海洋动物生理失调、生长繁殖受到影响甚至死亡,从而改变海洋生物种群结构,使海洋生态系统遭到不同程度的损害。

总之,有害赤潮的发生一方面直接导致海洋浮游植物群落结构发生变化,进而使得浮游动物群落结构发生相应的变化;另一方面,一些有害赤潮藻产生的有毒有害物质会对浮游动物的存活及种群繁殖等生命活动造成影响,结果也会使得浮游动物的群落结构发生变化。这两方面的影响往往同时存在,对海洋浮游生态系统的结构构成威胁,并有可能通过食物链的传递作用影响整个海洋生态系统的结构。

12.4.2　赤潮对海洋渔业和水产资源的破坏

赤潮不仅破坏海洋生态环境,更会给海洋经济造成严重损失。赤潮对海洋生态环境的不良影响最直观的表现是对渔业和水产资源的破坏,特别是对海水养殖业构成严重威胁。主要体现在:

①有些赤潮生物分泌黏液状物质或赤潮生物死亡后产生黏液,在海洋动物的滤食或呼吸过程中,这些带黏液的赤潮生物会附着在鱼、虾、贝类的腮部,使其受到机械损伤,并妨碍呼吸作用,可导致海洋动物窒息死亡。

②赤潮生物能产生多种毒素,使鱼、贝类产生中毒反应。这些毒素还可通过食物链传递,造成对其他生物的伤害。

③赤潮生物的繁殖、生长、代谢以及赤潮生物大量死亡后被微生物分解,都需要不断消耗海水中的溶解氧,造成缺氧环境,引起鱼、虾、贝类等大量死亡。

④赤潮生物的尸体在分解过程中会产生大量的硫化氢、氨等有害物质,体内的毒素也随着尸体的分解而释放,不仅使海水变色、变臭,严重影响海洋生态环境,还会滋养大量对鱼、虾、贝有害的病原微生物,造成鱼虾病害。

⑤由于赤潮藻的数量突然处于绝对的优势,竞争性地消耗水体中的营养物质,抑制了作为饵料的有益藻类的生长,从而破坏渔场的饵料基础,造成渔业减产。

⑥大量的赤潮生物遮蔽海面,影响海洋生物的光合作用,导致一些生物逃避甚至死亡,破坏了原有的生态平衡,进而影响到海洋中正常的食物链,造成食物链中断,从而导致鱼虾类减产。

12.4.3　赤潮对人体健康的危害

赤潮发生期间或发生后,赤潮生物和致死海洋生物的分解会产生有毒的海洋气溶胶颗粒,引起人体呼吸道中毒,或者由于皮肤接触到有赤潮生物毒素的海水而引起皮肤感染。此外,当鱼、贝类处于有毒赤潮区域内,摄食这些有毒生物,生物毒素可在体内积累,其含量大大超过人体可接受的水平。这些鱼虾、贝类如果不慎被人食用,就引起人体中毒,严重时可导致死亡。

在全世界4 000多种海洋浮游藻中有260多种能形成赤潮,其中70多种产生毒素,我国海区有10种左右,主要是海洋褐胞藻($Chattonella\ marina$)、多边膝沟藻($Gonyaul$-$ax\ polyedra$)等。某些赤潮藻类毒素经贝类的滤食或摄食,转移到它们的胃或食道中,通过消化、吸收导致毒素在贝体内积累和转化,使贝类具有毒素,这种毒素又称为贝毒(shellfish poisoning)。根据食用者中毒的症状,贝类毒素被分为四类:腹泻性贝类毒素、麻痹性贝类毒素、神经性贝类毒素和记忆缺失性贝类毒素。

(1)腹泻性贝类毒素

腹泻性贝类毒素(diarrhetic shellfish poisoning,DSP),因食用后会产生以腹泻为主要特征的中毒症状而得名。它是一种脂溶性物质,因而早期被称为脂溶性贝类毒素。其化学结构是聚醚或大环内酯化合物,不溶于水,溶于甲醇、乙醇、乙醚、丙酮和氯仿等有机溶剂,对热较稳定,紫外线吸收较弱。

腹泻性贝毒的致毒机制在于其主要毒素成分——大田软海绵酸(okadaic acid)和鳍藻毒素(dinotoxins)能够抑制蛋白磷酸酶的活性,导致蛋白质过磷酸化,从而影响到DNA复制和修复过程中酶的活性,进而对生物的多种生理功能造成影响,引起致畸效应。腹泻性贝类毒素主要来自于渐尖鳍藻($Dinophy\ sisacuminata$)、具尾鳍藻($D.\ cuta$)、倒卵形鳍藻($D.\ fortii$)等藻类。

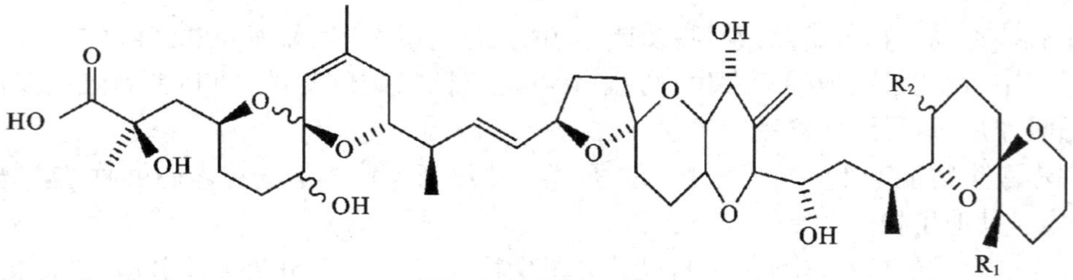

OA:$R_1=CH_3$;$R_2=H$; DTXI:$R_1=CH_3$;$R_2=CH_3$; DTXII:$R_1=H$;$R_2=CH_3$

图12-2 大田软海绵酸(OA)及鳍藻毒素(DTX I - II)

(2)麻痹性贝类毒素

麻痹性贝类毒素(paralytic shellfish poisoning,PSP)因人误食含有这种毒素的贝类后引起外周神经系统麻痹而得名。该毒素首先是从巨石房蛤的细管中提取得到,是一类烷基氢化嘌呤化合物,类似于具有2个肌基的嘌呤核,为非结晶、水溶性、高极性、不挥发的小分子物质。它们在酸性条件下稳定,碱性条件下发生氧化甚至毒性消失,热稳定性好,不能被人的消化酶所破坏。此类毒素有20余种,根据R_4基团的不同可以分为四类,分别是氨基甲酸酯类毒素(carbamate toxins)、N-磺酰氨甲酰基类毒素(N-sulfocarbamoyl toxins)、脱氨甲酰基类毒素(decarbamoyl toxins)和脱氧脱氨甲酰基类毒素(deoxydecarbamoyl toxins),结构如图12-3所示。

麻痹性贝毒对生物神经系统或心血管系统有高特异毒性,是细胞膜Na^+通道的高度专一性阻滞剂,能造成神经细胞电压敏感性钠离子通道高亲和力障碍,引起细胞膜内外正常离子的流动失衡,造成膜电位反常,导致动作电位无法形成,使人出现晕眩、休克等神经中毒症状。

能够产生 PSP 毒素的微藻主要有膝沟藻(*Gonyaulax*)、链状亚历山大藻(*Alexandrium catenella*)、非链状亚历山大藻(*Alexandrium acatenella*)、股状亚历山大藻(*A. cohorticula*)、微小亚历山大藻(*A. minutum*)、塔玛亚历山大藻(*A. tamarense*)等。

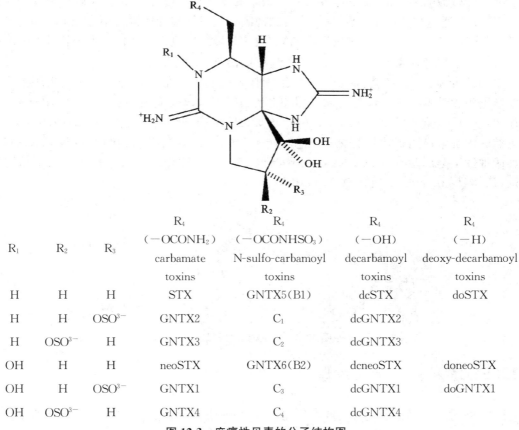

R_1	R_2	R_3	R_4 (—OCONH$_2$) carbamate toxins	R_4 (—OCONHSO$_3$) N-sulfo-carbamoyl toxins	R_4 (—OH) decarbamoyl toxins	R_4 (—H) deoxy-decarbamoyl toxins
H	H	H	STX	GNTX5(B1)	dcSTX	doSTX
H	H	OSO^{3-}	GNTX2	C$_1$	dcGNTX2	
H	OSO^{3-}	H	GNTX3	C$_2$	dcGNTX3	
OH	H	H	neoSTX	GNTX6(B2)	dcneoSTX	doneoSTX
OH	H	OSO^{3-}	GNTX1	C$_3$	dcGNTX1	doGNTX1
OH	OSO^{3-}	H	GNTX4	C$_4$	dcGNTX4	

图 12-3　麻痹性贝毒的分子结构图

（3）神经性贝类毒素

神经性贝类毒素(neurotoxic shellfish poisoning,NSP)是由短裸甲藻(*Ptychodiscus brevis*)、剧毒冈比甲藻(*Gambierdiscums toxincus*)等藻类产生的,又称短裸甲藻毒素(brevetoxin,BTX),是醚环形成的长链梯形结构,不含氯,低熔点,耐热性好,高度脂溶性,难溶于中性和酸性水溶液,溶于甲醇、乙醇、乙醚、丙酮、氯仿、苯等有机溶剂。神经性贝类毒素共有 A、B、C、D、E 5 种,其中以 BTX B 多见,BTX B 是一个特殊的 C$_{50}$ 聚醚,与陆地微生物产生的聚醚抗生素不同,其碳链上有 8 个无规则分布的甲基,所有醚环均为反式。

与 PSP 阻断 Na$^+$ 内流相反,NSP 的活性成分短裸甲藻毒素可以诱导 Na$^+$ 内流,但对 K$^+$ 通道无作用,从而导致肌肉和神经细胞的去极化。

（4）记忆缺失性贝类毒素

记忆缺失性贝类毒素（amnesic shellfish poisoning，ASP）因中毒后能引起永久性丧失部分记忆而得名。因最早从红藻属的树枝软骨藻（*Chondriaarmata*）中分离出来而又被命名为软骨藻酸。其主要成分软骨藻酸（domoi acid，DA）（图 12-4）是一种具有生理活性的非蛋白氨基酸类物质。

DA 作为神经递质的谷氨酸的一种异构体，一样具有引起神经细胞兴奋的功能，但其强度是谷氨酸的 100 倍，能够牢固结合谷氨酸受体，作用于兴奋性的氨基酸受体和突触传递素。DA 通过与控制细胞膜 Na^+ 通道的神经递质谷氨酸受体紧密结合，提高 Ca^{2+} 的渗透性，使神经细胞长时间处于去极化的兴奋状态，最终导致细胞死亡。由于软骨藻酸的存在可能对中枢神经系统海马区和丘脑区造成损伤，从而导致记忆力丧失。

1987 年加拿大首次发生集体贝类食品中毒事件后，人们从硅藻属的多列尖刺菱形藻中检测到软骨藻酸，随后，美国、加拿大、北欧一些国家以及澳大利亚、日本等国的科学工作者也先后从紫贻贝（*Myltilus edulis*）、扇贝（*Pecten maximus*）、文蛤（*Callista chione*）等贝类的内脏中检测到软骨藻酸。而能够产生 DA 的主要是拟菱形藻（*Pseudonitzschia*），如假细纹拟菱形藻（*P. pseudodelicatissima*）、澳洲拟菱形藻（*P. australis*）、柔弱拟菱形藻（*P. delicatissima*）、成列拟菱形藻（*P. seriata*）等。

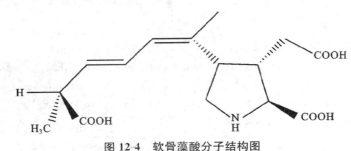

图 12-4　软骨藻酸分子结构图

12.5　赤潮的预防及治理

赤潮的防治问题已成为当务之急，防治对策应坚持"以防为主，防治结合"的原则。首先，消除引发赤潮的诱因，以达到防止赤潮发生、预防赤潮灾害的目的，如控制污染源排放、防止水体富营养化、减轻海洋污染、改善海洋环境等；其次，赤潮发生后立即采取有效措施进行治理，减小损失。

12.5.1　赤潮的预防

（1）加强法制管理，建立完善的赤潮监管体系

为使赤潮灾害控制在最小限度，减少损失，必须加强法制管理，由国家行政部门颁布法规，建立海域富营养化评价标准，最大限度限制海水污染，保障健康的海洋生态环境。并积极开展赤潮预报服务，建立海洋环境监视网络，加强赤潮监视。

（2）控制水体富营养化

水体富营养化是造成赤潮频发的罪魁祸首，携带大量无机物的工业废水及生活污水

排放入海是引起海域富营养化的主要原因。因此,采取有效措施控制水体富营养化是预防赤潮的根本措施,具体如下:

①制定营养物质水质标准和排放标准,实行排放总量和浓度控制相结合的方法,控制陆源污染,特别要严格控制含大量有机物和富营养盐污水的入海量。

②工业集中的沿海城市,必须加快城市污水处理厂、无害化垃圾处理工程等环境基础设施建设进度,修建污水处理装置,严格按污水排放标准向海洋排放。

③生态养殖,减少水产养殖污染。合理开发浅海滩涂的海水养殖业,避免养殖废水和废物的排放造成水域污染。在富营养区域养殖某些固定氮、磷能力强的海藻、高等水生植物、鱼类等,建立良好的水生生态系统。

④克服河水集中向海洋排放,尤其是经较长时间干旱的纳污河流,在径流突然增大的情况下,采取分期分批排放,减少海水瞬时负荷量。

⑤改善底质环境也是防止养殖水体发生富营养化的有效手段,采用挖掘底泥沉积物、水体深层曝气等工程性措施来改良底质。向水体中投入生石灰($100\sim200$ g/m^2)也是一种不错的办法,一方面可以使底质处于氧化环境,杜绝有害气体(如氨气、硫化氢)的产生;另一方面能与磷形成不溶性化合物,减少底质磷向水体的释放。

（3）控制赤潮生物外来种的入侵

通过船舶压舱水的排放,有毒赤潮种类易从一个海域被携带到另一个海域。压舱水的排放为赤潮的发生提供了外来的"种子源"。因此,应完善有关法规,依法进行船舶压舱水的管理,杜绝压舱水的随意排放;同时加强检测工作,对含有赤潮生物的压舱水进行适当的处理。此外,养殖品种的移植也会增加外来赤潮生物传播的机会,在引入新的养殖品种时,必须严格检测,保证不含外源性赤潮生物或孢囊。

12.5.2　赤潮的治理

国内外专家已提出很多治理赤潮的方法和技术,但由于赤潮发生的机制尚不完全清楚,真正能应用的很少。总的说来,赤潮的治理必须符合"高效、无毒、价廉、易得"的要求,具体标准:

①在低药剂浓度条件下杀灭赤潮生物。

②药剂能自身分解成无害物质,无残留物,对非赤潮生物不产生负面影响,不对海洋形成新的污染。

③杀灭赤潮生物时间短,要在海浪冲击稀释药剂浓度不低于杀灭赤潮生物浓度阈值前就能完成杀灭赤潮生物。

④成本低廉,且易取得、易操作。

纵观国际上的治理方法,根据所采用的治理原理,大体可归纳为物理、化学和生物修复三大类。

（1）物理方法

在赤潮发生时,赤潮生物一般密集于水体表层(3 m 以内),表层以下则很少,所以赤潮对表层的危害最大。物理方法就是依据赤潮的这一特性,利用某些设备、器材在水体中设置特定的安全隔离区,分离赤潮水体中的赤潮生物或者利用机械装置灭杀、驱散赤潮生物。目前,国内外消除赤潮的物理方法有隔离法、网箱沉降法、气幕法、增氧法、超声波法、回收法、过滤法等。

对于小型的网箱养殖,可以采用隔离法,也就是将养殖网箱从赤潮水体转移至安全水域。这种方法简单易行,但前提条件必须是赤潮仅在局部区域发生,而且在周围容易找到安全的"避难区"。另外,还可以通过使用一种不渗透的材料将养殖网箱与周围的赤潮水隔离起来以降低赤潮的危害,但应注意给网箱充气,防止鱼类缺氧。

气幕法和增氧法是采用设在养殖海区周围海底的通气管向上放出大量气泡来隔离赤潮,同时也起到充氧作用。超声波法则是利用超声波破坏高密度聚集的赤潮生物细胞,一般来说超声波仅对表层(约 50 cm)高密度聚集的赤潮生物有效。回收法是在赤潮密集区,用配有吸水泵、离心分离机等装置的赤潮回收专用船进行赤潮生物回收。具体方法是用水泵在赤潮密集区将赤潮水抽到船上,加凝集剂,加压过滤,离心分离;或在赤潮水中加入一定量的磁粉,电磁搅拌,再将吸附在磁粉上的赤潮生物离心除去。

赤潮治理的物理方法具有简单、不引进二次污染、可防止外域赤潮入侵的优点,适于作为应急措施。缺点是仅适于浓度较高的赤潮水体,去除率受现场影响大,不能消除有毒藻死亡后释放出的有毒物质,要求有专门的仪器设备,一次性投入成本太高而且不宜于大面积操作。

(2)化学方法

所谓化学方法是指在赤潮治理时利用化学药品或者矿物质抑制、杀死以去除赤潮生物的方法。这类方法是最早被采用,也是目前使用最多、发展最快的一类。按其作用机理,可分为化学药剂直接灭杀法、絮凝剂沉淀法和天然矿物絮凝法,其中利用化学药剂直接灭杀有害赤潮藻类是常用的赤潮治理方法之一。

1)化学药剂直接灭杀法

化学药剂直接灭杀法是利用化学药剂破坏藻类细胞的产生和抑制生物活性的方法进行杀灭控制赤潮生物,具有操作简单、用量少、见效快的特点。硫酸铜是一种最早被选用的杀藻剂,当 $CuSO_4$ 浓度达到 1 mg/L 就可以抑制赤潮生物的生长,但直接使用 $CuSO_4$,存在毒性、会造成二次污染、暂时性、成本高等不足之处。近年来铜盐的改良制剂始有报道,如以可溶玻璃为载体缓释铜离子、掺铜可溶玻璃微粉、掺铜生物载体等都取得了不错的效果。硫酸铜虽杀藻效果明显,但 Cu^{2+} 破坏近海生态系统和成本高的问题仍待解决。

另一类常见的无机杀藻剂是通过氧化作用破坏藻细胞来去除赤潮灾害,常见的有过氧化物类(过氧化氢、臭氧等)、氯类(氯气、二氧化氯、次氯酸钠等)和高锰酸钾类。其中过氧化物类杀藻剂的优点是在水体中易分解、残留量少、杀藻的同时能消除有毒赤潮生物的毒素活性,过氧化氢是其中应用最广的一类。Murata 发现喷洒 50 $\mu g/mL$ 的 H_2O_2 能有效抑制卡盾氏藻(*Chattonella antiqua*)对鲕鱼的毒杀作用。市川精一等认为过氧化氢在灭杀涡鞭毛藻时有很大的应用潜力,且对舱体材料和环境没有损害,可用于灭杀船舶压舱水中的有毒赤潮生物孢囊,防止人为传播赤潮藻种。

目前最新的化学防治方法为羟基[·OH]治理方法。羟基是自然界存在的一种原子团物质,具有极强的氧化能力。羟基药剂由于容易制造,成本低,符合成本低廉和易操作的要求,在赤潮应急处理阶段具有一定的应用前景。但羟基杀灭无选择性,在杀灭藻类的同时可杀灭海洋中的细菌、病毒等,这一问题有待于进一步解决。

相对无机除藻剂而言,目前研究较多的是有机除藻剂。据统计,至今已达几千种。这些有机试剂可分为人工化学物质和天然提取物质两类。天然提取物质的有机除藻剂有利于环境保护,是目前研究的主要对象,以一些表面活性化合物为主,有高度不饱和脂肪酸和表面活性剂两大类。有机胺也是一大类有机除藻剂,实验表明碳数为 8~18 的脂肪族胺均可作为赤潮生物防除剂。Miyagi 等研究了 n-烷基胺(碳原子数为 8~18)对赤潮异弯藻的灭杀效果,发现十二烷基胺的效果最好。

化学杀藻剂具有起效快、操作简便、成本较低、种类多、选择面广的优点,因此,在很长一段时间内,化学方法仍然是赤潮治理研究的热点和实际应用的首选。然而一般的化学杀藻剂在杀灭藻类的同时会杀死其他水生生物,破坏整个水生生态系统;同时铜、铁等重金属会在食物链中传递、富集,易给水体带来二次污染,最终威胁人类身体健康。过氧化氢和臭氧等杀藻剂虽然具有易分解、轻度污染或无污染的优点,但由于装置、费用等原因,很难推广用于海上现场赤潮治理。寻找一种安全高效的抑藻方法,已成为环境保护领域的一个重要课题。

2)絮凝剂沉淀法

絮凝剂沉淀法的主要目的是利用物质的胶体化学性质,使赤潮生物凝聚、沉淀后回收。由于赤潮生物具有昼浮夜沉的趋光性质,凝聚过程主要在表层进行,所以表层活性剂和凝聚剂成为发展较快的赤潮治理剂。现在国际上使用的凝聚剂有三大类:无机凝聚剂、表面活性剂和高分子凝聚剂。

无机凝聚剂又称为电解质凝聚剂,普遍使用的是铝和铁的化合物。主要利用铝盐和铁盐在海水状态下形成胶体粒子,对赤潮生物产生凝聚作用,该作用与溶液的 pH 值有关。通常胶体粒子表面电荷越少,凝聚作用越强,所以疏水性胶体粒子最有效。如用 $Al_2O_3 \cdot H_2O$ 制成的不同晶体的氧化铝溶胶聚合体对赤潮生物有着极强的凝聚作用。据报道,在含有赤潮生物水体中,加入该聚合体 1 min 后,赤潮生物立刻停止游动;30 min 后,90% 的细胞被凝聚沉淀。用铁矿石酸化制得的一些铁盐,在海水中浓度达到 10~100 mg/L 时,可形成氢氧化铁溶胶,对赤潮生物有着较强的凝聚沉淀作用。

表面活性剂容易吸附在具有膜层结构的藻细胞表面,从而影响和破坏藻细胞正常的生理功能。与化学表面活性剂相比,生物表面活性剂具有生物可降解性、低毒性和微生物发酵生产简单等优点,在赤潮治理中具有广泛的应用前景。袭良玉等以东海原甲藻为实验材料,研究了铜绿假单胞菌产生的鼠李糖脂类生物表面活性剂对藻细胞的抑制和杀藻作用。结果表明,鼠李糖脂在较低浓度下对东海原甲藻的生长抑制效果明显,增大用量,可直接杀灭藻细胞。生长延滞期的藻细胞对鼠李糖脂的作用更为敏感。

高分子絮凝剂中的壳聚糖是甲壳素脱乙酰基的产物,是一种天然的有机高分子絮凝剂,具有高分子聚合物特有的架桥絮凝作用,而且由于壳聚糖分子链上分布着大量的游离氨基,在稀酸溶液中容易质子化使其分子链带上大量的正电荷,成为一种典型的阳离子絮凝剂。

近年来,在赤潮治理中,人们越来越倾向于将有机与无机两种絮凝剂混合使用,二者取长补短能收到更佳的絮凝效果,为开发絮凝剂治理赤潮提供了新方向。

3)天然矿物絮凝法

天然矿物絮凝法是指赤潮发生时在海水中撒布黏土,通过黏土与赤潮生物的静电、范德华力等作用,使赤潮生物吸附于絮凝剂上,然后沉淀,以达到去除赤潮生物的目的。黏土矿物类消灭赤潮的方法因具有原料来源丰富、成本低、对非赤潮生物影响较小等优点,成为目前国际上较推崇的赤潮治理方法。但其絮凝能力较差,要达到一定的去除率往往需要大量的黏土,在灭藻的同时又给海洋环境带来沉重的负担,所以在实际应用中受到一定的限制。除黏土矿物外,具有类似性质的其他矿物也可用作絮凝赤潮生物的凝聚剂,如用硅酸和硅酸盐凝聚沉淀赤潮生物,以及以沸石为主的赤潮生物净化剂等。

（3）生物修复

生物修复(bioremediation)指利用生物将土壤、水体中的污染物降解或去除,从而修复受污染环境的一个受控或自发进行的过程。生物修复是近10年发展起来的最新环境工程技术,已被成功地应用于治理土壤污染、水体污染、农业污染等多个领域,成为21世纪环境科技发展最快的高新技术领域。

赤潮的生物修复就是通过动物、植物、微生物与赤潮生物之间的拮抗或抑制作用来治理赤潮。此方法具有简单、不易引起污染等优点,目前已成为赤潮治理研究的热点之一。按所用生物的不同主要分为以下几种类型。

1）动物修复

顾名思义,赤潮的动物修复就是利用海洋动物去除赤潮生物。大多数赤潮生物如硅藻和甲藻等,通常是浮游动物和其他海洋动物的直接或间接饵料,因此可以根据生态系统中食物链的关系,引入能摄食赤潮生物的微型浮游动物、桡足类浮游动物、轮虫、纤毛虫等动物及一些滤食性动物,通过捕食达到抑制或消灭赤潮生物的目的。Takeda 等在发生赤潮的水体中放入滤食性动物蓝贝 *Mytilusedulis galloprovincialis*,结果发现这种贻贝体内能有效地保留大于 4 μm 的食物颗粒,且颗粒在体内滞留的速率随着浮游植物浓度的增大而增长。因此,通过贻贝的滞留,赤潮水体中的浮游植物能迅速去除。

另外,还可使用对赤潮生物摄食率较高的其他双壳贝类,如牡蛎、扇贝、蛤蜊、文蛤等。这种方法是预防和清除赤潮的一条有效途径,但只限于无毒赤潮。有毒赤潮的毒素会因摄食而富集在食物链中,故不适合有毒赤潮的治理。

2）植物修复

大型植物和微藻在自然和实验水生生态环境中存在拮抗作用,大型植物通过竞争有限的营养盐和光照来抑制微藻。海草 *Corallina pilulifera* 对多环旋沟藻、米氏裸甲藻有明显的化感作用,杨宇峰等研究发现海带、龙须菜等大型海藻也有同样的作用,因此,在易发生赤潮的富营养化海域,养殖这些藻类就能够较好地降低海水富营养化程度,从而达到抑制赤潮藻生长的目的。Jin 和 Dong 报道了大型藻孔石莼(*Ulva pertusa*)在与赤潮异湾藻(*Heterosigma akashiwo*)和塔玛亚历山大藻(*Adexandium tamarense*)共培养时能抑制这两种海洋微藻的生长,其抑藻作用是因为大型藻孔石莼在生长过程中产生抑藻物质所致。

3）微生物修复

细菌、病毒及一些类病毒颗粒普遍存在于海洋水体环境以及各级浮游生物的细胞内,这些微生物能够产生一些抑制浮游生物生长的物质,被认为是调节有害藻类种群动态的重要潜在因子。赤潮污染的微生物修复途径有：

①微生物直接杀死赤潮藻。Imai 分析认为，杀藻菌灭杀赤潮藻主要通过两种方式：一是直接灭杀，二是产生杀藻活性物质。其中，直接灭杀主要是通过细菌溶解藻细胞，如黏细菌对蓝藻的溶解。从日本东部濑户内海分离的黏细菌 *Cytophage* sp.，不但能杀死包括硅藻、甲藻和针胞藻在内的藻类，而且在贫营养水体中生长良好，可用来抑制赤潮藻的增殖。日本九州大学的石尾教授从海洋底泥中发现了一种能杀死赤潮生物的弧菌，这种微生物水溶液浓度为 0.062 5～0.125 $\mu g/mL$ 时即有杀死赤潮生物的能力。Martin 等从索球藻 *Gomphosphaeria aponina* 中分离出一种有效溶解短环沟藻（*Gymnodinium breve*）的他感化合物，具有杀死赤潮藻的作用。

目前关于病毒溶藻也有不少报道。实际上，病毒或病毒类粒子（VLPs）通过溶解藻细胞导致微藻群落的消亡，是海洋生态系统潜在的重要调节因子。Nagasaki 等认为异弯藻赤潮的崩溃与细胞内病毒粒子的出现有关，并讨论了利用该病毒控制异弯藻赤潮的可能性。

②微生物向环境中释放抑制藻类生长或杀灭藻类的物质。Koki Nagayama 等（2003）研究了褐藻 *Ecklonia Kurome* 中藻多酚对米氏凯伦藻（*Karenia rnikirnotoi*）、多环旋沟藻（*Cochlodinium polykrikoides*）和古卡盾氏藻（*Chattonella antigua*）的杀灭效果，结果发现该藻产生的多酚类化合物对后三种藻显示了强烈的杀灭性能。Lovejoy 等（1998）从澳大利亚南部塔斯玛尼亚近海分离到一株含黄色素的交替假单胞菌 *Pseudoalteromonas* sp.，该菌分泌的物质具有强大的杀赤潮藻能力，能使裸甲藻和针胞藻迅速裂解和死亡，使亚历山大藻等具甲壳的甲藻蜕掉甲壳，但对隐藻、硅藻、蓝藻无影响。这暗示某些种类的细菌在调节赤潮的长消过程中起重要作用。另外，一些真菌可以释放抗生素或抗生素类物质抑制藻类的生长，如青霉菌分泌的青霉素对藻类有很强的毒性，浓度达 0.02 $\mu L/mL$ 时就足以抑制组囊藻 *Anacystis nidulans* 的生长。

③自养型微生物与藻类竞争有限的营养物质。光合细菌广泛分布于湖泊、海洋、河流和土壤中，在厌氧弱光条件下能分解低分子有机物并同化水中氨氮等，具有显著的净化水质的功能。光合细菌菌体含有丰富的蛋白质、维生素和生物活性物质，且无毒易消化，是虾、贝的良好饵料。在养殖池内投放光合细菌进行繁殖，消耗水中的营养盐类，进而控制虾池水体的富营养化，一方面达到防止赤潮发生的目的，另一方面具有预防虾病的功能。

综合上述治理赤潮的三种方法——物理方法、化学方法、生物方法，可以看出，尽管赤潮防治的方法很多，但都存在着一定的缺点，建立有效的赤潮防治方法仍然是缓解有害赤潮危害的当务之急。

参考文献

沈国英，施并章. 2003. 海洋生态学. 北京：科学出版社

郭皓. 2004. 中国近海赤潮生物图谱. 北京：海洋出版社

Ahn C Y, Joung D H, Jeon J W, et al. 2003. Selective control Cyanobacteria by surfactin-containing culture broth of *Bacillus Subtilis* C1. Biotechnol Lett. 25：1137-1142

Chlinton E H, Demir E, Kathryn J, et al. 2005. A bacterium that inhibits the growth of *Pfiesteria pis-cicida and other dinoflagellates*. Harmful Algae. 4(2): 221-234

Driscoll C T, Lawrence G B, Bulger A J, et al. 2001. Acidic deposition in the northeastern United States: Sources and inputs, ecosystem effects and management strategies. BioScience. 51(3): 180-198

Jin Q, Dong S L. 2003. Comparative studies on the allelopathic effects of two different strains of *Ulva pertusa* on *Heterosigma akashiwo* and *Alexvandrium tamarense*. J Exp Mar Biol Ecol. 293(1): 41-55

Koki N, Toshiyuki S, Ken F, et al. 2003. Algicidal effect of phlorotannins from the brown alga *Ecklonia kurome* on red tide microalgae. Aguaculture. 218: 601-611

Lovejoy C, Bowman J P, Hallegraeff G M. 1998. Algicidal effects of a novel marie Pseudoalteromonas I-solate(class proteobacteria Gamma subdivision) on harmful algal bloom species of the Genera *chattonella*, *Gymnodinium*, and *Hetensigma*. Appl Envirom Microbiol. 64(8): 2806-2813

Qiu L G, Xie A J, Shen Y H. 2004. Understanding the adsorption of cationic Gemini surfactants on steek surface in hydrochloric acid. Mater Chem Phys. 87: 237-240

Richard H P, Michael S H, Christopher J, et al. 2004. Removal of harmful algal cells (*Karenica brevis*) and toxins Gom seawater culture by clay flocculation. Harmful Algae. 3: 141-148

Schmidt L E, Hansen P J. 2001. Allelopathy in the prymnesiophyte *Chyrsochromulina polylepis*: effect of cell concentration, growth phase and pH. Mar Ecol Prog Ser. 216: 67-81

Vardi A, Schatz D, Beeri K, et al. 2002. Dinoflagellate-cyanolbacterium communication may determine the composition of phytoplankton assemblage in a Mesotrophic Lake. Curr biol. 12(20): 1767-1772

Wetzel R G. 2001. Limnology: lake and river ecosystems, 3ed. Boston: Academic press Wells M L

13. 微生物与海水养殖

13.1 海水养殖概况

当今世界人口不断增加,人均耕地面积却逐渐缩小,传统农牧业已不能满足人类日益增长的物质生活需要。据估算,在不破坏生态平衡的条件下,海洋每年可向人类提供 30 亿吨水产品。同时,海水养殖业的发展,大大缓解了食物紧缺的问题,增加了就业机会,扩大了出口创汇,促进了沿海地区的经济发展。因此,人们已开始把目光投向广阔的海洋,大力发展海水养殖业。

20 世纪 80 年代初,许多国家陆续掀起发展海水养殖业的热潮。1980 年,日本开始实施一项为期 9 年的"海洋腾飞计划"。而后,美国、前苏联等也加大对海水养殖业的投资力度,陆续建立大面积的海洋农牧场、养殖场等,海水养殖产量以每年 10% 的速度增长。据世界粮农组织(FAO)统计:世界海水养殖产量(不包括水生植物)从 1996 年的 1 080 万吨增至 2005 年的 1 890 万吨。我国的海水养殖产量也在迅速增长,目前养殖品种达到 100 多种,例如,鱼类的牙鲆、青石斑鱼、大菱鲆、军曹鱼、大黄鱼、鳗鲡、真鲷、美国红鱼等;甲壳类的斑节对虾、凡纳对虾、中国对虾、锯缘青蟹等;贝类的皱纹盘鲍、杂色鲍、海湾扇贝、牡蛎、贻贝、缢蛏、文蛤、泥蚶、毛蚶;藻类的海带、条斑紫菜、裙带菜、异枝麒麟菜、琼枝麒麟菜、江蓠等,其中大型海藻、扇贝养殖产量居世界首位。我国海水养殖产量(不包括水生植物)也从 1996 年的 670 万吨增至 2005 年的 1 230 万吨,是目前世界上唯一一个养殖产量超过捕捞产量的国家,具体情况见图 13-1。

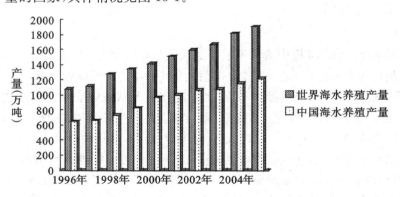

图 13-1　1996～2005 年海水养殖产量增长图(不包括水生植物)

改革开放 20 多年来,我国海水养殖业一直呈稳步发展态势,养殖产量不断增加,面积不断扩大,目前我国海水养殖产量约占世界海水养殖产量总产量的 70%,成为世界海水养殖大国;再者,养殖品种不断增多,名特优种类所占比重不断提高;同时,养殖模式向多元化发展,网箱养殖的份额不断加大。21世纪将是我国海水养殖业蓬勃发展的时期,是继20世纪50年代以海带为主的海藻养殖业、60年代"四大家鱼"人工育苗成功带动的淡水养殖业、70年代以扇贝为主的海水贝类养殖业、80年代对虾人工育苗技术突破带动的海水虾类养殖业和90年代"名特优"新品种养殖业大发展后的又一个历史性的发展阶段。

13.2　海水养殖病害

近年来,海水养殖中病害的加剧,严重阻碍了海水养殖业的发展。据统计,我国每年因水产养殖病害造成的直接经济损失达百亿元,且呈上升趋势。特别是病毒、细菌和真菌等微生物引起的病害影响甚大。例如,对虾病毒病在我国广大海区连续肆虐10年,至今仍无良策;1997年以来由于球形病毒等造成的栉孔扇贝大规模死亡连年发生;鲍鱼、牡蛎、海带、紫菜等的病害也对养殖业造成了严重的影响;海水鱼类养殖也开始受弧菌等疾病的困扰。病原微生物不仅降低了养殖生物的抵抗力,而且恶化了养殖环境,已经严重影响我国海水养殖业的健康发展。这些问题如不能得到及时、有效的解决,将严重影响水产品的产量和质量,直接关系到海水养殖产业的生存与发展。

13.3　海水养殖病原微生物

寄生于生物机体并引起疾病的微生物称为病原微生物(pathogenic microorganism)或病原体(pathogen)。引起海水养殖病害的原因很多,有营养性因素、环境因素,还有微生物因素。导致海水养殖病害发生的病原微生物主要有:原核细胞型——细菌、支原体、立克次氏体、衣原体、螺旋体、放线菌等,真核细胞型——真菌、寄生虫等,以及非细胞型——病毒。

13.3.1　常见病原性细菌

(1)弧菌

弧菌(Vibrio)是海洋环境中最常见的革兰氏阴性(G⁻)细菌类群之一,广泛分布于近岸及海洋生物的体表和肠道中。大多数弧菌菌体短小,呈弧形或逗号状,具单根极生鞭毛,运动活泼,无芽孢产生,分散排列,偶有相互连接呈S状或螺旋状。大小为 $0.5\ \mu m\times(1.5\sim3.0)\ \mu m$,需氧或兼性厌氧,不抗酸,无荚膜。最适生长温度为18℃～37℃,pH值为6.0～9.0。根据对盐度的要求,常被划分为嗜盐性和非嗜盐性两大类。

大部分弧菌是无害的,甚至是有益的,在一定条件下可以促进养殖动物的生长和增强抵抗力;只有少数弧菌对甲壳类动物、鱼类和贝类等养殖动物有较强的致病性。细菌的致病性是对特定宿主而言的,能使宿主致病的是致病菌,反之为非致病菌,但二者的界限也并非绝对。有些细菌在一定条件下不致病,但某些条件发生变化时致病,称为条件致病菌(或机会致病菌)。弧菌就是一种条件致病菌,只有在外界环境条件恶化、弧菌达到一定数量、同时因各种因素造成养殖动物本身抵抗力降低等多方面作用下,才会导致弧菌病害的发生。

爆发性弧菌病具有传播快、传染率高的特点,目前已成为海水鱼类养殖最大的危害。弧菌病的症状既与病原菌种类有关,又随患病鱼种类的不同而有差别。但被弧菌感染的宿主有一些共同的病症:①感染初期,体表皮肤溃疡,体色多呈斑块状褪色,食量减退或停食,无目的漫游于水面,有时作回旋状游泳;②中度感染,鳍基部、躯干部等发红或出现斑点状出血;③深度感染,患部组织浸润呈出血性溃疡,有的鳞片脱落,吻端、鳍膜腐烂,眼内出血,肛门红肿扩张,常有黄色黏液流出。

弧菌病的流行给全世界海水鱼类、贝类及甲壳类动物养殖业造成了巨大的损失。迄今为止,有正式研究报道的病原弧菌已达 10 余种,其中,常见的种类有鳗弧菌(*V. anguillarum*)、副溶血弧菌(*V. parahaemolyticus*)、溶藻弧菌(*V. alginolycus*)、哈维氏弧菌(*V. harveyi*)、创伤弧菌(*V. vulnificus*)、霍乱弧菌(*V. cholerae*)等。此外,创伤弧菌、副溶血弧菌、弗氏弧菌(*V. furnissii*)、河流弧菌(*V. fluvialis*)等还是人鱼共患的病原菌。弧菌引起的常见病害主要有以下四类。

1)牙鲆鳗弧菌病

病原:鳗弧菌为短杆状,大小为$(0.5\sim0.7)$ μm$\times(1.0\sim2.0)$ μm,能运动,氧化酶阳性,具有典型的弧菌属细菌特征。可以感染大多数海水鱼,是对海水养殖鱼类危害最大的弧菌,目前已报道可被鳗弧菌感染的鱼类有 40 多种。

症状:病鱼早期体色发黑,平衡失调,竖身游泳,消瘦,脱鳞,随着病情的发展,局部鳍发生损坏、缺损,鳍膜破损,并向周围扩大,露出鳍软条骨末端,鳍出血、糜烂,体表溃疡。解剖观察,除肝脏褪色外,无其他明显病变。

危害:鳗弧菌是危害较大的冷水性海洋动物病原菌,是牙鲆幼体危害严重的疾病之一,已成为被研究得最多和最深入的海洋生物病原弧菌。主要侵害体长为 5~20 cm 的牙鲆稚鱼,死亡率达 50% 以上,全年都可发生,特别是 4~7 月份水温上升期容易发病,会出现持续死亡,很难控制。

2)斑节对虾弧菌病

病原:副溶血弧菌,广泛存在于沿岸海水、沉积物和海洋动物体内,是人们最早发现的感染对虾的弧菌,也是海水鱼类、虾和贝类的一种条件致病菌。该菌繁殖的适宜温度为 25℃~35℃、盐度为 20~60、pH 值为 7.0~9.5,与斑节对虾的养殖环境水况因子相近。

症状:患病的斑节对虾游泳缓慢,食欲下降,出现黄鳃、黑鳃、烂尾和败血症等多种外观症状,游泳足变红,步足也有不同程度的变红,部分病虾伴有肌肉白浊的现象。内部解剖发现肝胰腺肿大、变红,中肠内没有食物残留。严重者侧卧池底,不久即死亡。

危害:在我国南方沿海省份,养殖对虾的弧菌病一年四季都可能发生,流行期为 5~10 月份,从苗期到成虾各个养殖阶段的对虾均可感染,危害较大。

3)鲍脓疱病

病原:荧光假单胞杆菌、河流弧菌等。

症状:发病初期,病鲍腹足肌肉表面变淡发白,行动较迟缓,在养殖板的背面、表面和养殖池的池壁之间来回爬动。发病后期,腹足肌肉附着力明显减弱,且腹足肌肉发生大面积溃疡。

危害:该病流行于夏季,壳长 3~5 cm 皱纹盘鲍均可感染发病,特别是高温时期,病情加重,脓疱在短时间内破裂,流出白色脓汁,不摄食,直至死亡。

4)裙带菜绿烂病

病原:火神弧菌($V. logei$),具有 2~8 根丛极毛,明胶酶阴性。根据马悦欣等(1997)试验结果,该菌在 4℃~20℃时生长良好,30℃以上不生长,属于嗜冷细菌。

症状:靠近藻体的梢部叶与中肋变绿、腐烂、变软,并一直向内部蔓延。

危害:水温在 2℃~8℃容易发病,发病严重的大半叶片烂光,造成巨大的经济损失。

(2)链球菌

链球菌属($Streptococcus$)为兼性厌氧的革兰氏阳性球菌,广泛分布于自然界的水体、尘埃以及人、动物的体表和机体中。外观呈球形或卵圆形,直径为 $0.5~2.0~\mu m$,呈链状排列,短者由 4~8 个细菌组成,长者由 20~30 个细菌组成。链的长短与链球菌的生长环境和致病性有关。

链球菌中,有的是非致病菌,有的是致病菌。致病性链球菌可产生各种毒性物质侵害宿主细胞,导致宿主发病。链球菌的致病因子主要有 8 种:微荚膜、M 蛋白、脂磷壁酸、透明质酸酶、链激酶、链道酶、链球菌溶细胞素、致热外毒素。

链球菌病是一种广泛危害淡、海水养殖鱼类的致死性疾病,能给水产养殖业造成巨大的经济损失。链球菌抵抗力不强,60℃、30 min 即可被杀死,对一般消毒剂,如青霉素、头孢霉素、四环素、大环内酯类、利福霉素、杆菌肽等敏感。鱼类的致病链球菌主要有海豚链球菌($S. iniae$)、难辨链球菌($S. difficile$)、无乳链球菌($S. agalactiae$)、米氏链球菌($S. milleri$)、副乳房链球菌($S. parauberis$)和停乳链球菌($S. dysgalactiae$)等,其中,海豚链球菌、无乳链球菌、副乳房链球菌所引发鱼类的败血症、脑脊膜炎等病症非常相似,且在菌落、菌体形态上也很难辨别,给病原菌的分离鉴定带来很大难度。致病链球菌主要感染罗非鱼、虹鳟、大菱鲆、鲻鱼、尖吻鲈、牙鲆、美国红鱼、鰤鱼、篮子鱼等 30 多种鱼类。链球菌引起的常见病害主要有以下两类。

1)罗非鱼链球菌病

病原:海豚链球菌,是罗非鱼养殖最主要的致病菌之一。

症状:鱼游泳平衡失调,在水里翻滚、转圈,患病鱼眼球突出,角膜浑浊,胆囊肿大,肝脏增大,肠腔充满淡黄色液体。

危害:罗非鱼是受链球菌感染最严重的鱼类之一,中国、美国、澳大利亚、日本等许多国家养殖的罗非鱼都不同程度地受链球菌感染,涉及面广。发病率达 20%~30%,发病鱼死亡率达 95%以上。

2)大菱鲆链球菌病

病原:副乳房链球菌。

症状:患病鱼摄食减少,游动缓慢,外部症状为体色发黑或发红,鳃盖或无眼侧多出血或溃疡,鳍出血,眼球突出,白浊。内部主要症状为肝褪色、发灰,腹腔多有积液,肠道失去弹性。

危害:1992~1996 年,该病害给西班牙的大菱鲆养殖业带来巨大损失。

(3)假单胞菌

假单胞菌属($Pseudomonas$)属于假单胞菌科(Pseudomonadaccae),为 G^-需氧杆菌,

直或弯曲但不呈螺旋状,有一根或一根以上极端鞭毛,不产芽孢、荚膜及鞘膜,多能运动,在生长过程中产生各种水溶性色素,广泛分布于海水、淡水、污水、土壤、动植物体表和黏膜等处。代谢为呼吸型而非发酵型,有机化能营养,有的为兼性无机化能营养,能利用 H_2 或 CO_2 作为能源,但均不固氮;过氧化氢酶阳性,氧化酶大多阳性,DNA 的(G+C)mol% 为 58%~70%。

本属有 140 余种,其中有能促进植物生长的有益菌,有能产生抗生素的菌,还有一大部分能分解、转化多种对环境或生物有害的有机化合物的微生物。另外,对人和动物致病和较重要的种为鼻疽假单胞菌(*P. mallei*)和类鼻疽假单胞菌(*P. pseudomallei*),以及人和动物的条件致病菌铜绿假单胞菌(*P. aeruginosa*)。引起鱼类假单胞菌病(pseudo-monas disease)的有荧光假单胞菌(*P. fluorescens*)、鳗败血假单胞菌、腐败假单胞菌(*P. putrefaciens*)和绿针假单胞菌(*P. chlororaphis*)。

鱼类假单胞菌病是假单胞菌引起的常见病害之一,详述如下:

病原:荧光假单胞菌(*P. fluorescens*)和恶臭假单胞菌(*P. putida*)。菌体短杆状,大小为(0.3~1)μm×(1~4)μm,在一端有 1~6 根鞭毛,能运动。

症状:病鱼体表皮肤褪色,鳍腐烂,鳃盖出血,有的体表出现疖疮或溃烂。解剖病鱼,幽门垂出血,肠道内充满土黄色黏液,直肠内为白色黏液,肝脏暗红色或淡黄色,低水温期的病鱼腹腔内有积水。

危害:假单胞菌病流行较广,全国各地的海水、淡水鱼类均可发生。海水养殖中的真鲷、黑鲷、鲻鱼、梭鱼、牙鲆、鲈鱼、石斑鱼等都曾有发现。本病全年可见,但夏初至秋季发病较严重。鲷类和牙鲆则在冬季室内越冬期发病较多。

(4)爱德华氏菌

爱德华氏菌属(*Edwardsiella*)属于肠杆菌科(Enterobacteriaceae),包括迟钝爱德华氏菌(*E. tarda*)、鲇鱼爱德华氏菌(*E. ictaluri*)和保科爱德华氏菌(*E. hoshinae*)3 个种。爱德华氏菌一般为小直杆菌,大小为 1 μm×(2~3)μm,G^-菌,兼性厌氧,周生鞭毛,能运动,广泛分布于自然界,尤以水中多见,对人和动物具有一定的致病性。由这些菌所引起的鱼类传染病,不仅具有流行面积广、发病率及死亡率高等特点,而且能引起多种鱼类感染发病,已引起水产养殖业的高度重视。

爱德华氏菌引起的常见病害为牙鲆迟钝爱德华氏菌病,详述如下:

病原:迟钝爱德华氏菌(*E. tarda*),也称为迟缓爱德华氏菌或缓慢爱德华氏菌,属于爱德华氏菌属,革兰氏阴性杆菌,大小为(0.5~1)μm×(1~3)μm,无荚膜,不形成芽孢。生长温度为 15℃~42℃,最适温度为 37℃,pH 值为 5.5~9.0。该菌对海水养殖危害极大,是爱德华氏菌属中唯一一种人畜共患病的病原菌。该菌宿主范围十分广泛,从鱼类、两栖类、爬行类到哺乳类甚至人类都囊括其中。该菌对噁喹酸、三甲氧苄氨嘧啶、土霉素、氯霉素、利特灵、磺胺制剂较为敏感。

症状:主要表现为摄食减少至停食,游动迟缓或不正常、有上浮的趋势等。外观多表现为腹部膨胀,个别表现有眼球白浊突出,有的在体表(包括鳍、鳍基、头部、鳃盖、口部、下颌、腹面及其他体表部位)有不同程度的出血现象。患病牙鲆稚鱼腹胀,腹腔内有腹水,肝、脾、肾肿大,褪色,肠炎,眼球白浊等;牙鲆幼鱼肾脏肿大,并出现许多白点,腹水呈胶水状。

危害:牙鲆感染后多在 3~5 天内发病死亡。

(5)巴斯德氏菌

巴斯德氏菌属(*Pasteurella*)隶属于巴斯德氏菌科(Pasteurellaceae),为 G⁻ 菌,形态多样,长杆状、球形或卵形,无芽孢,不运动,需氧兼性厌氧,糖代谢为发酵型,分解糖类通常产酸不产气,氧化酶多为阳性,菌体大小因培养条件而异。巴斯德氏菌引起的常见病害主要有以下两类。

1)鰤巴斯德氏菌病

病原:杀鱼巴斯德氏菌(*P. piscicida*),呈短杆状,大小为(0.6~1.2) μm×(0.8~2.6) μm,不运动,在富营养化的水体或底泥中能长期存活。

症状:患病鱼通常无明显症状,仅食欲减退或不摄食,离群静卧于网箱或池塘底部,不久即死亡。解剖病鱼可发现肾、脾、肝、胰、心、鳔和肠系膜等组织器官上有许多小白点,故此病在鰤鱼上又叫做"类结节症"。

危害:此病主要危害养殖的幼鰤鱼,对 2 年以上的大鱼也可感染。流行季节从春末到夏季,发病最适水温为 20℃~25℃。在秋季,即使水温适宜也很少发病。

2)石鲽巴斯德氏菌病

病原:鸭瘟巴斯德氏菌(*P. anatipestifer*),因分离自患有败血病的鸭和雏鸭而得名。

症状:水温为 19.5℃、盐度为 31 时石鲽易发病,病鱼不摄食,行动迟缓,后期嘴和鳍发红,腹面有皮下出血红点,腹胀,死亡。解剖见肝脏充血,肠道膨胀,肠壁很薄,肠内充满微白浊黏稠液体,涂片镜检发现有大量细菌且多数为短杆菌。

危害:本病传染性很强,在生产中危害很大,鱼病一旦爆发就很难治疗,严重时可造成石鲽大部分或全部死亡。

(6)屈挠杆菌

屈挠杆菌(*Flexibacter*)属于噬纤维菌科(Cytophagaceae)。本属细菌呈可屈挠的杆状或丝状,大小为 0.5 μm×(5~100) μm,不形成子实体,能滑行运动,G⁻ 菌,因含有类胡萝卜素,细胞团呈粉色、橙色或黄色。屈挠杆菌属中能引起鱼病的有柱状屈挠杆菌(*F. columnaris*)、海岸屈挠杆菌(*F. maritimus*)以及嗜冷屈挠杆菌(*F. psychrophilus*)。

牙鲆滑动细菌病是屈挠杆菌引起的常见病害之一,详述如下:

病原:海岸屈挠杆菌(*F. maritimus*)也叫海生屈挠杆菌,G⁻ 菌,菌体细长,大小为 0.5 μm×(2~30) μm,个别长度达 100 μm;无鞭毛,但能扩展、滑行运动;生长温度为 15℃~34℃,最适温度为 30℃。该菌是海水鱼类(如真鲷、黑鲷等)滑动细菌病的病原菌,此病于 1977 年最先在日本广岛被发现,其后 Hirida 和 Wakabayasi 分别从病鱼灶分离到病原菌,并进行了生物学特性鉴定。

症状:患病鱼摄食不良,在水面摇晃漂浮,病鱼体色发黑,黏液过多,烂鳃。鱼体的口腔、鳍、尾、躯干等部位皮肤形成灰白色的病灶,继而糜烂,形成浅的溃疡。

危害:在水温 13℃~20℃时,该病主要感染体长 3~15 cm 的稚鱼,全年都可发病,虽然不会突然大量死亡,但会持续死亡。本菌还能引起真鲷、黑鲷等海水鱼类的滑动细菌病。

（7）气单胞菌属

气单胞菌属（Aeromonas）属于弧菌科（Vibrionaceae），分为两群：其一为嗜冷、无运动力的气单胞菌，包括杀鲑气单胞菌（A. salmonicida）一个种；其二为嗜温、有运动力的气单胞菌，包括嗜水气单胞菌（A. hydrophila）、豚鼠气单胞菌（A. caviae）和温和气单胞菌（A. sobria）三个种。细菌呈直杆状或球杆状，菌体两端钝圆，直径为 $0.3\sim1.0$ μm，长为 $1.0\sim3.0$ μm，单个、双个或呈短链排列。G^- 菌，一般以极生单鞭毛运动，有些种无鞭毛，兼性厌氧。通过呼吸和发酵两种方式利用葡萄糖。生长适宜温度为 22℃～28℃，生长pH 值为5.5～9.0。

鱼疖节病是气单胞菌属引起的常见病害之一，详述如下：

病原：杀鲑气单胞菌为条件致病菌，可经鳃、皮肤及口传染，细菌浓度达 10^7 个/立方厘米，浸浴 30 min 即可发病。

症状：病鱼发生溃烂。泉川晃一报道非定型杀鲑气单胞菌能引起养殖许氏平鲉以皮肤溃疡为症状的大量死亡。福田穰研究认为牙鲆的杀鲑气单胞菌症主要发生在 20 g 以下的牙鲆中，症状为无眼侧鳃盖发红，其他无明显的外观和内部症状。

危害：此病主要危害鲑鳟鱼类和其他海水鱼类，如许氏平鲉和牙鲆。也感染真鲷、黄盖鲽等。

（8）常见病原性放线菌

目前发现病原性放线菌主要是诺卡氏菌属（Nocardia）。诺卡氏菌在分类学上属于细菌域、厚壁菌门、放线细菌纲、放线菌目、诺卡氏菌科，属 G^+ 菌丝状杆菌，不形成孢子，不运动，广泛分布于土壤、活性污泥、水、动植物和人的组织中，海洋中也有分布，如分离自海藻和海洋沉积物的海洋诺卡氏菌（N. marina）和大西洋诺卡氏菌（N. atlantica）。该菌以腐生为主，一些菌株是人和动物的条件致病菌。海洋病原性放线菌引起的常见病害主要有以下两类。

1) 诺卡氏菌病

病原：卡帕其诺卡氏菌（N. kampachi），菌体分枝丝状，不运动；发育初期为无横隔的菌丝体，以后逐渐变为长杆状、短杆状及球形。

症状：病鱼大体上分为躯干结节型和鳃结节型两类，前者为躯干部的皮下脂肪组织和肌肉发生脓疡，外观上呈大小不一、形状不规则的结节；后者为鳃丝基部形成乳白色的大型结节，鳃明显褪色。

危害：此病主要危害养殖鰤鱼，当年鱼和 2 年鱼都可受其害。流行季节从 7 月份开始，一直持续到第二年 2 月份。流行高峰期为 9～10 月份。

2) 大黄鱼诺卡氏菌病

病原：根据病鱼的症状及病原菌的基本生物学特性初步断定为诺卡氏菌病。呈长或短杆状，或细长分枝状，直径为 $0.5\sim1.0$ μm，长度为 $2.0\sim5.0$ μm，可单个成对，Y、V 字形或栅状排列，好氧，抗弱酸。

症状：患病大黄鱼初期体表无明显症状，主要表现为食欲下降，离群，反应迟钝；但随着病情的加重，鱼体表出现白色或淡黄色结节，直径为 $0.5\sim2.0$ cm，体表和尾鳍有损伤并溃烂出血，随后逐渐死亡。解剖观察，脾、肾等内脏肿大，布满大量白色或淡黄色结节。

危害：主要感染网箱养殖大黄鱼，发病季节为 9～11 月份，病情发展缓慢，但发病率和死亡率较高。

表 13-1 对目前我国海水养殖中报道的致病性细菌进行了总结。

表 13-1 我国海水养殖中报道的致病性细菌

	致病菌名称		作者
	拉丁文名称	中文名称	
海水鱼类			
军曹鱼（*Rachycentron canadum*）	*Vibrio vulnificus*	创伤弧菌	简纪常等，2003 年
青石斑鱼（*Epinephelus awoara*）	*V. vulnificus*	创伤弧菌	秦启伟等，1996 年
	V. harveyi	哈维氏弧菌	陈雅芳等，2006 年
			鄢庆枇等，2001 年
	V. alginolyticus	溶藻胶弧菌	郑天伦等，2006 年
大黄鱼（*Pseudosciaena crocea*）	*V. harveyi*	哈维氏弧菌	林克冰等，1999 年
			石亚素等，2006 年
	Pseudomonas putrefaciens	腐败假单胞菌	林克冰等，1999 年
	Edwardsiella tarda	迟钝爱德华氏菌	张晓君等，2005 年
			高晓田等，2007 年
	Vibrio anguillarum	鳗弧菌	夏永娟等，2000 年
	Moraxella cuniculi	兔莫拉氏菌	宋春华等，2001 年
牙鲆（偏口、牙片、左口）	*Vibrio qinhuangdaora* sp. nov	秦皇岛弧菌	房海等，2005 年
（*Paralichthys olivaceus*）			陈翠珍等，2007 年
	Lactococcus garvie	格氏乳球菌	房海等，2006 年
	Vibrio olivaceus sp. nov	牙鲆弧菌	房海等，2005 年
	V. alginolyticus	溶藻弧菌	张岩等，2005 年
	Aeromonas hydrophila	嗜水气单胞菌	房海等，2005 年
	Nocardia kampachi	卡帕奇诺卡氏菌	张岩等，2005 年
卵形鲳鲹（*Trachinotus ovatus*）	*Pseudomonas maltophilia*	嗜麦芽假单胞菌	周永灿等，2001 年
鲈鱼（花鲈、海鲈、七星鲈）	*Vibrio anguillarum*	鳗弧菌	肖慧等，2003 年
（*Lateolabrax japonicus*）			
宽吻海豚（*Tursiops truncates*）	*Pseudomonas aeruginosa*	铜绿假单胞菌	刘振国等，2000 年
欧洲鳗鲡（河鳗）	*P. putida*	恶臭假单胞菌	樊海平，2001 年
（*Anguilla anguilla*）	*Aeromonas caviae*	豚鼠气单胞菌	樊海平，1999 年
鳗鲡（*Muraenesox cinereus*）	*A. haian*	海安气单胞菌	王广和等，1998 年
高体鰤（红甘鲹、紫青甘鲹）	*Vibrio harveyi*	哈维氏弧菌	吴后波等，1999 年
（*Seriola dumerili*）			
平鲷（黄锡鲷）（*Sparus sarba*）	*V. alginolyticus*	溶藻胶弧菌	李军等，1998 年
真鲷（*Pagrus major*）	*V. mimicus*	最小弧菌	吴后波等，2002 年

13. 微生物与海水养殖

(续表)

致病菌名称		作者
拉丁文名称	中文名称	
海水对虾		
斑节对虾（草虾）	*V. parahaemolyticus*	副溶血弧菌	陶保华等,2000 年
（*Penaeus monodon*）	*V. alginolyticus*	溶藻胶弧菌	张朝霞等,2000 年
	Aeromonas hydrophila	嗜水气单胞菌	张朝霞等,2000 年
	Vibrio alginolyticus	溶藻胶弧菌	李天道等,1998 年
	V . harveyi	哈维氏弧菌	李军等,1998 年
	V. gazogenes	产气弧菌	战文斌等,1997 年
中国对虾（*Penaeus chinensis*）	*V. cambellii*	坎氏弧菌	于占国等,1996 年
	V. parahaemolyticus	副溶血弧菌	张晓华等,1997 年
	Aeromonas hydrophila	嗜水气单胞菌	樊海平,1995 年
	A. caviae	豚鼠气单胞菌	樊海平,1995 年
凡纳对虾（南美白对虾）	*Vibrio parahaemolyticu*	副溶血弧菌	王小玉等,2006 年
（*Penaeus vannamei*）	*Aeromonas hydrophila*	嗜水气单胞菌	沈文英等,2004 年
日本对虾（*Penaeus japonicus*）	*Vibrio parahaemolyticus*	副溶血弧菌	陶保华等,2000 年
	V. alginolyticus	溶藻胶弧菌	苏永全等,1994 年
海水贝类		
海湾扇贝（*Agopecten irradians*）	chlamydia-like organism	衣原体样生物	王文兴等,1998 年
	Vibrio natriegen	漂浮弧菌	张晓华等,1998 年
皱纹盘鲍（*Haliotis discus* hannai）	*V. campbellii*	坎氏弧菌	马健民等,1996 年
	V. fluvialis II	河流弧菌 II	李太武等,1997 年
杂色鲍（*Haliotis diversicolor* Reeve）	*V. coralliilyticus*	溶珊瑚弧菌	刘广锋等,2006 年
大珠母贝（白蝶贝）（*Pinctada maxima*）	rickettsia-like organism RLO	类立克次体	吴信忠等,2002 年
合浦珠母贝（*Pinctada fucata*）	riskettsia-like organism RLO	类立克次体	吴信忠等,1999 年
海　藻		
海带（*Laminaria japonica* Aresch）	alginic acid decomposing bacteria	褐藻酸降解菌	杨震等,2000 年
	Alteromonas espejiana	埃氏交替单胞菌	韩宝芹等,1998 年
裙带菜（*Undaria pinnatifida*）	*A. espejiana*	埃氏交替单胞菌	韩宝芹等,1998 年
	Vibrio logei	火神弧菌	马悦欣等,1997 年
条斑紫菜（*Porphyra yezoensis*）	*Pseudomonas* sp.	假单胞菌	马凌波等,1998 年
	Pseudoalteromonas citrea	柠檬假交替单胞菌	闫咏等,2002 年

13.3.2 常见病原性真菌

（1）链壶菌

链壶菌属（*Lagenidium*）属于链壶菌目（Lagenidiales）链壶菌科（Lagenidiaceae）。该菌菌丝很长，有不规则的分支，不分隔，多弯曲，直径为 6～40 μm。链壶菌感染宿主的过程是由游动孢子接触虾卵或者各期幼虾的外膜，再以发芽管穿透虾体表面，新生菌丝吸收虾体营养，生长发育很快，不久就充满宿主体内。当宿主的营养物质被吸收耗尽时，靠近宿主体表的菌丝就形成游动的孢子囊的原基，由隔膜与菌丝的其他部分分开，并生出一条排放管，排放管穿过宿主体表伸向体外。

对虾链球菌病是链壶菌引起的常见病害之一，详述如下：

病原：链壶菌。

症状：受感染的幼体开始游动不活泼，以后下沉于水底、不动。受感染的虾卵很快就停止发育。一般在发现疾病后 24 h 内，卵和幼体大批死亡，并在已死的卵和幼体中很快长满菌丝。

危害：病原菌的分布和宿主的范围很广，可进行腐生生活，几乎世界各地养殖的各种对虾、蟹类和其他甲壳类的卵和幼体上都可发现，但菌丝不能在成体内生长繁殖，只能成为带菌者，将真菌传播给其他卵和幼体。此病在育苗期的危害性仅次于对虾幼体的弧菌病。

（2）镰刀菌

镰刀菌属（*Fusarium*），因其大分生孢子呈镰刀形，故名为镰刀菌，又名镰孢菌，隶属于半知菌亚门的瘤座孢科（Tuberculariaceus）。菌丝体呈细长的树枝状分叉，不具横隔，直径为 2.24～2.26 μm。最适生长温度为 25℃，最适 pH 值为 5～10，最适 NaCl 浓度为 0～5%。本属种类繁多，分布广泛，一些在土壤和腐败有机物中营腐生生活；一些寄生于禾本科植物、对虾、日本对虾、桃仁对虾、龙虾和罗氏沼虾上，并产生有毒物质。从中国对虾中分离得到的镰刀菌包括腐皮镰刀菌（*F. salani*）、禾生镰刀菌（*F. graminearum*）、尖镰刀菌（*F. oxysporum*）、三隔镰刀菌（*F. tricinctum*）4 个种。

对虾镰刀菌病是镰刀菌引起的常见病害之一，详述如下：

病原：镰刀菌。

症状：病虾体色变暗，活力差，反应迟钝，游动缓慢，当鳃组织受到严重破坏时，鳃丝萎缩，呼吸机能受到阻碍，静卧于池底陆续死亡。取病虾患病组织制成水浸片，高倍显微镜下观察，可以发现病灶内充满菌丝和分生孢子，有时在鳃丝顶端还可以发现分生孢子呈花簇状排列。镰刀菌寄生部位有黑色素沉积而呈黑色，所以有人把它称作"黑鳃病"。

危害：镰刀菌可寄生在鳃组织、体壁、附肢基部和眼球上，坏死或损伤的组织更易被感染。死亡率达 90% 以上。

（3）霍氏鱼醉菌

霍氏鱼醉菌（*Ichthyophonus hoferi*），属真菌类藻菌纲、虫霉目、虫霉科（Entomophthoraceae）。该菌直径为 10～250 μm，大小悬殊，主要经口感染，在鱼体内寄生时常看到的是多核球状体。

该菌主要引起鱼醉菌病，详述如下：

症状:病鱼体色变黑,腹部膨胀,眼球往往突出;有的体表皮肤可观察到粟粒状小白点,严重者呈砂纸状;有的由于神经系统被病菌寄生并受到损伤,病鱼游泳失去平衡。解剖鱼体,肌肉、心、肝、肾、脾及脑等组织器官内有白色小点,腹腔内有腹水贮留,肾脏肿大。白点内部是多核球状体,外面是由宿主形成的一层包囊。病灶处随着菌体的发育出现炎症或局部坏死,甚至形成溃疡或疖疮。

危害:鱼醉菌病已在几十种海水鱼类中发现,是一种危害较大的真菌性疾病,传染的适宜水温为 20℃以下。全年发病,稚鱼和成鱼均能受感染。日本、欧、美等国家和地区都曾爆发并引起鱼类大批死亡。养殖鲕鱼和鲑科鱼类时应特别注意预防。

13.3.3　常见病原性病毒

(1)虹彩病毒科

虹彩病毒科(Iridoviridae)是一群大型的胞浆型双链 DNA 病毒,平面观察为六角形,二十面体对称,毒粒较大,直径一般为 120～240 nm,也有少部分毒粒直径达到 300 nm。其结构比较复杂,具有致密的不规则的中央核心体,即含有双链 DNA 的病毒核心体。由于在感染的昆虫幼虫体内或在纯化浓缩的病毒沉淀物中,毒粒呈周期性间隔地异常整齐排列,形成晶格平面并互相重叠,当有斜射光线照射时呈现蓝色或紫色虹彩,故名虹彩病毒。19 世纪 70 年代,Lowe 首次在欧洲的海水养殖动物河鲽(*Pleuronectes flesus*)身上发现虹彩病毒病,20 世纪 60 年代研究人员通过电镜技术和组织培养技术确定其病原为虹彩病毒。根据《病毒分类——国际病毒分类委员会(ICTV)第八次报告》,虹彩病毒科分为 5 个属,包括感染脊椎动物的蛙病毒属(*Ranavirus*)、淋巴囊肿病毒属(*Lymphocystivirus*)和细胞肥大病毒属(*Megalocytivirus*),感染无脊椎动物的虹彩病毒属(*Iridovirus*)和绿虹彩病毒属(*Chloriridoviru*)。

虹彩病毒危害较为普遍,影响非常广泛,据报道可感染牙鲆、鲈鱼、真鲷、鲶鱼、大菱鲆、石斑鱼、日本鳗鲡、对虾、鲍鱼和龟等水生动物。该病毒感染宿主后,潜伏期 5～15 d,发病大多突然,最高死亡率可达 100%。病鱼一般体色发黑,鳃部呈贫血状态,体表和鳍出血,病鱼肝脏、脾脏、头肾等处增生肿大,脾脏组织切片能观察到异常肥大细胞,这些细胞中含有毒粒。与其他病毒性疾病一样,虹彩病毒病目前尚无特效药,唯以预防为主。在海水养殖中,虹彩病毒引发的常见病害主要有以下 4 类。

1)牙鲆淋巴囊肿病

病原:淋巴囊肿病毒(lymphocystis disease virus,LCDV),属于虹彩病毒科、淋巴囊肿病毒属(*Lymphocystivirus*),毒粒呈正二十面体,直径一般为 200～250 nm,简称 LD 病毒。

症状:该病症状为一种慢性皮肤瘤,病鱼吻端、头、鳍、尾部及体表的皮肤等处出现许多白色小泡状囊肿,并形成白色块状物,这些囊肿物是牙鲆真皮结缔组织的间叶细胞受到病毒感染后肥大而形成的,严重患鱼可遍及全身,包括内脏组织器官。

危害:病毒主要感染 0～1 龄鱼,多发生在夏季高温期,但发病率较低,一般不会引起死亡,而且能自愈。但如果不注意清洁、消毒等措施而引起细菌或寄生虫的二次感染,病鱼就会慢慢出现死亡。

2)真鲷虹彩病毒病

病原:真鲷虹彩病毒(red sea bream iridovirus,RSIV),隶属于虹彩病毒科、虹彩病毒属的一种较大的二十面体 DNA 病毒。毒粒平面为正六边形,大小为 200～240 nm。靶器官为脾脏,其次是肾脏。

症状:病鱼昏睡、严重贫血、鳃上有淤斑、脾肿大。在显微镜下可见到病鱼的脾、心、肾、肝和鳃组织切片中有能被姬姆萨(Giemsa)浓染的肿大细胞。

危害:该病最初发现于日本四国岛的养殖真鲷,主要危害真鲷幼鱼,发病后死亡率高达 37.9%。1 周龄以上的鱼,发病较轻,死亡率为 4.1% 左右。发病期主要在 7～10 月份,水温 22.6℃～25.5℃为发病高峰期,水温降至 18℃以下可自然停止发病。

3)大菱鲆虹彩病毒病

病原:大菱鲆虹彩病毒(turbot iridovirus),毒粒似正二十面体,呈球状,直径一般为 160～185 nm。基因组为线性双链 DNA。

症状:摄食减少,嗜睡,尾部、鳍等处体色变暗,色素沉积,游动异常,电镜观察可发现鱼鳃、脾、肝脏、鳍等部位有虹彩病毒状病原。据 Bloch 等(1993)报道,这是一种全身性系统感染。

危害:感染各期鱼体,对 20～100 g 鱼类尤为严重。Oh M J 等实验证明水温在 22℃和 25℃时,被感染的大菱鲆死亡率分别为 60%和 100%。

4)葡萄牙牡蛎虹彩病毒病

病原:葡萄牙牡蛎虹彩病毒,Comps(1976)在患病的牡蛎鳃组织细胞中发现,确认为牡蛎虹彩病毒病的病原,但该病毒人工感染试验未成功。

症状:患病个体鳃部病变严重,穿孔、空洞或形成脓包。患病牡蛎早期单一鳃丝出现缺口,鳃和触手表面出现黄色斑点并不断扩大形成空洞。随着病程的延长,多条鳃丝出现深度病变,呼吸面积严重减少。最后鳃大部分变性坏死,鳃细胞变成球形,内含病毒颗粒。血淋巴细胞病后期结缔组织内淋巴细胞浸润,胞质内出现包涵体。呼吸功能下降导致摄食减少,牡蛎营养水平下降,最后消瘦死亡。

危害:患病牡蛎死亡率可达 40%。

(2)双节段双链 RNA 病毒科

双节段双链 RNA 病毒科(Birnaviridae)包括水生动物双节段双链 RNA 病毒(Aquabirnavirus)、禽双节段双链 RNA 病毒(Avibirnavirus)和昆虫双节段双链 RNA 病毒(Entomobirnavirus)三个属。毒粒呈二十面体,无囊膜,直径 60 nm 左右,某些形态结构与呼肠孤病毒(reovirus)相似,故曾归为呼肠孤病毒科。感染的宿主为脊椎动物和无脊椎动物,主要感染的海水动物是软体动物与鱼类,引起的常见病害有以下两类。

1)传染性胰脏坏死病

病原:传染性胰腺坏死病毒(infectious pancreatic necrosis virus,IPNV),隶属于水生动物双节段双链 RNA 病毒属。毒粒呈正二十面体,无囊膜,由 22 个衣壳组成,直径为 55～75 nm,在鱼类的 RNA 病毒中是最小的。能在 4℃～25℃条件下生长,最适温度为 15℃～20℃。

症状:鲑鳟鱼苗及稚鱼患急性型传染性胰脏坏死时,病鱼在水中旋转狂游,随即下沉池底,1～2 h 内死亡;而患亚急性型传染性胰脏坏死时,病鱼体色变黑,眼球突出,腹部膨胀,鳍基部和腹部充血发红,肛门多数拖着线状粪便。这些症状出现后,病鱼便大批死亡。

真鲷稚鱼(平均体长 8.9 cm,体重 14 g)患传染性胰脏坏死时,常浮游于水面,游动缓慢,有的身体失去平衡,腹部朝上,有的急速乱窜做旋转运动。色素沉着,体色加深,两侧条纹明显可见,伴有弥漫性出血;鳞片疏松,鳍膜破裂并出血,鳃变白呈贫血状。

危害:传染性胰腺坏死病毒的宿主范围很广,已知感染的海水动物有 37 种鱼类、6 种瓣鳃类、3 种甲壳类、2 种腹足类和 1 种圆口类。该病毒主要侵害开始摄食后的蛙科鱼苗至 3 个月内的稚鱼,发病水温一般为 10℃～15℃。该病广泛流行于欧、美、日本等地,挪威海水网箱养殖的大西洋鲑曾因该病损失严重。我国黑龙江、吉林、辽宁、山东、山西、甘肃、台湾等省养殖的虹鳟中也有发现。

2)鰤鱼幼鱼病毒性腹水病

病原:鰤鱼腹水病毒(yellowtail asictes virus,YAV),隶属双 RNA 病毒属(*Biranvirus*)。毒粒正面观呈五角形或六角形,直径为 62～69 nm,无囊膜。

症状:患病幼鱼体色变黑,腹部膨胀,眼球突出,鳃褪色,呈贫血状;解剖病鱼,可见腹腔内有积水,肝脏和幽门垂周围有点状出血。

危害:该病主要危害鰤鱼幼鱼和牙鲆稚鱼。水温 20℃左右的 5～7 月份,是该病流行季节。用复制的病毒对鰤鱼幼鱼做感染试验,结果发现在水温 20℃时,感染 8 天后死亡率为 62%。

(3)呼肠孤病毒科

呼肠孤病毒科(Reoviridae)全称为呼吸道肠道孤儿病毒(respiratory enteric orphan virus),简称为 reovirus,是一类无囊膜双股分节段的 RNA 病毒。该科大多数成员的毒粒呈二十面体对称,直径为 50～80 nm,无囊膜,有双层衣壳,内衣壳结构稳定,含 32 个壳粒,呈二十面体对称,外衣壳结构差异明显,核酸为线状双股 RNA,有 10～12 个节段,完整毒粒在 CsCl 中浮密度为 $1.36～1.39 \text{ g/cm}^3$。病毒在胞浆内复制,有时在感染细胞的胞浆内看到毒粒呈类结晶状排列。该科病毒包括 9 个属,可感染脊椎动物、无脊椎动物、植物,在海水中主要感染甲壳纲动物和鱼类,常引起大菱鲆呼肠孤病毒(turbot aquareovirus,TRV)病。

大菱鲆呼肠孤病毒病详述如下:

病原:从海水鱼中分离出来的呼肠孤病毒都隶属于呼肠孤病毒科的水生呼肠孤病毒属(Aquareovirus),含有两个同心的二十面体衣壳,直径为 60～80 nm。大菱鲆呼肠孤病毒为圆形,直径为 70 nm,相对分子量为 $6.5×10^7～1.6×10^8$。RNA 病毒,基因组由 10～12 段双链 RNA 组成,相对分子量为 $1.2×10^7～2.0×10^7$。

症状:腹部膨胀,肛门和鳍基部呈点状出血,解剖检查发现病鱼胃和肠膨胀,出血,无食物,并充满黏液。肝脏苍白,有淤血,腹腔内壁大面积出血。

危害:感染持续期长,受感染的鱼生长缓慢,但死亡率低。到目前为止已有几十种,但它们中的多数都不致病。

(4)弹状病毒科

弹状病毒科(Rhabdoviridae)为单链 RNA 病毒,毒粒呈发射的子弹状,一端圆,另一端平。直径为 100～430 nm,病毒颗粒有脂蛋白囊膜,囊膜上密布有病毒特异的囊膜突起,囊膜包含一个由螺旋对称、紧密缠绕的衣壳组成的管状核心。在海水中该类病毒主要感染鱼类,牙鲆弹状病毒病是弹状病毒科引起的常见病害之一。

牙鲆弹状病毒病详述如下:

病原:弹状病毒科中的牙鲆弹状病毒(hirame rhabdovirus,HRV),毒粒呈子弹形,大小为 80 nm×(160～180) nm,该病毒宿主广泛,包括牙鲆、香鱼、刺鲷等,生长温度为 5℃～20℃,最适生长温度为 15℃～20℃,25℃时病毒开始逐步失活,50℃时 2 min 则失活。

症状:病鱼体表和鳍充血或出血,腹部膨胀。解剖病鱼,肌肉出血,腹腔内有腹水,生殖腺淤血,其结缔组织充血或出血,严重患病鱼肾脏坏死。

危害:此病首先在日本发现,主要危害牙鲆,从幼鱼到成鱼均可被感染。发病季节为冬季和早春,水温 10℃时为发病高峰期,死亡率高达 60%。人工感染真鲷、黑鲷稚鱼有强烈的致病性,对虹鳟也具致病性。

(5)疱疹病毒科

疱疹病毒科(Herpesviridae)是一群较大的线状双股 DNA 病毒,毒粒呈球形,直径为 120～200 nm,外有囊膜包裹,呈二十面体形状,发现的病毒有 80 余种。该科病毒在自然界分布广泛,几乎所有家畜和家禽都有感染。一种畜禽可能感染几种(型)病毒,一种疱疹病毒也可能感染几种动物。病毒主要侵害外胚层来源的组织,疱疹病毒初次感染后,往往长时间潜伏于动物体内,可达多年甚至终生。当机体受到外界不利因素作用(如环境的突然改变、过敏药物刺激等),机体抵抗力下降或生理机能受障碍时,潜伏状态的病毒被激活,并迅速扩散到特定部位,引起临床症状明显的复发性感染;某些疱疹病毒对自然宿主往往表现为潜伏感染,但在传给其他易感动物时,却能引起严重的疾病,甚至死亡。该科病毒引起的常见病害主要有以下两类。

1)疱疹病毒感染

病原:疱疹病毒(herpesvirus)。

症状:感染的牡蛎消化腺管膨大,血窦周围结缔组织细胞浸润,感染严重者上述部位有大量细胞聚集。

危害:水温对病毒感染和宿主死亡有较大的影响。水温为 28℃～30℃,1～2 个月,牡蛎死亡率达 52%,病毒感染率为 100%;水温为 12℃～18℃时,同样饲养的牡蛎死亡率仅为 18%。该病毒可以由病贝通过水平传播方式传染其他个体,高水温可促进病毒感染,导致牡蛎发病。

2)大菱鲆疱疹病毒病

病原:大菱鲆疱疹病毒(turbot herpesvirus),毒粒在细胞核中复制,核衣壳裸露,球形,具囊膜,直径为 200～220 nm,相对分子量为 $10×10^{11}$。

症状:通常肉眼观察不到明显的外部症状。但养殖群体中可出现厌食、活力下降,躺在水底,头、尾翘起并对捕捉不反抗。严重感染的鱼,呼吸困难,对温度、盐度波动敏感,并可引起快速死亡。

危害:大菱鲆疱疹病毒通常有宿主的专一性,目前仅知养殖和野生的大菱鲆幼鱼发现有此病毒。

（6）野田村病毒科

野田村病毒科（Nodaviridae）分两个病毒属：甲型野田村病毒属（*Alphanodavirus*），代表种为野田村病毒；乙型野田村病毒属（*Betanodavirus*），代表种是条纹鲑鱼神经坏死病毒。病毒性神经坏死病（viral nervous necrosis，VNN）是野田村病毒科引起的常见病害之一。

病毒性神经坏死病详述如下：

病原：野田村病毒（nodavirus），隶属于甲型野田村病毒属。该病毒首先是 1967 年在日本野田村地区，从三带喙库蚊雌成虫中分离得到。由于从库蚊中分离而得，又称日本库蚊病毒。毒粒二十面体，无囊膜，直径 30 nm，每个病毒粒含有两个 ssRNA 分子。

症状：病鱼表现为不同程度的神经异常，在水面作螺旋状或旋转状游动，不摄食，腹部朝上，解剖病鱼发现鳔明显膨胀，通常在视网膜中心层出现空泡。

危害：VNN 是流行于世界大部分地区海水鱼苗的严重疾病，被感染的鱼类有牙鲆、石斑鱼、大菱鲆、红鳍东方鲀、尖吻鲈、石鲽等 11 个科 22 种鱼类。圆尾绚鹦嘴鱼、大菱鲆、赤点石斑鱼、日本牙鲆、红鳍东方鲀、云纹石斑鱼、条斑星鲽的仔稚鱼都因感染此病出现较高的死亡率，患病的大菱鲆、条石鲷等幼鱼死亡率经常达到 100%。

（7）杆状病毒科

杆状病毒科（Baculoviridae）核酸为单分子或多分子双链 DNA，相对分子量为（58～100）$\times 10^6$，对乙醚和热敏感，核衣壳均呈杆状，大小（40～60）nm×（200～400）nm，主要感染的海水动物是甲壳纲动物。

杆状病毒科可分为两类：①包涵体杆状病毒（occluded baculovirus）：对虾杆状病毒（baculovirus penaei，BP，也称 PvSNPV）、斑节对虾杆状病毒（penaeus monodon-type baculovirus，MBV，也称 PmSNPV）、澳洲对虾杆状病毒（penaeus plebejus baculovirus，PBV）等都有包涵体，为双链 DNA 病毒（dsDNA）；②无包涵体杆状病毒（non-occluded baculovirus）：中肠腺坏死杆状病毒（baculoviral midgut gland necrosis virus，BMNV）、斑节对虾 C 型杆状病毒（type C baculovirus of penaeus monodon，TCBV）、类淋巴器官杆状病毒（lymphoid organ baculovirus，LOBV）、对虾血细胞杆状病毒（penaeid haemocytic rod-shaped virus，PHRSV）等都没有包涵体，也为双链 DNA 病毒。

斑节对虾杆状病毒病是杆状病毒科引起的常见病害之一，详述如下：

病原：斑节对虾杆状病毒（monodon baculo virus，MBV）。

症状：病虾体色较深，鳃和体表有固着类纤毛虫、丝状细菌等污物，停食或食欲减退。在幼体期，常见肝胰腺变白浊。肝胰腺的腺管和中肠上皮细胞的细胞核肥大，核内有 HE（苏木精曙红）染色呈嗜酸性反应的圆形包涵体，电镜观察受感染细胞，可看到 MBV 的毒粒。

危害：主要感染斑节对虾，其次是墨吉对虾和短沟对虾，受感染的对虾往往大批死亡。涉及的地区有美洲、东南亚和我国的福建、广东、海南、台湾等。

（8）细小病毒科

细小病毒科（Parvoviridae）在动物病毒中属于最小且比较简单的一类无囊膜单股线

状DNA病毒。毒粒直径18～26 nm,呈等轴对称的二十面体,衣壳由32个长3～4 cm的壳粒构成,衣壳包围着一个分子的单股线状DNA。该科病毒的一个明显特点是对外界因素具有较强的抵抗力,能耐受脂溶剂和较高温度的处理而不丧失感染性。在海水动物中,主要感染甲壳纲动物。

根据病毒宿主的不同,该科分成两个亚科:细小病毒亚科(Parvovirinae),主要感染脊椎动物;浓核病毒亚科(Densovirinae),主要感染节肢动物。该科常见病毒主要有三种:传染性皮下及造血组织坏死病毒(infectious hypodermal and haematopoietic necrosis virus,IHHNV)、肝胰细小病毒(hepatopancreatic parvovirus,HPV)和淋巴器官细小病毒(lymphoid organ parvo-like virus,LOPV)。

传染性皮下及造血组织坏死病,也称慢性疾病"矮小残缺综合征"(runt-deformity syndrome,即RDS),是细小病毒科引起的常见病害之一,详述如下:

病原:传染性皮下及造血组织坏死病毒(IHHNV),隶属于细小病毒科,有包涵体,为单链DNA病毒(ssDNA),毒粒为无囊膜的二十面体,直径为22 nm。

症状:凡纳对虾感染IHHNV后表现为慢性矮小残缺综合征,患病对虾生长缓慢而不正常,表皮畸形,稚虾大小差异很大,且一般比正常的对虾短小,但不出现死亡。也有养殖的细角滨对虾患有慢性矮小残缺综合征的报道。

危害:感染细角滨对虾(红额角对虾)有较高的致病性和死亡率,对凡纳对虾可引起慢性疾病"矮小残缺综合征"。感染IHHNV或患病后存活下来的细角滨对虾和凡纳对虾会终生带毒,并通过垂直和水平传播方式将病毒传给下一代和其他种群。

(9)细尾病毒科

《病毒分类——国际病毒分类委员会(ICTV)第8次报告》新增了4个科,细尾病毒科(Nimaviridae,也叫线头病毒科)、双顺反子病毒科(Dicistroviridae)、杆套病毒科(Romviridae)、芜黄花叶病毒科(Tymoviridae)。前三科病毒均与对虾的致病有关。对虾白斑综合征是细尾病毒科病毒引起的常见病害之一。

对虾白斑综合征详述如下:

病原:对虾白斑综合征病毒(white spot syndrome virus,WSSV)以前一直归属为杆状病毒科,但其完整的病毒颗粒具囊膜,外形就像露出一个线头的一团线,ICTV第8次报告重新把WSSV归为细尾病毒科、白斑病毒属。毒粒杆状,平均大小为350 nm×150 nm,核衣壳大小为300 nm×100 nm。

症状:早期在表皮处出现圆形的白色颗粒或白斑,有时会出现全身体色变红。随着病情发展,对虾停止摄食,随后的几天内,有濒死的对虾在养殖池塘边的水表面游动。表皮中颗粒大小的小斑点逐渐扩大成圆盘状,头胸甲与其下肌肉组织分离,容易剥下。移去头胸部上覆盖的表皮,剔除附着的组织后,在灯下可以观察到内含物。

危害:此病危害性极大,感染的对象有斑节对虾、凡纳对虾、中国对虾、日本对虾、长毛对虾和墨吉对虾等,病虾小者体长2 cm,大者体长7～8 cm。1992年我国首先在福建省发现该病害,以后逐渐遍及全国各养虾地区,感染的斑节对虾,死亡率达95%以上。

(10)双顺反子病毒科

双顺反子病毒科(Dicistroviridae),《ICTV第8次报告》新增加的一个科,并把以前小

RNA 病毒科里的桃拉综合征病毒（taura syndrome virus，TSV）重新归为双顺反子病毒科。桃拉综合征（taura syndrome，TS）是该病毒科引起的常见病害之一，详述如下：

病原：桃拉综合征病毒（TSV），隶属于双顺反子病毒科未定病毒属。毒粒呈球状，直径 30～32 nm，为单链 RNA 病毒（ssRNA）。在宿主细胞质内形成球形包涵体。TSV 主要感染凡纳对虾，引起养殖凡纳对虾仔虾、稚虾和未成年虾的累积死亡率达到 40%～90%。感染 TSV 后，仍存活下来的对虾终生带毒。此外，TSV 还可感染细角滨对虾、凡纳对虾、褐对虾、桃红对虾、中国对虾、斑节对虾和日本对虾等。

症状：病虾游泳缓慢，反应迟钝，停止摄食；急性感染病虾壳变软、空肠、红色色素体大量出现，全身呈暗淡的红色，尾扇和附肢红色较明显，曾一度被养殖者称为"红尾病"。用 10 倍放大镜观察病虾细小附肢（末端尾肢或附肢）的表皮上皮，可以看到病灶处的上皮坏死；感染后不死亡的虾进入过渡期，在甲壳表面多处出现不规则的黑色斑点；而慢性感染的病虾无明显症状。

危害：TS 是凡纳对虾孵育和生长阶段的常见疾病，主要感染 14～40 日龄仔虾。1992 年，在厄瓜多尔养殖的凡纳对虾首先发现 TS，随后逐渐遍布全球凡纳对虾养殖地区。这是一种严重的对虾传染性疾病，是需向世界动物卫生组织（OIE）申报的疾病之一。

（11）杆套病毒科

杆套病毒科（Romviridae），是《ICTV 第 8 次报告》新增加的一个科，并把以前弹状病毒科里的黄头病毒（YHV）重新归为杆套病毒科。对虾黄头病毒病（yellow head disease，YHD）是该病毒科引起的常见病害之一，详述如下：

病原：黄头病毒（yellow head virus，YHV），隶属于杆套病毒科头甲病毒属（*Okavirus*）。有包涵体，呈棒状，（140～200）nm×（35～50）nm，为单链 RNA 病毒（ssRNA）。

症状：黄头病能引起对虾大量、迅速死亡，并伴随头胸部发黄和全身变白的症状。濒死虾外胚层和中胚层发源的器官会出现全身性细胞坏死，细胞萎缩，病虾的淋巴、胃、鳃、肝、胰、脏有大量的嗜碱毒粒。

危害：主要感染斑节对虾，在东南亚尤其是泰国曾造成养殖对虾的大规模死亡，在我国南方养殖区也有发现。1995 年传播到了西半球的美国德克萨斯州，造成养殖对虾的严重死亡，死亡率高达 80%～90%。

表 13-2 对目前我国海水养殖生物中报道的致病性病毒进行了总结。

表 13-2　我国海水养殖生物中报道的致病病毒

养殖生物	病毒名称		作者
	英文名称	中文名称	
海水鱼类			
云纹石斑鱼（*Epinephelus moara*）	lymphocystis disease virus，LCDV	淋巴囊肿病毒	张永嘉，1992 年
斜带石斑鱼（*Epinephelus coioides*）	Nervous necrosis virus	神经坏死病毒	陈晓艳等，2004 年

（续表）

宿主	病毒名称		作者
	英文名称	中文名称	
点带石斑鱼 （*Epinephelus malabaricus*）	Nervous necrosis virus	神经坏死病毒	龚艳清等，2007 年
大黄鱼（*Pseudosciaena crocea*）	Iridovirus	虹彩病毒	何爱华等，1999 年
	lymphocystis disease virus，LCDV	淋巴囊肿病毒	徐洪涛等，2000 年 马广勇等，2007 年
牙鲆（*Paralichthys olivaceus*） 俗称偏口、牙片、左口	Paralichthys olivaceus rhab-dovirus，PoRV	牙鲆弹状病毒	张岩等，2005 年 桂朗等，2007 年
鲅鱼（*Scomberomorus niphonius* (*Cuvier*))	threadfin reovirus	鲅鱼呼肠孤病毒	方勤等，2003 年
海水对虾			
斑节对虾（*Penaeus monodon*）	penaeus monodon baculo-virus	斑节对虾杆状病毒	李贵生等，2001 年
	white spot baculovirus	白斑杆状病毒	谢数涛等，2000 年
	white spot syndrome virus（WSSV）	白斑综合征病毒	邓敏等，2000 年
	white spot syndrome virus（WSSV）	白斑综合征病毒	沈怀舜等，2003 年
凡纳对虾（*Penaeus vannamei*）	taura syndrome virus（TSV）	桃拉综合征病毒	刘刚等，2002 年
	infectious hypodermal and hematopoietic necrosis virus（IHHNV）	传染性皮下及造血组织坏死病毒	杨冰等，2005 年
	yellow head virus	黄头病毒	任维美，2001 年
海水贝类			
海湾扇贝（*Agopecten irradians*）	herpes-like virus	疱疹样病毒	姜静颖等，2004 年
	herpesvirus	疱疹病毒	姜静颖等，1997 年
皱纹盘鲍（*Haliotis discus* hannai)	spherical virion	球状病毒	李霞等，1998 年
栉孔扇贝（*Chlamys farreri*）	acute virus necrobiotic dis-ease virus（AVND virus）	急性病毒性坏死症病毒	付崇罗等，2005 年

13.4　病原微生物的致病机理

病原是通过毒力作用而致病的。毒力（virulence），又称致病力（pathogenicity），表示病原体致病能力的强弱。毒力为致病微生物"株"的特征，即不同的微生物菌株致病力程度不同，如强毒菌株、减毒菌株和无毒菌株，它们是指同一种致病微生物种内致病力不相同的三类菌株。毒力由病原体的三个特性决定：侵袭力（invasiveness）、侵染性（infectivity）及致病潜力(pathogenic potential)。侵袭力指病原体所具有的突破宿主防御功能,并在宿主中生长繁殖和实现蔓延扩散的能力;侵染性指寄生物建立感染病灶点的能力;致病潜力指病原体引起损伤的程度,其中一个主要的方面是产毒性。产毒性是病原体产生可损害宿主和致病的毒素、化学物质的能力。

13.4.1 细菌的致病机理

病原性细菌致病过程如下:

①维持病原体的贮存处。贮存处是细菌在感染宿主前、后生活的地方。贮存处可以是生命形式(如海绵),也可以是无生命形式(如海水),所有病原体必须有至少一种贮存处。海水动物病原体最常见的贮存处是动物和海水环境。

②病原体传输至宿主。病原体可以直接通过环境传播,也可以借助于中间媒介传播,水和食物是将细菌转移给宿主的媒介。

③病原体附着、定居和(或)侵入宿主。病原体被传输到适合的宿主后,必须能够黏附和定居于宿主细胞和组织。附着于上皮表面以后,细菌通过产生裂解物质改变宿主组织,从而主动渗透进宿主黏膜和上皮组织,或通过被动的方式渗透过上皮表面,病原体进入黏膜后,向更深的组织中渗透,在整个宿主体内不断传播。细菌也可以进入围绕在上皮细胞周围的毛细淋巴管,最终进入循环系统,接着就可以进入宿主所有的器官和系统。

④在宿主表面、体内或宿主细胞内增殖生长或完成生活周期。病原体必须在宿主体内找到一个适宜的环境(营养、pH、温度、氧化还原电位),才能成功地生长和繁殖(定居)。宿主体内这些提供最适条件的部位可以庇护病原体,允许其生长繁殖,且多数胞内病原体已进化出完全依赖于宿主细胞的获取营养的机制。

⑤细菌逃避宿主防御的机制。细菌采用的生存策略是保护自己免受宿主防御的攻击,而不是摧毁宿主的防御。许多细菌由于携带有称为"致病性岛"的大片断 DNA 而具有致病性,一个病原体可能拥有一个以上的致病性岛,这有助于避免不适当地激活宿主的防御反应。这些致病蛋白质分泌进入宿主细胞后,会启动病原体与宿主之间的"生物化学对话",干扰真核细胞信号传导途径,使宿主免疫应答失活或导致细胞骨架重组,从而建立起细菌定居的亚细胞生态位,并促使宿主防御通讯"隐蔽和中断"。

⑥具有损伤宿主的能力。大多数病原菌是寄生性细菌,它们从寄主获得营养,在寄主体内生长繁殖的同时以特有的毒素侵害宿主。细菌产生的毒素主要分为两个类型:外毒素(exotoxin)和内毒素(endotoxin)。外毒素是可溶的热不稳定蛋白质(少数是酶),通常在细菌病原体生长时释放到周围环境中,常从感染部位移动到身体其他组织或靶细胞发挥作用。内毒素一般指革兰氏阴性细菌细胞壁的结构成分,主要是脂多糖(lipopolysaccharide,LPS),在一定条件下,LPS 对特定的宿主具有毒性。

依据细菌在引发疾病过程中所起的作用,可以将疾病分成两种类型:感染(infection)和中毒(toxicosis)。感染是由于病原体生长与繁殖或侵袭引起组织改变所致。中毒是由于某种毒素进入宿主体内所引起的疾病。不管病原体存在与否,病原体产生的毒素(包括内毒素和外毒素)都能通过改变宿主细胞正常新陈代谢来诱发疾病。

⑦离开宿主。再次感染的最终决定因素是其能够离开宿主,并进入一个新的宿主或贮存库的能力。如果不能成功地脱离旧的宿主,就不能感染新的宿主,传染病周期就会中

断,细菌将不能长久存在。大多数细菌都采用被动的逃离机制,病原体或其后代随宿主的排泄物或脱落的细胞被动离开宿主。

13.4.2 真菌的致病机理

真菌的致病机理和细菌有一些相似之处,主要包括通过病原性真菌所致的真菌性感染、正常菌群中的真菌引起的条件性感染、真菌所致超敏反应性疾病、真菌中毒及真菌毒素致肿瘤作用等五种作用机制,分述如下:

①病原性真菌所致的真菌性感染:由致病性真菌所致,如链壶菌、离壶菌感染虾卵和各期虾幼体,引起卵和幼体的大批死亡。

②正常菌群中的真菌引起的条件性真菌感染:由正常菌群中的真菌在机体免疫力低下时引起感染并发病。

③真菌所致超敏反应性疾病:有感染性超敏反应、接触性超敏反应,即食入真菌和孢子或菌丝所致,通常可进入血液传播,引起严重病害。

④真菌中毒:真菌污染投料工具、食物和饲料等。由真菌产生的毒素被食入后发病。真菌毒素极易损伤肝、肾功能及引起神经系统功能障碍,还可影响造血机能。

⑤真菌毒素致肿瘤作用。

13.4.3 病毒的致病机理

病毒的感染即为病毒的复制过程,包含 8 个步骤:进入宿主——→与敏感细胞接触并进入细胞——→在细胞中复制——→扩散至临近的细胞——→引起细胞损伤——→引起宿主免疫应答——→杀死宿主,或从宿主身体清除——→释放重新进入环境(详见本书第 1 部分)。

13.5 海水养殖病原微生物的诊断

诊断是进行病害防治的基础,正确的诊断才能使防治有的放矢,对症下药。要作出正确的诊断,必须从宿主、病原和环境条件三方面进行检测。

诊断病害可以分为三步:第一,调查养殖的相关情况,了解患病生物的主要发病症状、发病率、死亡率等情况。观察、测定养殖水质,了解养殖池的进排水、水深、水温、水中溶氧、pH、底质状况、水质因子变化幅度、水中浮游动植物的种类和数量以及周围是否存在污染源等情况;调查养殖管理的整个过程,包括种苗来源、种苗检测情况、放养时间、放养方法、饵料种类、质量、投饵方式、投饵量、动物摄食情况、生长速度等。另外,还要清楚养殖过程中病害的防治情况,如预防方法、使用药物、使用效果等。第二,利用仪器对患病生物进行诊断,如镜检(普通光学显微镜、电子显微镜)、常见病原微生物的检测(PCR、血清学鉴定)、病原的分离与鉴定等。第三,综合判断。结合以上工作,确定病害的病因,为采取准确、有效的防治手段提供可靠的依据。

13.5.1 形态检查

形态检查是病原微生物检验技术的重要手段之一。

(1)细菌和真菌

直接将病灶、肝、脾、肾等器官涂片、染色后,在显微镜下观察,常可发现致病菌。另外,还可以在病原微生物分离培养后,将培养物涂片染色,观察培养物的形态、排列及染色特性等,鉴定所分离的病原微生物,也为进一步进行生化鉴定、血清学鉴定提供很好的前提基础。

（2）病毒

有些病毒能在易感细胞中形成包涵体,但包涵体的形成有一定的过程,且出现率不是100%,所以检查时应特别注意。检查方法:将被检材料直接制成涂片、组织切片或冰冻切片,经过特殊染色后,用普通光学显微镜即可检查。这种方法对能形成包涵体的病毒性传染病具有重要的诊断意义。

利用电镜研究水生动物病毒,不但可以观察细胞病变,病毒的形态、大小和分类,而且可以了解病毒的感染和复制机理、病毒的形态发生等。将病变组织切成 $1\sim2\ mm^3$ 大小的颗粒,固定,包埋后做成超薄切片,电镜观察,可检查组织细胞内的病毒和细胞病变情况。病毒囊膜的有无是水生动物病毒的基本结构及分类特征之一,对此,电镜观察能提供直接证据。如通过电镜观察发现,斑节对虾杆状病毒以有囊膜和无囊膜两种形式存在;牙鲆病变组织内存在大量六角形对称病毒颗粒,有包膜,完整病毒粒直径为 210 nm。

13.5.2 分离培养

细菌病和真菌病的诊断、预防以及对未知菌的研究,常需要进行病原微生物的分离培养。不同微生物在特定培养基中有其独特的生长现象,如微生物菌落的形状、大小、色泽、气味和透明度以及有无溶血现象等因细菌种类的不同而异,根据这些特征,可以初步确定微生物的种类。常用的微生物分离培养方法见本书第 9 部分。

病毒病的确定常常要借助于细胞培养技术。细胞培养技术是病毒学研究的基础,不但可以进行病毒的鉴定,还可以进行病毒抗原的制作和疫苗的生产,以及血清学诊断及流行病学调研等。细胞培养是把取得的组织用机械或消化的方法分散成单个细胞悬液,然后进行培养、生长。以前病毒学的研究需要大量的动物,且检测技术较繁琐、重复性较差,而如今采用的细胞培养技术方法简单、准确率高、重复性好。当然,不同病毒的敏感宿主细胞有可能不同,因此,在试图通过细胞培养的方法鉴定和分离病毒时,需事先了解某种细胞对该种病毒的敏感性。

13.5.3 生化试验

微生物在代谢过程往往伴随生物化学反应,这些反应大都需要酶来催化。由于不同的微生物所含有的酶不同,因而对营养物质的利用和分解能力不一样,代谢产物也不尽相同,据此设计的用于鉴定微生物的试验,称为微生物的生化试验。常用的生化方法有糖分解试验、甲基红试验、吲哚试验、硫化氢试验、氧化酶、脲酶试验和触媒试验等。

13.5.4 血清学试验

血清学试验具有特异性强、检出率高、方法简便快速等特点,因此也常应用于细菌病的诊断和细菌的鉴定。血清学试验的方法有凝集试验、沉淀试验、补体结合试验、免疫标记技术等。下面介绍常用的 3 种实验方法。

（1）荧光抗体技术

荧光抗体技术（fluorescent antibody technique）是指根据抗原抗体反应的特异性,用荧光素作为标记物,与已知抗体结合,通过在荧光显微镜下观察抗原抗体复合物及其存在位置来鉴定抗原的存在。这种方法不仅可以检测感染致病菌而发病的海水动物,也可检测带有致病菌但尚未发病的海水动物。对于测定混合感染,这种方法具有检出率高、准确率高的特点,特别是对于早期无症状的感染,其检出率远远高出细菌培养法。

现以荧光抗体技术检测鱼类罗达病毒为例讲述荧光抗体技术的具体操作过程,步骤如下:取患病鱼样品,先用 10% 的福尔马林固定,脱水,然后用石蜡包埋。切片用含 0.1% 胰酶的 0.01 mol PBS 在 37℃下作用 30 min。经冷 PBS 洗后,再用抗罗达病毒的兔血清于 37℃下反应 30 min,PBS 冲洗,然后与用异硫氰酸荧光素(FITC)标记的羊抗兔 Ig 抗体 37℃下反应 30 min,再次用 PBS 冲洗后,置于荧光显微镜下观察,阳性结果是在细胞质里有颗粒状荧光或发荧光的包涵体,如整个视野全是荧光,表明有非特异性反应。

(2)酶联免疫吸附实验

酶联免疫吸附实验(enzyme-linked immunosorbent assay,ELISA),又叫免疫酶技术,是将酶标记在抗原或抗体上形成酶结合物,在与受检物中相应的抗体或抗原结合后形成复合物,通过复合物中的酶催化底物使之产生有色物质,通过颜色的有无来指示特异性抗体存在与否,根据反应颜色的深浅指示抗原量的多少。ELISA 是当前广泛采用的免疫检测技术,特别适用于快速检测。利用 ELISA 法成功地检测了海水鱼的虹彩病毒、传染性胰脏坏死病毒和传染性造血组织坏死病毒等多种病原微生物。

(3)单克隆抗体技术

单克隆抗体技术(monoclonal antibody technique)是指将产生专一性抗体的单克隆 B 淋巴细胞同肿瘤细胞杂交,获得既能产生抗体又能无限增殖的杂交瘤细胞,并以此生产抗体的技术。而常规方法制备的抗血清为多克隆抗体,会与多个抗原产生交叉反应。与后者相比,前者可以识别单一抗原决定簇,亲和性一致,特异性强,并且可以利用细胞系重复获得相同的抗原,是一种快速有效的检测方法。

13.5.5 分子生物学技术

分子生物学诊断主要是针对不同病原微生物所具有的特异性核酸序列和结构进行测定,具有反应灵敏度高、特异性强、检出率高等特点,是目前最先进的诊断技术。目前主要的分子生物学技术有核酸杂交技术、PCR 技术和 DNA 芯片技术等。

(1)核酸杂交技术

核酸探针诊断技术是继免疫学诊断技术之后,随基因工程技术的发展而发展起来的第三代诊断技术。该技术利用核苷酸碱基互补的原理,通过分子杂交,用标记的已知核苷酸片断检测和鉴定样品中的未知核酸。

(2)聚合酶链式反应

聚合酶链式反应(PCR)是一种 DNA 在体外合成的放大技术,原理是在体外通过引物延伸酶促合成特异 DNA 片段,由模板变性、引物退火和延伸三个阶段组成一个循环,通过反复循环,使目标 DNA 得以迅速扩增。理论上它可以检测到一个目标分子,是一种较灵敏的检测方法。根据 PCR 原理,各种改良的 PCR 技术已成功运用于检测细菌和病毒。邓敏等报道了鳜鱼病毒的 PCR 检测方法,可检测到 0.1 pg 病毒 DNA。苗素英等用 PCR 方法检测到虎纹蛙病毒中有虹彩病毒存在。徐洪涛等用 PCR 技术与电镜观察相结合,证明引起牙鲆疾病的病原为虹彩病毒。

13.6 海水养殖病原微生物的综合防治

海水养殖病原微生物的综合防治可从以下三个环节考虑:

①苗种。利用细胞工程、基因工程等技术培育、筛选无特定病毒病原或抗特定病毒病原的优质品种进行养殖,防止用于养殖的苗种携带特定病毒或苗种本身抗病力较弱。

②水质调控。使用微生态制剂,增加有益微生物,减少水环境中存在的病原数量,平衡水体中微生物结构,尽量避免养殖生物的应激反应,降低病原感染养殖生物的机会,减少病害的发生。另外,也可以通过几种养殖生物混合培养,如大型藻类与几种养殖动物混养,避免单一养殖模式长期使用导致的养殖水域中微生物结构失衡。

③药物控制。第一,通过投喂营养药物(如维生素 C、足够的蛋白质等)、注射或口服防病毒药物(如传染性胰脏坏死病疫苗、葡聚糖等)方式提高海水动物的自身免疫力,还可以通过灭活疫苗、减毒疫苗、细胞工程疫苗等方法进行病毒性疾病防治。第二,可以通过口服、药浴或两者结合的方法使用抗菌药物,杀灭或抑制体内外细菌的繁殖生长,达到治疗或控制疾病传播的目的。第三,采用人工免疫的方法给患病动物注射或服用病原微生物抗原或特异性抗体,预防和治疗感染性疾病。人工免疫分为两种:人工主动免疫和人工被动免疫。人工主动免疫指人为地将疫苗或类毒素接种于海水动物,使机体主动产生特异性免疫力,主要用于预防。常见的人工主动免疫制剂有类毒素、DNA 重组疫苗、核酸疫苗、亚单位疫苗、治疗疫苗等。人工被动免疫指输入含有特异性抗体免疫血清、纯化免疫球蛋白抗体或细胞因子等,使机体立即获得免疫力的过程。常用的人工被动免疫制剂有抗毒素、抗菌血清、丙种球蛋白、胎盘球蛋白和细胞免疫制剂等。

13.7 海水养殖中的有益微生物

13.7.1 有益微生物的定义

有益微生物(effective microorganisms,EM),又称为有益菌或益生菌,是指能够改善宿主相关的或周围的微生物群落、提高饲料营养值、增强宿主对疾病的抵抗力或提高周围生态环境质量的活的微生物。EM 是有益微生物或其混合物的统称,并非特指某种微生物,已演变成为对人类、动物和自然环境具有补益功能的微生物菌群的代名词,广泛应用于环保、食品、卫生、农业等领域。由于水生动植物的健康不仅同其消化道的微生态平衡密切相关,而且同其所生活的水环境的微生态平衡关系紧密。水产界把能提高海水养殖动植物产量、提高其抗病能力及改善水质环境的微生物都称为有益微生物,包括养殖水体中自然存在的活的微生物,以及引入的用于减少或消除有害生物的拮抗微生物。

13.7.2 海水养殖中的有益微生物种类

有益微生物能产生活性物质,具有天然性、无毒副作用、多功能性、无药物残留、无抗药性等特点,现已被广泛研究和应用。应用于海水养殖的有益微生物种类繁多,主要是细菌和真菌。按其"有益"于海水养殖的功能,细菌类大致可分为两大类:光合细菌和化能异养细菌。光合细菌是一类能进行光合作用的原核生物的总称,目前应用的是红螺菌科的菌种,包括红螺菌属(*Rhodospirillum*)、红微菌属(*Rhodomicrobium*)、红假单胞菌属(*Rhodopseudomonas*)等(表 13-3)。化能异养菌是指所需能源来自有机物氧化产生的化学能的细菌,碳源和供氢体也是有机化合物,包括芽孢杆菌属(*Bacillus*)、拟杆菌属(*Bacteroids*)、双歧杆菌属(*Bifidobacterium*)、乳杆菌属(*Lactobacillus*)等(表 13-4)。有益真菌类主要包括酵母菌属(*Saccharonyces*)、假丝酵母属(*Candida*)、裂殖酵母属(*Schizossaccharomyce*)等(表 13-5)。

表 13-3　有益光合细菌的主要种类

属　名	种　名	属　名	种　名
红假单胞菌属 (*Rhodopseudomonas*)	嗜酸红假单胞菌(*R. acidophila*)	红螺菌属 (*Rhodospirillum*)	黄褐红螺菌(*R. fulvum*)
	荚膜红假单胞菌(*R. capsulata*)		巨大红螺菌(*R. giganteum*)
	胶质红假单胞菌(*R. gelatinosa*)		细小红螺菌(*R. gracile*)
	沼泽红假单胞菌(*R. palustris*)		长形红螺菌(*R. longum*)
	球形红假单胞菌(*R. spheroides*)		莫氏红螺菌(*R. molischianum*)
	绿色红假单胞菌(*R. viridis*)		度光红螺菌(*R. photometricum*)
红微菌属 (*Rhodomicrobium*)	万尼氏红微菌(*R. vammielii*)		深红红螺菌(*R. rubrum*)
			纤细红螺菌(*R. temue*)

表 13-4　有益化能异养细菌的主要种类

属　名	种　名	属　名	种　名
芽孢杆菌属 (*Bacillus*)	结芽孢杆菌(*B. cangulans*)	乳杆菌属 (*Lactobacillus*)	嗜酸乳杆菌(*L. acidophilus*)
	迟缓芽孢杆菌(*B. lentus*)		短乳杆菌(*L. brevis*)
	地衣芽孢杆菌(*B. licheniformis*)		保加利亚乳杆菌(*L. bulgaricus*)
	短小芽孢杆菌(*B. pumilus*)		干酪乳杆菌(*L. casei*)
	枯草芽孢杆菌(*B. subtilis*)		纤维二糖乳杆菌(*L. cellobiosus*)
	凝乳杆菌(*B. subtilis*)		弯曲乳杆菌(*L. curvatus*)
	嗜热脂肪杆菌(*B. stearothermophilus*)		德氏乳杆菌(*L. delbruekil*)
	圆形杆菌(*B. circulus*)		发酵乳杆菌(*L. fermentum*)
	多粘杆菌(*B. polymyxa*)		胚芽乳杆菌(*L. plantarum*)
	凝结杆菌(*B. coagulans*)		瑞士乳杆菌(*L. helvticus*)
			乳酸乳杆菌(*L. lactis*)
			罗氏乳杆菌(*L. reuteril*)

(续表)

属 名	种 名	属 名	种 名
片球菌属 (Pediococcu)	乳酸片球菌(P. acidilacticii) 啤酒片球菌(P. cerevisiae) 戊糖片球菌(P. Pentosaccus)	明串珠菌属 (Leuconostoc)	肠膜明串珠菌(L. mesenteroides)
链球菌 (Streptococcus)	乳酪链球菌(S. cremoris) 双醋乳链球菌(S. diacetylactis) 粪链球菌(S. faecium) 中链球菌(S. intermedius) 乳酸链球菌(S. lactis) 嗜热链球菌(S. thermophilus)	丙酸杆菌属 (Propionibacterium)	费氏丙酸杆菌(P. freudenreichii) 谢氏丙酸杆菌(P. shermanii)
		硫杆菌属 (Thiobacillus)	排硫硫杆菌(T. thioparus) 脱氮硫杆菌(T. denitrificans) 氧化硫硫杆菌(T. thiooxidans) 铁氧化硫杆菌(T. ferrooxidans) 中间型硫杆菌(T. intermedius) 新型硫杆菌(T. norellus)
产碱菌属 (Alealigenes)	反硝化产碱菌(A. demitrificans) 粪产碱菌(A. faecalis) 直肠产碱菌(A. recti)	硝化杆菌属 (Nitrobacter)	维氏硝化杆菌(N. winogradckyi) 活跃硝化杆菌(N. agilis) 少食硝化杆菌(N. oligotriphus)
微球菌属 (Micrococcus)	藤黄微球菌(M. luteus) 盐脱氮微球菌(M. halophilus) 解糖微球菌(M. saccharolyticus) 解乳微球菌(M. lactilyticus)	亚硝化单胞菌属 (Nitrosomonas)	单胞亚硝化单胞菌(N. monocella) 欧洲亚硝化单胞菌(N. europaea)
		产碱单胞菌属 (Pseudomonas)	硝基还原单胞菌(P. nitroreducens) 恶臭假单胞菌(P. putina) 粘乳产碱菌(P. viscolactis) 敏捷食酸菌(P. facilis)
假单胞菌属 (Pseudomonas)	食儿丁质假单胞菌(P. chitinovora) 荧光假单胞菌(P. fluorescens)		
拟杆菌属 (Bacteroids)	嗜淀粉拟杆菌(B. amylophius) 多毛拟杆菌(B. capillosus) 栖瘤胃拟杆菌(B. ruminocda) 产琥珀酸拟杆菌(B. suis)	无色杆菌属 (Achromobacter)	巨大无色杆菌(A. gigas) 食淀粉无色杆菌(A. amylovorum) 食儿丁无色杆菌(A. chitinovorus) 嗜儿丁无色杆菌(A. chitinophilum)
双歧杆菌属 (Bifidobacterium)	青春双歧杆菌(B. andolescenlis) 动物双歧杆菌(B. animalis) 两歧双歧杆菌(B. difindum) 长双歧杆菌(B. longum) 婴儿双歧杆菌(B. infantis) 嗜热性双歧杆菌(B. thermophilum)	纤维单胞菌属 (Cellulomonas)	溶解维单胞菌(C. liquata) 敏捷维单胞菌(C. concitata) 不活泼维单胞菌(C. desidiosa)
		葡萄糖杆菌属 (Gluconobacter)	葡萄杆菌(G. asai) 氧化葡糖杆菌(G. oxydans) 弱氧化葡糖杆菌(G. suboxydans)

表 13-5　有益真菌群的主要种类

属 名	种 名	属 名	种 名
酵母菌属 (Saccharonyces)	葡萄酒酵母(S. ellipsoidens) 酿酒酵母(S. cerevisiae)	拟酵母属 (Torulopsis)	球拟酵母(T. lodder)
假丝酵母属 (Candida)	热带假丝酵母(C. tropicalis) 解脂假丝酵母(C. lipolytica)	曲霉属 (Asperbillus)	黑曲霉(A. niger) 米曲霉(A. oryzae)
裂殖酵母属 (Schizosaccharomyce)	粟酒裂殖酵母(S. ponbe)		糙孢曲霉(A. asperescens)

13.7.3 微生态制剂在海水养殖中的作用

用有益微生物制成的活菌制剂称为微生态制剂(microbial ecological agent),又称为微生物调节制剂(microecological modulater)、益生菌制剂(probiotics)等,是能够调整微生态平衡,提高宿主健康水平的正常菌群及其代谢产物以及选择性促进宿主正常菌群生长的制剂总称。微生态制剂包括细菌、蓝细菌、真菌、真核微藻等。海水养殖中使用的微生态制剂也称为海洋微生态制剂,是指将分离、鉴定、筛选和选育得到的海洋有益微生物,采用高科技生物技术研制成的经单体发酵和多菌株复配而形成的生态制剂,一般由光合细菌、硝化杆菌、亚硝化杆菌、芽孢杆菌、乳酸杆菌、酵母菌、放线菌等复合菌组成。

(1)微生态制剂对海水养殖环境的调控

海洋微生物制剂是通过影响碳循环、氮循环、磷循环、硫循环等方式来调节养殖水环境,即通过光合、同化、异化等作用把池中的残饵、粪便、水生动植物尸体分解矿化,分解为小分子物质(多肽、高级脂肪酸等)、更小分子的有机物(氨基酸、低级脂肪酸、单糖、环烃等)或 CO_2、硝酸盐、硫酸盐等,它们被浮游植物吸收利用,促进浮游藻类的生长繁殖,维持藻相平衡。在碳循环过程中,制剂中的有益微生物分解残饵、粪便等有机物,释放出 CO_2,经浮游植物的光合作用合成构建自身组织的复杂的有机物,为浮游动物、养殖的鱼虾类等提供 O_2 和多糖类物质。在氮循环中,有益微生物通过硝化作用、反硝化作用、氨化作用、固氮作用等,在溶氧充足的条件下,将水体中的氨态氮($N—NH^3$)和亚硝态氮(NO_2^-)等有毒氨氮转化为硝态氮(NO_3^-),最终为藻类所利用,从而达到净化水质的目的。在磷循环中,有益微生物使水体中溶解态的磷被悬浮颗粒吸附形成颗粒态磷,絮凝沉淀,降低水体中有效磷的含量,从而控制水的富营养化和某些蓝藻等有毒藻类的生长繁殖。在硫循环中,有益微生物影响硫酸盐和硫化氢等产生。有益微生物经过上述循环,能促进四大元素在生态链中转化,维持水环境的动态平衡,抑制有害微生物的生长繁殖,从而形成良性循环,使水质达到理想状态。同时,在特定的养殖环境中,有益微生物的大量繁殖,能快速生长成为水中优势菌群,通过食物、场所的竞争以及分泌类抗生素物质等方式,直接或间接抑制病原微生物和有害病菌的生长繁殖,保证养殖水体的正常功能,有效地调控和改善水质,维持水体生态平衡。

(2)微生态制剂促进海产动物的生长

海洋微生态制剂中除有益微生物外,还含有微生物代谢过程中产生的丰富维生素、酶、多肽等营养成分和某些重要的协同因子,能促进养殖动物生长,提高宿主免疫力,增强抵抗力和抗氧化作用,减少疾病的发生。如乳酸菌等优势菌群,其产生的有机酸,直接参与机体代谢,为水生动物提供能量,降低肠道 pH 值,提高消化酶活性,抑制或杀灭有害菌和潜在的病原微生物,增殖有益菌,减少营养物质的消耗,增强对矿物质和维生素的吸收,改变肠道微生态区系。使肠内腐败菌减少,胺、氮浓度下降,同时还合成 B 族维生素和促生长因子,为动物提供营养。微生态制剂促进海产动物生长的方式如下:

①自身含有或产生能抑制有害微生物生长的活性物质,直接抑制肠道内有害微生物的生长。Nair 等发现大量的海洋细菌能够产生溶菌酶用来抑制副溶血弧菌。

②有益微生物在养殖动物的肠道中与有害微生物争夺空间和营养,间接抑制了有害

微生物的生长。Smith 和 Davey 等通过实验表明,荧光假单胞菌在体外培养条件下能够通过对铁离子的竞争性吸收来抑制杀鲑气单胞菌的生长。

③制剂中的有益微生物产生非特异性免疫调节因子,激活免疫细胞和巨噬细胞,增强水生动物机体免疫功能,且有些有益微生物还可以为养殖动物提供营养物质,增强动物抵抗力,保护动物免受有害微生物的侵害。

④有益微生物大量繁殖的同时,合成大量菌体蛋白,调节消化吸收,从而达到促进水生动物生长、提高饲料转化率的目的。

参考文献

陆承平.2005.最新动物病毒分类简介.中国病毒学.20(6):682~688

洪健,周雪平.2006.ICTV 第八次报告的最新病毒分类系统.中国病毒学.21(1):84~96

陆承平.2001.兽医微生物学.北京:中国农业出版社

陆德源.2001.医学微生物学.北京:人民卫生出版社

柴家前,丁巧玲,王振龙,等.2002.罗非鱼链球菌的分离鉴定.中国预防兽医学报.24(1):18~20

黄宗国.2002.海洋生物学辞典.北京:海洋出版社

谢天恩,胡志红.2004.普通病毒学.北京:科学出版社

萧枫,张奇亚.2004.水生动物虹彩病毒的分子生物学.水生生物学报.28(2):202~206

俞开康,战文斌,周丽.2000.海水养殖病害诊断与防治手册.上海:上海科学技术出版社

任家琰,马海利.2001.动物病原微生物学.北京:中国农业科技出版社

樊海平.2001.恶臭假单胞菌引起的欧洲鳗鲡烂鳃病.水产学报.25(2):147~150

张晓君,战文斌,陈翠珍,等.2005.牙鲆迟钝爱德华氏菌感染症及其病原的研究.水生生物学报.29(1):31~37

张建丽,刘志恒.2001.诺卡氏菌型放线菌的分类.微生物学报.41(4):513~517

徐洪涛,屈建国,朴春爱,等.2000.中国对虾呼肠孤样病毒感染的电镜观察.病毒学报.16(1):76~79

石军,陈安国,张云刚.2002.微生态饲料添加剂在水产养殖中的应用.水产养殖.(2):38~41

Berridge B R，Fuller J D，Azavedo J，et al. 1998. Development of specific nested oligonucleotide PCR primers for the *Streptococcus iniae* 16S~23S ribosomal DNA intergenic spacer. J Chin Microbiol. 36(9):2778-2781

Bloch B，Gravningen K，Larsen J L. 1991. Dis Aquat Org. 10：65

Danovaro R，Gambi C，Luna G M，et al. 2004. Sustainable impact of mussel farming in the Adriatic Sea (Mediterranean Sea)：evidence from biochemical，microbial and meiofaunal indicators. Mar Pollut Bull. 49(4)：325-333

Eldar A，Bejerano Y，Liboff A，et al. 1995. Experimental *Streptococcal meningoence* phalitis in cultured fish. Vet Microbiol. 43：33-40

Eldar A，Ghittino C. 1999. *Lactococcus garvieae* and *Streptococcus iniae* infections in rainbow trout Oncorhynchus mykiss：similar，but different diseases. Dis Aquat Org. 36(3)：227-231

Friedman C S. 1998. *Nocardia crassosteae* sp. nov.，the causal agent of *Nocardiosis* in Pacific oysters. Int J Syst Bacteriol. 48(1)：237-246

He J G，Weng S P，Zeng K，et al. 2002. Experimental transmission pathogenicity and physical chemical properties of infections spleen and kidney necrosis virus (ISKNV). J Fish Diseases. 23：1-4

Hellberg H, Koppang E O, Torud B, et al. 2002. Dis Aquat Org. 49: 27

Holt J G, Krieg N R, Sneath P H A, et al. 1994. Bergey's Manual of Determinative Bacteriology(Ninth Edition). Baltinore: Willams & Wilkins

Oh M J, Kitamura S I, Kim W S, et al. 2006. Susceptibility of marine fish species to a megalocytivirus, turbot iridovirus, isolated from turbot, *Psetta maximus*. J Fish Dis. 29(7): 415-421.

Paker R B. 1974. The other half of the antibiotics story. Anim Nutr Health. 29: 4-8

Shoemaker C A, Klesius P H, Evans J J. 2001. Prevalence of *Streptococcus iniae* in tilapia, hybrid striped bass, and channel catfish on commercial fish farms in the United States. AJVR. 62: 174-177

Sung H H, Hsu S F, Chen C K. 2001. Relationships between disease outbreak in cultured tiger shrimp (Penaeus monodon) and the composition of *Vibrio* communities in pond water and shrimp hepato-pancreas during cultivation. Aquaculture. 192: 101-110

Vezzulli L, Chelossi E, Ricardi G, et al. 2002. Bacterial community structure and activity in fish farm sediments of the Ligurian sea(Western Mediterranean). Aquacult Int. 10(2): 123-141

Zlotkin A, Hershko H, Eldar A. 1998. Possible Transmission of *Streptococcus iniae* from wild fish to cultured marine fish. Apple Environ Microbiol. 64: 4065-4067

14. 海洋微生物天然产物

14.1 海洋微生物天然产物研究历程

人类对海洋微生物天然产物的研究可以追溯到 19 世纪末。早在 1889 年, De Giaxa 就发现了海水对某些微生物具有拮抗现象,指出海水中可能存在一些海洋微生物,能产生抑菌物质。20 世纪 30 年代学术界逐渐认识到海洋微生物的抑菌作用,掀开了海洋微生物活性物质研究的序幕。1947 年 Rosenfeld 和 Zobell 研究了 58 株海洋细菌,以炭疽杆菌(*Bacillus anthracis*)为受试菌,发现具有抗菌活性的大多是革兰氏阳性菌。这些重要发现极大地刺激了科学家对海洋微生物天然产物研究的兴趣。但由于长期以来受海洋微生物难以采集、培养与鉴别的制约,海洋微生物天然产物的研究进展一直比较缓慢。

20 世纪中叶,海洋微生物研究技术及天然有机化学取得了迅猛发展。首先是培养技术的改进,比如采用稀释培养法使分离效率大大提高,解决了分离培养上的难题;分子生物学技术的发展,解决了很多分类学的难题;天然有机化学的发展,在分离技术和结构分析技术特别是光谱技术方面的长足进步,促使海洋微生物天然产物的研究发展迅速,使得从海洋微生物中获取和鉴定一些含量低、结构复杂的天然化合物成为可能。日本东京大学微生物研究所率先对海洋微生物开展了卓有成效的系统研究,针对各种海洋细菌,特别是来自海洋沉积物中的放线菌进行了深入的研究。1975 年该研究所 Okami 小组报道从海底污泥中分离到一株产生抗生素的放线菌 *Chainia purpurogena* SS-228,这是世界上较早报道在海洋中分离到放线菌的例子。1983 年,Okami 等为了寻找抗肿瘤海洋微生物,从一种海藻上分离到湿润黄杆菌 *Flavobacterium uliginosum* MP-55,获得抗肿瘤活性物质 marinactan,该化合物对 S-180 腹水瘤和小鼠乳腺癌具有明显抑制作用。到了 80 年代中期,日本其他一些科研机构也纷纷加入到海洋微生物研究的行列中,在目前发现的新抗生素中,日本报道的约占 50%。在此期间,美国加利佛尼亚大学 Scripps 海洋研究所对海洋微生物也进行着长期不懈的研究。1988 年,Fenical 教授领导的科研小组从虾卵表面以及丝状蓝藻表面分离到一些共生细菌,这些共生细菌能分泌拮抗物质抵御病原体入侵共生体,但是从中提纯出的抑菌物质都是一些简单的靛红、酚类和醌类化合物,基本没有药用价值。1989 年该小组又报道从水深 1 000 m 的深海中分离到一株嗜盐的革兰氏阳性菌,能产生一系列新的细胞毒性和抗真菌的大环内酯 A～F,其中主要的代谢产物为大环内酯 A,它还对单纯疱疹病毒(herpes simplex virus, HSV)和艾滋病病毒(human immunodeficiency virus, HIV)有抑制作用。由于海洋微生物天然产物的诱人前景,德国、法国、加拿大、西班牙等国的研究机构也都加快了开发新的海洋微生物天然产物的步伐。我国科学家在 20 世纪 80 年代中期才开始意识到海洋微生物天然产物开发的潜力。一些有条件的科研机构也纷纷展开对海洋微生物的研究。

在经历近半个世纪的探索和发展后,科研工作者已经从海洋微生物中发现了多种在化学结构和生物学上具有重要意义的天然产物,尤为重要的是发现了一系列新型活性天然产物。大量的生物学及生态学研究还发现,在海洋动植物中分离获得的许多结构独特、具有强效生理活性的化合物中,一些活性化合物真正来源极有可能是海洋微生物。海洋微生物天然产物的研究已经积累了许多宝贵的经验和丰富的研究资料,特别是近年来分子生物技术的高速发展,为海洋药物开发提供了新的研究方法、思路和发展方向。

14.2　海洋微生物天然产物的特点

概括起来,海洋微生物天然产物具有以下 5 个方面的特点。

(1)结构类型丰富多样

海洋微生物能产生多种的天然活性物质,包括抗生素、酶、酶抑制剂、不饱和脂肪酸、维生素及毒素等。从化学结构上,它们可归为甾醇、萜类、肽类、胍胺类、皂苷、聚醚、聚酮、大环内酯、脂肪酸、生物碱类、多糖、类胡萝卜素、烃类等类型,其中有些是陆地上罕见的结构类型。相比陆地来源的活性物质,海洋微生物还能产生很多共价结合的含卤有机物,最常见的是含溴,其次是含氯、碘。

(2)具有生态学重要意义

某些海洋微生物产生的天然物质在生态学上具有重要意义,有些能够抑制入侵种的生长,有些能给寄主提供保护作用。1989 年 Gil-Turnes 等研究河口海虾 *Palaemon macrodoctylus* 的致病菌时发现,这种河口海虾的卵表面覆盖着一种细菌 *Alteromonas* sp.,若用抗生素处理除去这些表面细菌,卵很快就会因病原性真菌感染而死亡。进一步研究发现,该菌可产生一种抗真菌化合物 2,3-二氢吲哚(2,3-indolinodion),即 isatin,正是这种物质使卵免受病原性真菌的侵害。Valerie J P 等于 2006 年研究 *Pseudoalteromonas tunicata* 时发现,该菌能产生一种黄色色素,可以抑制外来种在其周围的繁殖。

(3)具有独特的生物活性

海洋环境与陆地环境迥异,其特殊的生态环境使得海洋微生物常常具有不同于陆地微生物的代谢途径,具备产生新型代谢产物的潜力。尽管人们推测海洋中的许多微生物是由陆地环境经河水、污水、雨水或尘埃等途径而来,但特殊的海洋环境赋予海洋微生物产生相应陆栖微生物不能产生的新颖活性化合物的能力。方金瑞等曾从厦门鼓浪屿海区的海底泥样中分离到一株海洋链霉菌株,其培养特征、大部分生理生化特征和细胞壁组成特征与陆栖的鲁特格斯链霉菌基本相似,命名为鲁特格斯链霉菌鼓浪屿亚种(*Streptomyces rutgersensis subsp. gulangyuensis*),但前者具有强的液化琼脂和中等的耐盐能力,还能产生抗菌谱广、抗菌活力强和毒性低的新抗生素 8510,而已知陆栖的鲁特格斯链霉菌菌株都不产生抗菌物质。

(4)活性物质比例高

海洋微生物不仅十分丰富,而且产生活性代谢物质的比例也较高。Christophersen C 等(1999)从海洋动植物和海底沉积物中分离获得 227 种真菌,其产物经分离、鉴定后,其中 44 种真菌的提取物对副溶血弧菌(*Vibrio parahaemolyticus*)有抑制作用,55 种真菌提取物对金黄色葡萄球菌(*Staphylococcus aureaus*)有抑制作用,活性菌株比率达到48%。

(5)与发酵条件密切相关

海洋微生物天然产物的活性与发酵条件密切相关,当改变培养条件时,海洋微生物产生的活性物质也相应变化,可能不产生活性物质,或产生另一种活性物质。基本原则是:以产生活性产物为目的的发酵培养基,应尽可能模拟海洋微生物栖息地的环境条件。

14.3 海洋微生物天然活性产物的筛选

从庞大的海洋微生物群体中寻找特定的活性化合物工作量非常大,因此,从微生物分离的那一刻起,就应进行有目的的筛选。活性产物的发现要归功于活性筛选模型和筛选方法,活性物质在发酵液中的浓度一般非常低,因而对筛选模型的要求就非常高,有效筛选是高专一性、高选择性、高敏感性、快速反应性以及高度稳定性的统一。生物活性的筛选方法各式各样,筛选效率直接与试验的设计有关,靶标越明确,越有可能获得特定活性的产物;对病理和药理方面的了解越深入越具体,就越有利于筛选。

14.3.1 抗菌活性筛选

过去几十年中,经典的随机筛选方法在筛选抗生素方面取得了巨大的成就,发现了数以千计的新抗生素。但近些年来,找到新抗生素的可能性大大减少,人们必须从随机筛选转向理性筛选,目前抗菌筛选方法主要有以试验菌为对象的筛选方法、以作用机理为依据的筛选方法以及以耐药机制为依据的筛选方法。

(1)以试验菌为对象的筛选

某些微生物在新陈代谢过程中,能产生一类称为抗生素的物质来抑制周围微生物的生长。若把这些微生物置于含有供试菌的琼脂平板上,则其周围会形成一个圆形的不长菌的透明区域,即透明圈。这样就可以选择不同类型的微生物作供试菌,来寻找能抑制该类微生物生长的抗生素产生菌。由于我们研究的对象往往是人体或动物的致病菌,如直接用它们作供试菌,对人有一定危险性,而且培养条件也难控制,因此筛选时一般用某种具有代表性的非致病菌来代替,在得到初步结果后,再进行防治效果试验和其他较深入的研究。表14-1中列出了筛选抗菌药物常用的一些试验菌。

表14-1　用于筛选抗菌药物的常用试验菌

试 验 菌	代表的微生物类型
金黄色葡萄球菌(*Staphylococcus aureus*)	革兰氏阳性球菌(G$^+$)
枯草杆菌(*Bacillus subtilis*)	革兰氏阳性杆菌(G$^+$)
大肠杆菌(*Escharichia coli*)	革兰氏阴性杆菌(G$^-$)、肠道菌
白色假丝酵母(*Candida albicans*)	酵母类真菌
黑曲霉(*Apergillus niger*)	丝状真菌
镰刀菌(*Fusarium* sp.)	

从"体外抗菌体内也抗菌"的观点出发,以试验菌为对象进行筛选是一种非常经典的模型。可采用的检测方法有琼脂挖块法、杯碟法和纸片扩散法。纸片扩散法的原理是:纸

片中的药物向纸片周围扩散时形成递减的浓度梯度,纸片周围的试验菌生长若受到抑制,就会形成抑菌透明圈,透明圈越大、越透明,说明试验菌对该药物越敏感,反之,则不敏感。实验时,在固体培养基表面均匀涂布试验菌后,将滤纸片平整地贴在平板表面。取适量待测样品加到滤纸中央,培养一定时间后测量透明圈直径。该方法具有直观、快速的优点,在化合物分离纯化过程中还可以用来进行活性成分的跟踪。

(2)以作用机理为依据的筛选

近年来,研究者开始从临床有效的抗生素的作用机理和细菌的耐药机理来设计筛选模型,即定靶筛选,从而摆脱了筛选的盲目性,提高了筛选效率。通过定靶筛选可以有目的地筛选出具有某种作用机理的抗生素,以获得抗菌作用强、对耐药菌有效、毒性小的新抗生素。

1)作用于细胞壁生物合成药物的筛选

微生物细胞膜外有一层刚性的细胞壁,起着保持细胞形态、维持细胞内高渗透压而使细胞不破裂的作用,细胞壁主要由多糖、蛋白质、类脂质等组成,其基本结构为肽聚糖。而人体细胞没有细胞壁,因此,作用于细胞壁的抗生素具有良好的选择性毒性。

2)细菌叶酸代谢抑制剂的筛选

四氢叶酸及其衍生物在细菌代谢中起着重要作用,而大多数微生物不能吸收叶酸类化合物(少数细菌,如 *Enterococcus faecium* 除外),只能靠自身合成四氢叶酸,一旦叶酸代谢受阻,生命则不能继续。动物则能吸收叶酸为其生长所需,因此叶酸代谢抑制剂也具有较好的选择性毒性。

3)蛋白质合成抑制剂的筛选

在真细菌细胞的蛋白质合成中,延伸因子 Tu 是必需的,但它与哺乳动物细胞中功能相似的因子有很大区别,因而与延伸因子 Tu 结合的抗生素可抑制许多细菌的生长,而对哺乳动物细胞基本上没有毒性。

4)细菌 DNA 回旋酶抑制剂的筛选

DNA 回旋酶(gyrase)是细菌细胞维持 DNA 保持超螺旋状态的一种酶,在 DNA 的复制、转录和重组过程中起着重要作用。已知喹诺酮类药物和新生霉素作用于该酶,有较好的选择性毒性。但该筛选方法必须通过电泳对超螺旋 DNA 进行检测,不适合筛选量大的样品。

5)改变细菌膜通透性药物的筛选

某些细菌的细胞膜可以阻止一些抗生素的通过,因而使得本来对这些细菌具有活性的抗生素起不到抗菌作用。但有一类物质,本身并没有抗菌作用,只是能与细菌的细胞膜结合,引起膜发生变化,使某些具有特定结构的抗生素能透过细胞膜进入细胞内,达到抗菌目的。因此,可以联合抗生素一起来筛选这类活性物质。

6)作用于细菌外膜的药物筛选

在绿脓杆菌(*Pseudomonas aeruginosa*)和其他革兰氏阴性杆菌的细胞壁外,有一层主要由蛋白质构成的外膜,它能够阻止某些大分子药物的通过,这也是抗绿脓杆菌药物较少的原因之一。因此,寻找能抑制绿脓杆菌及其他革兰氏阴性杆菌外膜合成的药物,可使一些原来不能透过的药物进入菌体,起到杀菌作用,当然也可寻找既能抑制外膜合成,本身又具有抗菌活性的药物。这对治疗绿脓杆菌感染具有重要意义。

7）作用于细菌外排系统的药物筛选

部分细菌存在针对药物的主动外排系统，有些抗菌药物进入菌体后，会被细菌的外排系统排出体外，起不到杀菌作用，导致细菌产生耐药性。因此，应寻找能抑制细菌外排系统的物质，使进入菌体的药物不被排出，从而起到杀死细菌的作用。

8）作用于非甲羟戊酸生物合成途径的药物筛选

固醇和萜是生物细胞的重要构成成分。过去一直认为所有生物体内的固醇和萜类化合物都是通过甲羟戊酸途径合成的，但 Rohmer 等研究发现，许多微生物和植物叶绿体中存在完全不同的生物合成途径，称为非甲羟戊酸途径。进一步研究发现，该途径几乎在除某些葡萄球菌、链球菌和肠球菌以外的所有病原菌中都存在，并对它们的生长至关重要，而动物中不存在这一途径，因此它是一个筛选高效、无毒、抗感染药物很好的作用靶点。

（3）以耐药机制为依据的筛选

抗生素的广泛使用和滥用，引起细菌耐药性大幅度增加。细菌的耐药机制主要有 4 种：①细菌产生一种或多种水解酶或钝化酶，水解或修饰进入细菌细胞内的抗生素从而使之失活；②抗生素的作用靶点由于发生突变或被细菌的某种酶修饰使抗生素失效；③细菌细胞膜透性或其他特性的改变使抗生素不能进入胞内；④细菌的外排系统直接将药物泵至胞外。第一种和第二种细菌耐药机制，具有很强的专一性，即仅对某一种或某一类抗生素耐药，可以通过几种抗生素联用或抗生素和酶抑制剂联用来解决。酶抑制剂的筛选包括 β-内酰胺酶抑制剂的筛选、氨基环醇类抗生素钝化酶抑制剂的筛选和氯霉素乙酰转移酶抑制剂的筛选。而第三种和第四种耐药机制，没有专一性，对不同结构类型或作用机制的抗菌药物都能产生抗性，只有通过筛选新型抗生素解决。

由于耐药菌感染和绿脓杆菌感染等的增加，迫切需要加强抗细菌抗生素的筛选研究，一方面建立以作用机制和耐药机制为靶点的筛选方法，试图获得低毒、临床有效的新抗生素；另一方面要提高测定方法的灵敏度，期望从发酵产物中找到含量极微的新化合物。

对于抗真菌抗生素的筛选，可以用试验菌直接筛选，也可以筛选作用于真菌细胞壁的抗生素。真菌虽然是真核生物，但真菌有细胞壁，其中具有动物细胞中不存在的物质，如几丁质、β-1,3-葡聚糖和甘露聚糖。因此，可以利用真菌细胞壁的特异性，来筛选抑制真菌细胞壁合成的药物。

14.3.2 抗肿瘤活性筛选

几十年来，人类一直坚持不懈地进行着抗肿瘤药物的研究。寻找选择性强、对实体瘤有效的新型抗肿瘤药物，是摆在研究人员面前的重要任务。在抗肿瘤药物研究过程中，抗肿瘤活性物质的筛选是非常重要的一个环节，研究人员每年都要分离成千上万个待筛的天然产物或合成产物，只有建立合理高效快速的筛选模型，提高筛选效率和质量，才能在短时间内以较低成本开发出新型的抗肿瘤药物。

抗肿瘤药物筛选方法经过研究人员多年的探索，已从过去的化合物定向筛选（compound oriented screening）转向当前的疾病定向筛选（disease oriented screening）或靶点定向筛选（target oriented screening），这也反映出人类对肿瘤的认识在不断深入。抗肿瘤药物筛选的模型有多种，根据所选用的材料和药物作用对象不同，可以大致分为体内筛选模型、体外筛选模型、基于作用机理的筛选模型、微生物筛选模型等。

(1)体内筛选模型

体内筛选模型(in vivo screening model)又称整体动物筛选模型,一般以小鼠为材料,主要包括传统的动物移植性肿瘤模型、人癌裸鼠移植模型、人癌小鼠肾包膜下移植模型。

1)动物移植性肿瘤模型

动物移植性肿瘤模型是美国国立癌症研究所(NCI)早期进行化合物定向筛选时所用的筛选模型。一般接种适量肿瘤细胞后很快就能产生肿瘤,具有移植成活率高、生长均匀、治疗效果易于观察、实验周期短等优点,缺点是投资大、实验结果不能反映受试活性物质的真正活性与抗瘤谱。通过该模型发现的抗肿瘤药物主要对恶性淋巴瘤和白血病有效,而对常见实体瘤如肺癌、肝癌、胃癌和食道癌等往往疗效不好。这些缺点使得利用该模型筛选抗肿瘤新药的研究一直未能取得突破性进展。

2)人癌裸鼠移植模型

裸鼠是一种皮肤无毛且不具备胸腺的小鼠,由于其先天性胸腺缺损导致胸腺依赖性免疫功能存在缺陷,从而在人肿瘤细胞异种移植时无明显排斥反应,并可保持肿瘤细胞原有的组织形态和生物学特性以及对抗肿瘤药物原有的敏感性。美国 NCI 于 1975 年开始将人癌裸鼠移植模型应用于抗肿瘤药物的常规筛选工作中,并取得可喜的效果。到目前为止,世界上已建立 400 多株人癌移植裸鼠;我国研究人员已成功地将人结肠癌、乳癌、肺癌、卵巢癌、黑色素瘤、胃癌、肾癌、宫颈癌、肝癌、淋巴瘤、白血病、儿童视网膜细胞瘤和人恶性纤维组织细胞瘤等移植于裸鼠中。但该模型也存在缺点:①裸鼠较难饲养,价格昂贵;②异种移植成活率低,一般为 30%～40%;③人实体瘤生长潜伏期长,增殖速度慢;④人实体瘤在裸鼠体内不易转移,尤其是皮下转移,而转移是实体瘤的主要特征之一。所以,人癌裸鼠移植模型也未得到广泛应用。

3)人癌小鼠肾包膜下移植模型

小鼠肾包膜(subrenal capsule,SRC)部位的特点是血管丰富,供血充分。研究人员发现将人肿瘤细胞移植于具有正常免疫功能的小鼠 SRC 部位后,在较短时间内能逃避机体的免疫排斥反应,并可增加肿瘤浸润和转移的机会。SRC 部位血管丰富,使得肿瘤血供也较丰富,对药物的敏感性也高;另外,每次实验动物较少,可使成本大大降低,且实验周期短,可用于抗肿瘤药物的筛选。但该筛选模型只能接种实体瘤块,体外培养的肿瘤细胞一般不能直接进行移植,也限制了该模型的应用。

在体内肿瘤模型筛选方面,美国 NCI 于 1995 年发明了中空纤维管检测(hollow fiber assay)方法。此法是将不同肿瘤细胞株放入具有选择通透性的直径 1 mm 的纤维管中,植入皮下及腹腔的 6 个不同部位,用以评价药物的抗肿瘤作用,该法优点在于:肿瘤细胞易于剥离,不易浸润到周围正常组织;动物用量少,是皮下异种移植的 50%;耗时少,为皮下异种移植方法的 1/8～1/9;能从分子水平上评价药物的抗肿瘤活性。这种方法快速、简便,但有一个很明显的缺陷,就是在临床上有活性的一些药物会被漏筛,无法保证所有具有抗肿瘤作用的药物都能筛选到,而且利用这种方法找到的活性物质多数只对白血病及淋巴瘤有效,而对大多数最常见的人实体瘤无效。

（2）体外筛选模型

鉴于以前的筛选方法存在较大的缺陷，1985 年之后以 NCI 为首的一些研究单位普遍采用针对疾病的筛选方法来代替针对化合物的筛选方法，即放弃体内小鼠筛选，代之以体外各种实体瘤的肿瘤细胞株筛选，即体外筛选模型(in vitro screening model)，它是通过在体外检测待测样品对离体培养的肿瘤细胞的生长抑制情况，从而测定待测药物的细胞毒活性。这种筛选系统是一种高通量的抗肿瘤筛选体系，主要优点在于：①操作简单，适合大规模筛选；②由于肿瘤分子生物学的发展，基于分子机理的筛选模型大大提高了体外筛选模型模拟肿瘤的真实度；③通过体外模型筛选可初步了解药物的作用机理。还可以用来指导有效成分的进一步分离纯化，使得从天然产物中发现新的抗肿瘤药物更加便利。由于肿瘤细胞离体培养技术的成熟和完善，这种体外筛选模型已日益成熟，并得到了广泛使用。根据对活细胞检测方法的不同，可分为以下几种。

1）MTT 比色分析法

MTT 比色法的原理是基于四唑盐[3-(4,5-二甲基-2-噻唑)-2,5-二苯基四氮唑溴盐，简称 MTT]可被活细胞线粒体中的琥珀酸脱氢酶还原为难溶的蓝紫色结晶物甲䐶(formazan，FMZ)，而死细胞没有这种能力。沉积在活细胞中的 FMZ 用二甲亚砜(dimethyl sulfoxide，DMSO)溶解后，溶液呈现的颜色深浅与 FMZ 含量成正比，再用酶标仪测定 OD_{492} 可间接反映活细胞数量。通过进一步分析就可以知道细胞存活率（或死亡率）为 50% 时的半抑制浓度，从而可作为细胞毒检测的指标。具有不使用放射性元素、所用试剂少、仪器简单、耗时少等优点，适用于大量抗癌药物的筛选、抗癌作用机理的研究以及临床合理用药的指导，是目前实验室最常用的体外抗肿瘤药物筛选法。但细胞数量、MTT 浓度、残留培养液均会影响实验结果，操作时要注意。

2）SRB 法

SRB(sulforhodamine B)是一种蛋白质结合染料，也叫磺基罗丹明 B，可与生物大分子中的碱性氨基酸结合，其颜色变化与活细胞蛋白成正比。SRB 用磷酸三丁酯(TCA)固定后可随时用 SRB 染色做蛋白测定，而且 SRB 用三羟甲基氨基甲烷(Tris)溶解后也可稳定较长时间，特别适用于大规模筛选药物。但 SRB 法仅限于贴壁细胞，而且染色步骤多，操作繁琐，易造成人为误差。

3）[3]H-TdR 掺入法

[3]H-TdR(^{3}H-thymidine，[3]H-胸腺嘧啶)掺入法能客观反映多种化疗药物或药物组合对肿瘤细胞生长的不同抑制效果，无须复杂的仪器设备，操作过程简单。但由于使用的 ^{3}H-TdR 带有放射性，不如其他试剂安全。另外，其反映的是细胞内 DNA 的合成状态，因而有些条件下（如静止期细胞）也不能准确地代表细胞计数。

4）CCK-8 法

CCK-8(cell counting kit-8)是一种类似于 MTT 的化合物，化学名为 2-(2-甲氧基-4-硝基苯基)-3-(4-硝基苯基)-5-(2,4-二磺酸苯)-2H-四唑单钠盐。其基本原理为：在电子载体 1-甲氧基-5-甲基吩嗪硫酸二甲酯(1-Methoxy PMS)的作用下，CCK-8 被细胞线粒体中的脱氢酶还原为具有高度水溶性的黄色甲䐶物，可用于进行简便而准确的细胞增殖和毒性分析，其灵敏度高于其他四唑盐。只需一步操作即可得到结果，不需调配，不需放射性同位素和有机溶剂。结果准确,与 ^{3}H-TdR 掺入法的相关性很好,值得推广使用,但价格稍高。

5)酸性磷酸酶法

酸性磷酸酶法(acid phosphatase assay,APA)的原理是活细胞内的酸性磷酸酶在酸性环境下可以分解磷酸酶底物硝基苯磷酸盐,产生淡黄色,用酶标仪在 405 nm 处检测其 OD 值可反映活细胞数。该法适用于体外筛选对肿瘤细胞敏感的化疗药物,具有快速、准确性高的特点。

6)ATP 生物发光法

ATP 是一切活细胞代谢的基本能量来源,细胞死亡后,在酶的作用下 ATP 迅速分解,所以通过检测细胞中 ATP 的含量,就可准确反映样本中活细胞的数量。ATP 生物发光法是通过将荧光素-荧光素酶复合物与 ATP 作用,二者之间发生生化反应而发出荧光,优点是灵敏度非常高、检测范围广。

7)组织块培养－MTT 终点染色－计算机图像分析

将肿瘤标本切成大小为 0.5～1 mm 的组织块置于滤纸上培养,1 d 后测每孔瘤块体积。加药物培养 4 d 后,加 MTT 再培养 6 h,测定瘤块被甲臜染色的面积,然后计算生存指数。该法采用组织块培养,不同于以单细胞培养为特征的体外药物敏感性试验方法,保持了实体瘤的组织结构,有利于细胞存活,操作简便,成功率较高。

8)细胞计数法

该法是最直接、最能真实反映细胞增殖水平的简单方法。比如在美蓝法中,是利用活细胞的脱氢酶提供氢离子,使甲烯蓝还原为无色的甲烯白,而死亡细胞则不能使甲烯蓝还原,因此被染成蓝色,计数用药后的死亡细胞数量就能反映药物的抑瘤作用。但此法受人为因素影响较大,且样本多时工作量非常大。

与体内筛选模型相比,体外筛选模型可进行大规模抗肿瘤药物筛选,筛选效率较高,且成本较低;但体外筛选模型的缺点是模拟肿瘤真实度相对较低,待测药物不能参与体内的代谢活动,会漏筛一些需要在体内进行代谢活化的物质以及通过免疫系统才能发挥作用的物质。现在的抗肿瘤药物筛选,一般采用体内模型与体外模型结合的方法。在初筛中,主要采用体外筛选模型,而在复筛中采用体内筛选模型,以提高筛选的真实度。

(3)基于作用机理的筛选模型

随着对肿瘤发生、发展等分子机理的研究不断深入,人们对与肿瘤增殖、分化和恶性转化等相关的蛋白或基因有了进一步了解,尤其是对肿瘤基因及其表达产物、参与肿瘤细胞的信号传导进程以及诱导肿瘤细胞凋亡等过程分子水平上的认识,促进了基于作用机理的筛选模型的建立。基于作用机理的筛选模型就是以这些与肿瘤相关的蛋白分子或基因为靶点,通过待测药物与靶点分子间相互作用,在体外对待检测的药物进行筛选。

这类分子靶点有:细胞周期因子,如 CDKs(周期素依赖性蛋白激酶)、CDKI(周期素依赖性蛋白激酶抑制剂);细胞信号转导因子,如 PKC(蛋白激酶 C)、PTK(酪氨酸蛋白激酶);法呢基转移酶;拓扑异构酶Ⅰ、Ⅱ;端粒酶;血管生成相关因子;肿瘤侵袭、转移相关因子,如间质金属蛋白水解酶等。该类筛选模型的优点是:①可在离体情况下进行大规模筛选;②操作简单、快速、成本较低;③模拟肿瘤的真实度高,结果可靠。缺点是缺少细胞代谢,容易造成结果的假阳性或假阴性。

（4）微生物筛选模型

由于微生物具有生长快、操作简单的优点,可利用微生物筛选模型进行抗肿瘤药物的初筛,多采用经过人工改造或野生的细菌或真菌作为模式微生物。如 BIA 活性检测菌是一株具有 γ-$lacZ$ 片段的大肠杆菌,该菌在正常情况下不产生 β-半乳糖苷酶,当有药物作用于该菌的 DNA 时,则会诱导产生 β-半乳糖苷酶,因而可通过检测 β-半乳糖苷酶产生与否来判断该药物是否作用于 DNA 的抗肿瘤药物。美国研究人员曾建立了 70 多株具有 DNA 损伤修复缺陷的酵母突变系,每个酵母突变株 DNA 损伤修复缺陷的背景都不同,或与 DNA 修复基因突变有关,或与细胞周期调控基因的突变有关。因此,可以通过对某个酵母突变株是否具有抑制作用,来筛选与该突变株具有同源突变背景的肿瘤细胞有抑制作用的药物,但前提是活性药物对正常酵母无抑制作用。

以丝状真菌的分生孢子或菌丝形态变形为指标的抗肿瘤、抗真菌生物活性检测模型,近几年在国内外得到了广泛的应用。该方法具有重现性好、费用低、操作简便、快速、安全等特点,很适合对抗肿瘤活性物质的初筛。现应用的模型菌主要是稻瘟霉（$Pyricularia$ $oryzae$）,这是因为稻瘟霉孢子的个体大、特征明显,易于观察形态变化,另外它属于植物病原菌,对人类无伤害。稻瘟霉模型的筛选结果可以用最低菌丝变形浓度（minimum mycelium distortion concentration,MMDC）表示,粗提物 MMDC$\leqslant$500 $\mu g/mL$ 时视为具有生物活性。该模型的作用机理可能与药物的抗有丝分裂相关,具体机制还不清楚,但因筛选周期短,且不需要昂贵设备,所以非常适合初筛时的大规模筛选。

近半个世纪以来,抗肿瘤药物的筛选方法和模型可谓层出不穷。筛药模型从化合物定向的体内筛选转向疾病定向的体外筛选,筛药系统从过去的单纯体外或体内为主的模型发展到体外与体内相结合的模型。但目前所使用的筛选模型仍不能满足抗肿瘤药物研究的需要,因此建立合理有效的筛选方法、模型和体系,提高筛选质量,是抗肿瘤药物研究中的一项重大课题。肿瘤的发生、发展是由多个因素在多个阶段相互作用的复杂过程,每个模型只能从一个或几个方面而不能全面地对肿瘤进行模拟。所以,在现在的抗肿瘤药物筛选过程中,一定要用几个不同的筛选模型,从多个角度对待筛药物进行评价。

14.3.3　抗病毒活性筛选

病毒是一类主要的致病微生物,世界范围内的统计结果显示,在发病率和病种上病毒感染性疾病近年来均呈现快速上升趋势。然而,长期以来病毒性疾病的相关治疗药物却发展缓慢,目前还几乎没有药物能真正有效地控制病毒感染,仅有为数不多的几种药物应用于临床,如泛昔洛韦、齐多夫定、阿糖腺苷、六环鸟苷、干扰素等。

传统的抗病毒药物筛选方法就好比是土法炼钢——研究人员先让细胞感染病毒,然后在培养基中加入可能抑制病毒的化合物,用试误法（trial and error）找出其中能降低病毒数量的化学物质,然后再作深入研究。早期的抗病毒药物,如碘苷（idoxuridine,用于治疗疱疹）就是这样筛选出来的。近年来,随着分子生物学与基因组学的迅速发展,已涌现出一些开发抗病毒药物的崭新方法。

现代开发抗病毒药物的方法,是针对病毒生命周期的某个细节,开发出具有抑制作用的抗病毒药物。在病毒复制过程中,吸附——→侵入——→增殖——→装配——→裂解的每一个步骤都可以作为药物的作用靶点。例如，对抗人类免疫缺陷病毒（HIV，即艾滋病病毒）的药物，能够阻断病毒与宿主细胞表面的受体（receptor）结合，从而抑制病毒侵入细胞。流行性感冒药物金刚烷胺（amaantidine）、金刚乙胺（rimantidine）的作用方式，则是抑制病毒与细胞的膜融合。除阻止病毒进入细胞之外，也可以根据病毒在细胞内复制的原理开发新药。例如，对抗 HIV 的药物 AZT、治疗疱疹的 gancyclovir、治疗流行性感冒的克流感（tamiflu）以及治疗 B 型肝炎的 lamivudine 与 adefovir 等药物，都是借助干扰病毒的复制机制而达到治疗的效果。此外，抑制病毒蛋白质合成、阻断病毒离开宿主细胞、间接减低受害细胞的数量等，都是目前研究人员正在努力开发新药的方向。研究还发现细胞本身也会产生抵抗病毒的物质，如干扰素（interferon）等。

以目前的科技水平，病毒的基因序列已能解开，并因此而推测出病毒蛋白质的氨基酸序列结构，若病毒学家能够证明特定的病毒蛋白质确实是病毒生存与复制时不可缺的，即可大胆地设计出能够与特定的病毒蛋白质紧密结合的化合物。例如，我们可以设计一个化合物，使其抑制病毒本身的酶（如蛋白酶或核酸聚合酶）。在做法上，可以利用分子生物学的技术，把病毒蛋白质的基因转入宿主细胞使之大量表达，这些蛋白质即可作为药物筛选的"靶标"（target），以筛选出能够抑制其活性的化合物。一般而言，以病毒专有的蛋白酶、核酸聚合酶作为"靶标"进行筛选较为常见。

14.3.4　高通量筛选技术

高通量筛选（high throughput screening，HTS）是目前药物筛选的主流技术，它以多孔板为载体，用高密度、微量自动化加样的方法，快速平行地测试化合物和靶标之间的结合能力或生物学活性，是集现代分子细胞生物学、蛋白质组学、计算机技术、生物芯片技术、组合化学合成和组合生物合成技术等高新技术于一体的药物筛选技术。高通量药物筛选模型一般以在细胞和分子水平上的作用靶点为主要对象，根据样品与靶点结合的表现，来判断化合物的生物活性。由于这些筛选方法在微量条件下进行，同时采用自动化操作系统，可以实现大规模的筛选，故称为高通量药物筛选。将高通量筛选技术运用于微生物次生代谢产物的筛选，可极大地提高筛选效率，加速发现新先导化合物的进程。所以，可利用高通量筛选技术研究先导化合物和衍生物的转运、代谢、毒性和作用机理，快速确定治疗药物的候选物，提高药物研制和开发的效益。

高通量药物筛选主要依赖于含有大量化合物的样品库、计算机控制的自动操作系统以及微量灵敏的生物反应及检测系统，最大特点在于计算机技术的使用，如样品的管理、操作过程的控制、筛选结果的分析和处理等。此外，以计算机技术为基础的辅助筛选方法（又称理性筛选），在高通量药物筛选中也逐渐发挥重要作用。其机理是根据药物作用靶点与药物小分子结合的原理，通过结构模拟、立体结构对接、分子间能量计算、分子相互作用力的预测等手段，寻找能够与特定药物作用靶点相互作用的小分子结构，作为药物研究的对象。

高通量筛选是药物研究领域的一种创新方法，融会了多学科的知识并结合最新的技术进展，与传统的药物筛选方法相比具有反应体积小、自动化、灵敏快速检测、高度特异性等优点。但是，高通量筛选作为药物筛选的一种方法，并不是万能的，它所采用的主要是分子、细胞水平的体外实验模型，也不可能充分反映药物的全面药理作用；另外，如果处理的样品数量相对较少,不但提高了成本,而且并不快捷。

对于海洋微生物活性物质这一庞大资源的筛选,我们现阶段要主要集中于以下几个方面的研究:①分离菌的来源。要尽可能扩大活性物质产生菌的采集范围,包括各种深海以及极端海洋环境下的微生物。②微生物发酵。这是微生物能否产生活性物质的关键。③新型筛选模型和方法的研究设计。随着对高通量筛选研究的不断深入,对筛选模型的评价标准、新的药物作用靶点的发现以及筛选模型新颖性和实用性的统一,高通量筛选技术必将在未来的药物研究中发挥越来越重要的作用。

14.4 海洋微生物抗菌、抗肿瘤、抗病毒活性物质

海洋微生物是天然产物的巨大资源库,海洋微生物产生的活性物质多种多样,很多本身就是具有活性(抗菌、抗肿瘤、抗病毒、酶及酶抑制剂等)的天然药物,有些则是合成活性产物的先导化合物。有些活性物质结构复杂(如聚醚类),通过人工合成的方法很难得到目标产物,合适的途径是筛选高产菌株,通过微生物发酵获得新药开发所需的物质。

14.4.1 从海洋微生物中寻找新的抗菌化合物

在现阶段,多种耐药性细菌的出现让人类措手不及,细菌耐药的原因主要是抗生素的滥用以及细菌本身通过遗传变异和基因整合而获得耐药基因。过去被认为是低级病原菌的肠球菌,现在已成为美国医院病人感染的第三大原因。1941年,几乎所有的金黄色葡萄球菌都对青霉素 G 敏感。到了 1992 年,95%的菌株呈现耐药性,而且对于耐甲氧西林金黄色葡萄球菌(MRSA)来说,最后的主要解决药物——万古霉素,也已有多例治疗失败的报道。这就迫切需要新型抗生素快速和持续的开发,以适应细菌产生耐药的速度。

(1)来自海洋细菌的抗菌化合物

Singh M P 等(2003)发现海洋假单胞菌 *Pseudomonas* sp. F92S91 能产生 α-吡喃酮 Ⅰ 和 Ⅱ 及三种大分子的缩氨酸,且 α-吡喃酮在酸性条件下不稳定,容易重新排列生成一种吡喃化合物 Ⅲ。在这些化合物中,吡喃酮 Ⅰ 对枯草芽孢杆菌(*Bacillus subtilis*)、耐甲氧西林金黄色葡萄球菌(MRSA)、卡他莫拉菌(*Moraxella catarrhalis*)和耐万古霉素肠道球菌(Vancomycin-resistant Enterococci,VRE)都具有抗菌活性。

2,4-二乙酰间苯三酚(DAPG)是 Isnansetyo 等(2001)从附生于海藻的假单胞菌中分离到的一种抗细菌活性物质,能抑制来自于不同国家的 23 种耐万古霉素金黄色葡萄球菌(Vancomycin-resistant *S. aureus*,VRSA),对 VRSA 的 MIC 为 4 $\mu g/mL$,且对 VRE 遗传型 A、B 有微弱的抗性,MIC 值为 8 $\mu g/mL$,有望开发成抗 VRSA 的抗生素。

Yoshikawa 等(2000)从大型藻表面分离得到 2 500 余株海洋细菌,并研究其培养液对蓝细菌 *Oscillatoria amphibia* NIES316 的生长抑制活性,结果从弧菌 C-979 培养液中得到活性物质 β-氰基-L-丙氨酸对一些蓝细菌显示出抑制作用,IC_{50} 为 0.4～25 $\mu g/mL$。

Imamura 等(1997)从来自帕劳群岛的巨藻 *Pocockella variegata* 中分离到革兰氏阴性海洋嗜盐菌 *Pelagiobacter variabilis*,该种能产生具有抗菌和抗肿瘤活性的新型吩嗪类抗生素 pelagiomicin A～C(图 14-1)。Pelagiomicin A 的抗菌作用很强,对金黄色葡萄球菌、枯草杆菌、肠球菌和大肠杆菌的 MIC 分别为 2.6 $\mu g/mL$、0.16 $\mu g/mL$、0.16 $\mu g/mL$

和 1.3 μg/mL。

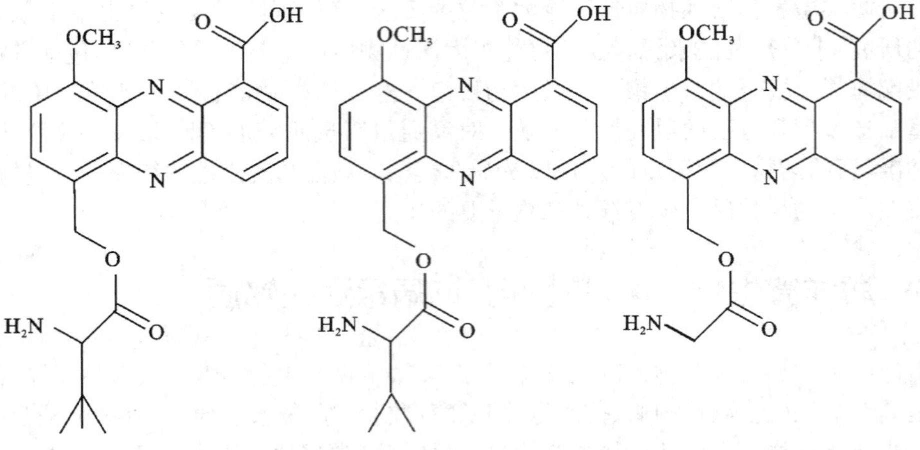

图 14-1　Pelagiomicins A～C 的分子结构图

Yamanaka 研究组（2001）报道从海藻中分离到粘细菌 *Haliangium luteum* AJ-13395，并从其培养液中提取到新型含 β-甲氧基丙烯酸酯基团的共轭不饱和酯 haliangicin（图 14-2），其抗腐霉菌 *Pythium* IF032210 和 *Saprolegnia parasitica* IF08978 的 MIC 分别为 0.4 μg/mL 和 0.1 μg/mL，同时发现其抗真菌作用机理可能是抑制真菌呼吸链的电子转移。细胞毒实验表明其对鼠 P388 细胞系的 IC$_{50}$ 值为 0.21 μg/mL。

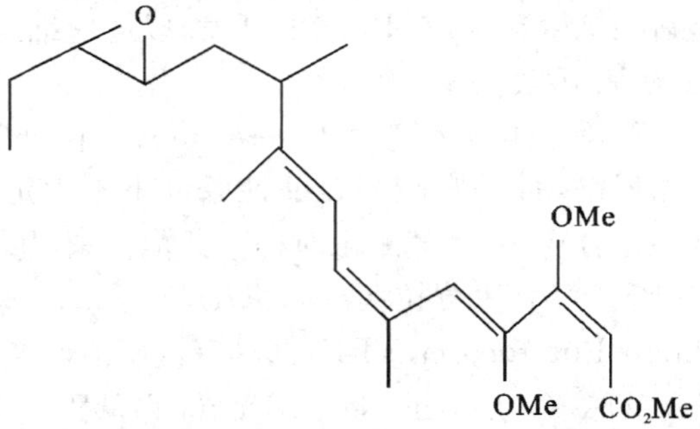

图 14-2　Haliangicin 的分子结构图

（2）来自海洋放线菌的抗菌化合物

目前，已从海洋放线菌中发现一大批结构新颖、生物活性独特的化合物。Laatsch 研究组（2001）从海洋链霉菌 B8300 培养液中提取到多色霉素类似物 β-、δ-和 γ-indomycinone，均为蒽醌类衍生物，其中 β-和 δ-indomycinone 对枯草杆菌的 MIC 分别为 100 μg/mL 和 113 μg/mL，对大肠杆菌、金黄色葡萄球菌和白色葡萄球菌的 MIC 均为 100 μg/mL，此外，这两种化合物还具有抗氧化作用。2002 年该研究组又从太平洋 Pohoki 湾红树林沉积物中分离到海洋链霉菌 B7046，其 16S rRNA 基因序列与比基尼链霉菌

（*Streptomyces bikiniensis*）相似性为 97%。经抗菌活性跟踪筛选得到大环内酯类化合物 chalcomycin A 和 chalcomycin B（图 14-3），其中后者为新化合物。Chalcomycin B 对枯草杆菌、金黄色葡萄球菌等的最小抑菌浓度与红霉素相当，MIC 分别为 6.25 μg/mL 和 0.39 μg/mL，显示出高效抗菌活性。

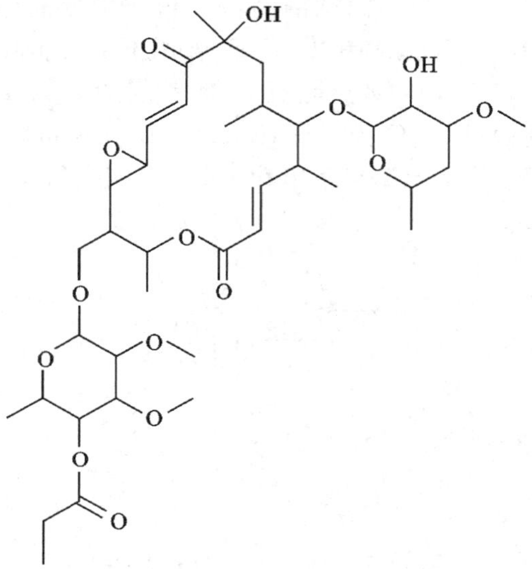

图 14-3　Chalcomycin-B 的分子结构图

Furumai 等（2002）从海水中分离获得 *Streptomyces platensis* TP-A0598，该菌能产生新型 lydicamycin 类似物 TPU-0037-A、B、C 和 D。这些化合物对革兰氏阳性细菌（包括 MRSA）具有抗菌活性，MIC 为 1.56～12.5 μg/mL。

Fenical 研究组（2000）从分离于海洋沉积物的放线菌培养液中得到倍半萜取代的萘醌类衍生物 marinone 和 debromomarinone（图 14-4），marinone 对枯草杆菌的 MIC 为 1 μg/mL，debromomarinone 对金黄色葡萄球菌和表皮葡萄球菌的 MIC 为 12 μg/mL。

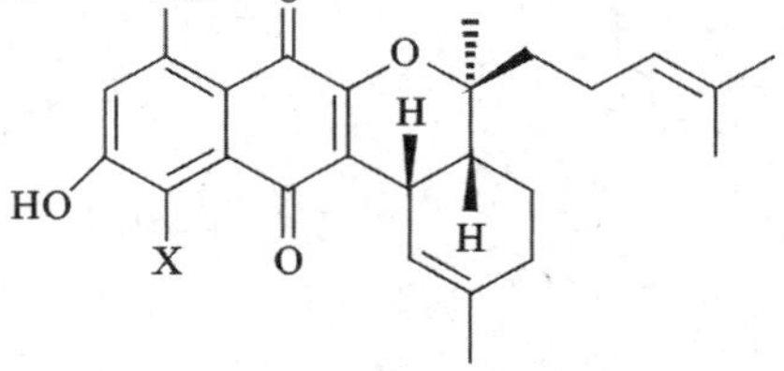

marinone　　　　X=Br
debromarinone　X=H

图 14-4　marinone 和 debromomarinone 的分子结构图

黄惠琴等（2005）从海南红树林土壤中分离得到新种小单孢菌，命名为 *Micromonospora rifamycinica*，该菌能产生利福霉素 S 及其异构体，对多种 G⁺ 细菌（包括 MRSA）显示出较强的抑制活性。

（3）来自海洋真菌的抗菌化合物

Li 等（2003）从一种海洋青霉菌中分离到的多氧合法尼基环己烯酮 7-deacetoxyyanu-thone A 和法尼基苯醌,前者具有抗 MRSA 活性,MIC 为 50 μg/mL,两种化合物均表现出体外对 5 种肿瘤细胞的中度活性。

Albaugh 等（1998）报道从我国深圳潮间带红树林中分离到海洋真菌 *Hypoxylon oceanicum* LL-15G256,并在其代谢物中发现一种作用于真菌细胞壁合成新靶位的脂肽类抗菌物质 15G256γ（图 14-5）,该物质能有效抑制植物和人类病原性真菌的生长。15G256γ 对皮肤寄生真菌的 MIC 为 2～16 μg/mL,对灰黄霉素耐药的红色毛霉菌 ATCC44697 的 MIC 达到 2 μg/mL,显示出其在真菌源疾病治疗中的应用前景。

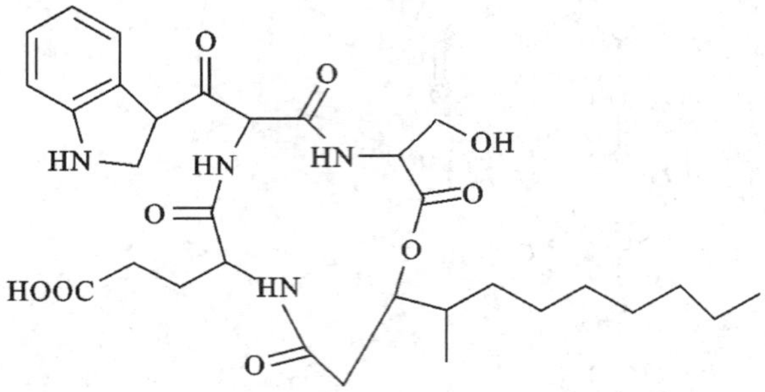

图 14-5　15G256γ 的分子结构图

Proksch 研究组（2002）从海绵 *Niphates olemda* 组织中分离出真菌 *Curvularia lunata*,并从其液体培养液中分离出一系列化合物,其中 lunatin 和 cytoskyrin 两个蒽醌类衍生物（图 14-6）在琼脂平板实验中对金黄色葡萄球菌、大肠杆菌和枯草杆菌均有活性,5 μg/mL 时抑菌圈直径达到 8～9 mm。

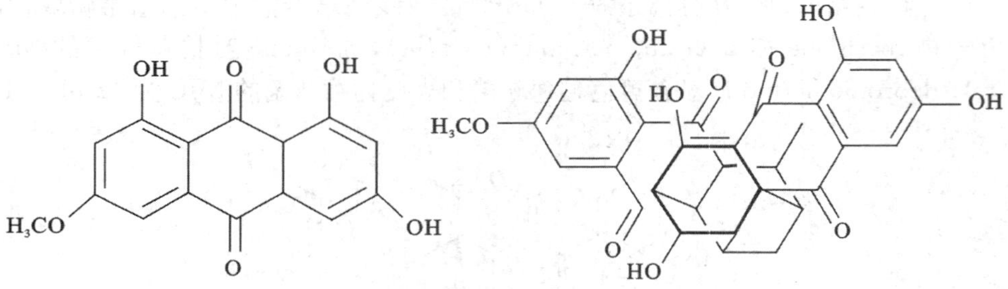

A:lunatin；B:cytoskyrin

图 14-6　lunatin 和 cytoskyrin 的分子结构图

Gloer 研究组（1998）从佛罗里达沿海采集到一株葡萄状穗霉属（*Stachybotys*）的新种。抑菌试验表明,该菌培养液的粗提物同时具有抗细菌和抗真菌的活性,并分离到芳香族生物碱 stachybotrin A 和 B（图 14-7）。以枯草杆菌为受试菌进行平皿检测,当 stachy-botrin A 与 B 的浓度为 10 微克/皿时,抑菌圈直径分别为 8 mm 和 10 mm;以真菌 *Asco-*

bolus furfuraceus 和 *Sordaria fimicola* 为受试菌,化合物 A 与 B 的浓度为 20 微克/皿时均能抑制试验菌的生长。并发现两个化合物对人乳腺肿瘤细胞 MCF-7 有微弱的抑制作用。

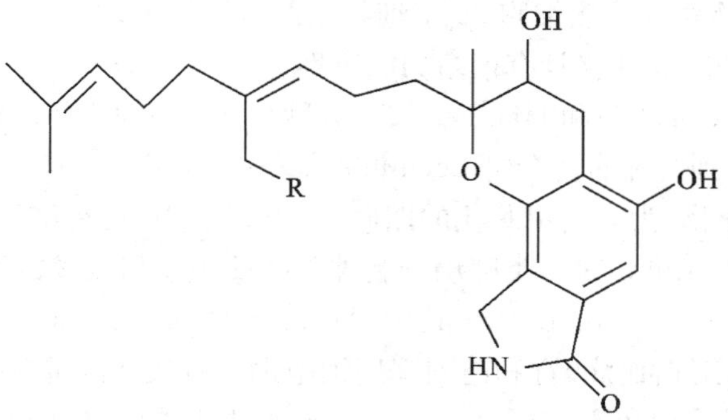

图 14-7 stachybotrin A 和 B 的分子结构图

14.4.2 从海洋微生物中寻找新的抗肿瘤化合物

恶性肿瘤是一种严重危害人类健康的疾病,被称为"第一杀手"。由于陆地资源的日渐枯竭,人们把目光投向了海洋微生物这一巨大的资源宝库。自 1966 年 Burkholder 等从海洋假单胞菌(*Pseudomonas*)中分离到具有抗癌作用的硝吡咯菌素(pyrrolnitrin),从海洋微生物中寻找抗肿瘤海洋药物才真正开始,但直到 20 世纪末人们才对海洋细菌的筛选、培养及代谢产物的研究重视起来,并从中得到多糖、生物碱、醌类、大环内酯和肽类等多种抗肿瘤活性物质。从海洋微生物中寻找新的抗肿瘤活性物质已成为 21 世纪抗肿瘤新药开发的研究热点。

(1)来自海洋细菌的抗肿瘤活性化合物

海洋细菌是海洋微生物抗肿瘤活性物质的一个重要来源,主要集中在假单胞菌属(*Pesudomonas*)、弧菌属(*Vibrio*)、微球菌属(*Micrococcus*)、芽孢杆菌属(*Bacillus*)、肠杆菌属(*Enterobacter*)和交替单胞菌属(*Alteromonas*)。

Canedo 等(1997)报道从海洋底泥中分离到一种芽孢杆菌 *Bacillus* sp. PHM-PHD-090,并从发酵液中分离到一种新的异香豆素 PM-94128,其对肿瘤细胞 P388、A-549、HT-29 及 MEL-28 表现出很强的细胞毒活性,IC_{50} 均为 0.05 μmol/L。PM-94128 还具有很多其他活性,例如,抑制蛋白质合成的 IC_{50} 为 0.1 μmol/L,抑制 DNA 合成的 IC_{50} 为 2.5 μmol/L。

Gerwick 研究组(1995)从加勒比海蓝细菌 *Lyngbya majuscula* 中提取到一种多烯醚类细胞毒素 curacin A,该毒素能通过与微管中秋水仙碱结合位点快速紧密结合而抑制细胞有丝分裂,从而阻滞细胞周期进程,是一种有潜力的抗有丝分裂和抗肿瘤剂,试验表明它对人体肺瘤移植的小鼠有很高的抑制率。

Gustafson 等(1998)从深海细菌发酵产物中分离到新型大环内酯化合物 macrolactins,该化合物既有抗菌活性又能抑制黑色素癌细胞,同时还能保护 T 淋巴细胞、防止人类免疫缺陷病毒(HIV)的复制。Fernandez-Chimeno 等(2000)从分离于深海底泥的革兰氏阳性细菌 C-237 发酵液中也得到 Macrolactins A,实验表明 Macrolactins A 对小鼠黑素瘤细胞 B16-F10 的 IC_{50} 为 3.5 $\mu g/mL$。

Matsuda 等(2003)从海洋假单胞菌 *Pseudomonas* sp. WAK-1 培养液中分离到硫酸化多糖 B-1,该化合物对人体癌细胞 39 个细胞系的 IC_{50} 值平均为 63.2 $\mu g/mL$,尤其对中枢神经系统癌细胞和肺癌细胞具有很高的敏感性。

T Luke Simmons(2006)和 Han B(2006)分别从海洋蓝细菌 *Symploca* sp. 和 Lyngbya majuscula 中分离到抗肿瘤化合物 Belamide A 和 Aurilides B、C。Belamide A 是 *Symploca* sp. 的主要代谢物,为高度甲基化的四肽,对 HCT-116 具有细胞毒活性(IC_{50}=0.74 $\mu mol/L$)。Aurilides B 和 C 对人类肺癌细胞株 NCI-H460 和鼠成神经原瘤细胞株 neuro-2a 的 IC_{50} 均为 0.01~0.13 $\mu mol/L$。其中 Aurilides B 对 NCI60 有高水平的细胞毒性(IC_{50}=10 nmol/L),对白血病、肾和前列腺癌细胞也具有较强的抑制作用。

Dolastatin 10 是从海兔 *Dolabella auriculara* 中提取的线性肽类化合物,该化合物能抑制肿瘤细胞微管聚合并促进其解聚,干扰肿瘤细胞的有丝分裂,并且对多种癌细胞有诱导凋亡作用。后来研究发现,海洋蓝细菌 *Symploca* sp. VP642 也产生该化合物。

(2)来自海洋放线菌的抗肿瘤活性化合物

产抗肿瘤活性物质的海洋放线菌主要集中在链霉菌属(*Streptomyces*)和小单孢菌属(*Micromonospora*)。

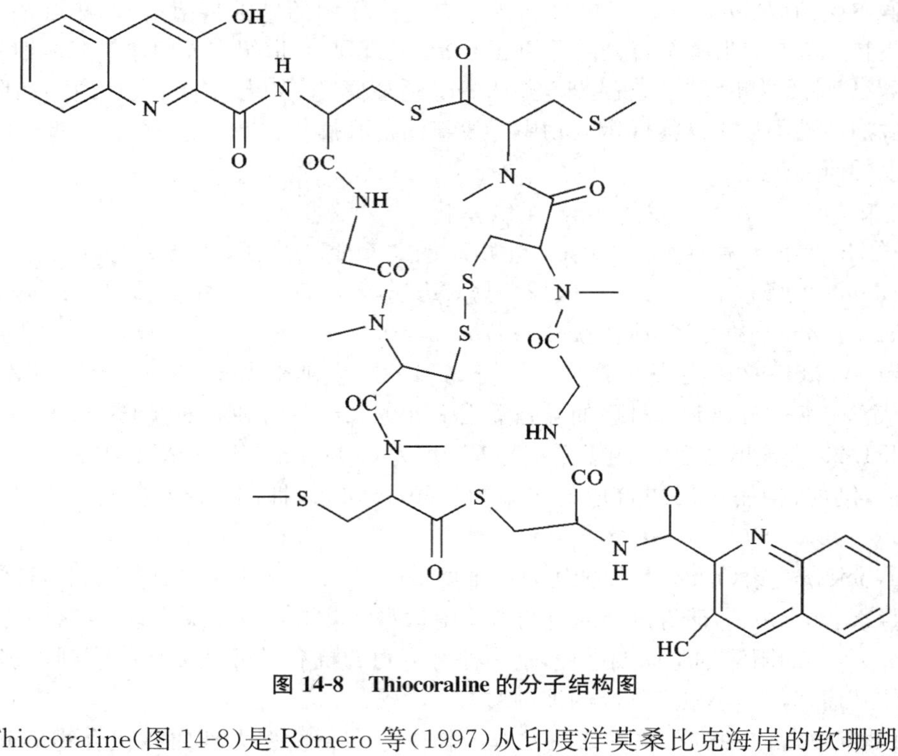

图 14-8 **Thiocoraline** 的分子结构图

Thiocoraline(图 14-8)是 Romero 等(1997)从印度洋莫桑比克海岸的软珊瑚上分离到的一株小单孢菌 *Micromonospora marina* 的代谢产物中提取到的一种含有环状巯基缩酚酸的肽类抗生素,它可以通过抑制 DNA 多聚酶 α 来抑制 DNA 链的延伸,使细胞周期

停止在 G_1 期,但不抑制 DNA 拓扑异构酶 I 或 II,也不能诱导 DNA 链的断裂。Thiocoraline 对卵巢癌、乳腺癌、非小细胞肺癌和黑素瘤等细胞生长有很好的抑制作用。对卵巢癌 IGROV-1 细胞株的 IC_{50} 为(2.9±1.6)$\mu g/L$,对肿瘤细胞 P388、A-549、HT-28 及 MEL-28 的 IC_{50} 分别为 0.002 $\mu g/mL$、0.002 $\mu g/mL$、0.01 $\mu g/mL$ 及 0.002 $\mu g/mL$。

盐屋链霉菌(*Streptomyces sioyaensis* SA-1758)是 Takahashi A 等(1989)从海洋底泥中分离到的,该菌株可代谢产生一种结构新颖的生物碱 altemicidin。此化合物在体外对肿瘤细胞株 L1210 及 IMC 肉瘤细胞的 IC_{50} 分别为 0.84 $\mu g/mL$ 和 0.82 $\mu g/mL$,且具有微弱的抗菌活性,但体内毒性较强,LD_{50} 为 0.3 mg/kg。

Fenical 研究组(2003)从水深 1 000 m 的海洋沉积物中发现了海洋放线菌新属 *Salinospora*,该属放线菌必须在盐水培养基中才能生长。从 *Salinospora* sp. 发酵产物中分离获得 salinosporamide A,它是蛋白酶体抑制剂,可有效抑制结肠癌、非小细胞肺癌、乳腺癌等细胞生长,对 HCT-116 细胞的 IC_{50} 为 0.016 $\mu g/mL$。

Neomarinone 是 Hardt I H 等(2000)从海洋放线菌 CNH-099 中分离到的含倍半萜的新萘醌类抗生素,在体外对 HCT-116 有中等细胞毒性($IC_{50}=0.8$ $\mu g/mL$),对 60 个人类肿瘤细胞群的 IC_{50} 平均为 10 $\mu mol/L$。

Kosinostatin 和异醌环素 B 是从海洋小单胞菌 TP-A0468 的培养液中分离得到的一类醌类抗生素。日本 Furumai 等(2002)发现 kosinostatin 对人的骨髓性白血病 U937 细胞有明显的细胞毒性(IC_{50} 为 0.09 $\mu g/mL$),并对 21 种人类癌细胞具有抑制作用,$IC_{50}<$ 0.1 $\mu g/mL$。Francisco Romero 研究组对印度洋海域的小单孢菌属代谢产物进行了抗肿瘤活性筛选,得到了 thiocoraline 和 IB-96212 两种抗肿瘤化合物。其中 IB-96212 是小单孢菌 L-25-ES25-008 产生的结构新颖的大环内酯类化合物,对 P388 细胞有极强细胞毒性($IC_{50}=0.000$ 1 $\mu g/mL$),对 A_{549}、HT_{29} 及 MEL28 细胞有明显细胞毒性($IC_{50}=1$ $\mu g/mL$)。

2004 年 Mitchell 等从海洋沉积物中分离到链霉菌 *Streptomyces aureoverticillatus*,可以产生大环内酯类化合物 aureoverticillactam,这是一种具有三烯和四共轭结构的大环内酰胺,对多种癌细胞具有毒性。

(3)来自海洋真菌的抗肿瘤活性化合物

随着对海洋微生物研究的深入,近年来从真菌中也发现了很多抗肿瘤活性物质。许多属的海洋真菌可产生具有新型结构的抗肿瘤活性物质,成为继海洋放线菌之后的又一研究热点。产生活性物质的真菌主要来自 *Acremonium*、*Alternaria*、*Aspergillus*、*Cephalosporium*、*Chaetomium*、*Cladosporium*、*Geotricum*、*Fasarium*、*Gliomastix*、*Humicola*、*Paecilomyces*、*Penicillium*、*Pestalotia*、*Phoma*、*Plectosphaerella*、*Scopulariopsis*、*Stachybotrys*、*Trichoderma* 等属。

Fenical 等(1989)从加勒比海绿藻 *Penicillus capitatus* 体表分离的杂色曲霉(*Aspergillus versicolor*)发酵液中得到四个倍半萜硝基苯酯化合物,其中 9α,14-二羟基-6β-对硝基苯甲酸肉桂酯对 60 个人类肿瘤细胞群的 IC_{50} 平均值为 1.1 $\mu g/mL$,对 5 种肾癌细胞 786-0、ACHN、CAK-1、TK-10 和 VO-31 有选择性毒性。

王书锦等从辽宁黄海、渤海地区的海水、海泥及海洋动物体中分离的海洋真菌中获得

12 株能产生抗肿瘤活性先导化合物的菌株,其中一株海洋拟青霉菌(*Paecilomyces sinensis*)具有抗菌抗肿瘤活性,有产业化前景。

NPI-2350 是由海洋曲霉产生的,现已通过人工方法合成了其同系物 NPI-2358,它是一种二酮哌嗪,具有微管解聚作用。Nicholson B 等(2006)研究发现,作为治疗固体瘤的肿瘤血管破坏试剂(vascular disrupting agent,VDA),这一类化合物通过破坏肿瘤内的血液流动造成肿瘤细胞死亡,代表了一种新的肿瘤治疗方法。而且在人脐静脉内皮细胞(human umbilical vein endothelial cells,HUVECs)增生实验中,NPI-2358 可以在极低浓度(10 nmol/L)下 30 min 内解聚微管蛋白,还能增加 HUVEC 膜的渗透性——这是一种筛选能破坏肿瘤细胞血管药物的体外模型。与具有血管靶向活性的微管解聚试剂相比,NPI-2358 对 HUVECs 具有比秋水仙碱和长春新碱更强的活性,和 combretastatin A-4 (CA4)相似。体外实验表明 NPI-2358 还对多重耐药的肿瘤细胞系(MDR tumor cell lines)具有很强的抗肿瘤活性。

Tan 等(2004)从海洋真菌 *Exserohilum rostratum* 的肉汤培养物中分离到 4 种新型的细胞毒素二硫化物 rostratin A~D(图 14-9),通过化学降解和二维核磁共振技术确定了其结构是环二肽,rostratinA、B、C 和 D 都表现出体外对人结肠癌的细胞毒性,IC$_{50}$值分别为 8.5、1.9、0.76 和 16.5 μg/mL。

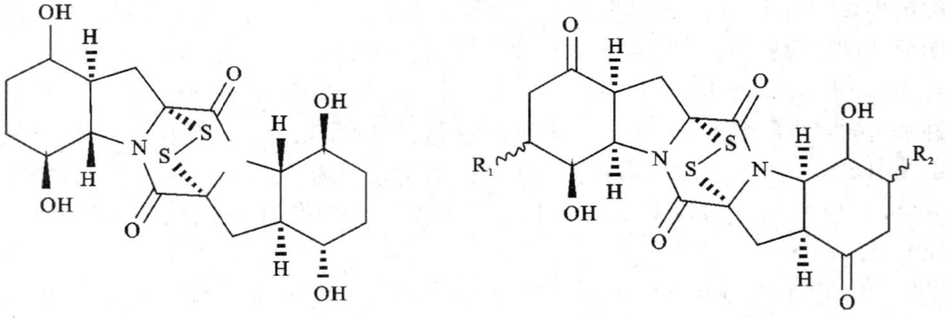

左图为 A;　右图 B:R$_1$=R$_2$=H;　C:R$_1$=R$_2$=βOMe;　D:R$_1$=R$_2$=αSH

图 14-9　rostratin A~D 的分子结构图

Hiort 等(2004)从地中海海绵 *Axinella damicornis* 中分离得到一株曲霉菌,从其静态培养物分离到 8 种次级代谢产物,并通过一维和二维核磁共振技术、质谱分析技术确定了这些化合物的结构,其中 7 种为新型天然产物:3,3-bicoumarin bicoumanigrin、4-benzyl-1H- pyridin-6-one derivatives aspernigrin A 和 B 以及 pyranonigrin A~D。Bicoumanigrin 表现出体外对人癌细胞株的中等细胞毒性,aspernigrin B 对神经细胞谷氨酸具有明显的保护作用。

14.4.3　从海洋微生物中寻找新的抗病毒化合物

病毒传播极为广泛,发病率高,已成为目前传染性疾病防治的巨大难题。病毒借助于宿主细胞的酶系统合成其自身的核酸和蛋白质,这就使药物在对病毒产生作用的同时也伤害宿主细胞,使抗病毒药的应用受到一定的限制;另外,病毒感染的临床症状经常在病毒生长的高峰之后才出现,也导致药物难以发挥作用。近年来虽筛选出一些有效的抗病毒药,但它们的抗病毒谱较狭窄,只限于一种或几种病毒,远不能满足临床的需要。加上艾滋病病毒(HIV)之类的广泛传播以及一些全球灾难性病毒病(如 SARS)的爆发,因此寻找新型高效的抗病毒药,特别是对病毒有选择性而对宿主细胞无害的药物仍是当前的迫切任务,海洋微生物在探索抗病毒剂方面一直扮演着至关重要的角色。

2004 年 Yim 等从海洋微藻 *Gyrodinium impudicum* 中分离得到菌株 KG03,其产生的硫酸胞外多糖 p-KG03 具有体外抗脑心肌炎病毒(encephalomyocarditis virus,EMCV)的活性。一定的浓度下,被感染 EMCV 病毒的 HeLa 细胞病理效应被降低甚至被完全抑制,而对正常的 HeLa 细胞没有毒性,甚至在 1 000 μg/mL 的高浓度下也不会产生副作用。p-KG03 的生物活性表明来自于海洋生物的硫酸盐代谢物是抗病毒剂的一个良好来源。

Rowley 等 2003 年从海洋真菌 *Scytalidium* sp. 的海水发酵物中得到一系列缩氨酸 halovir A～E(图 14-10),具有抗病毒活性。进一步研究其结构与活性之间的关系发现,至少 14 个碳的 α- 酰基链和一个二肽是其抗病毒活性中心。这些亲脂性的直链缩氨酸在体外可以直接使 1 型和 2 型单纯疱疹病毒(HSV)失去活性,其作用机制可能和阻止 HSV 转录有关。

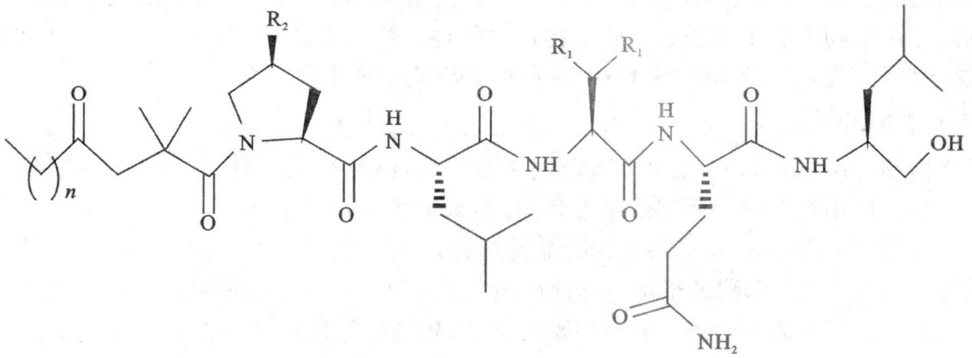

halovir A：R_1＝Me，R_2＝OH，n＝12
halovir B：R_1＝H，$\quad R_2$＝OH，n＝12
halovir C：R_1＝Me，R_2＝H，$\quad n$＝12
halovir D：R_1＝Me，R_2＝OH，n＝10
halovir E：R_1＝Me，R_2＝H，$\quad n$＝10

图 14-10　Halovir A～E 的分子结构图

采自保加利亚黑海海岸的红藻 *Ceramium rubrum* 提取物在体外及体内具有阻止 A、B 型流感病毒复制的作用。在提取物对正常细胞无毒的浓度下,感染病毒数量和红血球凝集素的数量都会减少。进一步探索表明该提取物对 1 型和 2 型单纯疱疹病毒(HSV)的繁殖也有较强的抑制效果。

Arena A 等(2005)从意大利 Vulcano 岛浅海域热泉出口处分离到一株耐热菌——地衣芽孢杆菌(*Bacillus licheniformis*),它能产生一种新型胞外多糖 EPS-1。通过对 EPS-1 的抗病毒和免疫调节功能研究发现,它可以削弱人体外周血单核细胞(peripheral blood mononuclear cells,PBMC)中 HSV-2 的复制,但是在人羊膜细胞(human amnion cell) WISH 株中无此功能。在病毒免疫反应中,有些细胞因子能参与调节。通过对 EPS-1 和位于 PBMC 表面的 Th1-型和 Th2-型细胞因子的研究表明,EPS-1 可诱导产生 IL-12、γ- IFN、α- IFN、α- TNF 和 IL-18,但不诱导产生 IL-4。因此,EPS-1 在 PBMC 中的抗病毒活性可能与其诱导产生细胞因子相关。

14.5 海洋微生物酶

酶是海洋微生物产生的另一大类生物活性物质。由于海洋微生物生存环境的特殊性,其代谢过程中的酶类在性质、功能上与陆地生物有很多不同,具有突出的特点和优势,如具有显著的耐压、耐碱、耐盐、耐冷、耐热和多物种等特性,代谢易于调控,在低温条件下具有相对较高的活性等。因此,从海洋微生物中筛选提取有应用价值的酶类,就成为海洋微生物资源开发的一个重要方面。

可以作为新型酶源的海洋微生物,包括真菌、细菌、古细菌和噬菌体等,在海洋酶资源上表现了丰富的生物多样性。弧菌(*Vibrio*)是报道产酶最广泛的类群,来自弧菌的酶有琼脂糖酶(agarase)、几丁质酶(chitinase)、蛋白酶(protease)等。另外,值得注意的是,产酶的海洋微生物中有不少是极端微生物,如嗜压菌、嗜热菌、嗜冷菌、嗜碱菌、中度嗜盐菌等,这些菌是高温酶、低温酶、碱性酶、耐盐酶等极端酶的重要源泉。

14.5.1 蛋白酶

蛋白酶(protease)是一类非常重要的工业用酶,已广泛用于食品、洗涤、皮革、饲料等工业。目前所用蛋白酶一般都是中温蛋白酶,最适酶活温度在 50℃左右,产酶菌的最适生长温度与产酶温度在 30℃以上。低温蛋白酶的最适酶活温度一般在 40℃以下,由嗜低温菌(psychrophiles)和耐低温菌(psychrotrophiles)产生,最适生长温度与产酶温度多在 20℃以下。由于低温蛋白酶具有反应温度低、对热敏感等特点,所以在食品、化妆品、废物处理等工业上有着中温蛋白酶无法比拟的优越性,应用前景广阔。

目前发现,产低温蛋白酶的主要有假单胞菌属(*Pseudomonas*)、黄单胞菌属(*Xanthomonas*)、气单胞菌属(*Aeromonas*)等。自 20 世纪 70 年代初,Nobou Kat 首次报道从海洋嗜冷杆菌中获得一种新型海洋碱性蛋白酶,海洋微生物蛋白酶就引起学术界和酶制剂公司的高度重视。目前,酶的新特性已成为蛋白酶研究开发的重要前提,如低温碱性、高温碱性等。独特的海洋环境自然成为碱性蛋白酶开发的新源地。

日本 Fukuda K 等(1997)从海洋弧菌 *Vibrio* sp. 中获得新型碱性金属型内肽酶,该蛋白酶的最适反应 pH 为 9.5～10.0,45℃保温 20 min 时失活一半,55℃时则全部失活,在 Na^+ 存在下具有最大酶活性。海洋船蛆(*Deshayes* sp.)腺体内的共生细菌可以产生碱性蛋白酶,该酶具有较强的去污活性,在 50℃时可以加倍提高磷酸盐洗涤剂的去污效果,在工业清洗方面有一定的应用价值。一些海洋弧菌可产生多种蛋白酶,如溶藻弧菌(*Vibrio alginolyticus*)可产生 6 种蛋白酶,其中胶原酶在工业上有多种应用价值。这种细菌还可产生一种罕见的、可抗洗涤剂破坏的碱性丝氨酸蛋白酶。

我国在特性蛋白酶研究方面也有很大进展。2004 年王宇婧等通过现代生物工程手段研究黄海黄杆菌 YS-80-122 的代谢产物,得到一种低温碱性蛋白酶,该酶性质与以往发现的碱性蛋白酶性质不同,属于一种新型海洋酶。其最适温度 30℃,最适 pH 9.5,低温($T\leqslant30℃$)和低 pH($pH\leqslant8$)对保持其稳定性有利。经试验该酶与大多数金属离子、增稠剂和表面活性剂的适应性都较好,但 Pb^{2+}、Ag^+、Cu^{2+} 对其有抑制作用,EDTA 对其有强烈抑制作用。陈静等(2005)从连云港海域、港口、远洋捕捞船及鱼市等地采集的海水和各类海鱼、贝类等样品中分离到 217 株产蛋白酶的细菌,并从中得到 1 株产低温碱性丝氨酸蛋白酶的海洋嗜冷细菌——SY。刘成圣等(2002)采用硫酸铵沉淀、Sephadex-75,Sephadex-100 凝胶过滤层析等方法纯化海洋弧菌 *Vibrio pacini* X4B-7 菌株产生的碱性蛋白酶,结果显示该酶的相对分子量 2.7×10^4,等电点 pI 8.7,最适反应 pH 9.0～10.5,最适反应温度 50℃～60℃。EDTA 对酶活力没有影响,高酶浓度可以降低 SDS 对酶的抑制作用,因而可用于解聚组蛋白。此外,该酶对 DNA 酶有降解作用,而对 DNA 没有降解作用,也有希望应用于核酸的提取。

14.5.2 脂肪酶

脂肪酶(lipase)是一类在油—水界面上催化天然油脂(甘油三脂)降解为甘油和游离脂肪酸的酶,广泛应用于脂肪的生产工艺、洗涤剂、脱脂业、食品工艺、精细化学品合成业、造纸业、化妆品制造业以及制药业中,还可用于油脂垃圾和聚氨酯的快速降解。低温脂肪酶一般由低温微生物分泌产生,酶的最适反应温度低于 40℃,且在 0℃仍具有高酶活。由于它们普遍具有低温下酶活力高、抗有机溶剂等特点,因而成为近年来酶学研究的一个热点。

从海洋中筛选出具有独特酶学性质的脂肪酶,必将对酶制剂工业带来新的生机和活力。Castro-Ochoa 等从嗜热嗜碱菌 CCR11 中发现了耐热耐碱的脂肪酶,该酶在有机溶剂中也很稳定,可作为无水高温条件下的生物催化剂。

邵铁娟等(2004)从 2 000 多份渤海海区海水海泥样品中分离获得一株新型脂肪酶高产菌株 BohaiSea-9145,经鉴定为适冷性解脂耶氏酵母(*Yarrowia lipolytica*)。所得酶的最适反应温度为 35℃,pH 4.0～9.0 范围内稳定,最适 pH 为 8.5,热稳定性差,且与常见金属离子和化学试剂的配伍性较好,受表面活性剂 SDS 的激活,具有良好的耐盐及抗氧化特性,是一种新型的海洋低温碱性脂肪酶,在洗涤剂行业特别是冷洗行业中具有良好的应用前景。

张金伟等(2006)从南极普里兹湾深海沉积物中筛选到一株产低温脂肪酶的嗜冷杆菌属菌株 *Psychrobacter* sp. 7195,研究表明该菌株产生的脂肪酶最适作用温度为 30℃,最适 pH 值为 9.0,对热敏感,60℃热处理 10 min 剩余酶活 30%,是典型的低温酶。此外,该脂肪酶能在高浓度的 SDS、CHAPS、TritonX-100、Tween80、Tween20 等变性剂中表现出较好的稳定性,与非离子表面活性剂的相容性较好,在洗涤剂工业中将具有较好的应用前景。

14.5.3 几丁质酶

几丁质酶(chitinase)是催化水解几丁质的酶。近年来,随着几丁低聚糖、几丁寡糖等抗菌、抗肿瘤和增强机体免疫功能研究的深入,同时几丁质酶在抑制真菌生长、防治作物病虫害等方面的作用也陆续有报道。作为制备几丁低聚糖的重要工具,几丁质酶受到科研工作者的相当关注,并致力于从海洋中寻找稳定、高效的几丁质酶产生菌。

Osawa 等(1995)利用几丁质作为唯一碳源进行试验时,发现 6 种海洋细菌 *Vibrio fluvialis*、*Vibrio parahaemolyticus*、*Vibrio mimicus*、*Vibrio alginolyticsus*、*Listonella anguillarum*、*Aeromonas hydrophila* 均可以产生几丁质酶或几丁二糖酶。Hayashi 等(1995)从海洋中分离到菌株 *Alteromonas* sp. O-7,并从中获得了胞外几丁质酶。Grant 等(1996)从海洋子囊菌 *Corollospora maritima* 中分离到几丁二糖酶。在国内,从海泥中获得的 *Streptomyces lividams* S2128、*Streptomyces albosporeus* CT286、*Flavbacterium* sp.、*Bacillus alvei* B291 所产的几丁质酶均是诱导酶,其培养基加入几丁质类物质作诱导剂,能明显促进酶的合成。

14.5.4　琼脂糖酶

琼脂是一种存在于某些红藻细胞壁中的亲水性多糖,由琼脂糖(agarose)和琼脂胶(agaropectin)组成。从海洋及其他环境中可以分离出能够降解琼脂的琼脂糖酶,按照作用方式的不同,可分为 α-琼脂糖酶和 β-琼脂糖酶两种类型。不同的琼脂糖酶具有不同的生物学特性。琼脂糖酶在海藻单细胞的制备、海藻原生质体的制备、琼脂寡糖的制备、海藻多糖结构的研究及分子生物学研究方面具有重要的应用价值。

琼胶降解酶主要存在于海洋环境中。1902 年 Groleau 第一次从海水中分离到可降解琼脂的假单胞菌 *Pseudomonas atlatica* 以来,人们已经从海洋环境中分离到多种琼胶分解菌,包括噬纤维菌属(*Cytophaga*)、弧菌属(*Vibrio*)、链霉菌属(*Streptomyces*)、交替单胞菌属(*Alteromonas*)、假交替单胞菌属(*Pseudoalteromonas*)、假单胞菌属(*Pseudomonas*)等。

2001 年,Whitehead 从海洋环境中分离到交替单胞菌 2-40,具有降解 10 种以上多糖的能力,可能在调节海洋环境的碳源分布中起着重要的作用。在终产物分析中发现菌株 2-40 可产生琼胶酶系,包含至少三种琼胶酶:β-琼胶酶Ⅰ、Ⅱ和 α-琼胶酶。主要的降解酶 β-琼胶酶Ⅰ水解琼脂后,得到的产物为新琼四糖和新琼二糖。通过实验分析,此 β-琼胶酶 Ⅰ 相对分子量为 $9.8×10^4$,pI 4.3,这种琼胶酶系可被 D-葡萄糖和 D-甘露糖抑制,而琼胶、琼胶糖、新琼二糖、新琼四糖和新琼六糖均可不同程度地诱导该酶系。

2002 年,Elena 等在日本海和鄂霍次克海的海岸附近,采集巨藻、海草、海水以及无脊椎动物,如贻贝、扇贝、海鞘、海绵、海参等样品,从中分离到具有多种水解酶活的菌株假交替单胞菌 *P. citrea*、*P. issachenkonii* 和 *P. nigrifaciens*,其中 *P. citrea* 对琼胶、褐藻胶、淀粉、昆布多糖、岩藻聚糖、梭甲基纤维素、牛乳糖、葡糖苷和木聚糖均有不同程度的降解作用。

2004 年 Ohta Y 等从位于 1 174 m 深的海洋沉积物中分离到一株产微球茎菌 *Microbulbifer* sp. JAMB-A7,该菌可以产生 β-琼脂糖酶,NaCl、EDTA 及各种表面活性剂都不能抑制其活性。2005 年 Ohta Y 等又对来源于 *Agarivorans* sp. JAMB-A11 的 β-琼脂糖酶基因在枯草杆菌中进行了重组表达,重组酶的相对分子质量为 $1.05×10^5$,最适 pH 7.5～8.0,最适温度为 40℃,为内型 β-琼脂糖酶,可水解琼脂糖和新琼脂四糖,主要产物为新琼脂二糖(约占所有产物的 90%)。同年 Jam M 等在大肠杆菌中同时表达了来自海洋细菌 *Zobellia galactanivorans* 的两个内型 β-琼脂糖酶基因 *agaA* 和 *agaB*,并对这两个酶的结构和催化特性进行了比较。前者编码的蛋白质含 539 个氨基酸残基,相对分子量为 6.0×10^4;后者编码的蛋白质含 353 个氨基酸残基,相对分子量为 4.0×10^4。这两个 β-琼脂糖酶的催化区域都具有 GH-16 家族的特征。

14.5.5 卡拉胶酶

卡拉胶是一种来源于红藻的硫酸多糖,80% 的卡拉胶被应用在食品及相关工业中,可用作凝固剂、黏合剂、稳定剂和乳化剂,在乳制品、面包、果冻、果酱、调味品等方面应用较为广泛。卡拉胶经卡拉胶酶(carrageenase)降解后得到的卡拉胶寡聚糖,则表现出多种特殊的生理活性,如抗病毒、抗肿瘤、抗凝血、治疗胃溃疡和溃疡性结肠炎等。卡拉胶酶属于水解酶,主要包括 λ-卡拉胶酶,κ-卡拉胶酶和 ι-卡拉胶酶 3 种。

目前有关卡拉胶酶的报道并不多见。Barbeyron 等报道了从 *Zobellia galactanovorans* 中得到的 ι-卡拉胶酶,该酶作用于 β-1,4 糖苷键,是一种新的糖苷键水解酶,与 κ-卡拉胶酶在作用机理上有本质的区别。Sarwar 和 Greer 等从海洋细菌噬纤维菌(*Cytophaga*)中分离得到卡拉胶酶。Potin 等报道从红藻中分离到一株噬纤维菌 *Cytophaga* sp. Dsij,此菌在 κ-卡拉胶、ι-卡拉胶或琼胶中产生胞外酶 κ-卡拉胶酶、ι-卡拉胶酶或琼胶酶的活性,而在粗 λ-卡拉胶中则同时产生胞外酶 κ-卡拉胶酶和 ι-卡拉胶酶。Mou H 等从海洋噬纤维菌 MCA-2 中分离到胞外 ι-卡拉胶酶,相对分子量为 3.0×10^4,该酶降解卡拉胶后形成以卡拉四糖和卡拉六糖为主的终产物。

14.5.6 褐藻胶裂解酶

褐藻胶大量存在于褐藻(*Phaeophyceae*)的细胞壁与细胞间质,是由 α-L-古罗糖醛酸(guluronate)和 β-D-甘露糖醛酸(mannuronate)两种糖单元连续或交替连接而成的线性多糖,是一种具有重要经济价值的食品、医药和工业原料。工业用途的褐藻胶大部分来源于巨藻属(*Macrocystis*)、海带属(*Laminaria*)和泡叶藻属(*Ascophyllum*)。褐藻胶及其降解产物褐藻低聚糖已广泛应用于食品、制药、化工等多个领域,褐藻寡糖在促进血管内皮生长因子(vascular endothelial growth factor,VEGF)介导的内皮细胞的增殖与趋化、抗艾滋病、抗老年痴呆等方面具有显著作用,低分子量的褐藻寡糖还可以用来调节植物的生长进程,因此,褐藻胶及褐藻寡糖具有强大的市场竞争力和广阔的发展前景。

褐藻胶裂解酶(alginate lyase),又称褐藻胶裂合酶(alginate depolymerases),能够通过 β-消去机制催化褐藻胶的降解,产生一系列的低聚糖,具有反应效率高、底物专一性强、酶解产物生物学活性强等优点,正成为目前研究的热点。

根据对底物专一性的不同将褐藻胶裂解酶分为三类:①专一性作用于多聚 D-甘露糖醛酸(M)$_n$ 的甘露糖醛酸酶;②专一性作用于多聚 L-古罗糖醛酸(G)$_n$ 的古罗糖醛酸酶;③具有降解多聚 D-甘露糖醛酸(M)$_n$ 和多聚 L-古罗糖醛酸(G)$_n$ 的酶系。

褐藻胶裂解酶的主要来源是海洋中的微生物和食藻的海洋软体动物。已发现的产褐藻胶裂解酶的海洋微生物包括弧菌 *Vibrio* sp.、黄杆菌 *Flavobacterium multivolum*、固氮菌 *Azotobacte vinelandii*、克雷伯氏菌 *K. aerogenes*、*K. pnermoniae*、假单胞菌 *P. alginovora*、*P. aeruginosa*、肠杆菌 *E. cloacae*、交替单胞菌 *Alteromonas* sp.、芽孢杆菌 *Bacillus circulan* 等。Brown 等报道了用基因工程的方法把海洋细菌 *Sargassum fluitans* sp.

的甘露糖醛酸裂合酶基因克隆到大肠杆菌中表达,大量生产甘露糖醛酸裂合酶。

李京宝等从海带糜烂物和马尾藻(*Sargassum* sp.)表面分别分离出产生高效胞外褐藻胶裂解酶的海洋弧菌 *Vibrio* sp. QY101 和 QY102。酶的性质研究表明:*Vibrio* sp. QY102 产生酶的相对分子量为 $2.85×10^4$,反应最适温度 40℃,最适 pH 7.1,Ca^{2+}、Mg^{2+} 对酶活有促进作用,而 Ni^{2+}、Al^{3+}、Zn^{2+}、Ba^{2+} 对酶活有抑制作用。其活性明显高于已报道的褐藻胶裂解酶,且 pH 稳定范围广(pH 5~10),对聚甘露糖醛酸的活性也高于对聚古罗糖醛酸的活性。而海洋弧菌 *Vibrio* sp. QY101 分泌的胞外褐藻胶裂解酶具有降解多聚古罗糖醛酸及多聚甘露糖醛酸的活性。

Tomoo S 等(1997)进一步对褐藻酸裂解酶的性质进行了研究。用交替单胞菌 *Alteromonas* sp. H-4 发酵产生褐藻酸裂解酶,发现此酶不仅可以降解褐藻酸钠和甘露糖醛酸古罗糖醛酸聚合物,而且可以降解聚甘露糖醛酸和聚古罗糖醛酸。

14.5.7 纤维素酶

纤维素为自然界第一大糖,而纤维素酶(cellulase)是能将纤维素水解成葡萄糖的一组酶的总称。海洋微生物产生的低温纤维素酶能在较低的环境条件下加速生物降解的进程,可用于纺织、造纸、环保、医药、饲料以及分子生物学研究等方面。

Takashi Yamasaki 等利用紫菜粉或木聚糖分离到 275 株细菌,包括黄杆菌(*Flavobacterium*)、交替单胞菌(*Alteromonas*)、不动杆菌(*Acinetobacter*)和弧菌(*Vibrio*),它们具有多种糖苷酶活性,能够降解紫菜等海藻的细胞壁多糖,包括木聚糖、紫菜多糖、甘露聚糖和纤维素。

王玢等从黄海的深海海底泥样中筛选出一株产纤维素酶的海洋 G^- 细菌。该菌既能产生羧甲基纤维素酶,又能降解微晶纤维素,且具有淀粉酶活性。通过对该菌生长特征及产酶性质的研究发现,此菌最适生长温度为 20℃,最高生长温度 40℃,在 0℃ 时也能生长,是典型的嗜冷菌。所产纤维素酶最适反应温度为 35℃,10℃ 仍有较高酶活,最适 pH 值为 6.0,属酸性酶。

韩辑等从汕尾一鲍鱼场采集的样品中分离到 120 株菌,经刚果红染色,初筛得到 8 株纤维素酶高产菌株。纤维素酶和滤纸分解的研究结果表明,这 8 株菌所分泌的纤维素酶主要为胞外酶,其中 *Vibrio alginolyticus* 与 *Aeromonas sobria* 在分泌纤维素酶活力及降解滤纸能力方面均很强,分泌纤维素的酶活分别达到 10.3 U/mL 和 11.5 U/mL,分解滤纸的酶活分别为 6.0 U/mL 和 5.67 U/mL,故这两种菌株可用于海洋菌株产纤维素酶的进一步研究。

14.5.8 极端嗜热酶

海洋热流地域温度可高达 350℃,因此常常发现很多嗜热和超嗜热微生物,从这些微生物中可筛选到热稳定性的酶,包括蛋白酶、淀粉酶、木聚糖酶及 DNA 聚合酶等。这些酶在 75℃~100℃ 之间具有良好的热稳定性,酶的耐热性主要由分子内部结构决定,维持其内部立体结构的化学和物理键(二硫键、盐键、氢键和疏水键等)数越多,热稳定性越大,对立体键不利的因素将对酶的稳定性产生影响。Ken Takai 等(1995)从日本浅海热流床中分离到一株嗜热菌 *Rhodothermus obamensis*,从中纯化出磷酸烯醇丙酮酸激酶(phosphoenolpyruvate carboxylase，PEPC）。通过研究发现 PEPC 的最适反应温度为 70℃，在 85℃下作用 2 h 活力保持不变，而乙酰 CoA、1,6-二磷酸葡萄糖、L-天冬氨酸和苹果酸的一价阴离子均能引起该酶的正变构，有利于酶热稳定性的提高，而二价金属离子则破坏酶的热稳定性。

14.6　海洋微生物油脂

　　微生物油脂（microbial oils），又称为单细胞油脂（single cell oil，SCO），是由微生物在一定条件下，利用碳水化合物、碳氢化合物和普通油脂作为碳源，在菌体内产生的大量油脂。适宜条件下，某些微生物能产生并贮存质量超过其细胞干重 20% 的油脂，具有这样特征的菌株称为产油微生物（oleaginous microorganism）。产油微生物具有资源丰富、油脂含量高、碳源利用谱广等特点，开发潜力大。早在第一次世界大战前，德国科学家就试图利用产脂内孢霉生产油脂以缓解当时油脂供应不足的状况。随后，相继从丝状真菌、微藻、细菌和酵母中，筛选到能生产许多特种油脂的菌种，并取得技术上的创新，为进一步形成生产力提供了技术依据。

　　目前，微生物功能性油脂已经成为研究的热点。它是由微生物生产的具有较强生理功能和特殊用途的一类油脂，主要为多不饱和脂肪酸（polyunsaturated fatty acids，PUFAs）。PUFAs 是指含有两个或两个以上双键且碳原子数在 16 以上的直链脂肪酸。根据甲基端第一个双键碳原子的位置，PUFAs 可分为 ω-3、ω-6 等系列脂肪酸。双键的位置从碳链甲基端第 3 个碳原子开始的称为 ω-3 系列 PUFAs，主要包括二十碳五烯酸（eicosapentaenoic acid，EPA）、二十二碳六烯酸（docosahexaenoic acid，DHA）、α-亚麻酸（α-Linolenate，ALA）等。双键的位置从碳链甲基端第 6 个碳原子开始的称为 ω-6 系列 PUFAs，主要包括亚油酸（linoleate，LA，十八碳二烯酸）、γ-亚麻酸（γ-Linolenate，GLA）、二高-γ-亚麻酸（dihomo-linolenic acid，DHGLA）和花生四烯酸（arachidonic acid，AA，即二十碳四烯酸）等。EPA、DHA、AA 和 GLA 是人类的必需脂肪酸，但人体本身不能合成，需要从食物中摄取。PUFAs 具有多种生理功能，它不仅在维护生物膜的结构和功能方面起重要作用，而且在治疗心血管疾病、抗炎、抗癌以及促进大脑发育等方面功效显著，目前已广泛应用于医药、保健食品和化妆品等领域。

　　海洋中微生物的种类繁多，其中能够产生油脂的微生物主要是酵母、霉菌、藻类，细菌则较少。不同的菌种，产生微生物油脂的脂肪酸组成不同，现在已经分离鉴定了多种 PUFAs 含量较高的海洋产油微生物。

14.6.1　二十碳五烯酸

　　二十碳五烯酸（EPA）系统名为全顺式-5,8,11,14,17-二十碳五烯酸，分子式为 $C_{20}H_{30}O_2$，相对分子量 302.35，分子结构式为

EPA 是人类必需的脂肪酸,它在生物膜上执行许多重要的生理功能,是细胞代谢过程中许多脂质调控的前体。EPA 在营养强化、防治心血管疾病、减轻炎症等方面起着十分重要的作用,因此在医疗保健领域有着广阔的应用前景。目前 EPA 主要来源于鱼油,由于鱼油有特殊的腥味、纯化工艺复杂、价格昂贵以及来源受气候和季节限制等诸多因素的影响,很难满足市场日益增长的需求,必须寻求替代生产 EPA 的资源。

产油微生物引起了人们的极大关注。海洋细菌中的 EPA 主要是磷脂型的,而且没有特殊的鱼腥味,优于鱼类的中性脂质 EPA。1977 年,Johns 等从来源于海洋的多形屈挠杆菌(*Flexibacter polymorphus*)中获得 EPA,证明了原核生物也具有合成 PUFAs 的能力。随后发现某些其他海洋细菌 EPA 含量也很高。Yazawa 等检测了 5 000 株海洋微生物产 EPA 的能力,分离到 88 株能产生 EPA 的海洋细菌,其中一株专性好氧的细菌 SCRC-8132 在 25℃下生长旺盛,4℃下合成 EPA 最强。4℃时在 PYM-葡萄糖培养基上培养 5 d,EPA 产量达 26 mg/L,占总脂肪酸的 40%,而且该菌株只产生 EPA 而不产生其他不饱和脂肪酸,使分离纯化工作相对容易。Bowman 等在南极海冰中分离到能生产 EPA 的 4 个新种,分别是 *Colwellia demingiae*、*Colwellia psychrotropica*、*Colwellia rossensis* 和 *Colwellia hornerae*。张波涛等也从南极海冰及海泥中分离出约 200 株细菌,并利用气相色谱(gas chromatography,GC)分析方法进行初筛,得到含有 EPA 的菌株。通过进一步研究发现,产 PUFAs 的海洋细菌均生活于低温环境,低温是产生 EPA 的必要条件之一,目前发现的 PUFAs 产生菌主要是深海细菌和极地细菌。同时在海洋真菌中,*Thraustochytrium arueum*、*Schizochytrium aggregatum* 和 *Saprolegnia parasitica* 的 EPA 含量也较高。

EPA 也广泛存在于海洋微藻中,如硅藻纲、绿藻纲、金藻纲、隐藻纲以及褐藻纲等。Ohta 等报道在 *Porphyridium propureum* 细胞内有高产率的 EPA,大部分硅藻含有丰富的 EPA。EPA 潜在的产率在硅藻纲菱形藻属(*Nitzschia*),尤其在 *N. alba* 和 *N. laevis* 这两个品系中极高。据报道,*N. alba* 中油脂含量高达干重的 50%,EPA 占油脂总量的 4%~5%。另一种硅藻——三角褐紫藻(*Phaeodactylum tricornutum*)细胞内也有高产率的 EPA,占多不饱和脂肪酸总量的 34.5%,它和 *Nitzschia laevis* 已被证明是生产 EPA 的潜能生物。微藻的 EPA 产量高低取决于微藻种类及其培养方式,而在大多数已知的含有 EPA 的微藻中,仅有少部分具有工业生产价值,这主要是由于在传统的光自养条件下,受藻细胞低生长速率和细胞密度的限制。而异养培养能够提供一种大规模生产 EPA 的有效方法,实验表明硅藻能在异养条件下快速生长且 EPA 产率高,但仍需深入了解影响 EPA 产率的环境因子。应用遗传修饰的微生物可能将是另一种获得高产率 EPA 的有效方法。

14.6.2　二十二碳六烯酸

二十二碳六烯酸(DHA)系统名为全顺式-4,7,10,13,16,19-二十二碳六烯酸,分子式为 $C_{22}H_{32}O_2$,相对分子量 328.48,分子结构式为

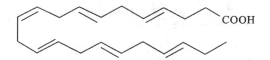

　　DHA 是人体必需的多不饱和脂肪酸,具有抗心血管病、治疗气喘和关节炎、抗癌降血脂、促进智力发育和保护视力等重要生理作用,DHA 还是组成大脑和视网膜的重要结构物质,大脑灰质结构脂质中 60% 的脂肪酸为 DHA。目前,DHA 已广泛应用于医药、食品、保健品等领域。DHA 的传统来源是海洋鱼油,如沙丁鱼、金枪鱼等。由于鱼油资源有限,DHA 很难满足社会的需求,寻找 DHA 的新来源受到国内外学者的广泛关注。

　　研究表明,作为 DHA 商业来源的海洋鱼类,自身不能合成 DHA,它们体内所含的 DHA 来自于海洋微生物、植物性浮游生物和动物性浮游生物,它们是通过食物链而蓄积在海洋鱼类中的。微生物具有生长速度快、培养简单等特点,人们把研究重点转向了微生物发酵生产 DHA。

　　与其他多不饱和脂肪酸(如 EPA、AA)相比,能够产生 DHA 的微生物种类较少,而 DHA 含量丰富的微生物种类更少,多集中于海洋金藻、甲藻、隐藻、硅藻以及海洋真菌中的破囊壶菌(*Thraustochytrids*)和裂殖壶菌(*Schizochytrium*),在它们体内 DHA 以三酰甘油形式存在,完全与鱼油中 DHA 的存在形式一致。破囊壶菌和裂殖壶菌均分离自沿岸海域,是有色素和具光刺激生长特性的海生真菌,*T. aureum*,*T. striatum*,*T. roseum* 和 *S. limacinum* 是目前较为理想的 DHA 产生菌,这些菌株 DHA 含量(占总脂肪酸)一般为 32%～42%。张波涛等从南极海冰及海泥中分离筛选出含有 DHA 的菌株,其中一株总脂肪酸含量占菌体干重的 22.54%,DHA 占总脂肪酸的 8.72%。通过进一步研究发现该菌属于嗜冷菌,其 DHA 含量随温度、盐度升高而降低,随 pH 的增加而升高。

　　与其他微生物相比,海洋微藻是较理想的 DHA 来源。海洋微藻中研究最多的是隐甲藻 *Cryptothecodinium cohnii*,这种微藻不仅产生高含量的 DHA,而且培养中不需光照,适于异养培养,利用其生产富含 DHA 的单细胞油脂目前已工业化,广泛应用于婴儿奶粉和作为辅助食品。利用海洋微藻生产 DHA 具有很多优点:

　　①微藻细胞脂肪酸组成简单,某些微藻细胞 DHA 含量占总脂肪酸的 30%～50%,其他长链多不饱和脂肪酸的含量不超过 1%,不含 EPA,易于 DHA 的分离提纯。

　　②与鱼油相比,从微藻细胞提取的产品无鱼腥味。

　　③DHA 占总脂肪酸的比例与细胞中的脂肪含量成正比,而且微藻可实现高密度培养,易于提高 DHA 的产量。

　　④海洋细菌生产 DHA 的温度较低,一般高于 20℃ 时其生长速度及 PUFAs 的产量就会下降,而微藻具有较宽的生长适应范围,更具有工业化生产潜力。

　　⑤微藻具有较高含量的蛋白质、微量元素、维生素及抗氧化物质等。

　　利用海洋微藻和破囊壶菌等海洋真菌生产 DHA 已成为海洋生物技术的研究热点。但是,国内外利用微生物发酵生产 DHA 多处于实验室阶段。国外商业生产的成功先例,如 Martek Biosciences Corporation 生产的海藻 DHA,国内如润科生物工程有限公司的 DHA 微藻粉、DHA 微藻油等。表 14-2 列出了 DHA 含量丰富的一些海洋微生物种类。

表 14-2　部分富含 DHA 的海洋微生物

微生物名称		EPA（占总脂肪酸的％）	DHA（占总脂肪酸的％）
金藻类	*Isochrysis galbana*	0.2～12.8	3.7～19.4
	Isochrysis sp.	0.2～4.1	5.3～10.3
	Isochrysis sp.	0.5～0.8	6.8～10.2
	Pavlova lutheri	16.2～28.3	3.6～15.5
	Pavlova lutheri	20.4～22.4	9.7～10.7
	Pavlova salina	25.4～28.2	10.2～11.0
甲藻类	*Cryptothecodinium cohnii*	0	40～45
	Amphidinium sp.	8.0	17.4
	Gymnodinium sp.	13.3～13.7	31.9～32.3
硅藻类	*Cylindrotheca fusiformis*	7.7～20.3	1.1～12.6
	Thraustochytrium aureum	6	34
海洋真菌	*Thraustochytrids roseum*	6	11
	Schizochytrium aggregatum	4	11

14.6.3　γ-亚麻酸

γ-亚麻酸（γ- Linolenate，GLA，ω-6）系统名为全顺式 6,9,12-十八碳三烯酸,分子式 $C_{18}H_{30}O_2$,是一种 ω-6 系列多不饱和脂肪酸,分子结构为

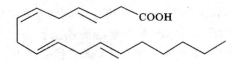

GLA 为无色油状液体,在空气中极易氧化。它是人体本身无法合成而又必需的一种脂肪酸,是组成人体组织生物膜的结构材料,具有广泛的生理活性和明显的药理作用,如抗菌、抗肿瘤、抗 HIV 感染、消炎、治疗动脉粥样硬化和高血压等,被评价为 21 世纪功能性食品的主角。

产 GLA 的微生物主要是微藻和真菌。日本 Onacls Cement 公司生物研究所和东京农业技术大学生物工程系联合对新鲜海水中的兰丝藻（*Spirulina platensis*）和小球藻（*Chlorella*）进行光照培养生产 GLA,其含量分别为总脂肪酸含量的 26.25％和 10％。

产 GLA 的真菌主要是某些低等丝状真菌,如被孢霉属（*Mortierella*）、根霉属（*rhizopus*）、毛霉属（*Mucar*）、枝霉属（*Thamnidium*）、小克银汉霉属（*Cunninghamella*）等。目前真菌发酵生产 GLA 已成为国际趋势,具有生产周期短、不受自然条件限制、占地面积小、产量和含油量稳定等优点。1986 年,日本、英国率先推出含 GLA 的保健食品、功能性饮料和高级化妆品等。而我国多处于研究阶段,但也有 GLA 产品问世,如随州中科生物工

程有限公司的神农牌神农康胶囊(含 5%的 γ-亚麻酸,10%的亚油酸)。

14.6.4　花生四烯酸

花生四烯酸(arachidonic acid,AA,ω-6)系统名为全顺式-5,8,11,14-二十碳四烯酸,分子式为 $C_{20}H_{32}O_2$,分子结构为

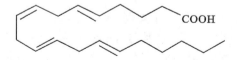

AA 是一种重要的人体必需脂肪酸,是人体前列腺素合成的重要前体物质。AA 在降血脂、抑制血小板聚集、抗炎症、抗癌、抗脂质氧化、促进脑组织发育等方面具有独特的生物活性,已在医药、食品、化妆品等领域得到广泛应用。市场上销售的 AA 产品主要从深海鱼油中提取,含量极低,只有 0.2%(W%),并受季节、产地等因素影响较大,AA 含量较不稳定。

20 世纪 60 年代起,国外许多学者就开始研究微生物发酵法生产 AA。某些原生动物(如阿米巴)、微藻(如红藻、蓝藻)、部分细菌、酵母菌和多数丝状真菌均可以产生 AA,但 AA 含量较高的发酵菌种并不多。海洋微藻中只有少数含有较高的 AA,如硅藻、红藻等。红藻门的紫球藻(*Porphyridium cruentum*),在适宜条件下,其 AA 占总脂肪酸的比例可达到 40%。近年来,日本、美国、英国、加拿大等国相继有 AA 发酵产品问世。中科院等离子体研究所经过 8 年多的努力,利用生物工程技术选育出一株 AA 高产菌,已成功实现产业化,AA 发酵水平国际领先。

14.7　海洋微生物毒素

海洋微生物毒素(marine microorganism toxins)是指由海洋微生物产生的、对其他生物物种有毒害作用的化学物质。它具有化学结构新颖多样、分子量小、生物活性高、作用机理独特及较易于合成等诸多特点,成为海洋微生物天然产物的重要组成部分,亦是海洋微生物活性物质中研究进展最迅速的领域。

近年来的研究表明,海洋微生物产毒种类繁多,如细菌、真菌、放线菌、微藻等。细菌是研究相对较多的一个类群,目前已报道的产毒细菌主要有假单胞菌属(*Pseudomonas*)、弧菌属(*Vibrio*)、发光杆菌属(*Photobacterium*)、气单胞菌属(*Aeromonas*)、邻单胞菌属(*Plesiomonas*)、交替单胞菌属(*Alteromonas*)、不动杆菌属(*Acinetobacter*)、芽孢杆菌属(*Bacillus*)、棒杆菌属(*Corynebacterium*)和莫拉氏菌属(*Moraxella*)等 10 个属。来源于海洋细菌的毒素主要有河豚毒素(tetrodotoxin,TTX)、石房蛤毒素(saxitoxin,STX)和两种作用于交感神经的毒素 Neosurugatoxin 和 Prosurugatoxin 等。

产毒真菌主要有青霉属(*Penicillium*)、镰刀菌属(*Fusarium*)、曲霉属(*Aspergillus*)和麦角属(*Claviceps*),分别产生青霉素、镰刀菌毒素(fusarium toxin)、黄曲霉毒素(aflatoxin)和麦角生物碱(ergot alkaloids)。霉菌是主要的产毒类群,可产生一类属于单端孢霉烯族化合物的霉菌毒素(trichothecenes)。

研究发现,放线菌中的链霉菌属(*Streptomyces*)有的可产生河豚毒素及放线菌素 D。而肝色链霉菌(*S. hepaticus*)产生的洋橄榄霉素则是一种诱癌的急性强性毒素。

蓝细菌主要产生两类毒素:一类是属生物碱的神经毒素——变性毒素 a(anatoxina);另一类是肽类毒素——肝毒素,它至少包括 53 种有关的环状肽,如微囊藻素(microcystin)和节球藻素(nodularin)。

海洋微藻也是产毒种类较多的一个类群,主要分布在甲藻、金藻、绿藻、褐藻和红藻 5 个门。其中甲藻是研究较多的一类,除因它是重要的赤潮种之外,其产生的重要的剧毒性海洋毒素也是引起研究人员关注的原因之一,如产生麻痹性贝毒素的膝沟藻(*Gonyaulax* sp.)、产生神经性贝毒素的短裸甲藻(*Gymnodinium breve* Davis)和产生西加鱼毒素(ciguatoxin,CTX)的冈比亚毒藻(*Gambierdiscus* sp.)等。金藻中小定鞭金藻(*Prymnesium parvum*)产生的定鞭金藻素(prymnesin)具有细胞毒性、鱼毒性、溶血和解痉作用。硅藻可产生肽类神经毒素软骨藻酸。

海洋环境中,毒素广泛存在于微生物、植物和动物。研究发现,一些海洋生物毒素并不是由其自身产生的。海洋水产品毒素,如鱼毒和贝毒,其真正的来源是海洋微生物。随着近年来从其他水生生物上陆续得到以及多种产毒细菌的发现,河豚毒素微生物来源说的观点已经为大多数学者所接受。贝毒素的来源则是海洋微藻,也可能是一些细菌和放线菌,主要是通过食物链积累的。近年来海洋共附生微生物的研究进一步阐明了一些活性物质的产生机制,使人们对包括毒素在内的海洋活性物质的产生过程有了新的了解,然而这方面的认识还远远不够,有待加强。

下面对蓝藻毒素、河豚毒素、西加鱼毒、海兔毒素作进一步阐述,有关贝毒内容请参考本书第 12 部分。

14.7.1 蓝藻毒素

蓝藻是海洋和淡水中普遍存在的一类浮游生物。当蓝藻大量繁殖时,会形成赤潮,同时部分蓝藻还会产生蓝藻毒素,对生态环境和人类产生毒害。蓝藻和蓝藻毒素成为目前研究的热点之一。蓝藻毒类主要分为以下 5 类。

(1)微囊藻毒素

微囊藻毒素(microcystin,MC)和节球藻毒素(nodularin)是最常见的肝毒素,在淡水和海水中均被发现。MC 易溶于水、甲醇或丙酮,无挥发性,抗 pH 变化,在水中的溶解度大于 1 g/L,不易沉淀或被吸附于沉淀物和悬浮颗粒物中。产生微囊藻毒素的蓝藻(*Cyanobacteria*),主要有铜绿微囊藻(*Microcystisaeruginosa*)、颤藻(*Oscillatoria*)和念珠藻(*Nostoc*)。

微囊藻毒素是由 7 个氨基酸组成的肽链(图 14-11),其中 5 个是非蛋白质氨基酸,2 个(第 2、4 点位)是蛋白质氨基酸。不同种类微囊藻毒素的化学组成,主要区别在于第 2、4 位左旋氨基酸的构成以及 MeAsp、Mdha 基团的甲基化或去甲基化,这也是微囊藻毒素命名的依据。这些氨基酸的不同,使微囊藻毒素有 60 多种异构体。

研究结果显示,MC 的致毒机理是通过与蛋白磷酸酶(proteinphosphatase)中的**丝氨酸/苏氨酸亚基**结合而抑制其活性,从而诱发细胞角蛋白高度磷酸化,使哺乳动物肝细胞微丝分解、破裂和出血,导致肝充血肿大,动物失血休克死亡。另外,由于蛋白磷酸酶的活性受到抑制,相对增加了蛋白激酶的活力,打破磷酸化和脱磷酸化的平衡,从而促进肿瘤的发生。

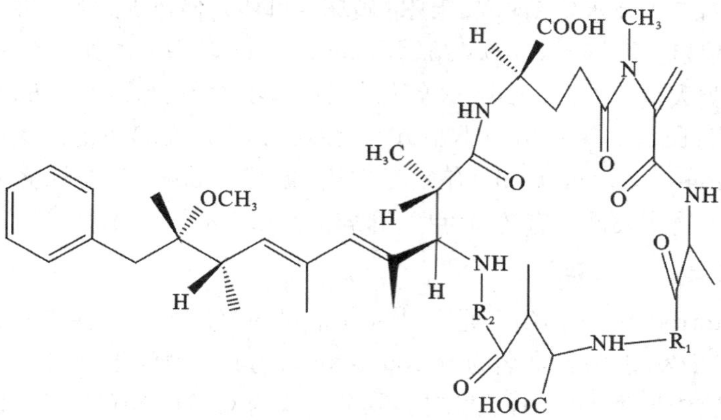

Microcystin-RR:R_1=Arg, R_2=Arg
Microcystin-LR:R_1=Leu, R_2=Arg

图 14-11　微囊藻毒素的分子结构图

（2）节球藻毒素

节球藻毒素（nodularin）是一组环状五肽（D-MeAsp/D-Asp-L-Arg-Adda-D-Glu-Mdhb）,其中 Mdhb 为 N-甲基脱氢-α-氨基丁酸,相对分子量 824,主要存在于泡沫节球藻（*Nodularia spumigena*）中。

节球藻毒素的致毒机理与微囊藻毒素类似,能够抑制和控制生化过程中生物体蛋白磷酸化酶 PP1 和 PP2A 的生成;也能够作用于肝细胞表面的特异性受体,使肝细胞骨架受损,微丝向细胞中心收缩,肝脏原有的组织结构变形,血液汇集于肝脏而使体循环缺血。

（3）鞘丝藻素

目前发现的鞘丝藻素（lyngbyabellin）有 2 种,分别是 lyngbyabellin A 和 lyngbyabellin B,lyngbyabellin A 的毒性稍大。它们是由 Lueschde 等首先从采集于关岛海域的巨大鞘丝藻（*Lyngbya majuscula*）中分离得到。进一步研究表明,鞘丝藻素对成纤维细胞 A-10 的细胞骨架有干扰作用,浓度为 $0.01 \sim 0.05\ \mu g/mL$ 时可以破坏细胞骨架,出现明显的细胞程序性死亡;浓度在 $5 \sim 10\ \mu g/mL$ 时,可以部分地抑制拓扑异构酶的活性。

（4）脂多糖内毒素

脂多糖内毒素（lipopolysaccharide endotoxins）可从裂须藻（*Schizothrix*）、颤藻（*Oscillatoria*）和微囊藻（*Microcystis*）中分离得到,它是蓝藻细胞壁的组成部分,由类脂 A、核心寡糖和 O-特异多糖组成。蓝藻脂多糖内毒素的类脂 A 与革兰氏阴性细菌的脂多糖不完全相同,种类更多,而且往往含有少量的磷酸。脂多糖内毒素可激活单核/巨噬细胞、肝Kupffer 细胞、血管内皮细胞等,并诱导一些炎性细胞因子及氧自由基等化学介质的释放,诱发全身炎症反应综合征（包括感染性休克）和肝脏等组织器官的严重损伤。

（5）溶血性毒素

溶血性毒素（hematoxin）是有毒藻类分泌较多的一类毒素,主要是糖脂类及不饱和脂肪酸类化合物,结构成分较复杂。小定鞭藻(*Prymnesium parvum*)是其中典型的产溶血性毒素的藻种。溶血性毒素的毒理作用被认为与洋地黄皂苷(digitonin)相似,可使红血细胞溶解破裂,对鱼类及水生动物鳃组织的破坏更可能是使鱼类致死的重要原因。

Mitsui 等从聚球藻 *Synechoccus* sp. Miami BG Ⅱ 6S 中分离到一类具有溶血活性的糖脂,可造成鱼类大量死亡;Simonsen 等从塔玛亚历山大藻(*Alexandrium tamarense*)中提取出溶血毒素;Bagien 等指出微小亚历山大藻(*A. minutum*)也能产生溶血毒素,这种毒素对水蚤 *Euterpina acutifrons* 有致死作用;挪威 Stabell 等在棕囊藻(*Phaeocystis pouchetii*)的提取物中发现了有溶血毒性、麻醉特性和鱼毒性的毒素。

14.7.2　河豚毒素

河豚毒素(tetrodotoxin,TTX)是一种毒性很强的海洋生物活性物质,最初从豚科鱼(Tetrodontidae)中发现,故被命名为 tetrodotoxin。与其他海洋生物毒素一样,TTX 具有特异的、陆生动物中极为少见的化学结构,其分子式为 $C_{11}H_{17}N_3O_8$,相对分子量 319.28,是非蛋白、低分子量、高活性的神经毒素。具有多羟基氢化反 5,6-苯吡啶母核结构,纯品为无臭无色针状结晶,微溶于水、乙醇和浓酸,在含有醋酸的水溶液中极易溶解,不溶于其他有机溶剂,易被碱还原。TTX 的毒性作用主要是它能选择性地与神经和肌肉细胞膜表面 Na^+ 通道上的蛋白质结合而阻断 Na^+,影响神经肌肉间兴奋性的传导,使神经肌肉呈麻痹状态,因而它是典型的 Na^+ 阻断剂。TTX 的中毒症状主要表现为头晕头疼、恶心呕吐腹泻、知觉麻痹、唇舌及肢端麻木、呼吸困难,严重者可因呼吸衰竭而死亡。

有关 TTX 的生源论一直存在分歧,以前认为是由海洋动物产生,但是由于在多种海洋微生物提取物中都发现 TTX,因此认为 TTX 可能是来源于微生物,经食物链作用传递到动物体内。研究表明许多单细胞海洋细菌可产生 TTX,这可能与在海洋环境中发生质粒转移有关。1989 年 Do H K 等在海洋调查中发现近岸和深海的海洋沉积物样品中均含有相当高浓度的 TTX,1 g 海泥即可致死一只小鼠。经分析发现,这些 TTX 为沉积物中的多种细菌产生,如芽孢杆菌(*Bacillus*)、微球菌(*Micrococcus*)、不动杆菌(*Acinetobacter*)等属的细菌。1990 年他们又从东京湾及太平洋沉积物中分离到可产生 TTX 的海洋放线菌——链霉菌属(*Streptomyces*),且产量远远高于海洋细菌,因此,放线菌在 TTX 的生产中具有重要的作用。

14.7.3　西加鱼毒

西加鱼毒(ciguatera fish poisoning,CFP)通常是由生活在热带地区的甲藻产生的一类高毒性化合物,是一种无色、耐热的非结晶体,为多环内醚结构,极易被氧化,不溶于苯和水,易溶于甲醇、乙醇、丙酮和 2-丙醇。通常由鱼作为媒介,引起人类中毒。西加鱼毒素是一类强烈的神经性毒素,与短裸甲藻毒素的致毒机理相同,作用于 Na^+ 通道的第 2位点,改变 Na^+ 内流,引起神经末端细胞膜的超兴奋状态,神经递质不停地释放,神经突触泡大量耗竭,神经末端膨胀。小鼠腹腔注射实验表明,其半数致死量 LD_{50} 为 0.45 $\mu g/kg$,毒性强度比河豚毒素高 100 倍,大大超过神经性贝类毒素。通常与西加鱼毒素共存的另一种毒素是刺尾鱼毒素(maitotoxin),能够作用于细胞膜,致使 Ca^{2+} 内流,其机制很可能是通过作用于部分膜蛋白,使之形成一个类似于 Ca^{2+} 通道的孔。主要的产毒藻是有毒岗比亚藻(*Gambierdiscus toxicus*)。

14.7.4 海兔毒素

海兔毒素(dolastatin)是美国亚利桑那大学的 Pettit 首先从采自印度洋的海兔(*Dolabella auricularia*)中发现的,属于环肽类毒素。目前已发现 18 种,分别命名为 dolastatin 1~18。Harrigan 等认为海兔毒素的真正来源可能是海兔摄食的海洋蓝藻产生的,并在 dolastatin-10 中得到了实验证实。dolastatin-10 可通过抑制微管聚合,对人乳腺癌、非小细胞性肺癌有显著疗效,具有良好的前景。

除上述活性物质外,海洋微生物还产生其他类活性物质为人类所利用。例如,嗜盐或耐盐菌产生的细菌视紫红质和生物塑料是两种具有广阔应用前景的海洋产品;Anguibactin 是一种从 *Vibrio anguillarum* 中分离到的新的铁载体,结构为含噻唑(thiazolin)环和咪唑(unudazole)环的新型儿茶酚;Sugana 等从海蟹 *Chinoecetes opilio* 中分离的 *Phoma* sp. 中发现血小板活化因子拮抗剂 Phomactine;Miki 等从海绵 *Reniera japnica* 中分离出产生类胡萝卜素的海洋细菌 *Flexibacter* sp. ;Yokoyama 等从海绵中分离到一株黄杆菌,能够产生橙色色素 myxol,等等。

14.8 海洋微生物新药的开发

种类繁多的海洋微生物是当今新药研究与开发的重要资源。海洋微生物新药的开发,一般要经历菌株分离、活性筛选、扩大发酵、活性物质分离提取和纯化等一系列过程,得到足够的纯品后才能进行下一步的新药评价。

14.8.1 海洋微生物新药评价的基本程序

一般说来,新药的研究都是从体外试验或动物试验开始。海洋微生物新药的评价程序,与一般新药评价程序一样,分为临床前阶段(动物试验)及临床阶段。

(1)临床前阶段

新药临床前阶段主要包括一般药理学研究、毒理学研究和药代动力学研究。一般药理学指的是主要药效作用以外的广泛的药理作用,也称为一般药效学,是新药评价的要求之一;毒理学研究内容包括一般毒性和特殊毒性两部分;药代动力学主要研究药物在体内的吸收、分布、生物转化和排泄规律。临床前研究的目的是确定药物的药理作用和可能发生的不良反应,为临床研究提供依据。

(2)临床试验阶段

临床前研究的结果,必须对新药的疗效和安全性作出确切、科学的评价。当一种新药在动物试验中被证明是安全有效的,才能通过报批进入临床试验阶段。临床试验研究,可分 4 期进行,1 期和 2 期临床试用,是新药安全有效性评价的最关键阶段,3 期临床试验为扩大临床试验,通常病例数不少于 1 000 例,4 期通常在药物投放市场后进行,主要是发现大面积推广后可能出现的毒副反应,以及发现新的治疗用途和对该药的发展前途进行评价。新药临床评价的任务,是从人体上确证新药的疗效与安全性,同时完成相应的药理毒理及药学方面的工作。

结合临床前及临床评价,有时还要补做毒性试验,然后制订给药方案,确定剂型处方,完成稳定性试验,确定原料规格和制定质量标准。完成这阶段全部评价工作后,即可整理新药生产必需资料,申报新药生产。

14.8.2　海洋微生物新药评价的基本要求

（1）海洋微生物新药的评价原则

海洋微生物新药的评价原则,与一般药物的评价原则一样。最基本的原则是安全、有效、价廉、质量可控及各项数据可靠。要求在评价新药时,应正确应用统计方法,不仅要评价其有效性,还要着重评价其临床应用价值。发现一个新药或新药先导化合物,不仅要注意其是否有效,还要注意其最后能否获得正式批准,进入临床试验并获准上市,这是最难得的。为此,应注重在新药评价的各阶段中,进行客观而科学的论证与决策。

（2）一般药理学评价要求

一般药理学研究要求在"机体的主要系统"上进行,我国现阶段主要观察药物对中枢神经系统、心血管系统和呼吸系统的作用。根据不同药物的药理作用特点,也可适当观察其他系统的指标。对于创新药物,应尽量多观察一些指标。

（3）毒理学评价要求

新药毒理学评价是提供新药对人类健康危害程度的科学依据,预测临床用药的安全性,为临床研究提供可靠的参考。所以毒理学研究应做到:①确定新药毒性的强弱;②确定新药安全剂量的范围;③寻找毒性作用的靶器官和靶器官损伤的性质、程度及可逆性。

（4）药代动力学评价要求

药代动力学的目的是揭示药物在动物体内的动态变化规律,阐明药物的吸收、分布、生物转化和排泄的过程及特点,药代动力学的研究对指导新药设计,改进药物剂型,评选高效、速效、低毒副作用的药物,指导临床用药,优选给药方案等都发挥较大的作用。所以,对于药代动力学,应该对所获取的数据进行科学和全面的分析,要对药物的药代动力学特点进行综合性论述:包括吸收、分布和消除的特点,排泄的情况,与血浆蛋白结合的程度,并提供药物在体内积蓄的器官（或组织）和程度;如果是创新药,还要阐明其体内消除过程。

（5）临床评价要求

新药的研究大多数是从体外实验或动物实验开始的。由于人和动物对药物的反应以及在药物代谢过程中,均存在种属差异性,以致出现不一致的结果,为此,必须进行临床药理评价。临床药理研究是药物研究的关键阶段,不仅可以验证新药在人体中的实用价值,也能够发现新药或者发现老药的新用途,其结果是药品注册上市的主要依据,同时也为药品上市后临床使用提供经验和指导。所以,临床试验资料的分析与评价,应以试验设计合理、操作规范、数据可靠为前提。

参考文献

吴剑波.2002.微生物制药.北京:化学工业出版社

许实波.2002.海洋微生物制药.北京:化学工业出版社

王新,郑天凌,胡忠,苏建强. 2006. 海洋微生物毒素研究进展. 海洋科学. 30(7):76~81

张致平. 2003. 微生物药物学. 北京:化学工业出版社

Acebal C, Alcazar R, Canedo L M, et al. 1998. Two marine Agrobacterium producers of sesbanimide antibiotics. J Antibiot. 51(1):64-67

Albaugh D, Albert G, Bradford P, et al. 1998. Cell wall active antifungal compounds produced by the marine fungus *Hypoxylon oceanicum* LL-15G256. III. Biological properties of 15G256 gamma. J Antibiot. 51(3):317-322

Arena A, Maugeri T L, Pavone B, et al. 2006. Antiviral and immunoregulatory effect of a novel exopolysaccharide from a marine thermotolerant *Bacillus licheniformis*. Int Immunopharmacol. 6(1):8-13

Asolkar R N, Maskey RP, Laatsch H, et al. 2002. Chalcomycin B, a new macrolide antibiotic from the marine isolate *Streptomyces* sp. B7064. J Antibiot. 55(10):893-898

Biabani M A, Laatsch H, Helmke E, et al. 1997. Delta-indomycinone: a new member of pluramycin class of antibiotics isolated from marine *Streptomyces* sp.. J Antibiot. 50(10):874-877

Blokhin AV Yoo HD, Gerwick WH, et al. 1995. Characterization of the interaction of the marine cyanobacterial natural product curacin A with the colchicine site of tubulin and initial structure-activity studies with analogues. Mol Pharmacol. 48(3):523-531

Canedo L M, Fernandez P J L, Perez B J, et al. 1997. PM-94128, a new isocoumarin antitumor agent produced by a marine bacterium. J Antibiot. 50(2):175-176

Castro-Ochoa L D, Rodriguez-Gomez C, Valerio-Alfaro G, et al. 2005. Screening, purification and characterization of the thermoalkalophilic lipase produced by *Bacillus thermoleovorans* CCR11. Enzyme Microb Technol. 37:648-651

Christophersen C, Crescente O, Frisvad J C, et al. 1999. Antibacterial activity of marine-derived fungi. Mycopathologia. 143(3):135-138

Do H K, Kogure K, Simidu U. 1990. Identification of deep-sea-sediment which produce tetrodotoxin. Appl Environ Microbiol. 56:1162-1163

Do H K, Kogure K, Imada C, et al. 1991. Tetrodotoxin production of actinomycetes isolated from marine sediment. Appl Bacteriol. 70:464-468

Duy T N, Lam P K, Shaw G R, et al. 2000. Toxicology and risk assessment of freshwater cyanobacterial(Blue-greenalgae) toxinsinwater. Rev Environ Contam Toxicol. 163:113-186

Feling R H, Buchanan G O, Fenical W, et al. 2003. Salinosporamide A: a highly cytotoxic proteasome inhibitor from a novel microbial source, a marine bacterium of the new genus *salinospora*. Angew Chem Int Ed Engl. 42(3):355-357

Fudou R, Iizuka T, Yamanaka S. 2001. Haliangicin, a novel antifungal metabolite produced by a marine *myxobacterium*. 1. Fermentation and biological characterics. J Antibiot. 54(2):149-152

Fukuda K, Hasuda K,Oda T, et al. 1997. Novel extracellular alkaline metalloendopeptidases from *Vibrio* sp. NUF-BPP1: purification and characterization. Biosci Biotechnol Biochem. 61(1):96-101

Furumai T, Igarashi Y, Higuchi H, et al. 2002. Kosinostatin, a quinocycline antibiotic with antitumor activity from *Micromonospora* sp. TP-A0468. J Antibiot. 55(2):128-133

Gil-Turnes M S, Hay M E, Fenical W. 1989. Symbiotic marine bacteria chemically defend crustacean embryos from a pathogenic fungus. Science. 246(4926):116-118

Gloer J B, Truckenbrod S M. 1988. Interference competition among coprophilous fungi: production of

(＋)-isoepoxydon by poronia punctata. Appl Environ Microbiol. 54(4): 861-864

Hardt I H, Jensen P R, Fenical W. 2000. Neomarinone and new cytotoxic marinone derivatives, produced by a marine filamentous bacterium(actinomycetales). Tetra Lett. 41(13): 2073-2076

Hayashi K,Sato S,Takano R,et al. 1995. Identification of the positions of disulfide bonds of chitinase from a marine bacterium, *Alteromonas* sp. strain O-7. Biosci Biotechnol Biochem. 59(10): 1981-1982

Hiort J, Maksimenka K, Reichert M, et al. 2004. New natural products from the sponge-deribed fungus *Aspergillus niger*. J Nat Prod. 67(9): 1532-1543.

Imamura N, Nishijima M, Takadera T, 1997. New anticancer antibiotics pelagiomicins, produced by a new marine bacterium *Pelagiobacter variabilis*. J Antibiot. 50(1): 8-12

Isnansetyo A, Horikawa M, Kamei Y. 2001. In vitro anti-methicillin-resistant *Staphylococcus aureus* activity of 2,4-diacetylphloroglucinol produced by *Pseudomonas* sp. AMSN isolated from a marine alga. J Antimicrob Chemother. 47(5): 724-725

Ivanova E P, Bakunina I Y, Nedashkovskaya O I, et al. 2003. Ecophysiological variabilities in ecto-hydrolytic enzyme activities of some *Pseudoalteromonas* species, *P. citrea*, *P. issachenkonii* and *P. nigrifaciens*. Curr Microbiol. 46: 6-10

Jadulco R, Brauers G, Proksch P. et al. 2002. New metabolites from sponge-derived fungi *Curvularia lunata* and *Cladosporium herbarum*. J Nat Prod. 65(5): 730-733

Jam M, Flament D, Allouch J, et al. 2005. The endo-beta-agarases AgaA and AgaB from the marine bacterium *Zobellia Galactanivorans*: two paraloguenzymes with different molecular organizations and catalytic behaviours. Biochem J. 385(3): 703-713

Kang N Y, Choi Y L, Cho Y S, et al. 2003. Cloning, expression and characterization of a, β-agarase gene from a marine bacterium, *Pseudomonas* sp. SK38. Biotechnol Lett. 25: 1165-1170

Lebeau T, Robert J M. 2002. Diatom cultivation and biotechnology relevant products: Part II. Current and putative products. Appl Microbiol Biotechnol Lett. 60: 624-632

Li F, Maskey R P, Qin S, et al. 2005. Chinikomycins A and B: isolation, structure elucidation, and biological activity of novel antibiotics from a marine *Streptomyces* sp. isolate M045. J Nat Prod. 68(3): 349-353

Li X, Choi H D, Kang J S, et al. 2003. New polyoxygenated farnesylcyclohexenones, deacetoxyyanuthone A and its hydro derivative from the marine-derived fungus *Penicillium* sp.. J Nat Prod. 66(11): 1499-1500

Lim G E, Haygood M G. , 2004. "*Candidatus* Endobugula glebosa", a specific bacterial symbiont of the marine bryozoan *Bugula simplex*. Appl Environ Microbiol. 70(8): 4921-4929

Luesch H, Moore R E, Paul V J, et al. 2001. Isolation of dolastatin 10 from the marine cyanobacterium *Symploca* species VP642 and total stereochemistry and biological evaluation of its analogue symplostatin 1. J Nat Prod. 64(7): 907-910

Marco E, Martin-Santamaria S, Cuevas C, et al. 2004. Structural basis for the binding of didemnins to human elongation factor eEF1A and rationale for the potent antitumor activity of these marine natural products. J Med Chem. 47(18): 4439-4452

Matsuda M, Yamori T, Naitoh M, et al. 2003. Structural revision of sulfated polysaccharide B-1 isolated from a marine *Pseudomonas* species and its cytotoxic activity against human cancer cell lines. Mar Biotechnol. 5(1): 13-19

Mitchell S S, Nicholson B, Teisan S, et al. 2004. Aureoverticillactam, a novel 22-atom macrocyclic lactam from the marine actinomycete *Streptomyces aureoverticillatus*. J Nat Prod. 67(8): 1400-1402

Nicholson B, Lloyd G K, Miller B R, et al. 2006. NPI-2358 is a tubulin-depolymerizing agent: in vitro evidence for activity as a tumor vascular-disrupting agent. Anticancer Drug. 17(1): 25-31

Ohta S, Chang T, Aozasa O, et al. 1993. Alterations in fatty acid composition of marine red alga *Porphyridium purpureum* by environmental factors . Bot Mar. 36: 103-107

Ohta Y, Hatada Y, Ito S, et al. 2005. High-level expression of a neoagarobiose-producing beta-agarase gene from *Agarivorans* sp. JAMB-A11 in *Bacillus subtilis* and enzymic properties of the recombinant enzyme. Biotechnol Appl Biochem. 41(2): 183-191

Ohta Y, Hatada Y, Nogi Y,et al. 2004. Cloning, expression, and characterization of a glycoside hydrolase family 86 beta-agarase from a deep-sea *Microbulbifer*-like isolate. Appl Microbiol Biotechnol. 66(3): 266-275

Ohta Y, Hatada Y, Nogi Y, et al. 2004. Enzymatic properties and nucleotide and amino acid sequences of a thermostable beta-agarase from a novel species of deep-sea *Microbulbifer*. Appl Microbiol Biotechnol. 64(4): 505-514

Okazaki T, Kitahara T, Okami Y. 1975. Studies on marine microorganisms. Ⅳ. A new antibiotic SS-228 Y produced by *Chainia* isolated from shallow sea mud. J Antibiot. 28(3): 176-184

Osawa R, Koga T. 1995. An investigation of aquatic bacteria capable of utilizing chitinas the sole source of nutrients. Lett Appl Microbiol. 21(5): 288-291

Romero F, Espliego F, Perez Baz J, et al. 1997. Thiocoraline, a new depsipeptide with antitumor activity produced by a marine *Micromonospora*. I. Taxonomy, fermentation, isolation, and biological activities. J Antibiot. 50(9): 734-737

Rowley, D C, Kelly S, Kauffman C A, et al. 2003. Halovirs A-E, new antiviral agents from a marine-derived fungus of the genus *Scytalidium*. Bioorg Med Chem. 11(19): 4263-4274

Sawabe T, Ohtsuka M, Ezura Y, et al. 1997. Novel alginatelyases from marine bacterium *Alteromonas* sp. strain H-4. Carbohyd Res. 304: 69-76

Serkedjieva J. 2004. Antiviral activity of the red marine alga *Ceramium rubrum*. Phytother Res. 18(6): 480-483

Shestowsky W S, Quilliam M A, Sikorska H M. 1992. An idiotypic-antiidiotypic competitive immunoassay for quantitation of okadaic acid. Toxicon. 30: 144-148

Singh M P, Kong F, Janso J E, et al. 2003. Novel alpha-pyrones produced by a marine *Pseudomonas* sp. F92S91: taxonomy and biological activities. J Antibiot. 56(12): 1033-1044

Takahashi A, Kurasawa S, Ikeda D, et al. 1989. Altemicidin, a new acaricidal and antitumor substance. I. Taxonomy, fermentation, isolation and physico-chemical and biological properties. J Antibiot. 42(11): 1556-1561

Tan R X, Jensen P R, Williams P G, et al. 2004. Isolation and structure assignments of rostratins A-D, cytotoxic disulfides produced by the marine-derived fungus *Exserohilum rostratum*. J Nat Prod. 67(8): 1374-1382

Tomoo S, Miwa O, Yoshio E, et al. 1997. Novel alginate lyases from marine bacterium *Alteromonas* sp. strai H-4. Carbohydr Res. 304: 69-76

Umezawa H, Okami Y, Kurasawa S, et al. 1983. Marinactan, antitumor polysaccharide produced by marine bacteria. J Antibiot. 36(5): 471-477

313

Valerie J P, Melany P P, Raphael R W. 2006. Marine chemical ecology. Nat Prod Rep. 23: 153-180

Wen Z Y, Chen F. 2000. Production potential of eicosapentaenoic acid by the diatom *Nitzschia laevis*. Biotechnol Lett. 22: 727-733

Whitehead L A, Stosz S K, Weiner R M. 2001. Characterization of the agarase system of a multiple carbohydrate degrading marine bacterium. Cytobios. 106(1): 99-117

Yim, J H, Kim S J, Ahn S H, et al. 2004. Antiviral effects of sulfated exopolysaccharide from the marine microalga *Gyrodinium impudicum* strain KG03. Mar Biotechnol. 6(1): 17-25

Yoshikawa K, Adachi K, Nishijima M. 2000. Beta-cyanoalanine production by marine bacteria on cyanide-free medium and its specific inhibitory activity toward cyanobacteria. Appl Environ Microbiol. 66(2):718-722

附录　部分培养基配方

微生物分离培养基(用 1 000 mL 陈海水或人工海水配制,固体培养基添加琼脂 15~20 g):

牛肉膏蛋白胨琼脂:牛肉膏 4 g,蛋白胨 10 g,葡萄糖 10 g,pH 7.0

营养琼脂:蛋白胨 10 g,牛肉膏 3 g,NaCl 5 g,pH 7.0

Zobell 2216E 培养基:酵母膏 1 g,蛋白胨 5 g,磷酸铁 0.1 g,pH 7.6~7.8

Simidu 培养基:蛋白胨 0.4 g,Lab-lemco 0.1 g,酵母浸出膏 0.2 g,乳酸钙 0.68 g,甘露醇 0.3 g,苹果酸钠 0.46 g,蔗糖 0.3 g,甘油磷酸钙 0.1 g,柠檬酸铁 0.01 g,$NaNO_3$ 0.6 g,$(NH_4)_2SO_4$ 0.6 g,吐温-80 0.025 g,TES(3-羟基氨基-2-氨基乙酰磺酸)缓冲液 1.15 g,蒸馏水 100 mL,陈海水 900 mL,pH 7.8

TCBS 培养基:蛋白胨 10 g,溴麝香草酚蓝 0.04 g,柠檬酸铁 1 g,牛胆盐 8 g,NaCl 10 g,柠檬酸钠 10 g,硫代硫酸钠 10 g,蔗糖 20 g,麝香草酚蓝 0.04 g,酵母浸膏 5 g,琼脂 15 g,pH 8.6

高氏合成一号培养基:可溶性淀粉 20 g,KNO_3 1 g,K_2HPO_4 0.5 g,$MgSO_4 \cdot 7H_2O$ 0.5 g,$FeSO_4 \cdot 7H_2O$ 0.01 g,pH 7.2~7.4

甘油-精氨酸培养基:甘油 20 g,精氨酸 2.5 g,$CaCO_3$ 0.1 g,$FeSO_4 \cdot 7H_2O$ 0.1 g,$MgSO_4 \cdot 7H_2O$ 0.1 g,pH 7.0

葡萄糖-天门冬素培养基:葡萄糖 10 g,天门冬素 0.5 g,K_2HPO_4 0.5 g,pH 7.2~7.4

酵母粉-麦牙膏琼脂(YE):酵母粉 4 g,麦芽膏 10 g,葡萄糖 4 g,pH 7.2~7.4

HMG 培养基组成:腐殖酸 0.5 g,3-(N-吗啉代)丙烷磺酸 1 g,$CaCl_2$ 0.33 g,$FeSO_4 \cdot 7H_2O$ 1 mg,$MnCl_2 \cdot 4H_2O$ 1 mg,$NiSO_4 \cdot 6H_2O$ 1 mg,$ZnSO_4 \cdot 7H_2O$ 1 mg,胞外多糖胶 7 g,pH 7.2

LSV-SE 培养基组成:木质素 1.0 g,豆饼粉 0.2 g,$CaCO_3$ 0.02 g,Na_2HPO_4 0.5 g,$MgSO_4 \cdot 7H_2O$ 0.5 g,KCl 1.7 g,$FeSO_4 \cdot 7H_2O$ 0.01 g,核黄素 0.5 mg,硫胺素 0.5 mg,维生素 B_6 0.5 mg,烟酸 0.5 mg,肌醇 0.5 mg,泛酸 0.5 mg,生物素 0.25 mg,对-氨基苯甲酸 0.5 mg,pH 7.2

腐殖酸-维生素琼脂(HV):腐殖酸 1 g,Na_2HPO_4 0.5 g,KCl 1.7 g,$MgSO_4 \cdot 7H_2O$ 0.5 g,$FeSO_4 \cdot 7H_2O$ 0.01 g,$CaCO_3$ 0.02 g,硫胺素 0.5 mg,核黄素 0.5 mg,肌醇 0.5 mg,泛酸 0.5 mg,对氨基苯酸 0.5 mg,生物素 0.25 mg,维生素 B_6 0.5 mg,烟酸 0.5 mg,pH 7.2~7.4

腐殖酸-维生素琼脂 2(HVG):参见 HV 培养基,以 $CaCl_2$ 代替 $CaCO_3$,以胞外多糖胶代替琼脂,其他同 HV

Bennett 琼脂:牛肉提取物 1 g,葡萄糖 10 g,N-Z 胺 A(酶解干酪素)2 g,酵母提取物 1 g,pH 7.3

土壤浸汁琼脂:土壤浸汁 1 000 mL,牛肉浸粉 3 g,蛋白胨 5 g,pH 7.0

土壤浸汁制备:取土壤 1 kg 加入陈海水 2 500 mL,121℃高压灭菌 1 h,过滤取汁

淀粉酪素琼脂:可溶性淀粉 1 g,干酪素 0.03 g,KNO_3 0.2 g,NaCl 0.2 g,K_2HPO_4 0.2 g,$MgSO_4 \cdot 7H_2O$ 0.005 g,$CaCO_3$ 0.002 g,$FeSO_4 \cdot 7H_2O$ 0.001 g,pH 7.2~7.4

马铃薯-葡萄糖琼脂(PDA):马铃薯 200 g(切片水煮 30 min,过滤取汁),葡萄糖 20 g,pH 天然

察氏培养基(Czapek):蔗糖 30 g,$NaNO_3$ 3 g,$MgSO_4 \cdot 7H_2O$ 0.5 g,KCl 0.5 g,$FeSO_4 \cdot 7H_2O$ 0.01 g,K_2HPO_4 1 g,pH 6.0~6.5

燕麦汁培养基:燕麦片 20 g(水煮 30 min,过滤取汁),微量盐溶液 1 mL,pH 7.2

微量盐溶液:$FeSO_4 \cdot 7H_2O$ 0.1 g,$MnCl_2 \cdot 4H_2O$ 0.1 g,$ZnSO_4 \cdot 7H_2O$ 0.1 g,蒸馏水 100 mL。

麦芽浸汁琼脂(MEA):12 Brix. 麦芽汁 1 000 mL

马丁氏琼脂(Martin):葡萄糖 10 g,蛋白胨 5 g,KH_2PO_4 1 g,$MgSO_4 \cdot 7H_2O$ 0.5 g,pH 7.2~7.4

Provasoli 加富培养基:$NaNO_3$ 3.5 μg,磷酸甘油二钠 0.5 μg,维生素 B_{12} 0.000 1 μg,维生素 B_1 0.05 μg,$Fe(NH_4)_2(SO_4)_2 \cdot 6H_2O$ 0.175 5 mg,Na_2EDTA 0.15 mg,微量元素液 250 μg,蒸馏水 1 250 mL

微量元素液组成:H_3BO_3 1.14 g,$FeCl_3 \cdot 6H_2O$ 49 mg,$MnSO_4 \cdot 4H_2O$ 164 mg,$ZnSO_4 \cdot 7H_2O$ 22 mg,$CoSO_4 \cdot 7H_2O$ 4.8 mg,Na_2EDTA 0.1 g,蒸馏水 1 000 mL

Erdschreiber 培养基:$NaNO_3$ 0.2 g,Na_2HPO_4 $12H_2O$ 0.03 g,土壤抽提液 50 mL

土壤抽提液:土壤 1 000 g,纯水 1 000 mL,煮沸 60 min,暗处放置 2 d 后过滤,加纯水配至 1 000 mL

Muller 培养基:NaCl 457 mmol/L,KCl 9.8 mmol/L,$MgSO_4$ 26.6 mmol/L,$CaCl_2$ 23.0 mmol/L,$NaHCO_3$ 2.4 mmol/L,$NaNO_3$ 1.18 mmol/L,Na_2HPO_4 140 μmol/L,Na_2SiO_3 0.07 mmol/L,蓝钴氨酸 0.5 μg,生物素 0.5 μg,硫胺素 $\cdot$ HCl 100 μg

Von stosch 加富培养基:$NaNO_3$ 500 μmol,Na_2HPO_4 30 μmol,$FeSO_4$ 1 μmol,$MgCl_2$ 0.1 μmol,Na_2EDTA 10 μmol,1 020 mL 海水

放线菌分类鉴定培养基(培养特征):

桑塔斯培养基(Sauton's 培养基):大豆蛋白胨 10 g,酵母膏 20 g,酶水解酪素 20 g,NaCl 6 g,葡萄糖 100 g,琼脂 15 g,蒸馏水 1 000 mL,pH 7.2

高氏一号合成培养基:可溶性淀粉 20 g,KNO_3 1 g,K_2HPO_4 0.5 g,$MgSO_4 \cdot 7H_2O$ 0.5 g,$FeSO_4 \cdot 7H_2O$ 0.01 g,琼脂 15 g,蒸馏水 1 000 mL,pH 7.2~7.4

燕麦汁培养基:燕麦片 20 g(水煮 30 min,过滤取汁),微量盐溶液 1 mL,琼脂 15 g,蒸馏水 1 000 mL,pH 7.2

微量盐溶液:$FeSO_4 \cdot 7H_2O$ 0.1 g,$MnCl_2 \cdot 4H_2O$ 0.1 g,$ZnSO_4 \cdot 7H_2O$ 0.1 g,蒸馏水 100 mL

酵母粉-淀粉培养基(JCM 培养基):酵母粉 2 g,可溶性淀粉 10 g,琼脂 15 g,蒸馏水 1 000

mL,pH 7.2

甘油天门冬素培养基:甘油 10 g,天门冬素 1 g,KH_2PO_4 1 g,琼脂 15 g,微量盐溶液 1 mL,蒸馏水 1 000 mL,pH 7.0～7.4

马铃薯培养基:马铃薯 200 g(切片水煮 30 min,过滤取汁),葡萄糖 10 g,琼脂 15 g,蒸馏水 1 000 mL,pH 天然

酵母粉-麦芽提取物培养基(GYM 培养基):酵母粉 4 g,麦芽粉 10 g,葡萄糖 4 g,琼脂 15 g,蒸馏水 1 000 mL

放线菌分类鉴定培养基(生理生化特征):

明胶液化培养基:蛋白胨 5 g,葡萄糖 20 g,明胶 200 g,蒸馏水 1 000 mL,加热溶化后分装试管

牛奶凝固胨化培养基:脱脂鲜牛奶 1 000 mL,$CaCO_3$ 0.02 g

淀粉水解培养基:可溶性淀粉 10 g,K_2HPO_4 0.3 g,$MgCO_3$ 1 g,NaCl 0.5 g,KNO_3 1 g,琼脂 15 g,蒸馏水 1 000 mL,pH 7.2～7.4

纤维素水解培养基:滤纸条 5×0.8 cm,$MgSO_4$ 0.5 g,NaCl 0.5 g,K_2HPO_4 0.5 g,KNO_3 1 g,蒸馏水 1 000 mL

黑色素产生培养基:L-酪氨酸 1 g,酵母膏 1 g,NaCl 8.5 g,琼脂 15g,蒸馏水 1 000 mL

硝酸盐还原培养基:$MgSO_4$ 0.5 g,K_2HPO_4 0.5 g,KNO_3 1 g,蔗糖 20 g,NaCl 0.5 g,蒸馏水 1 000 mL

H_2S 产生培养基(Tresner 培养基):蛋白胨 10 g,柠檬酸铁 0.5 g,琼脂 15 g,蒸馏水 1 000 mL,pH 7.2

碳源利用基础培养基:$(NH_4)_2SO_4$ 0.5 g,K_2HPO_4 1.74 g,KH_2PO_4 2.38 g,$MgSO_4$ · $7H_2O$ 0.5 g,$CaCl_2$ · $2H_2O$ 0.1 g,NaCl 9 g,微量元素母液 5 mL,生理琼脂 15 g,蒸馏水 1 000 mL

微量元素母液:H_3BO_4 0.5 g,$CuSO_4$ 0.04 g,KI 0.1 g,$FeCl_3$ · $6H_2O$ 0.2 g,$MnSO_4$ · $4H_2O$ 0.2 g,Na_2MoO_4 · $2H_2O$ 0.2 g,$ZnSO_4$ · $7H_2O$ 0.4 g,蒸馏水 1 000 mL

索 引

索 引